"十三五"高等职业教育医药院校规划教材/多媒体融合创新教材

供临床医学类、护理学类（含助产）、医学技术类、药学等专业使用

生物化学基础

SHENGWU HUAXUE JICHU

主编◎ 白现广

郑州大学出版社

郑 州

图书在版编目(CIP)数据

生物化学基础/白现广主编. —郑州:郑州大学出版社,
2017.12(2020.9 重印)
ISBN 978-7-5645-4981-7

Ⅰ.①生… Ⅱ.①白… Ⅲ.①生物化学-高等职业
教育-教材 Ⅳ.①Q5

中国版本图书馆 CIP 数据核字(2017)第 273536 号

郑州大学出版社出版发行
郑州市大学路 40 号 邮政编码:450052
出版人:孙保营 发行电话:0371-66966070
全国新华书店经销
新乡市豫北印务有限公司印制
开本:850 mm×1 168 mm 1/16
印张:20.75
字数:504 千字
版次:2017 年 12 月第 1 版 印次:2020 年 9 月第 3 次印刷

书号:ISBN 978-7-5645-4981-7 定价:48.00 元
本书如有印装质量问题,由本社负责调换

作者名单

主　　编　白现广

副主编　李梦博　　杨振华

　　　　　赵旭耀　　王彦利

编　　委　（按姓氏笔画排序）

　　　　　马晓冬　　王彦利　　王惠平

　　　　　代红梅　　白现广　　李梦博

　　　　　杨本寿　　杨振华　　张宪智

　　　　　张振华　　赵旭耀　　路则宝

"十三五"高等教育医药院校规划教材/多媒体融合创新教材

建设单位

安徽医学高等专科学校	漯河医学高等专科学校
安徽中医药高等专科学校	南阳医学高等专科学校
安阳职业技术学院	平顶山学院
宝鸡职业技术学院	濮阳医学高等专科学校
达州职业技术学院	三门峡职业技术学院
广东嘉应学院	山东医学高等专科学校
汉中职业技术学院	山西老区职业技术学院
河南护理职业学院	邵阳学院
河南医学高等专科学校	渭南职业技术学院
鹤壁职业技术学院	襄阳职业技术学院
湖北职业技术学院	新乡学院
湖南环境生物职业技术学院	新乡医学院三全学院
湖南医药学院	信阳职业技术学院
黄河科技学院	邢台医学高等专科学校
黄淮学院	许昌学院
吉林医药学院	雅安职业技术学院
济源职业技术学院	永州职业技术学院
金华职业技术学院	运城护理职业学院
开封大学	郑州工业应用技术学院
乐山职业技术学院	郑州澍青医学高等专科学校
临汾职业技术学院	郑州铁路职业技术学院
洛阳职业技术学院	周口职业技术学院

前　言

　　生物化学是研究生物体化学本质及规律的科学，自身有完整的知识结构、应用技术和理论体系。生物化学是临床医学、护理学及其他相关医学类专业一门重要的基础理论课程。为了适应医学专科层次培养应用技术人才的需要，我们根据《教育部、卫生部关于加强医学教育工作提高医学教育质量的若干意见》文件的精神，结合自身实践、教学的经验，围绕应用型人才的培养目标，淡化学科意识，紧密联系临床实践，在保证生物化学知识体系的完整性的同时，突出临床、护理等医学专业的特色。

　　在教材中，各章末设置有问题分析与能力提升、小结和同步练习，基础知识结合临床实践，激发学生学习的兴趣，方便学生进行总结、复习，提高教学效果。

　　本书的第一章，实验一、七、八由中国科学院昆明动物研究所王彦利编写，绪论、第二章、第九章由平顶山学院赵旭耀编写，第三章由楚雄医学高等专科学校路则宝编写，第四章、第五章由平顶山学院杨振华编写，第六章、第七章由平顶山学院李梦博编写，第八章、第十章由平顶山学院白现广编写，第十一章、第十二章由平顶山学院王惠平编写，第十三章由郑州大学张振华编写，第十四章由平顶山学院代红梅编写，第十五章由平顶山学院马晓冬编写，实验指导总论、实验二、实验六由曲靖医学高等专科学校杨本寿编写，实验三、四、五由西北农林科技大学张宪智编写。

　　生物化学涉及的知识面广，多学科相交叉，且发展迅速，不断涌现出新的概念和理论成果，要编写好一本生物化学基础教材难度很大。限于编者的水平，书中难免有错误和欠妥之处，真诚希望读者指正，以便今后做进一步修正。

编者

2017 年 5 月

目 录

绪 论

一、生物化学的研究内容和现状

生物化学是研究生物体的化学组成与化学反应的一门科学。它用化学的理论和方法,从分子水平上研究生物体内基本物质的化学组成、结构以及生物学功能,阐明生物物质在生命活动中的化学变化规律及遗传信息传递的分子基础和调控规律。生物化学是生命科学的领头学科,也是重要的医学基础学科。

生物化学的主要研究内容包括以下几个方面。

(一)生物分子的结构与功能

人体由各种组织、器官构成,各组织、器官又以细胞为基本组成单位,细胞又由成千上万种化学物质组成,包括无机物、有机小分子和生物大分子。

1. 许多化学元素是生命所需要的　人体的化学元素主要有碳、氢、氧、氮、钙、磷、硫、镁、钠、钾、氯等,此外尚有占体重 0.01% 以下的微量元素,如锌、铜、碘、硒、锰等。这些元素不仅在体内有多种重要作用,还以无机化合物和各种有机化合物的形式存在于体内。

2. 有机小分子与人体物质代谢、能量代谢等密切相关　如各种有机酸、有机胺、氨基酸、核苷酸、单糖、维生素等。

3. 生物大分子是生物体结构和功能的重要基础　生物大分子是指体内特有的,由一定的基本结构单位(构件分子)按一定排列顺序和连接方式所形成的多聚体。如蛋白质、核酸、多糖和复合脂类等。生物大分子种类繁多,结构复杂,功能各异。蛋白质与核酸是体内主要的生物大分子,参与机体构成并发挥重要生理作用。生物大分子的重要特征之一是具有信息功能,也称之为生物信息分子。

学习生物体的物质组成、结构、性质及其功能,对认识生命、探讨生命的本质具有重要意义。

(二)物质代谢及其调节

新陈代谢是生命体的最基本特征,生物体不断地与周围环境进行物质和能量交换,将摄入的营养物质转化为自身的组成成分,从而维持其生命活动。营养物质通过一系列反应步骤转变为较小的、较简单的物质的过程称为分解代谢;生物体利用小分子或者大分子结构元件构建成自身大分子的过程称为合成代谢。这两种代谢途径所包含的物质转化都属于物质代谢。物质的分解和合成总是伴随着能量的释放和储存，这种储存在化学物质中的能量转化统称为能量代谢。

人体的物质代谢主要包括糖、脂肪、蛋白质、水和无机盐等代谢，其本质是一系列复杂的化学反应过程，它是机体实现自我更新、生长、发育、繁殖的基础，也是一切生理活动的基础。生物体中的新陈代谢需要在酶的催化下进行，在一个细胞中，同一时间有近2 000多种酶催化着不同代谢途径中的各种化学反应，并使其互不妨碍、互不干扰、各自有条不紊地以惊人的速度进行，这与神经、激素等全身性精细准确地调节作用密切相关。

生命活动是靠新陈代谢来维持的。这种新的物质再生、旧的物质解体的物质代谢发生紊乱，即可导致疾病发生；新陈代谢一旦停止，生命即终止。新陈代谢及其调控是生物化学研究和学习的重要内容。

(三)遗传信息的传递及其调控

生物物种的延续需要其遗传信息能够稳定的储存、准确的表达，从而保持其物种特性。DNA是遗传的主要物质，遗传信息以碱基排列顺序的方式储藏在DNA分子中。基因是编码生物活性物质的DNA片断。个体的遗传信息以基因为基本单位储存于DNA分子中。DNA通过复制把遗传信息由亲代传递给子代，通过转录将遗传信息传递到RNA分子上，后者指导蛋白质的生物合成，从而控制生命现象，使生物性状能代代相传。

遗传信息传递涉及遗传、变异、生长、分化等诸多生命过程，也与遗传疾病、恶性肿瘤等多种疾病的发生机制有关。基因的表达和调控与细胞的正常生长、发育和分化以及机体生理功能的完成息息相关。其机制和规律是分子生物学的重要研究内容。

二、生物化学的发展简史

1877年，德国科学家霍佩塞勒(Hoppe Seyler)首次提出了"Biochemie"一词，即生物化学。生物化学的发展可分为如下三个阶段。

1. 静态生物化学阶段　这个阶段处于19世纪末到20世纪30年代，主要是静态的描述生物体的化学组成。一些化学家和生理学家发现了生物体主要由糖、脂、蛋白质和核酸四大类有机物质组成，并对生物体各种组成成分进行分离、纯化、结构测定、合成及理化性质的研究。

2. 动态生物化学阶段　第二阶段在20世纪30～50年代，主要特点是研究生物体内物质的变化，即代谢途径，所以称动态生物化学阶段。在这一阶段，确定了糖酵解、三羧酸循环以及脂肪分解等重要的分解代谢途径，对呼吸、光合作用以及腺苷三磷酸(adenosine triphosphate，ATP)在能量转换中的关键位置有了较深入的认识。

3. 现代生物化学阶段　该阶段是从20世纪50年代开始，以提出DNA的双螺旋结构模型为标志，主要研究工作就是探讨各种生物大分子的结构与其功能之间的关系。生物化学在这一阶段的发展，以及物理学、微生物学、遗传学、细胞学等其他学科的渗透，产生了分子生物学，并成为生物化学的主体。

1953年，Watson和Crick在Wilkins完成的DNA X射线衍射结果的基础上，推导出DNA分子的双螺旋结构模型。Crick在1958年提出了遗传信息流动的中心法则，从而开创了分子生物学时代。

1990年启动的人类基因组计划又推动了生物信息学、基因组学、蛋白质组学等新学科的兴起。

三、生物化学与医学科学

生物化学是医学实践和医学科学研究的重要理论基础和手段。随着生命科学研究的深入，生物化学逐渐渗透到各有关学科。生物化学是生物学各学科之间、医学各学科之间相互联系的共同语言，为推动医学各学科发展做出了重要的贡献。

（一）生物化学与基础医学

生物化学是从有机化学及生理学发展起来的，许多生理现象运用生物化学的知识和方法来解释，两者有着密切的关系。生物化学的研究和学习建立在对人体的形态、结构和功能全面认识的基础上。因此，解剖学、组织学、生物学是学习生物化学的前提。微生物作用机制、免疫机制、病理过程、药物体内代谢过程及作用机制都需要运用生物化学的理论和技术。随着新知识不断涌现，学科间的相互渗透，逐渐出现了一批交叉学科。如分子免疫学、分子病理学、分子药物学、免疫化学、生物工程学等。生物化学在上述学科间处于重要的地位，尤其是其中的分子生物学已经成为生命科学与医学的"共同语言"。

（二）生物化学与临床医学

生物化学与临床医学之间密切相关、相互促进。生物化学为临床医学提供了大量现代化诊断技术，如通过测定血清酶、同工酶谱及血清化学成分，大大提高了疾病的诊断水平。生化药物和基因药物在治疗某些疾病中取得重大进展。随着生物化学的发展，又促进了许多长期危害人类健康的疾病如肿瘤、遗传性疾病、代谢异常疾病（如糖尿病）、免疫缺陷性疾病等病因、诊断、治疗的研究。生物化学是现代医学发展的重要支柱，而医学又为生物化学的发展开辟了广阔道路。

（三）生物化学与保健

生物化学的研究成果，从分子水平阐明了健康和维持健康的基本知识。人类的一切生命过程都是极其复杂的物质变化过程。维持健康的前提是合理膳食，从适宜的食物中摄取适量的营养物质。营养物质主要有蛋白质、脂类、糖、维生素、水和无机盐等。运用营养生化的知识，指导人们合理膳食，甚而食疗，对抵御疾病、延缓衰老、保证身体健康有重要作用。

由此可见，学习生物化学的基础理论和基本技能对理解人体的功能、维持机体的健康、认识疾病的本质、探讨疾病的预防、诊断及治疗是十分必要的。

第一章

蛋白质的结构与功能

学习目标

◆掌握 蛋白质的元素组成特点、氨基酸的结构特点与分类；蛋白质空间结构及氨基酸之间的连接方式。

◆熟悉 氨基酸和蛋白质的理化性质及其在临床上的应用。

◆了解 蛋白质分子结构与功能的关系；蛋白质的理化性质等。

蛋白质是生物体的基本组成成分之一，也是生物体内含量丰富、功能复杂、种类繁多的一类生物大分子，约占人体干重的45%。生命是物质运动的高级形式，这种运动形式是通过蛋白质来实现的，因此蛋白质是生命活动的物质基础。蛋白质在人体生命活动中发挥重要的作用。①酶的催化作用：目前已发现参与体内化学反应的酶绝大多数是蛋白质；②物质运输功能：生命活动中的许多小分子物质和离子依靠蛋白质完成运输；③参与运动：肌肉收缩是肌球蛋白和肌动蛋白的相对滑动来实现的；④免疫保护功能：血浆中的免疫球蛋白、补体、干扰素等具有特异识别、清除病原微生物的功能；⑤凝血功能：当血管损伤时，血浆中的凝血酶原、纤维蛋白原等凝血因子可以发挥凝血的功能；⑥机械支撑作用：如皮肤、骨骼、肌腱、毛发、指甲等组织器官中的蛋白对细胞和组织起重要的支持作用；⑦其他作用：近代生物学研究还表明蛋白质在遗传信息的控制、细胞膜的通透性、细胞间信号转导、细胞的生长、细胞的分化、基因表达及大脑的记忆、大脑的识别等方面起着重要的作用。

第一节　蛋白质的分子组成

一、蛋白质的元素组成

蛋白质种类繁多、结构复杂，但元素组成相似，主要有碳、氢、氧、氮、硫，有些蛋白质还含有磷、铁、铜、锌、锰、钼、钴、锗、硒等。其中碳（50%～55%）、氢（6%～7%）、氧（19%～24%）、氮（13%～19%）、硫（0～4%）中氮元素含量相对恒定，平均为16%。因此，一般可通过测定生物样品中的氮，粗略估算其中蛋白质的含量（1 g氮相当于

6.25 g的蛋白质)。

二、蛋白质的基本组成单位——氨基酸

用酸、碱或蛋白酶处理蛋白质,使其彻底水解,最终得到的产物都是氨基酸。因此,氨基酸是蛋白质的基本组成单位。

(一)氨基酸的结构特点

自然界中存在着300多种氨基酸,但构成人体蛋白质的只有20种氨基酸。在20种氨基酸中,除甘氨酸不具有不对称碳原子和脯氨酸是亚氨基酸外,其余均为L-α-氨基酸。氨基酸分子的结构通式为:

$$H_2N-\overset{\underset{\displaystyle R}{|}}{\underset{}{C}}\overset{\displaystyle COOH}{-H} \quad 或 \quad {}^+H_3N-\overset{\underset{\displaystyle R}{|}}{\underset{}{C}}\overset{\displaystyle COO^-}{-H}$$

L-α-氨基酸

在氨基酸结构通式中,其基本结构特征为:α-碳原子为手性碳原子,连有四个基团或原子,分别为氨基(亚氨基)、羧基、侧链(R)和氢(甘氨酸除外)。不同的氨基酸其侧链(R)各异,它对形成的蛋白质的空间结构和理化性质有重大影响。

氨基酸的结构

(二)氨基酸的分类

根据氨基酸R侧链的结构和理化性质,可将20种氨基酸分为四类(表1-1)。

表1-1　组成蛋白质的20种氨基酸

分类	结构式	三字符号	一字符号	等电点(pI)
1.非极性疏水氨基酸				
甘氨酸	$H-\underset{\underset{\displaystyle {}^+NH_3}{\|}}{C}HCOO^-$	Gly	G	5.97
丙氨酸	$CH_3-\underset{\underset{\displaystyle {}^+NH_3}{\|}}{C}HCOO^-$	Ala	A	6.00
缬氨酸	$CH_3-\underset{\underset{\displaystyle CH_3}{\|}}{C}H-\underset{\underset{\displaystyle {}^+NH_3}{\|}}{C}HCOO^-$	Val	V	5.96
亮氨酸	$CH_3-\underset{\underset{\displaystyle CH_3}{\|}}{C}H-CH_2-\underset{\underset{\displaystyle {}^+NH_3}{\|}}{C}HCOO^-$	Leu	L	5.98
异亮氨酸	$CH_3-CH_2-\underset{\underset{\displaystyle CH_3}{\|}}{C}H-\underset{\underset{\displaystyle {}^+NH_3}{\|}}{C}HCOO^-$	Ile	I	6.02
苯丙氨酸	$\langle \text{苯环} \rangle-CH_2-\underset{\underset{\displaystyle {}^+NH_3}{\|}}{C}HCOO^-$	Phe	F	5.48

续表 1-1

分类	结构式	三字符号	一字符号	等电点（pI）
脯氨酸		Pro	P	6.30
2. 极性中性氨基酸				
色氨酸		Trp	W	5.89
丝氨酸	HO—CH₂—CHCOO⁻ ⁺NH₃	Ser	S	5.68
酪氨酸		Tyr	Y	5.66
半胱氨酸	HS—CH₂—CHCOO⁻ ⁺NH₃	Cys	C	5.07
蛋氨酸	CH₃—S—CH₂—CH₂—CHCOO⁻ ⁺NH₃	Met	M	5.74
天冬酰胺		Asn	N	5.41
谷氨酰胺		Gln	Q	5.65
苏氨酸		Thr	T	5.60
3. 酸性氨基酸				
天冬氨酸	COOH—CH₂—CHCOO⁻ ⁺NH₃	Asp	D	2.97
谷氨酸	COOH—CH₂—CH₂—CHCOO⁻ ⁺NH₃	Glu	E	3.22
4. 碱性氨基酸				
赖氨酸	NH₂—(CH₂)₄—CHCOO⁻ ⁺NH₃	Lys	K	9.74

续表1-1

分类	结构式	三字符号	一字符号	等电点（pI）
精氨酸	NH $\parallel$ $\mathrm{NH_2-C-NH-(CH_2)_3-CHCOO^-}$ $\overset{+}{\mathrm{NH_3}}$	Arg	R	10.76
组氨酸	$\mathrm{HC=C-CH_2-CHCOO^-}$ $\mathrm{N\quad NH}\qquad\overset{+}{\mathrm{NH_3}}$ $\diagdown\mathrm{C}\diagup$ H	His	H	7.59

1. 非极性疏水氨基酸 其特征是含有非极性的侧链,具有疏水性。但甘氨酸的侧链仅为氢原子,无疏水性。

2. 极性中性氨基酸 其R侧链带有羟基或巯基、酰胺基等极性基团,又有亲水性,但在中性水溶液中不电离。

3. 碱性氨基酸 其R侧链含有氨基、胍基和咪唑基,易于接受氢离子而具有碱性。

4. 酸性氨基酸 其R侧链都含有羧基,易解离出氢离子而具有酸性。

三、蛋白质多肽链中氨基酸的连接方式

(一)肽键和肽

蛋白质分子中的氨基酸通过肽键连接。一个氨基酸的α羧基与另一个氨基酸的α氨基缩合脱水形成的酰胺键(—CO—NH—)称为肽键。肽键是蛋白质分子中的主要共价键,性质比较稳定。

氨基酸通过肽键相连而形成的化合物称为肽。由两个氨基酸缩合成的肽称为二肽,三个氨基酸缩合成的称为三肽,以此类推。一般由十个以下氨基酸缩合的肽叫寡肽,由十个以上氨基酸缩合而成的肽叫多肽。多种多个氨基酸分子按不同的排列顺序通过肽键相互连接,可以形成长链的多肽,称为多肽链。实际应用中,多肽和蛋白质并没有严格的界限,通常把由39个氨基酸残基组成的促肾上腺皮质激素称为多肽,把含有51个氨基酸残基的胰岛素称为蛋白质。在肽链中的氨基酸已不是游离的氨基酸分子,因此多肽和蛋白质分子中的氨基酸称为氨基酸残基。

多肽有开链肽和环状肽,在人体内主要是开链肽。开链肽具有一个游离的氨基末端和一个游离的羧基末端,分别保留有游离的α-氨基和α-羧基,故又称为多肽链的N端(氨基末端)和C端(羧基末端),书写时一般将N端写在分子式的左边,并以此开

始对多肽分子中的氨基酸残基依次编号,而将肽链的 C 端写在分子式的右边,因此多肽链具有方向性。在多肽链的分子结构中,从 N 端到 C 端由肽键与 α-碳原子形成一条骨架,称为多肽链的主链,而各氨基酸残基上的 R 基团则称为侧链。

(二)生物活性肽

在人体内存在一些具有重要生理功能的小分子肽,称为生物活性肽。生物活性肽在代谢调节、神经传导和生长发育等方面起重要作用。例如,多肽类激素、神经肽、谷胱甘肽(glutathione,GSH)等都是重要的生物活性肽。谷胱甘肽是由谷氨酸、半胱氨酸、甘氨酸缩合而成的三肽。GSH 是体内重要的还原剂,具有保护细胞膜结构及使细胞内酶蛋白的功能,同时 GSH 分子中的巯基具有嗜核特征,能保护机体免受致癌剂、药物等毒物侵害。

四、蛋白质的分类

蛋白质的结构复杂,种类繁多,功能各异,分类的方法也有多样,通常根据其形状、组成成分和功能进行分类。

1. 按蛋白质形状分类　根据蛋白质的形状不同可分为球状蛋白质和纤维蛋白质。纤维蛋白质是指呈纤维状、不溶于水的一类蛋白质。此类蛋白质在生物体作为组织的结构材料。球状蛋白是指具有球状或椭圆形、一般可溶于水的一类蛋白质。此类蛋白质在生物体具有特异的生物活性,如酶、免疫球蛋白、血红蛋白和肌红蛋白等。

2. 按蛋白质组成成分分类　根据蛋白质的分子组成特点,可将蛋白质分为单纯蛋白质和结合蛋白质两大类。单纯蛋白质是水解后终产物仅为氨基酸的一类蛋白质,如清蛋白、球蛋白、组蛋白、硬蛋白等。结合蛋白质是水解后终产物除氨基酸外,还有非蛋白物质,此非蛋白物质称为辅基。根据辅基的不同,又可分为不同的类别,但只有两者结合在一起才具有生物活性。

3. 按蛋白质功能分类　根据蛋白质在机体生命活动中所起的作用不同,可将其分为功能蛋白和结构蛋白两大类。功能蛋白是指在生命活动中发挥调节、控制作用,参与机体具体生理活动并随生命活动的变化而被激活或抑制的一类蛋白质。结构蛋白是指参与生物细胞或组织器官的构成,起支持或保护作用的一类蛋白质。

第二节　蛋白质的分子结构

通常将蛋白质分子结构分为一级、二级、三级和四级结构。一级结构是蛋白质的基本结构,二级、三级和四级结构统称为蛋白质的空间结构或高级结构。蛋白质的生物学活性和理化性质主要决定于空间结构的完整。

一、蛋白质的基本结构

多肽链中氨基酸的排列顺序称为蛋白质的一级结构。氨基酸排列顺序是由遗传信息决定的,氨基酸的排列顺序是其空间结构和特异生物学功能的基础。1953 年,英国生物化学家 Frederick Sanger 报道了牛胰岛素的一级结构,这是世界上第一个被确定一级结构的蛋白质(图1-1),它有 A、B 两条多肽链,A 链含 21 个氨基酸残基,B 链含 30 个氨基酸残基,分子中 3 个二硫键,A 链内 1 个,AB 链间 2 个。

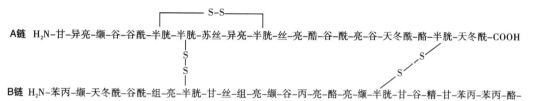

图1-1 牛胰岛素的一级结构

二、蛋白质的空间结构

蛋白质的空间结构是蛋白质分子的多肽链进行卷曲、折叠所形成的空间构象,是多肽链各个原子之间形成一定的空间排列及相互关系。

蛋白质的空间结构主要靠氢键、盐键、疏水键、配位键和范德华力等非共价键维持固定。次级键的作用力较共价键弱,但蛋白质分子内次级键数量较多,在维持蛋白质空间结构方面仍起决定性的作用。此外,许多蛋白质分子中含有二硫键,它是由两个半胱氨酸残基侧链的巯基之间脱氢形成的共价键,对稳定蛋白质的空间结构起重要作用。二硫键一旦破坏,蛋白质的生物活性就可能丧失。二硫键数目越多,则蛋白质抗拒外界因素的能力也越强,即蛋白质的稳定性越强。常见的次级键如图1-2所示。

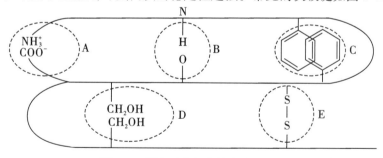

图1-2 蛋白质空间结构中的次级键
A.离子键 B.氢键 C.疏水键 D.范德华力 E.二硫键

(一)蛋白质的二级结构

蛋白质的二级结构是指蛋白质多肽链主链骨架折叠卷曲形成的局部空间结构。多肽链中肽键上 4 个原子与相邻的 2 个 α-碳原子位于同一平面上,此平面称为肽键平面。肽键平面是蛋白质二级结构的基本单位。由于 α-碳原子所连的两个单键可以自由旋转,相邻的肽键平面可以围绕 α-碳原子旋转形成不同的排布位置,这就是产生多种二级结构的基础。肽键平面的结构如图 1-3 所示。

二级结构有 α-螺旋、β-折叠、β-转角和无规卷曲等形式。一种蛋白质分子可含有多种二级结构。

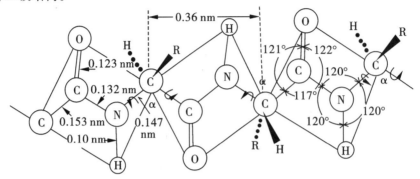

图 1-3　多肽链中的肽键平面

蛋白质的二级结构

1.α-螺旋　多肽链的主链围绕一个中心轴盘曲形成的螺旋状构象即 α-螺旋(图 1-4)。

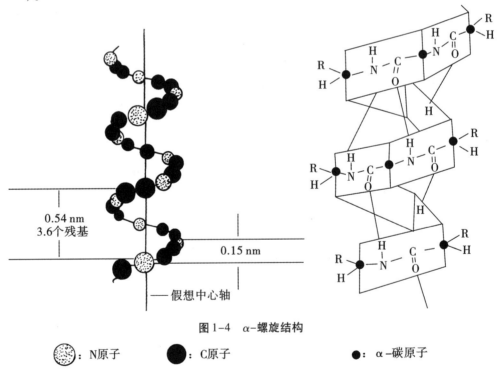

图 1-4　α-螺旋结构

◎:N原子　　　●:C原子　　　●:α-碳原子

α-螺旋的走向为顺时针方向,称右手螺旋,每 3.6 个氨基酸残基螺旋上升一圈,螺距为 0.54 nm,氨基酸的侧链伸向螺旋外侧。氢键是稳定 α-螺旋的主要次级键。上下螺旋之间形成链内氢键,即第 1 个肽键的 NH 与第 4 个肽键的 CO 之间形成氢键;第 2 个肽键的 NH 与第 5 个肽键的 CO 形成氢键,第 3 个肽键的 NH 与第 6 个肽键的

CO 形成氢键,以此类推,肽键中全部 NH 都和 CO 生成氢键,使 α-螺旋结构十分牢固。

2. β-折叠 β-折叠与 α-螺旋截然不同,它的多肽链主链走向呈折纸状,氨基酸侧链则交替地位于折纸状结构的上下方。一条多肽链或两条多肽链的若干个 β-折叠结构可顺向平行排列,也可逆向平行排列,链间有氢键相连,以维持β-折叠结构的稳定(图1-5)。

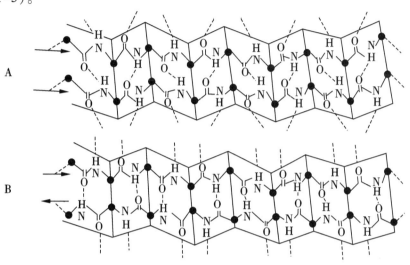

图 1-5 蛋白质分子的 β-折叠结构

A.顺向平行 B.逆向平行

3. β-转角 多肽链主链形成的 180° 的回折结构即 β-转角。此结构通常由 4 个氨基酸残基组成,其第二个残基常为脯氨酸。

4. 无规卷曲 在蛋白质分子结构中还存在没有确定规律的局部肽链结构,称之为无规卷曲。

研究表明,在蛋白质分子中,特别在球状蛋白分子中,经常可以看到若干个二级结构单元(即 α-螺旋、β-折叠等)组合在一起,彼此相互作用,形成有规则的在空间上能辨认的二级结构组合体,称为超二级结构。超二级结构可以直接作为三级结构的构件,是介于二级结构和三级结构之间的一个结构层次。

目前发现的超二级结构主要有三种基本形式:α-螺旋组合(αα)、β-折叠组合(βββ)及 α-螺旋 β-折叠组合(βαβ)(图1-6)。

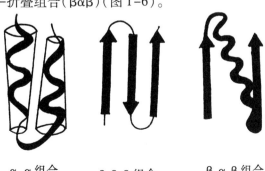

α α组合   β β β组合   β α β组合

图 1-6 蛋白质分子的几种超二级结构示意

(二)蛋白质的三级结构

蛋白质的三级结构是指在二级结构的基础上多肽链在三维空间中进一步盘曲或折叠所形成的立体结构,包括由主链和侧链原子在空间排布所形成的全部分子结构。有些在一级结构上相距甚远的氨基酸残基,经肽链折叠卷曲在空间上可以非常接近。三级结构的形成与稳定主要依靠侧链基团之间的相互作用所形成的非共价键来维持,如氢键、盐键、疏水键和范德华力等(图1-2)。其中的疏水键最重要。此外,由两个半胱氨酸残基的侧链脱氢缩合形成的二硫键,对稳定三级结构也具有重要意义。

具有稳定的三级结构是蛋白质分子具有生物学活性的基本特征之一。例如,肌红蛋白是一条由153个氨基酸残基组成的多肽链,肽链有A~H8个长短不一的螺旋区,α-螺旋间经β-转角与无规卷曲折叠形成近似球状的三级结构(图1-7)。其绝大部分亲水基团位于分子表面,疏水基团则位于分子内形成一个疏水的洞穴,含Fe^{2+}的血红素就位于洞穴中起储存O_2的功能。

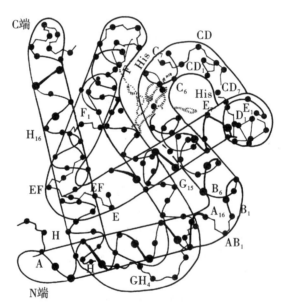

图1-7　肌红蛋白的三级结构

(三)蛋白质的四级结构

蛋白质的四级结构是指两个或两个以上独立三级结构的多肽链相互作用,彼此以非共价键结合形成的复杂结构。四级结构中每一个具有独立三级结构的多肽链称为一个亚基。亚基单独存在时不具有生物活性,只有按特定的方式结合形成四级结构时,蛋白质分子才具有生物活性。四级结构的稳定靠各亚基间相互作用形成的疏水键、氢键、盐键等非共价键来维持,其中疏水键起主要作用。

血红蛋白是由两个α-亚基和两个β-亚基构成的四聚体(图1-8)。α-亚基含有141个氨基酸残基,β-亚基含有146个氨基酸残基。有意义的是这两种亚基的三级结构与肌红蛋白的三级结构非常相似,分析这三条多肽链的一级结构,实际上只有20多个位置的氨基酸排列顺序是一致的,这表明多肽链氨基酸排列顺序中的不同氨基酸残基在三级结构的形成中作用是不均衡的。

大多数蛋白质分子只有一条多肽链构成,其具有三级结构就具有生物学活性;一部分分子量更大或具有调节功能的蛋白质往往有两条或两条以上多肽链构成,其具有特定四级结构时才具有生物学活性。

蛋白质分子的四级结构比较见表1-2。

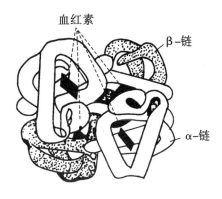

图1-8　血红蛋白的四级结构示意

表1-2　蛋白质分子的一、二、三、四级结构比较

结构	概念	特点	各级结构稳定化学键
一级结构	指蛋白质分子中多肽链的氨基酸排列顺序	一级结构是由基因上遗传密码的排列顺序决定的	主要是肽键,还有二硫键
二级结构	指多肽链中主链原子在各局部空间的排列分布状况,而不涉及各R侧链的空间排布	主要形式包括α-螺旋结构、β-折叠和β-转角等。基本单位是肽键平面或称酰胺平面	稳定二级结构的主要是氢键
三级结构	是指上述蛋白质的α-螺旋、β-折叠等二级结构受侧链和各主链构象单元间的相互作用,从而进一步卷曲、折叠成具有一定规律性的三维空间结构	三级结构包括每一条肽链内全部二级结构的总和及所有侧链原子的空间排布和它们相互作用的关系	主要是疏水键
四级结构	是指由两条或两条以上具有独立三级结构的多肽链通过非共价键相互结合而成一定空间结构的聚合体	四级结构中每条具有独立三级结构的多肽链称为亚基	主要是疏水键

第三节　蛋白质结构和功能的关系

蛋白质结构与功能之间的关系符合"物质的结构决定功能,结构发生改变功能也会受到影响"这一规律。蛋白质的生物学功能取决于其天然构象,蛋白质分子结构改变将会影响其功能的发挥。

一、蛋白质基本结构和功能的关系

蛋白质分子中关键活性部位氨基酸残基的改变,会影响其生理功能,甚至造成分子病。所谓分子病,是1949年美国科学家 Pauling 在研究血红蛋白时首先提出来的,指的是蛋白质一级结构的改变,从而引起功能的异常或丧失所造成的疾病。例如,镰状红细胞贫血,就是由于血红蛋白分子中 β 亚基第 6 位正常的谷氨酸变异成了缬氨酸,从酸性氨基酸换成了中性支链氨基酸,降低了血红蛋白在红细胞中的溶解度,使它在红细胞中随血流至氧分压低的外周毛细血管时,容易凝聚并沉淀析出,从而造成红细胞破裂溶血和运氧功能的低下。可见蛋白质关键部位甚至仅一个氨基酸残基的异常,对蛋白质理化性质和生理功能均会有明显的影响。现在已知人类有几千种先天遗传性疾病,其中大多是由于相应蛋白质分子异常或缺失所致。

研究表明,同源蛋白质有许多位置的氨基酸是相同的,而其他氨基酸差异较大,但并不会影响蛋白质的生物活性。例如,人、猪、牛、羊等哺乳动物胰岛素的分子 51 个氨基酸残基 A 链中 8、9、10 位和 B 链 30 位的氨基酸残基各不相同,有种族差异,但这并不影响它们都具有降低生物体血糖浓度的共同生理功能。但同时,胰岛素分子中有24 个氨基酸残基始终保持不变,为不同生物所共有。个体之间,同一种蛋白质中有时会存在一级结构的微小差异,但这也并不影响不同个体中它们担负相同的生理功能。但差异的氨基酸,若是在氨基酸分类中从脂肪族换成芳香族氨基酸等,即蛋白质之间的免疫原性就会差异较大,由这些蛋白质组成人体组织、器官,在临床上进行移植时,就可产生排异反应。

二、蛋白质空间结构和功能的关系

蛋白质的空间结构与功能之间有密切相关性,其特定的空间结构多样性导致其具有不同的生物学功能。如指甲和毛发中的角蛋白分子中含有大量的 α-螺旋,因此性质稳定坚韧又富有弹性,这是和角蛋白的保护功能分不开的;丝心蛋白分子中富含 β-片层结构,因此分子伸展,蚕丝柔软却没有多大的延伸性。事实上不同的酶催化不同的底物起不同的反应,表现出酶的特异性,也是和不同的酶具有各自不相同且独特的空间结构密切有关。

生物体内,当某种物质特异地与蛋白质分子的某个部位结合,触发该蛋白质构象发生一定变化,从而导致其功能活性发生变化,这种现象叫别构效应(变构效应)。具有四级结构蛋白质的别构作用,其活性得到不断调整,从而使机体适应千变万化的内、外环境,因此推断这是蛋白质进化到具有四级结构的重要生理意义之一。

血红蛋白是最早发现具有别构效应的蛋白质。研究发现,去氧血红蛋白与氧的亲和力很低,它是一个四聚体,当四聚体中第一个亚基与氧结合后,该亚基构象发生改变,并引起其他三个亚基的构象相继发生改变,从而使血红蛋白其他亚基与氧的结合能力增强。

第四节　蛋白质的理化性质

一、蛋白质的两性解离与等电点

蛋白质是由氨基酸组成的,其分子除两端有游离的氨基及羧基外,侧链上尚有一些游离的酸性、碱性基团。如天冬氨酸的 β-羧基和谷氨酸的 γ-羧基解离成负离子的酸性基团;赖氨酸的 ε-氨基、精氨酸的胍基和组氨酸的咪唑基解离成正离子的碱性基团,因此,蛋白质也和氨基酸一样是两性电解质。在溶液中可呈阳离子、阴离子或兼性离子,这取决于溶液的 pH 值、蛋白质游离基团的性质与数量。当蛋白质在某溶液中,带有等量的正电荷和负电荷时,此溶液的 pH 值即为该蛋白质的等电点(pI)。当 pH 值小于 pI 时,蛋白质分子带正电荷;相反,蛋白质分子带负电荷。

$$P\begin{array}{c}NH_3^+\\ \\COOH\end{array} \underset{H^+}{\overset{OH^-}{\rightleftharpoons}} P\begin{array}{c}NH_3^+\\ \\COO^-\end{array} \underset{H^+}{\overset{OH^-}{\rightleftharpoons}} P\begin{array}{c}NH_2\\ \\COO^-\end{array}$$

$$\begin{array}{ccc}\text{阳离子} & \text{兼性离子} & \text{阴离子}\\ \text{pH}<\text{pI} & \text{pH}=\text{pI} & \text{pH}>\text{pI}\end{array}$$

蛋白质溶液的 pH 值在等电点时,蛋白质的溶解度、黏度、渗透压、膨胀性及导电能力均最小,胶体溶液呈最不稳定状态。凡碱性氨基酸含量较多的蛋白质,等电点往往偏碱,如组蛋白和精蛋白。反之,含酸性氨基酸较多的蛋白质如酪蛋白、胃蛋白酶等,其等电点往往偏酸。人体内血浆蛋白质的等电点大多是 pH 值为 5.0 左右。而体内血浆 pH 值正常时在 7.35～7.45,故血浆中蛋白质均呈负离子形式存在。由于各种蛋白质的等电点不同,在同一 pH 值缓冲溶液中,各蛋白质所带电荷的性质和数量不同。因此,它们在同一电场中移动方向和速度均不相同。利用这一性质来进行蛋白质的分离和分析,称为蛋白质电泳分析法。血清蛋白电泳是临床检验中最常用的项目之一。如利用醋酸纤维薄膜电泳技术,可将血清蛋白质分离成五条区带:清蛋白(A)、α_1 球蛋白、α_2 球蛋白、β 球蛋白、γ 球蛋白。肝硬化时,清蛋白显著降低,肾病综合征时,清蛋白明显降低,而 α_2 球蛋白升高。

二、蛋白质的胶体性质

蛋白质是由氨基酸组成的高分子化合物,化学性质有些与氨基酸相似,如两性解离、等电点、紫外吸收等。有些与氨基酸不同,如胶体性质、盐析、水解、变性等。

蛋白质分子表面含有很多亲水基团,如氨基、羧基、羟基、巯基、酰胺基等,能与水分子形成水化层,把蛋白质分子颗粒分隔开来。此外,蛋白质在一定 pH 值溶液中都带有相同电荷,因而使颗粒相互排斥。水化层的外围,还可有被带相反电荷的离子所包围形成双电层,这些因素都是防止蛋白质颗粒的互相聚沉,促使蛋白质成为稳定胶体溶液的因素(图 1-9)。

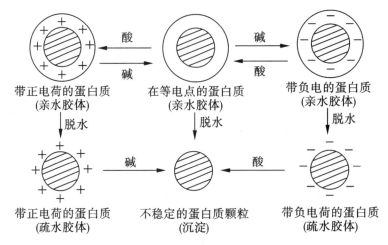

图1-9　蛋白质的稳定因素与沉淀

$1.0×10^4 \sim 1.0×10^6$ 之间,分子直径达 $1 \sim 100$ nm,在胶粒范围之内,具有扩散慢、黏度大、不能通过半透膜等胶体溶液的性质。

三、蛋白质的变性

蛋白质受某些物理因素(如高温、高压、紫外线、超声波等)和化学因素(如强酸、强碱、重金属盐、乙醇等有机溶剂)的作用,次级键断裂,空间构象发生改变,导致蛋白质的理化性质和生物学特性发生变化,但并不影响蛋白质的一级结构,这种现象叫变性作用。变性后的蛋白质称变性蛋白质。变性蛋白质除生物活性丧失外,还具有溶解度降低、溶液黏度增加、容易被酶消化等特点。

如果蛋白质变性仅影响三、四级结构,其变性往往是可逆的。如被盐酸变性的血红蛋白,再用碱处理可恢复其生理功能。胃蛋白酶加热到 $80 \sim 90$ ℃时失去消化蛋白质的能力,如温度慢慢下降到 37 ℃时,酶的催化能力又可恢复。

蛋白质变性理论被广泛应用于医学领域。例如,临床上使用高压、高温、紫外线照射和 70% ~ 75% 的乙醇等方法,使病原微生物蛋白质快速发生变性而灭活,达到消毒、灭菌的目的。保存疫苗、血清、激素、酶等生物制品时,必须保持低温、避光,并避免强酸、强碱、重金属盐、剧烈震荡等变性因素的影响,以防止生物活性的丧失。

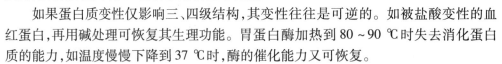

蛋白质的变性

四、蛋白质的沉淀与凝固

蛋白质从溶液中以固体状态析出的现象称为蛋白质的沉淀。它的作用机制主要是破坏了水化膜或中和蛋白质所带的电荷。沉淀出来的蛋白质,根据实验条件,可以是变性或不变性。其主要沉淀方法有以下几种。

1.盐析法　在蛋白质溶液中加入高浓度的中性盐(如硫酸铵、硫酸钠、氯化钠等)破坏蛋白质的胶体稳定性,使蛋白质从溶液中沉淀出来,称为盐析。它的机制是高浓度的盐溶液中的异性离子中和了蛋白质颗粒的表面电荷,从而破坏了蛋白质颗粒表面的水化层,失去了蛋白质胶体溶液的稳定因素,降低了溶解度,使蛋白质从水溶液中沉淀出来。盐析所得蛋白质加水稀释尚可复溶。盐析时,若把溶液 pH 值调节至该蛋白质的等电点,则沉淀效果更好。根据各种蛋白质的颗粒大小、亲水性的程度不同,在盐析时需要盐的浓度也不一致。因此,调节中性盐的浓度,可使蛋白溶液中的几种蛋白质分段析出,这种方法称分段盐析法。临床检验中常用此法来分离和纯化蛋白质。盐析法一般不引起蛋白质变性,是分离纯化蛋白质的常用方法之一。

2. 重金属盐沉淀蛋白质　蛋白质可以与重金属离子(如汞、铅、铜、锌等)结合生成不溶性盐而沉淀。临床上常用蛋清或牛乳解救误服重金属盐的患者,目的是使重金属离子与蛋白质结合而沉淀,阻止重金属离子的吸收。然后,用洗胃或催吐的方法,将含重金属离子的蛋白质盐从胃内清除出去,也可用导泻药将毒物从肠管排出。

3. 某些酸类沉淀蛋白质　蛋白质可与钨酸、苦味酸、鞣酸、三氯醋酸、磺柳酸等发生沉淀。反应条件是溶液的 pH 值应小于该蛋白质的等电点,使蛋白质带正电荷,与酸根负离子结合生成不溶盐而沉淀。生化检验中常用钨酸或三氯醋酸作为蛋白沉淀剂,以检查尿蛋白或制备无蛋白血滤液。

4. 有机溶剂沉淀蛋白质　乙醇溶液、甲醇、丙酮等有机溶剂可破坏蛋白质的水化层,因此,能发生沉淀反应。如把溶液的 pH 值调节到该蛋白质的等电点时,则沉淀更加完善。在室温条件下,有机溶剂沉淀所得蛋白质往往已发生变性。若在低温(0 ~ 4 ℃)条件下进行沉淀,则变性作用进行缓慢,故可用有机溶剂在低温条件下分离和制备各种血浆蛋白。此法优于盐析,因不需透析去盐,而且有机溶剂很易通过蒸发去除。

5. 加热凝固　将接近于等电点附近的蛋白质溶液加热,可使蛋白质发生凝固。蛋白质凝固后一般都不能再溶解。变性蛋白质不一定发生沉淀,即有些变性蛋白质在溶液中不出现沉淀,凝固的蛋白质必定发生变性,而沉淀的蛋白质不一定发生凝固。

五、蛋白质的紫外线吸收特征及呈色反应

1. 蛋白质的紫外线吸收特征　蛋白质分子中含有共轭双键的酪氨酸、色氨酸等芳香族氨基酸,在 280 nm 紫外光谱处有一特征性吸收峰。在该波长处,蛋白质的吸光度与其浓度成正比,因此,常用于蛋白质的定量测定。

2. 蛋白质的呈色反应

(1)双缩脲反应　双缩脲由两分子尿素加热缩合而成,双缩脲在碱性条件下与硫酸铜发生紫红色反应。蛋白质分子中含有许多和双缩脲结构相似的肽键,因此,也能发生类似反应,呈紫红色,对 540 nm 波长的光有最大吸收峰,通常用此反应来鉴定蛋白质和定量测定。

(2)福林(Folin)反应(酚试剂反应)　蛋白质分子中含有一定量的酪氨酸残基,其中的酚基在碱性条件下与酚试剂的磷钼酸及磷钨酸还原成蓝色化合物,根据颜色的深浅可作为蛋白质的定量测定,其反应的灵敏度比双缩脲反应高 100 倍。

(3)茚三酮反应　蛋白质分子游离的 α-氨基与茚三酮反应生成蓝紫色化合物,此化合物在 570 nm 波长处有最大吸收峰。由于此吸收峰的大小与蛋白质的含量成正比,因此可作为蛋白质定量分析方法。

小　结

蛋白质是生命的物质基础,在体内分布广泛,种类繁多,组成蛋白质的主要元素有碳、氢、氧、氮、硫等,各种蛋白质的平均含氮量为 16% 左右。蛋白质的基本组成单位

是 20 种氨基酸。根据结构和理化性质可分为非极性疏水氨基酸、极性中性氨基酸、芳香族氨基酸、酸性氨基酸和碱性氨基酸。氨基酸在同一分子上有碱性的氨基和酸性的羧基,故能与酸类或碱类物质结合成盐。氨基酸是一种两性电解质,改变溶液的 pH 值,可使氨基酸呈电中性,即带相等的正、负电荷数,此时溶液的 pH 值即为该氨基酸的等电点,通常以 pI 表示。

蛋白质的分子结构可概括为一级、二级、三级及四级结构。一级结构即是指肽链中氨基酸的排列顺序。二级结构是指多肽链中主链原子在各局部空间的排列分布状况,而不涉及各 R 侧链的空间排布。二级结构包括 α-螺旋、β-折叠、β-转角和无规卷曲,主要靠氢键维系;三级结构包括蛋白质主链和侧链在内的空间排列;四级结构是指蛋白质亚基之间的缔合。三级结构和四级结构的稳定都是靠次级键维系。

蛋白质的空间构象与功能有着密切联系。蛋白质的一级结构决定其空间结构。由于一级结构改变,蛋白质的功能障碍引起的疾病称为分子病。蛋白质的空间构象发生改变,导致其理化性质变化、生物活性丧失称为蛋白质变性。蛋白质变形后,如果一级结构未遭破坏,仍可在一定条件下恢复原有的空间构象和功能,称为复性。

蛋白质一部分性质与氨基酸相同,如有两性电离和等电点、某些呈色反应等;但蛋白质是由氨基酸借肽键构成的高分子化合物,又不同于氨基酸的性质,如胶体性质,易沉降,不易透过半透膜,变性、沉淀、凝固等。

 问题分析与能力提升

病例摘要 患者,女性,16 岁。因发热、间歇性上下肢关节疼痛 3 个月余就诊。

体格检查:体温 38.5 ℃,贫血貌,轻度黄疸,肝、脾略肿大。

辅助检查:血红蛋白 80 g/L,血细胞比容 9.5%,红细胞总数 3×10^{14} 个/L,白细胞总数 6×10^{9} 个/L,白细胞分类正常。网织红细胞计数 0.12;血清铁 21 μmol/L,次亚硫酸氢钠试验阳性;Hb 电泳产生一条带,所带正电荷较正常 HbA 多,与 HbS 同一部位。红细胞形态:镰型。

诊断:镰状细胞贫血症。

思考:①镰状细胞贫血症的发病机制如何?②如何从镰状细胞贫血症的发病机制理解"蛋白质结构与功能的关系"?

 同步练习

一、单项选择题

1. 组成蛋白质的特征性元素是 （ ）
   A. C   B. H
   C. O   D. N
   E. S

2. 下列何种物质分子中存在肽键 （ ）
   A. 黏多糖   B. 三酰甘油
   C. 细胞色素 c   D. tRNA
   E. 血红素

3. 蛋白质分子的一级结构概念主要是指 （ ）
   A. 组成蛋白质多肽链的氨基酸数目   B. 氨基酸种类及相互比值

C. 氨基酸的排列顺序　　　　　　　D. 二硫键的数目和位置

E. 肽键的数目和位置

4. 下列何种结构不属蛋白质分子构象　　　　　　　　　（　　）

A. 右手双螺旋　　　　　　　　　　B. α-螺旋

C. β-折叠　　　　　　　　　　　　D. β-转角

E. 无规卷曲

5. 维系蛋白质一级结构的化学键是　　　　　　　　　　（　　）

A. 盐键　　　　　　　　　　　　　B. 疏水键

C. 氢键　　　　　　　　　　　　　D. 二硫键

E. 肽键

6. 维系蛋白质分子中α-螺旋稳定的化学键是　　　　　　（　　）

A. 肽键　　　　　　　　　　　　　B. 离子键

C. 二硫键　　　　　　　　　　　　D. 氢键

E. 疏水键

7. 蛋白质变性是由于　　　　　　　　　　　　　　　　（　　）

A. 蛋白质一级结构的改变　　　　　B. 蛋白质亚基的解聚

C. 蛋白质空间构象的破坏　　　　　D. 辅基的脱落

E. 蛋白质水解

二、填空题

1. 蛋白质平均含氮量为_____，组成蛋白质分子的基本单位是_____，共有_____种。

2. 在电场中蛋白质不迁移的 pH 值叫作该蛋白质的_____。

3. 蛋白质分子中的氨基酸之间是通过_____相连的，它由一个氨基酸的_____与另一个氨基酸的_____脱水缩合而形成。

4. 蛋白质一级结构是指_____，构成一级结构的化学键是_____。

5. 蛋白质分子中的二级结构的结构单元有_____、_____、_____、_____。

三、名词解释

1. 肽键　2. 等电点　3. 蛋白质变性　4. 别构效应

四、问答题

1. 为什么含氮量能代表蛋白质含量？如何以此原理计算蛋白质的含量？

2. 什么是蛋白质的二级结构？它主要有哪几种？各有何特征？

3. 简述蛋白质一级结构、空间结构与功能之间关系。

4. 何谓蛋白质的变性作用？变性与沉淀的关系如何？

第二章

核酸结构与功能

◆**掌握** 核酸的定义、分类、分布以及生物学功能,DNA、RNA 分子组成的异同点,DNA 双螺旋结构,mRNA、tRNA 二级结构的特点。

◆**熟悉** 核酸的紫外吸收、变性、复性及分子杂交。

◆**了解** 核酸的分离纯化、含量测定等方法。

1868 年,瑞士的外科医生 Friedrich Miescher 从包扎伤口的绷带上的脓细胞核中提取到一种富含磷元素的酸性化合物,此酸性物质即是现在所知的核酸。

第一节 核酸的分子组成

一、核酸的元素组成

核酸是生物体内以核苷酸为基本组成单位的生物大分子,包括脱氧核糖核酸(DNA)和核糖核酸(RNA)两大类,它们是遗传信息的分子基础。DNA 携带遗传信息,决定着细胞和个体遗传性;RNA 参与遗传信息的复制与表达。原核细胞的 DNA 集中在核区,真核细胞的 DNA 主要存在于细胞核内;线粒体、叶绿体等细胞器也含有 DNA。RNA 存在于细胞核、细胞质和线粒体等细胞器中。核酸由 C、H、O、N 和 P 元素组成,其中 P 元素在各种核酸中的含量比恒定(9% ~ 10%)。因此,可以通过测定生物样品中核酸的 P 元素含量,进一步推算出其中的核酸含量。

二、核酸的基本成分

核酸是一种多聚核苷酸,在核酸酶作用下水解为单核苷酸。核苷酸的最终水解产物为含氮碱基、戊糖和磷酸。所以说,组成核酸的基本单位是单核苷酸,组成核酸的最基本化学成分是碱基、戊糖和磷酸(图 2-1)。

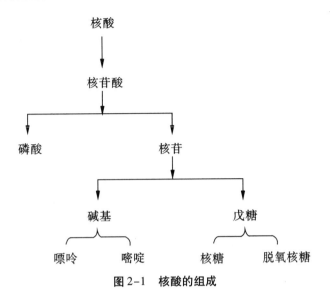

图 2-1　核酸的组成

（一）磷酸

核酸分子中含有磷酸,所以呈酸性。

（二）戊糖

核酸中的戊糖有两类:D-核糖和 D-2-脱氧核糖。核酸的分类就是根据所含戊糖种类不同而分为 RNA 和 DNA。戊糖中的碳原子编号加撇（如 C-1′）,以区别与碱基中的碳原子编号,其结构式见图 2-2。

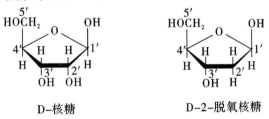

D-核糖　　　　　　　　　D-2-脱氧核糖

图 2-2　核糖的结构

（三）碱基

核酸中碱基是含氮杂环化合物,分嘧啶碱和嘌呤碱两类。

1. **嘧啶碱**　嘧啶碱是嘧啶衍生物,核酸中常见的嘧啶有三类:胞嘧啶（C）、尿嘧啶（U）和胸腺嘧啶（T）,如图 2-3 所示。其中胞嘧啶为 DNA 和 RNA 两类核酸所共有。胸腺嘧啶只存在于 DNA 中,但是 tRNA 中也有少量存在;尿嘧啶只存在于 RNA 中。

2. **嘌呤碱**　嘌呤碱是嘌呤衍生而来的,核酸中常见的嘌呤碱有两类:腺嘌呤（A）及鸟嘌呤（G）。RNA 中的碱基有四种:腺嘌呤（A）、鸟嘌呤（G）、胞嘧啶（C）、尿嘧啶（U）;DNA 中的碱基有四种:腺嘌呤（A）、鸟嘌呤（G）、胞嘧啶（C）、胸腺嘧啶（T）;其结构式如下（图 2-3）:

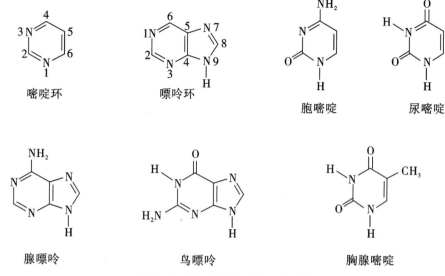

| 嘧啶环 | 嘌呤环 | | 胞嘧啶 | 尿嘧啶 |

腺嘌呤　　　　　　鸟嘌呤　　　　　　胸腺嘧啶

图2-3　参与组成核酸的主要碱基

3. 稀有碱基　核酸中除了这5种基本的碱基外,还有一些含量甚少的碱基,称为稀有碱基。稀有碱基种类极多,在DNA中,常见的为主要碱基的甲基化衍生物。在一些病毒DNA中,还存在着羟甲基化和糖基化碱基。RNA中也有稀有碱基,tRNA中含有较多的稀有碱基,可高达10%(表2-1)。

表2-1　核酸中的一些稀有碱基

DNA	RNA
尿嘧啶(U)	5,6-二氢尿嘧啶(DHU)
5-羟甲基尿嘧啶(^{hm5}U)	5-甲基尿嘧啶,即胸腺嘧啶(T)
5-甲基胞嘧啶(^{m5}C)	3-硫尿嘧啶(^{s3}U)
5-羟甲基胞嘧啶(^{hm5}C)	5-甲氧基尿嘧啶(^{mo5}U)
N_6-甲基腺嘌呤(^{m6}A)	N_3-乙酰基胞嘧啶(^{ac4}C)
	2-硫胞嘧啶(^{s2}C)
	1-甲基腺嘌呤(^{m1}A)
	N_6,N_6-二甲基腺嘌呤($^{m6,6}A$)
	N_6-异戊烯基腺嘌呤(^{i}A)
	1-甲基鸟嘌呤(^{m1}G)
	N_1,N_2,N_7-三甲基鸟嘌呤($^{m1,2,7}G$)

现将两类核酸的基本化学组成列于表2-2中。

表 2-2　DNA 和 RNA 分子组成的区别

组成成分		DNA	RNA
碱基	嘌呤碱	腺嘌呤(A)、鸟嘌呤(G)	腺嘌呤(A)、鸟嘌呤(G)
	嘧啶碱	胞嘧啶(C)、胸腺嘧啶(T)	胞嘧啶(C)、尿嘧啶(U)
戊糖		D-2-脱氧核糖	D-核糖

三、组成核酸的基本单位——核苷酸

1. 核苷　核苷是碱基与戊糖以糖苷键相连接所形成的化合物。戊糖的第一位碳原子($C_{1'}$)与嘧啶的第一位氮原子(N_1)或与嘌呤碱的第九位氮原子(N_9)相连接。

根据核苷中所含戊糖的不同,将核苷分成两大类:核糖核苷和脱氧核糖核苷,如图 2-4 所示。

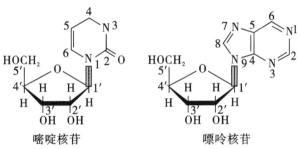

图 2-4　核苷的结构

核苷的命名是在核苷的前面加上碱基的名字,如腺嘌呤核苷(简称腺苷)、胞嘧啶脱氧核苷(简称脱氧胞苷)等。各种常见核苷命名见表 2-3。

核苷酸

表 2-3　各种常见核苷

碱基	核糖核苷	脱氧核糖核苷
A	腺嘌呤核苷(AR)	腺嘌呤脱氧核苷(dAR)
G	鸟嘌呤核苷(GR)	鸟嘌呤脱氧核苷(dGR)
C	胞嘧啶核苷(CR)	胞嘧啶脱氧核苷(dCR)
U	尿嘧啶核苷(UR)	-
T	-	胸腺嘧啶脱氧核苷(dTR)

2. 核苷酸　核苷(脱氧核苷)中戊糖的自由羟基与磷酸通过酯键相连接构成核苷酸(脱氧核苷酸)。RNA 的基本单位是核糖核苷酸;DNA 的基本单位是脱氧核糖核苷酸。组成 DNA 和 RNA 的碱基、核苷与相应核苷酸总结于表 2-4。

笔记栏

表 2-4　组成核酸的碱基、核苷与相应核苷酸

	碱基	核苷	5′-核苷一磷酸 NMP
RNA	腺嘌呤(A)	腺嘌呤核苷(AR)	腺嘌呤核苷一磷酸(AMP)
	鸟嘌呤(G)	鸟嘌呤核苷(GR)	鸟嘌呤核苷一磷酸(GMP)
	胞嘧啶(C)	胞嘧啶核苷(CR)	胞嘧啶核苷一磷酸(CMP)
	尿嘧啶(U)	尿嘧啶核苷(UR)	尿嘧啶核苷一磷酸(UMP)
DNA	腺嘌呤(A)	腺嘌呤脱氧核苷(dAR)	腺嘌呤脱氧核苷一磷酸(dAMP)
	鸟嘌呤(G)	鸟嘌呤脱氧核苷(dGR)	鸟嘌呤脱氧核苷一磷酸(dGMP)
	胞嘧啶(C)	胞嘧啶脱氧核苷(dCR)	胞嘧啶脱氧核苷一磷酸(dCMP)
	胸腺嘧啶(T)	胸腺嘧啶脱氧核苷(dTR)	胸腺嘧啶脱氧核苷一磷酸(dTMP)

现择几种核苷酸的结构式,如图 2-5 所示。

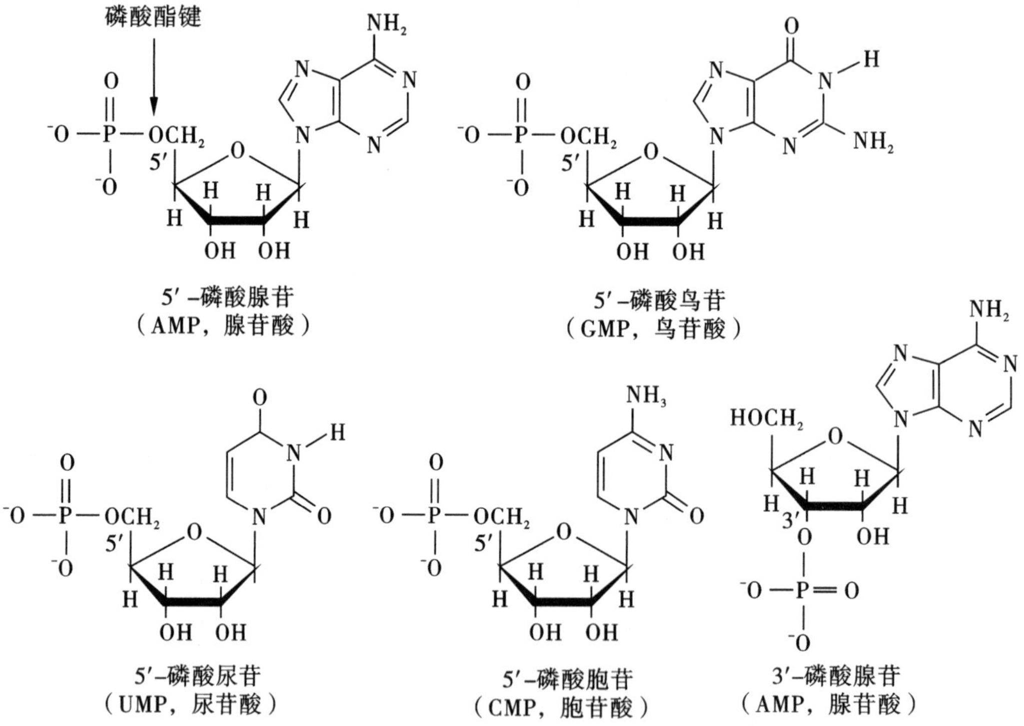
磷酸酯键
5′-磷酸腺苷
(AMP,腺苷酸)
5′-磷酸鸟苷
(GMP,鸟苷酸)
5′-磷酸尿苷
(UMP,尿苷酸)
5′-磷酸胞苷
(CMP,胞苷酸)
3′-磷酸腺苷
(AMP,腺苷酸)

图 2-5　几种核苷酸的结构式

四、几种重要的游离核苷酸

生物体内游离存在的核苷酸多是 5′-核苷酸,除参与核酸的合成外,还具有其他许多生理功能。

核苷酸的 5′-磷酸基可再磷酸化,含有 1 个磷酸基团的称为核苷一磷酸(NMP 或 dNMP);含有 2 个磷酸基团的核苷酸称为核苷二磷酸(NDP 或 dNDP);含有 3 个磷酸基团的称为核苷三磷酸(NTP 或 dNTP)。常见的多磷酸核苷见表 2-5。

表 2-5　常见的多磷酸核苷

碱基	核糖核苷酸			脱氧核糖核苷酸		
	NMP	NDP	NTP	dNMP	dNDP	dNTP
A	AMP	ADP	ATP	dAMP	dADP	dATP
G	GMP	GDP	GTP	dGMP	dGDP	dGTP
C	CMP	CDP	CTP	dCMP	dCDP	dCTP
U	UMP	UDP	UTP	–	–	–
T	–	–	–	dTMP	dTDP	dTTP

核苷二磷酸和核苷三磷酸分子中含高能磷酸键,水解时可释放能量,是机体生命活动的重要能源,在代谢中 GTP、UTP、CTP 均可提供能量,可激活许多化合物生成代谢上活泼的物质,如 UDP-葡萄糖(UDPG)、CDP-二酯酰甘油、S-腺苷蛋氨酸等。ATP 是体内最重要的三磷酸核苷,ATP 中高能磷酸键水解释放能量是机体生命活动可直接利用的能源。

ATP 的分子结构如图 2-6 所示。

体内某些核苷酸及其衍生物是重要调节因子,如 3′,5′-环磷腺苷(cAMP)与 3′,5′-环化鸟苷酸(cGMP)在细胞内信号转导过程中作为激素第二信使,发挥信息分子作用(图 2-7)。

体内还有一些核苷酸参与物质代谢和能量代谢,例如,腺苷酸是 NAD^+、$NADP^+$、FAD、辅酶 A 等的组成成分。

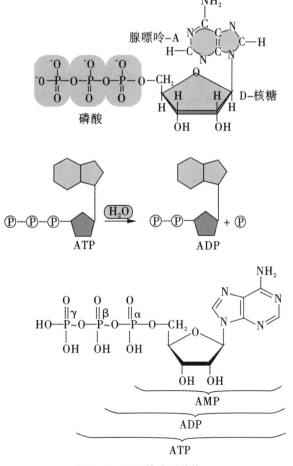

图 2-6　ATP 的分子结构

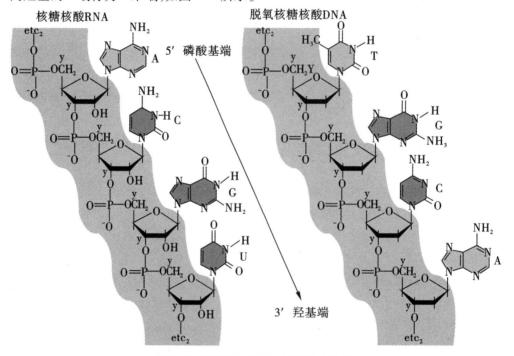

3′, 5′-环AMP
（cAMP）

3′, 5′-环 GMP
（cGMP）

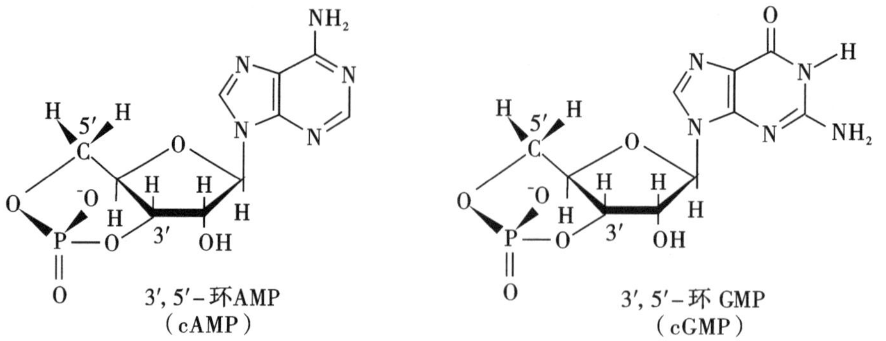

图 2-7　cAMP 与 cGMP

第二节　核酸的分子结构

一、核酸的共价结构

1. 核苷酸之间的连接　DNA 和 RNA 的核苷酸是以 3′, 5′-磷酸二酯键连接起来的，即将一个核苷酸的 5′-羟基与相邻核苷酸的 3′-羟基连接。因此多核苷酸链存在具有差异的 5′端和 3′端。戊糖 5′位带有游离磷酸基的称为 5′末端，戊糖 3′位带有游离羟基的一端称为 3′末端，如图 2-8 所示。

核糖核酸RNA

脱氧核糖核酸DNA

5′ 磷酸基端

3′ 羟基端

图 2-8　核苷酸之间的连接的基本结构

2.核酸的一级结构　核酸的一级结构是指构成核酸的多聚核苷酸链上所有核苷酸或碱基的排列顺序,它是核酸的基本结构。核酸的一级结构以3′,5′-磷酸二酯键连接,以戊糖和磷酸构成核酸大分子的主链,而遗传信息以有序排列的碱基的形式储存在侧链中。除了线形核酸以外,自然界还有环形核酸,例如细菌的染色体 DNA、质粒DNA、叶绿体 DNA 和大多数线粒体 DNA 都属于环形 DNA。与线形核酸不同的是,环形核酸没有游离的3′端和5′端,或者说两个末端之间也形成了磷酸二酯键。

DNA 一级结构由四种脱氧核糖核苷酸(dNMP)按一定顺序连接形成;RNA 一级结构由四种核糖核苷酸(NMP)按一定顺序连接形成,一级结构是形成二级结构和三级结构的基础。

核酸的一级结构常用简写式表示,读向是从左到右,表示的碱基序列是从5′到3′,即表示核苷酸链从5′末端磷酸基到3′末端羟基。如5′pApCpGpC 3′,可进一步省略为5′-ACGC-3′。

二、核酸的高级结构

(一)DNA 的高级结构

1.DNA 的碱基组成的 Chargaff 规则　参与 DNA 组成的主要有4种碱基:腺嘌呤、鸟嘌呤、胞嘧啶和胸腺嘧啶。美国生物化学家 Chargaff 发现了 DNA 碱基组成的某些规律性,1950 年他总结出 DNA 碱基组成的规律,称为 Chargaff 规则。

(1)各种生物的 DNA 分子中腺嘌呤与胸腺嘧啶的摩尔数相等,即 A=T;鸟嘌呤与胞嘧啶的摩尔数相等,即 G=C。因此,嘌呤碱的总数等于嘧啶碱的总数,即 A+G=C+T。

(2)DNA 的碱基组成具有种属特异性,即不同生物种属的 DNA 具有各自特异的碱基组成,如人、牛和大肠杆菌的 DNA 碱基组成比例是不一样的。

(3)DNA 的碱基组成没有组织器官特异性,即同一生物体的各种不同器官或组织DNA 的碱基组成相似。比如牛的肝、胰、脾、肾和胸腺等器官的 DNA 的碱基组成十分相近而无明显差别。

(4)生物体内的碱基组成一般不受年龄、生长状况、营养状况和环境等条件的影响。这就是说,每种生物的 DNA 具有各自特异的碱基组成,与生物的遗传特性有关。

2.DNA 的二级结构　DNA 的二级结构主要是各种形式的螺旋,特别是 B 型双螺旋,此外还有 A 型双螺旋、Z 型双螺旋、三螺旋和四链结构等。1953 年,美国科学家Watson 和英国科学家Crick 两位科学家根据 DNA 的 X 射线衍射数据和碱基组成特点共同提出了 DNA 双螺旋结构模型,其主要内容如下。

(1)DNA 分子是两条反向平行的互补双链结构,一条链是 5′→3′,另一条链是3′→5′。两条反向平行的多核苷酸链以右手螺旋方式围绕同一中心轴盘曲而形成双螺旋结构。

(2)两条链的主链由戊糖、磷酸相间排列组成,在螺旋外侧;碱基在螺旋内侧。碱基中 A 与 T 配对形成两个氢键,C 与 G 配对形成三个氢键。成对碱基大致处于同一平面,该平面与螺旋轴基本垂直,见图2-9。

笔记栏

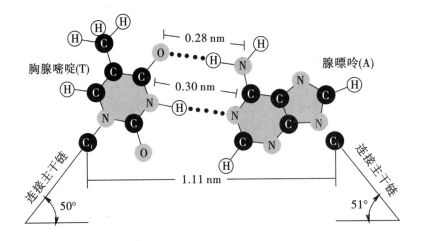

DNA 的二级结构

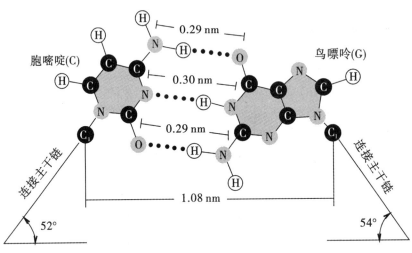

图2-9 双螺旋结构截面

（3）DNA 双链所形成的螺旋直径为 2 nm；螺旋每旋转一周包含了 10 对碱基，每个碱基的旋转角度为 36°；螺距为 3.4 nm，每个碱基平面之间的距离为 0.34 nm。从外观上，DNA 螺旋分子表面存在一个大沟和一个小沟，目前认为这些沟状结构与蛋白质和 DNA 间的识别有关。

（4）维系 DNA 双螺旋结构稳定是氢键和疏水作用，DNA 双链结构的稳定横向依靠两条链互补碱基间的氢键维系，纵向则靠碱基平面间的疏水性堆积力维持，相对来说，碱基堆积力对于双螺旋的稳定性更为重要。碱基对平面、DNA 双螺旋结构如图2-10所示。

Watson 和 Crick 提出的 DNA 模型是在相对湿度 92% 的条件下，从生理盐水溶液中提取的 DNA 纤维的构象，为 B 型构象。天然 DNA 的结构易受溶液的离子强度和相对湿度影响，DNA 螺旋结构沟的深浅、螺距、旋转都会发生改变。B 型双螺旋仅仅是 DNA 双螺旋多种构象中的一种，在一定的条件下，双链 DNA 可以从 B 型转变成其他构象，例如 A、C、D、E、T 和 Z 等形式，但在正常的细胞环境中，能够存在的双螺旋只有

B 型、A 型和 Z 型,其中 B 型是细胞内最主要的形式,A 型一般与 RNA 有关系,Z 型是左手螺旋。在生物体内,不同构象的 DNA 在功能上可能有所差别,与基因表达的调节和控制相适应。

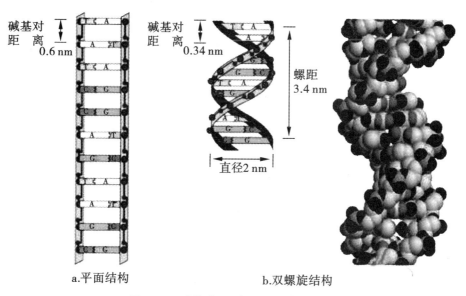

图 2-10　碱基对平面与 DNA 双螺旋结构

　　在酸性溶液中,胞嘧啶的 N-3 原子被质子化,可与鸟嘌呤的 N-7 原子形成氢键;同时,胞嘧啶的 N-4 的氢原子也可与鸟嘌呤的 O-6 形成氢键,这种氢键被称为Hoogsteen 氢键。Hoogsteen 氢键并不破坏 Watson-Crick 氢键,由此可形成 C+GC 的三链结构。鸟嘌呤之间通过 Hoogsteen 氢键形成特殊的四链结构。

　　DNA 双螺旋结构是 20 世纪自然科学的重要发现之一,它的发现不仅探明了 DNA的分子结构,还揭示了 DNA 的复制机制,从而开启了人类向分子生物学领域进军的新时代,为人类探索生命活动机制奠定了基础。该模型在过去数十年中已极大地影响了生命科学的研究,使之在更大的深度和广度上迅猛地发展。

　　3. DNA 的三级结构　　生物界的 DNA 是十分巨大的高分子,DNA 的长度要求其必须形成紧密折叠扭转的方式才能够存在于很小的细胞核内,而且生物进化程度越高,其 DNA 的分子越大,所以细胞内的 DNA 在双螺旋式结构基础上,进一步折叠为超级结构。

　　DNA 双螺旋链再盘绕即形成超螺旋结构。盘绕方向与 DNA 双螺旋方向相同为正超螺旋;盘绕方向与 DNA 双螺旋方向相反则为负超螺旋。自然界的闭合双链 DNA主要是以负超螺旋形式存在,如图 2-11 所示。

　　在原核生物中,线粒体和叶绿体中的 DNA 是共价闭合的环状双螺旋,这种环状双螺旋结构还需再螺旋化形成超螺旋。

　　真核生物染色体 DNA 是线性双螺旋结构,染色质的基本组成单位被称为核小体,由 DNA 和五种组蛋白共同构成。核小体中组蛋白分别称为 H_1、H_2A、H_2B、H_3 和 H_4。H_2A、H_2B、H_3 和 H_4 各两分子构成八聚体的核心组蛋白,DNA 双螺旋链缠绕在这一核心上形成核小体的核心颗粒。核小体的核心颗粒之间再由 DNA 和组蛋白 H_1 构成的连接区连接起来形成串珠样结构,许多核小体形成的串珠样线性结构再进一步盘曲成直径为 30 nm 的纤维结构,后者再经几次卷曲,形成染色体结构,被压缩了 8 000 ~ 10 000 倍,组装在直径只有数微米的细胞核内。核小体、染色质及染色体如图 2-12 所示。

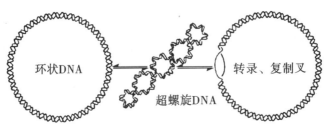

图 2-11　DNA 超螺旋结构

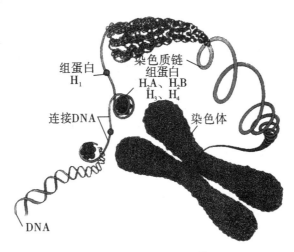

图 2-12　染色体的结构

4. DNA 的功能　　DNA 的基本功能是以基因的形式荷载遗传信息,并作为基因复制和转录的模板,它是生命遗传的物质基础,也是个体生命活动的信息基础。

基因是指 DNA 分子中的特定区段,其中的核苷酸排列顺序决定了基因的功能。DNA 利用四种碱基的不同排列,可以对生物体所有遗传信息进行编码,经过复制遗传给子代,并通过转录和翻译保证维持生命活动的各种 RNA 和蛋白质在细胞内有序合成。DNA 的结构特点是具有高度的复杂性和稳定性,可以满足遗传多样性和稳定性的需要。

(二) RNA 的高级结构

与 DNA 相比,RNA 的种类更多。在生物体内 RNA 的种类除信使 RNA (messenger,mRNA)、核糖体 RNA(ribosomal RNA;rRNA)、转运 RNA(transfer RNA; tRNA)外;还有真核结构基因转录产生的 mRNA 前体分子,核内不均一 RNA (heterogeneous nuclear RNA;hnRNA)、核内小 RNA(small nuclear RNA;snRNA);以及具有调控功能的非编码 RNA(non-coding,ncRNA),包括小干扰 RNA(small interfering

RNA;siRNA)、微小 RNA（microRNA;miRNA）、长链非编码 RNA（long non-coding RNA, lncRNA)等。

RNA 的分子比 DNA 的分子小得多,通常以单链形式存在,但 RNA 也具有复杂的二级结构或三级结构。RNA 的二级结构主要取决于其碱基组成,即其一级结构。在知道一种 RNA 的一级结构以后,可以通过生物信息学的方法对其形成的二级结构进行很好地预测。少数病毒的基因组 RNA 由两条互补的链组成 A 型双螺旋,多数 RNA 仅由一条单链组成,它们的二级结构主要是由链内碱基的互补性决定的:互补的碱基之间可以配对形成链内 A 型双螺旋,非互补的碱基游离于双螺旋之外,以凸起或环的形式存在,形成多种形式的二级结构。

发夹结构是 RNA 二级结构中最常见的一种。发夹结构包括两个部分:一部分是由一段由标准互补碱基对形成的双螺旋,另一部分是双螺旋两股互补序列之间的一段由 3~5 个没有配对的碱基组成的环。最常见、最稳定的环是由 4 个碱基——UNCG、GNRA 或 CUYG（N 表示任何碱基,R、Y 代表嘌呤碱基）构成的四环（tetraloop）。以 GNRA（如 GAGA、GCAA 和 GAAA）为例,环上的第一个碱基（G）和第四个碱基（A）形成不同寻常的 GA 碱基对,此外,在 G 和磷酸基团之间的一个氢键、R 与 2'-核糖羟基的氢键以及碱基间的堆积对四环结构均有稳定作用。

在 RNA 双螺旋中,常常可以发现 GU 碱基对,这为单链 RNA 形成链内双螺旋创造了更多的机会。与 GC 碱基对不同的是,GU 碱基对只有 2 个氢键。下面以细胞内 3 种最常见的 RNA:mRNA、tRNA 和 rRNA 为例,对它们的高级结构做进一步的说明。

1. mRNA　DNA 主要存在于细胞核内,蛋白质的合成也是在细胞质进行的。DNA 的遗传信息是通过特殊的 RNA 转移到细胞质,并在那里作为蛋白质合成的模板,决定其合成的蛋白质中的氨基酸顺序。传递 DNA 遗传信息的 RNA 称为 mRNA。

真核生物的 mRNA 结构特点是含有特殊 5'末端的帽子和 3'末端的多聚 A 尾结构。原核生物 mRNA 未发现类似结构。

(1) mRNA 的 3'末端有一段含 30~200 个核苷酸残基组成的多聚腺苷酸(polyA)。此段 polyA 不是直接从 DNA 转录而来,而是转录后逐个添加上去的。有人把 polyA 称为 mRNA 的"靴"。原核生物一般无 polyA 的结构。此结构与 mRNA 由胞核转运到胞质及维持 mRNA 的结构稳定有关,它的长度决定 mRNA 的半衰期。

(2) mRNA 的 5'末端有一个 7-甲基鸟嘌呤核苷三磷酸的"帽"式结构。此结构在蛋白质的生物合成过程中可促进核蛋白体与 mRNA 的结合,加速翻译起始速度,并增强 mRNA 的稳定性,防止 mRNA 从头水解。

mRNA 的功能是把核内 DNA 的碱基顺序按照碱基互补原则,抄录并转移到细胞质,决定蛋白质合成过程中的氨基酸排列顺序。

2. tRNA　tRNA 含 70~100 个核苷酸残基,是分子量最小的 RNA,占 RNA 总量的 16%,现已发现有 100 多种。tRNA 的主要生物学功能是转运活化了的氨基酸,参与蛋白质的生物合成。

各种 tRNA 的一级结构互不相同,但它们的二级结构都呈三叶草形。这种三叶草形结构的主要特征是,含有四个螺旋区、三个环和一个附加叉。四个螺旋区构成四个臂,其中含有 3'末端的螺旋区称为氨基酸臂,因为此臂的 3'末端都是 C-C-A-OH 序列,可与氨基酸连接。三个环分别用 Ⅰ、Ⅱ、Ⅲ表示。环 Ⅰ 含有 5,6-二氢尿嘧啶,称为二氢尿嘧啶环(DHU 环)。环Ⅱ顶端含有由三个碱基组成的反密码子,称为反密码环;反密码子可识别 mRNA 分子上的密码子,在蛋白质生物合成中起重要的翻译作用。环Ⅲ含有胸苷(T)、假尿苷(ψ)、胞苷(C),称为 TψC 环;此环可能与结合核糖体有关。

tRNA 分子中稀有碱基的数量是所有核酸分子中比例最高的,这些稀有碱基是转录之后经过加工修饰形成的。

tRNA 在二级结构的基础上进一步折叠成为倒“L”字母形的三级结构,一端为反密码环,另一端为氨基酸臂,DHU 环和 TψC 环在拐角处。此种结构与 tRNA 和核蛋白质及 rRNA 的相互作用相关。tRNA 的二级结构和三级结构如图 2-13 所示。

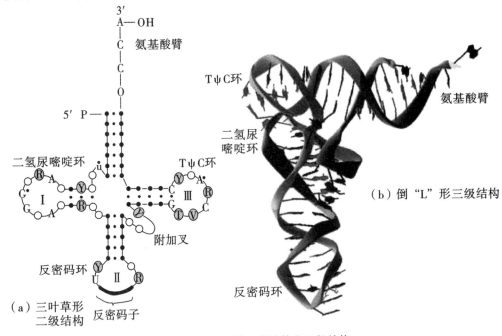

图 2-13　tRNA 的二级结构和三级结构

3. rRNA　rRNA 是细胞中含量最多的 RNA,约占 RNA 总量的 82%。rRNA 单独存在时不执行其功能,它与多种蛋白质结合成核糖体,作为蛋白质生物合成的“装配机”。

rRNA 的分子量较大,结构相当复杂,目前虽已测出不少 rRNA 分子的一级结构,但对其二级、三级结构及其功能的研究还需进一步的深入。原核生物的 rRNA 分三类:5S rRNA、16S rRNA 和 23S rRNA。真核生物的 rRNA 分四类:5S rRNA、5.8S rRNA、18S rRNA 和 28S rRNA。S 为大分子物质在超速离心沉降中的一个物理学单位,可间接反映分子量的大小。原核生物和真核生物的核糖体均由大、小两种亚基组成。以大肠杆菌和小鼠肝为例,各亚基所含 rRNA、蛋白质的种类和数目见表 2-6。

表 2-6 核糖体中包含的 rRNA 和蛋白质

来源	亚基	rRNA 种类	蛋白质种类数
原核生物(大肠杆菌)	大亚基(50S)	5S、23S	31
	小亚基(30S)	16S	21
真核生物(小鼠肝)	大亚基(60S)	5S、5.8S、28S	49
	小亚基(40S)	18S	33

(三)核酸的功能

1. DNA 的功能   DNA 作为生物体的主要遗传物质,控制着生物体的一切性状。它以基因的形式荷载遗传信息,并作为基因复制和转录的模板,DNA 既是生命遗传的物质基础,也是个体生命活动的信息基础。

基因是 DNA 分子中的特定区段,这些序列可以编码具有潜在重叠功能的产品(蛋白质或 RNA),其中的核苷酸排列顺序决定了基因的功能。DNA 利用四种碱基的不同排列,可以对生物体所有遗传信息进行编码,经过复制遗传给子代,并通过转录和翻译保证维持生命活动的各种 RNA 和蛋白质在细胞内有序合成。DNA 的结构特点是具有高度的复杂性和稳定性,可以满足遗传多样性和稳定性的需要。

2. RNA 的功能   对于 RNA 而言,其功能多种多样。在远古的"RNA 世界"中,RNA 可能行使过当今 DNA 和蛋白质承担的所有功能,而在现代的生命世界中,RNA 的生物功能仍然还有很多,主要包括:①充当 RNA 病毒的遗传物质,如甲肝病毒和艾滋病病毒;②作为生物催化剂即核酶,如核糖核酸酶 P 和核糖体;③参与蛋白质的生物合成,这与细胞内 3 种最重要的 RNA,即 mRNA、tRNA 和 rRNA 有关;④作为引物,参与 DNA 复制;⑤参与 RNA 前体的后加工,如 snRNA 参与细胞核 mRNA 前体的剪接,snoRNA 参与真核 rRNA 前体的后加工,gRNA 参与基因编辑;⑥参与基因表达的调控,如 siRNA 和 miRNA 参与转录后水平上的基因表达调控;⑦参与蛋白质共翻译的定向和分拣,如 7S RNA;⑧参与 X 染色体的失活,如 Xist RNA 与染色体质结合并介导 X 染色体的失活,使雌性哺乳动物细胞内两条 X 染色体中的一条转变为沉默状态。

3. 核酶   1982 年 Thomas Cech 在研究四膜虫 rRNA 前体加工时发现,rRNA 前体本身具有自我催化作用,并首次使用了"ribozyme"一词,开创了对 RNA 催化活性的研究。此后 Sideny Altman 发现了大肠杆菌的核糖核酸酶 P 中的 RNA 组分可以对 tRNA 前体进行剪切,发现了真正意义上的核酶。自然界中的核酶主要参与催化 RNA 的剪切,人工合成的核酶能够催化更多种类的反应并在基因功能研究中发挥重要的作用。

1994 年 Breaker 发现人工合成 DNA 的某些片段具有酶的活性,可在 Pb^{2+} 存在的条件下催化 RNA 的剪切,此后又陆续发现了可催化 DNA 连接、RNA 连接、DNA 磷酸化、DNA 腺苷酸化、DNA 剪切、DNA 的水解等反应的人工 DNA,这些具有催化活性的DNA 称为脱氧核酶。由于 DNA 较 RNA 稳定且成本低廉,脱氧核酶的应用已成为新药开发的热门课题。

第三节　核酸的理化性质

一、一般理化性质

核酸分子中有酸性基团和碱性基团,为两性电解质。核酸分子中含有大量的磷酸基团,因此,它们的 pI 较低,DNA 的 pI 为 4～4.5,RNA 的 pI 为 2～2.5。DNA 是线性的大分子,具有大分子物质的一般特性。由于 DNA 分子细长,其在溶液中的黏度很高。RNA 分子比 DNA 短,在溶液中的黏度低于 DNA。

核酸分子中的碱基都含有共轭双键,故都有吸收紫外线的性质,其最大吸收峰在 260 nm 附近。这一重要的理化性质被广泛用来对核酸、核苷酸和碱基进行定性、定量分析。在同一浓度的核酸溶液中,单链 DNA 的吸光度较双链 DNA 大。

二、核酸的变性、复性和杂交

(一)变性

在某些理化因素(温度、pH 值、离子强度等)作用下,DNA 双链的互补碱基之间的氢键断裂,使 DNA 双螺旋结构松散,成为单链的现象即为 DNA 变性。DNA 双螺旋结构的稳定性主要靠碱基平面间的疏水堆积力和互补碱基之间的氢键来维持。DNA 变性只改变其二级结构,不改变它的核苷酸排列。

在实验室内最常用的使 DNA 分子变性的方法之一是加热。加热时,DNA 双链发生解离,在 260 nm 处的紫外线吸收值增高,此种现象称为增色效应。DNA 的热变性是爆发性的,只在很狭窄的温度范围内进行。

DNA 的变性

如果在连续加热 DNA 的过程中以温度对紫外光吸收值作图,所得的曲线称为解链曲线,DNA 的变性从开始解链到完全解链,是在一个相当狭窄的温度内完成的,在这一范围内,紫外光吸收值达到最大值的 50% 时的温度称为 DNA 的解链温度,由于这一现象和结晶的熔解过程类似,又称熔解温度(T_m)。在 T_m 时,核酸分子内 50% 的双链结构被解开。DNA 的 T_m 值一般在 70～85℃之间,如图2-14所示。

DNA 的 T_m 值大小与 DNA 分子中 G、C 的含量有关,因为 G≡C 之间有三个氢键,而 A=T 之间只有两个氢键,所以 G、C 越多的 DNA,其分子结构越稳定,T_m 值较高,这是因为 G 与 C 比 A 与 T 之间多一个氢键,解开 G 与 C 之间的氢键要消耗更多的能量。

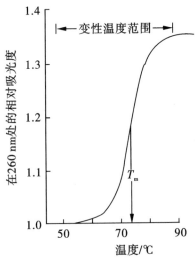

图 2-14　DNA 的解链曲线

（二）复性与杂交

变性 DNA 在适宜条件下,两条彼此分开的链经碱基互补可重新形成双螺旋结构,这一过程称为复性。热变性的 DNA 经缓慢冷却即可复性,这一过程也称为退火。最适宜的复性温度比 T_m 约低 25℃,这个温度叫作退火温度。

DNA 的复性速度受温度影响,只有温度缓慢下降才可使其重新配对复性。如加热后,将其迅速冷却至 40 ℃以下,则几乎不能发生复性。这一特性被用来保持 DNA 的变性状态。

DNA 变性后可以复性,在此过程中,如果使不同 DNA 单链分子或 RNA 分子放在同一溶液中,只要两种单链分子之间存在互补碱基,可以进行配对,在合适的条件下(温度及离子强度)可以形成杂化双链。杂化双链可以在 DNA 与 DNA 之间,也可以在 DNA 与 RNA 之间,或者在 RNA 与 RNA 分子之间形成,这就是核酸分子杂交。现代检测手段最新发展出来的基因芯片等最基本的原理就是核酸分子杂交。

小　结

核酸是生物大分子物质,包括 DNA 和 RNA 两大类。所有生物细胞中都含有这两类核酸。但病毒中只含有一种核酸作为其遗传物质。

核酸是一种多聚核苷酸,其基本结构单位为核苷酸。核苷酸又由含氮碱基、戊糖和磷酸组成。核苷酸除了作为遗传信息的载体,还是许多辅酶因子的结构成分和细胞第二信使。

核酸的一级结构指的是其核苷酸序列。DNA 的二级结构主要为双螺旋结构。两条 DNA 单链以反平行方式排列,两条由磷酸和脱氧核糖形成的主链骨架位于螺旋外侧,碱基位于内侧,两条链间存在碱基互补,通过氢键连系,且 A＝T、G＝C,螺旋的螺距为 3.4 nm,直径为 2 nm,相邻两个碱基对之间的垂直距离为 0.34 nm,每圈螺旋包含 10 个碱基对。

原核生物 DNA 的三级结构绝大多数是闭链环状的双螺旋分子,进一步螺旋化为麻花状结构,称为超螺旋结构,真核生物 DNA 的三级结构是在双螺旋基础上盘绕在组蛋白分子上形成的核小体结构,它是染色体的基本单位,可进一步多层次盘曲折叠,压缩为染色体。RNA 通常以单链形式存在,但也可通过碱基配对形成复杂的局部二级结构和三级结构。tRNA 的二级结构为三叶草形结构,三叶草形结构进一步折叠成倒"L"形结构,即为 tRNA 的三级结构。

mRNA 作为媒介将遗传信息从 DNA 传到核糖体,从而合成蛋白质。真核生物 mRNA 的 5′末端具有一个 7-甲基鸟嘌呤核苷三磷酸的帽子结构,在 3′末端具有不定数目的多聚腺苷酸。tRNA 和 rRNA 也都参与蛋白质的合成。

DNA 双链之间以氢键连接,氢键是一种次级键,能量较低,易受破坏,在某些理化因素作用下,DNA 分子互补碱基对之间的氢键断裂,使 DNA 双螺旋结构松散,变成单链,即为 DNA 变性。DNA 变性只涉及二级结构改变,不伴随一级共价键的断裂。DNA 双链的解离程度与其在 260 nm 处的紫外吸收值正相关,DNA 的变性从开始到解链完全,是在一个相当窄的温度内完成的,在这一范围内,紫外光吸收值增加达到最大增加值的 50% 时的温度叫作 DNA 的解链温度（T_m）。变性 DNA 在适当条件下,两条互补链可重新恢复天然的双螺旋构象,这种现象称为复性。热变性的 DNA 经缓慢冷却后即可复性,这一过程也叫退火,一般认为,比 T_m 值低 25 ℃ 的温度是 DNA 复性的最佳条件。

问题分析与能力提升

病例摘要 患儿,男,40 d,第一胎,第一产,胎龄 35+3 周,早产,系剖宫产。患儿父亲 42 岁,患儿母亲 42 岁。患儿精神一般,常张口伸舌,有不规则动作。

检查:眼裂小,眼距宽,双眼外眦上斜,鼻梁低平,外耳小,常张口伸舌,咽充血染色体核型分析。检查染色体核型分析报告单检验诊断:47,XY+21。

诊断:唐氏综合征。

思考:①该病的致病机制？②该病如何预防？

同步练习

一、单项选择题

1. 自然界游离核苷酸中的磷酸基最常位于 （ ）
   A. 戊糖的 C_1 上　　　　　　　B. 戊糖的 C_2 上
   C. 戊糖的 C_3 上　　　　　　　D. 戊糖的 C_4 上
   E. 戊糖的 C_5 上

2. 含有稀有碱基比例较多的核酸是 （ ）
   A. mRNA　　　　　　　　　　B. DNA
   C. tRNA　　　　　　　　　　D. rRNA
   E. hnRNA

3. 在核酸分子中核苷酸之间的连接方式是 （ ）
   A. 3′,3′-磷酸二酯键　　　　　B. 糖苷键
   C. 2′,5′-磷酸二酯键　　　　　D. 肽键
   E. 3′,5′-磷酸二酯键

4. DNA 分子碱基含量关系哪种是错误的 （ ）
   A. A+T=C+G　　　　　　　　B. A+G=C+T
   C. G=C　　　　　　　　　　D. A=T
   E. A/T=G/C

5. 下列关于 DNA 碱基组成的叙述,正确的是 （ ）
   A. 不同生物来源的 DNA 碱基组成不同
   B. 同一生物不同组织的 DNA 碱基组成不同
   C. 生物体碱基组成随年龄变化而改变
   D. 腺嘌呤数目始终与胞嘧啶相等
   E. A+T 始终等于 G+C

6. 下列关于核酸结构的叙述错误的是 （ ）
   A. 双螺旋表面有一深沟和浅沟　　B. 双螺旋结构中上、下碱基间存在碱基堆积力
   C. 双螺旋结构仅存在于 DNA 分子中　D. 双螺旋结构也存在于 RNA 分子中
   E. 双螺旋结构区存在有碱基互补关系

7. tRNA 的分子结构特征是 （　　）

    A. 含有密码环   B. 含有反密码环

    C. 3′末端有多聚 A   D. 5′端有 CCA

    E. DHU 环中含有假尿苷

8. DNA 受热变性时 （　　）

    A. 在 260 nm 波长处的吸光度下降   B. 多核苷酸链断裂为寡核苷酸链

    C. 碱基对可形成氢键   D. 溶液黏度明显增加

    E. 加入互补 RNA,冷却后可形成 DNA-RNA 杂交分子

二、填空题

1. 核酸完全水解生成的产物有_____、_____和_____,其中糖基有_____、_____,碱基有_____和_____两大类。

2. 体内有两个主要的环核苷酸是_____、_____,它们的主要生理功能是_____。

3. DNA 分子中,两条链通过碱基间的_____相连,碱基间的配对原则是_____对_____、_____对_____。

4. DNA 二级结构的重要特点是形成_____结构,此结构属于_____螺旋,此结构内部是由_____通过_____相连维持,其纵向结构的维系力是_____。

5. DNA 的 T_m 值的大小与其分子中所含的_____的种类、数量及比例有关,也与分子的_____有关。若含的 A-T 配对较多其值则_____、含的 G-C 配对较多其值则_____,分子越长其 T_m 值也越_____。

6. RNA 的二级结构大多数是以单股_____的形式存在,但也可局部盘曲形成_____结构,典型的 tRNA 二级结构是_____型结构。

7. tRNA 三叶草形结构中有_____环、_____环、_____环及_____环,还有_____臂。

三、名词解释

1. 核苷酸   2. 稀有碱基   3. DNA 的一级结构   4. 核酶   5. 核酸的变性和复性   6. T_m 值
7. 核酸的杂交

四、问答题

1. 试比较 DNA 和 RNA 在分子组成和分子结构上的异同点。

2. 简述 tRNA 二级结构的基本特点及各种 RNA 的生物学功能。

3. 什么是解链温度?影响 DNA T_m 值大小的因素有哪些?为什么?

4. 试述核酸分子杂交技术的基本原理及在基因诊断中的应用。

第三章

维生素

学习目标

◆掌握 维生素的概念及特征;脂溶性维生素的生化功能及缺乏病;维生素C的生化功能及缺乏病。

◆熟悉 维生素缺乏的常见原因。

◆了解 维生素的命名、分类;说出B族维生素与辅酶的关系及主要生化功能。

1912年,波兰科学家冯克经过千百次的试验,从米糠中提取出一种能够治疗脚气病的白色物质,称为维持生命的营养素,简称维他命,现通称维生素。如今越来越多的维生素种类被人们认识和发现,目前所知的维生素就有几十种。维生素常与酶一起参与人体的新陈代谢与调节,现代科学进一步肯定了维生素对人体的抗衰老、防治心脏病、抗癌等方面的功能,人体中如果缺少维生素,就会患多种疾病。

第一节 维生素概述

(一)维生素的概念和特征

维生素是维持机体正常代谢和健康所必需,但体内不能合成或合成量不足,必须靠食物供给或由肠道内细菌合成的一类小分子有机化合物。

一般具有以下特征。①外源性:维生素是天然食物中的成分,人体内不能合成或合成量不能满足机体需求,必须由食物提供。②调节性:维生素不是构成组织细胞结构的原料,在体内它常与酶一起参与物质代谢调节和维持机体的生理功能。③微量性:人体对维生素的需要量很少,每日需要量仅以毫克或微克计算。④特异性:机体缺乏某种维生素时,会导致相应的维生素缺乏病。

(二)维生素的命名

维生素的名称一般是按发现的先后,在"维生素"之后加上大写字母A、B、C、D等一直排列到L、P、U等来命名;还可以根据维生素的分子结构特点及化学性质给予化学名称,如硫胺素、视黄醇、核黄素等;也有按临床作用给予命名的,如抗坏血酸维生素、抗癫皮病维生素、抗眼干燥症维生素等。所以,通常同一种维生素有不同的名字。生物化学中使用较多的是化学名称,如尼克酰胺、吡哆醛等。有些在最初发现时认为是一种维生素,后经证明是多种维生素混合存在,命名时便在字母下方标注 1、2、3 等数字加以区别,如维生素 A_1、维生素 A_2。

(三)维生素的分类

维生素在化学本质上不是同一类化合物,有的是胺,有的是酸,有的是醇或醛,所以不能按其化学结构进行分类,而是按其溶解性质分为水溶性维生素和脂溶性维生素两大类。

1.水溶性维生素　水溶性维生素包括 B 族维生素和维生素 C 两大家族类,B 族维生素又包括维生素 B_1、维生素 B_2、维生素 PP、维生素 B_6、维生素 B_{12}、泛酸、叶酸、生物素等。

2.脂溶性维生素　脂溶性维生素主要包括维生素 A、维生素 D、维生素 E、维生素 K 等,均为油样物质,不溶于水。

(四)维生素的缺乏与中毒

1.水溶性维生素缺乏与中毒　水溶性维生素易随尿排出体外,在人体内只有少量储存,因此,每天必须通过膳食提供足够的量以满足机体的需求。当膳食供给不足时,易导致人体出现相应的缺乏症,当摄入过多时,多以原型物从尿中排出体外,不易引起机体中毒。

2.脂溶性维生素缺乏与中毒　脂溶性维生素在人体内大部分储存于肝及脂肪组织,可通过胆汁代谢并排出体外。但如果大剂量摄入,有可能干扰其他营养素的代谢并导致体内积存过多而引起中毒。

3.引起维生素缺乏病的常见原因

(1)摄入量不足　膳食构成或膳食调配不合理、严重的偏食、食物的烹调方法和储存不当均可造成机体某些维生素的摄入不足。如做饭时淘米过度、煮稀饭时加碱、米面加工过细等都可造成维生素 B_1 缺乏;新鲜蔬菜、水果储存过久或炒菜时先切后洗,可造成维生素 C 的丢失和破坏。

(2)机体吸收利用率低　某些原因造成的消化系统吸收功能障碍,如长期腹泻、消化道或胆道梗阻、胃酸分泌减少等均可造成维生素的吸收、利用减少。胆汁分泌受限可影响脂类的消化吸收,使脂溶性维生素的吸收大大降低。

(3)机体需要量增加　不同的人群或人体不同的生理时期,机体对维生素的需要量会有所不同。如孕妇、哺乳期妇女、生长发育期的儿童、重体力劳动者、慢性消耗性疾病者等均可使机体对维生素的需要量相对增加,若不及时补充就会发生维生素缺乏病。

(4)菌群失调导致　长期服用抗生素可抑制肠道正常菌群的生长,从而影响某些维生素如维生素 K、维生素 B_6、叶酸、维生素 PP、生物素、泛酸、维生素 B_{12} 等的产生。

(5)合成不足　日光照射不足,可使皮肤内维生素 D_3 的产生不足,易造成小儿佝偻病或成人软骨病。

第二节　脂溶性维生素

脂溶性维生素都是亲脂性的非极性分子或者衍生物,在食物中随脂类一同被吸收,吸收后的脂溶性维生素在血液中与脂蛋白或某些特殊的结合蛋白特异性结合而运输,多储存于肝。

一、维生素 A

(一)化学本质、性质及来源

维生素 A 的化学本质是含有脂环的不饱和一元醇(图 3-1),包括维生素 A_1 和维生素 A_2。维生素 A 易氧化,遇热和光更易氧化。维生素 A_1 又称视黄醇,主要存在于哺乳动物和海鱼肝中,维生素 A_2 又称 3-脱氢视黄醇,主要存在于淡水鱼、肉类、蛋黄、乳制品中等。

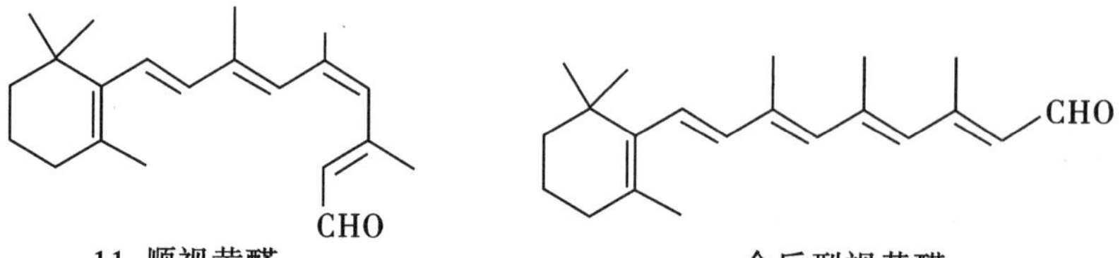

11-顺视黄醛　　　　　　　　全反型视黄醛

图 3-1　维生素 A 结构

(二)生化功能及缺乏症

1. 构成视觉细胞内的感光物质成分　在人类视杆细胞中有感受弱光或暗光的视紫红质,它是由维生素 A_1 转变成的 11-顺视黄醛与视蛋白在暗处合成的。当视紫红质感光时,其结构中 11-顺视黄醛在光异构作用下转变成全反型视黄醛,并与视蛋白解离而失色,这一异构变化的过程引起视杆细胞膜 Ca^{2+} 通道开放,Ca^{2+} 迅速内流而引发神经冲动产生视觉,如图 3-2 所示。

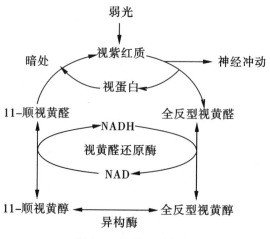

图 3-2　视紫红质合成

当人从亮处到暗处,最初视物不清,是因为杆状细胞内视紫红质被光照分解,在暗处重新合成后感弱光,方能看清弱光下的物体,这一过程称为暗适应。当缺乏维生素A时,视紫红质合成减少,对弱光敏感性降低,暗适应时间延长,严重时会发生"夜盲症"。

2. 刺激组织生长与分化 视黄醇磷酸酯是寡糖的载体,参与膜糖蛋白的合成。上皮组织的糖蛋白是细胞膜的重要组成成分,与上皮组织的结构和功能密切相关。维生素A缺乏时,引起上皮组织的改变,如腺体分泌减少,上皮干燥、角化及增生。泪腺上皮不健全,泪液分泌减少,产生眼干燥症,因此维生素A又称抗眼干燥症维生素。

3. 促进动物生长及骨骼发育 缺乏维生素A时,儿童生长停顿、发育不良。

4. 抗衰老、抑制癌变作用 动物实验表明,摄入维生素A可减轻致癌物质的作用。β胡萝卜素是抗氧化剂,在氧分压较低情况下,能直接消灭自由基,阻止脂质过氧化,保护细胞膜;自由基还是引起肿瘤和组织损伤的重要因素。

但是,维生素A摄入过多可引起中毒症状,严重危害健康。维生素A中毒目前多见于1~2岁的婴幼儿,主要表现为毛发易脱、皮肤干燥、瘙痒、烦躁、厌食、肝大及易出血等症状。引起维生素A中毒的原因一般是因鱼肝油服用过多。

二、维生素 D

(一)化学本质、性质及来源

维生素D又称抗佝偻病维生素,是类固醇衍生物,种类很多,以维生素D_2(麦角钙化醇)和维生素D_3(胆钙化醇)最重要(图3-3)。鱼油、蛋黄、肝等富含维生素D;动物皮肤的7-脱氢胆固醇,经紫外线照射转变为维生素D_3;植物中的麦角固醇,经紫外线照射转变为维生素D_2。婴幼儿、成人经常接受日照,可补充一定量的维生素D_3。

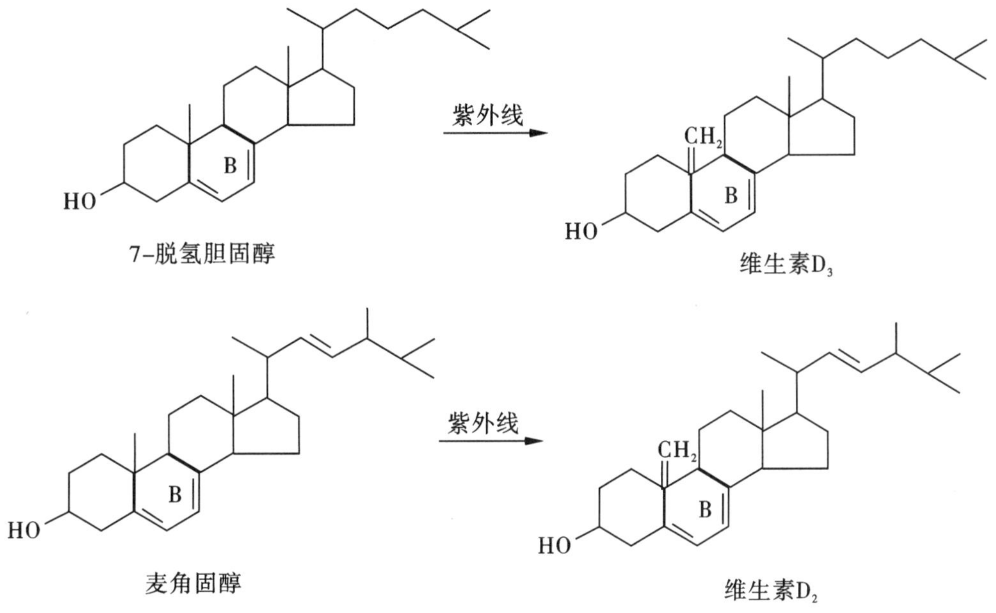

图 3-3　维生素 D 的结构

维生素 D 被吸收后经肝和肾的羟化作用,生成 1,25-二羟维生素 D_3。1,25-二羟维生素 D_3 是维生素 D_3 的活性形式。

(二)生化功能和缺乏病

1,25-二羟维生素 D_3 可调节体内钙和磷的代谢,利于新骨生成和钙化。通过诱导小肠黏膜上皮细胞合成钙结合蛋白,促进小肠对钙、磷的吸收,因此使用维生素 D 时应补充钙;同时还促进肾小管细胞对钙、磷的重吸收,从而维持正常血钙、血磷的浓度;1,25-二羟维生素 D_3 促进成骨细胞形成和促进骨盐沉积,利于骨骼、牙齿的形成和钙化。

当维生素 D 缺乏时,儿童可发生佝偻病,成人引起软骨病。另外,维生素 D 缺乏可引起自身免疫性疾病。1,25-二羟维生素 D_3 具有对抗 1 型和 2 型糖尿病的作用,对某些肿瘤细胞还具有抑制增殖和促进分化的作用。服用过量的维生素 D 可引起高钙血症、高钙尿症、高血压、软组织钙化及肝损伤等。

三、维生素 E

(一)化学本质、性质及来源

维生素 E 俗称生育酚或抗不育维生素,主要分为生育酚(图 3-4)和生育三烯酚两大类,每一类又可根据甲基的数目和位置分为 α、β、γ、δ 四种。其中以 α-生育酚的生物活性最强。维生素 E 的化学本质为苯并二氢吡喃的衍生物。

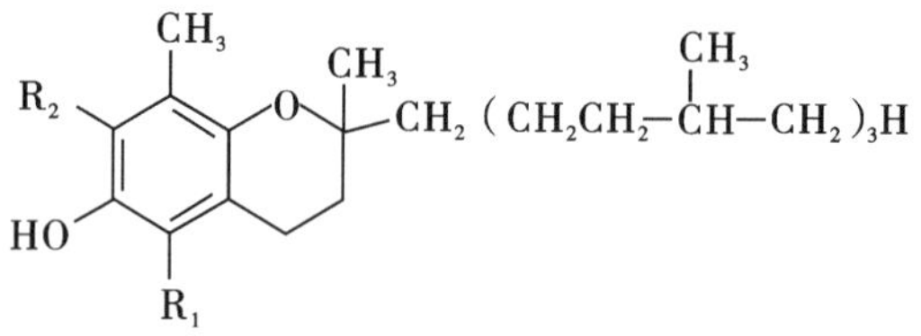

$$R_2 \quad \overset{CH_3}{\underset{HO}{\bigcirc}} \quad \overset{CH_3}{\underset{R_1}{\bigcirc}} \quad CH_2(CH_2CH_2CH-CH_2)_3H \quad \overset{CH_3}{|}$$

图 3-4 生育酚

维生素 E 为微带黏性的淡黄色油状物,在无氧条件下较为稳定、耐热,但在空气中极易被氧化失效,因此是体内最有效的抗氧化剂。

维生素 E 在麦胚油、棉籽油、大豆油和玉米油等植物油中含量最多,豆类及绿叶蔬菜中含量也较丰富。冷冻储存食物或加热油,生育酚易大量丢失。维生素 E 的推荐量为每日 8～10 mg。

(二)生化功能及缺乏症

1.具有抗氧化作用 它可保护体内的不饱和脂肪酸、巯基化合物和巯基酶等免遭氧化损害,磷脂是生物膜的重要成分,维生素 E 可防止磷脂中不饱和脂肪酸氧化成过氧化脂质,从而保护生物膜的正常结构和功能。

2.维持动物的生殖功能 人类的生育是否需要维生素 E,尚无定论。有关从大鼠试验中获知,维生素 E 缺乏时,雄鼠睾丸不能生成精子,雌鼠的卵不能植入子宫内,胚胎、胎盘易萎缩被吸收,引起流产。临床常用维生素 E 治疗不育症、习惯性流产、先兆流产等。

3.促进血红素等合成　维生素 E 能提高血红素合成过程中关键酶 δ-氨基 γ-酮戊酸(ALA)合成酶与 ALA 脱水酶的活性,促进血红素合成,利于血红蛋白的合成,所以孕妇、哺乳期妇女、婴儿应注意补充维生素 E。新生儿缺乏维生素 E 可引起贫血。

由于维生素 E 有抗氧化作用,保持红细胞的完整性,因此缺乏时会引起红细胞膜脆性增加,表现为贫血或血小板增多症,临床上用维生素 E 治疗溶血性贫血。

维生素 E 还与防止不饱和脂肪酸氧化有关,机体衰老时细胞内可出现棕色的色素颗粒,随年龄而增加。该颗粒的生成是由于不饱和脂肪酸氧化成过氧化脂质,再与蛋白质结合成复合物在细胞内积蓄所致。给予维生素 E 可减少色素颗粒、改善皮肤弹性、延缓性腺萎缩等。因此维生素 E 可用于延缓衰老。

四、维生素 K

(一)化学本质、性质及来源

维生素 K 又称凝血维生素,是 2-甲基-1,4-萘醌的衍生物(图 3-5)。自然界中主要以维生素 K_1、维生素 K_2 两种形式存在。维生素 K_1 存在于绿叶植物和动物肝中;维生素 K_2 可以由肠道细菌合成。维生素 K 对热稳定,易受光和碱破坏。临床上应用的为人工合成的维生素 K_3、维生素 K_4,溶于水,可口服和注射。

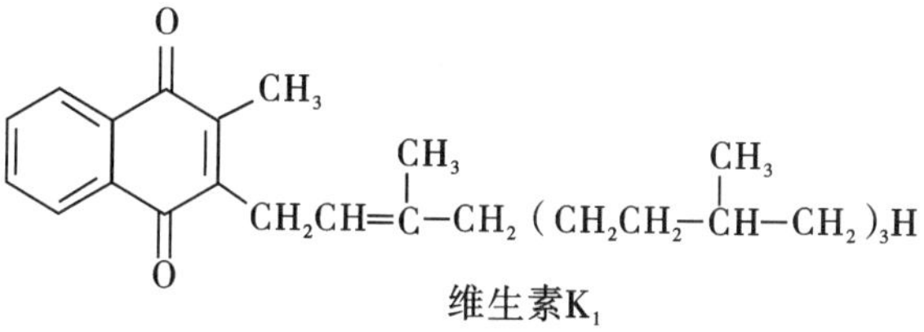

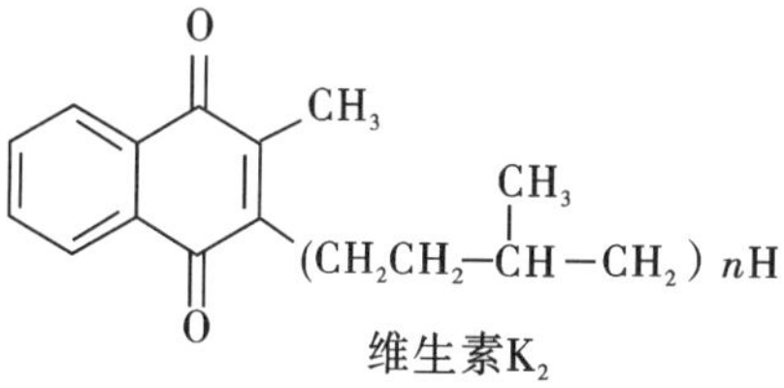

图 3-5　维生素 K_1、维生素 K_2

动物的肝脏、鱼、肉和菠菜、青菜等食物中含有丰富的维生素 K。维生素 K 推荐量为每日 $60 \sim 80 \, \mu g$。维生素 K 的吸收主要在小肠,与乳糜微粒结合,经淋巴入血,在血液中随 β 脂蛋白转运至肝储存。

(二)生化功能及缺乏症

维生素 K 与血液凝固有关。某些凝血因子(Ⅱ、Ⅶ、Ⅸ、Ⅹ)从无活性转变为有活性是在 γ-羧化酶催化下完成的,维生素 K 是该酶的辅酶。凝血因子 N 末端的谷氨酸残基被羧化成 γ-羧基谷氨酸(Gla),Gla 具有螯合 Ca^{2+} 的能力,在凝血过程中发挥作用。缺乏维生素 K 凝血功能障碍,主要表现皮下、肌肉及胃肠道出血。

维生素 K 因食物中含量丰富,而且体内肠道中的细菌也能合成,一般情况下,人体不会缺乏维生素 K。新生儿肠道中缺乏细菌及吸收不良,可能暂时出现缺乏病。长期口服抗生素,抑制肠道菌群生长,也可出现缺乏病。

第三节　水溶性维生素

水溶性维生素是能在水中溶解的一组有机营养分子,常是辅酶或辅基的组成部分,包括 B 族维生素及抗坏血酸(维生素 C)等,B 族维生素又包括维生素 B_1、维生素 B_2、维生素 PP、维生素 B_6、维生素 B_{12}、泛酸、叶酸、生物素等。

一、维生素 B_1

(一)化学本质、性质及来源

维生素 B_1 又称硫胺素,为白色结晶,极易溶于水。耐热、耐酸,若在碱性溶液中加热易被破坏。瘦肉、种子外皮和胚芽中较为丰富,全粒谷物富含硫胺素,碾成精度很高的谷类可损失 80% 以上。

硫胺素在小肠上部被迅速吸收,吸收后经血液运至肝、脑组织,经硫胺素焦磷酸激酶催化转变为活性形式焦磷酸硫胺素(TPP)(图 3-6)。

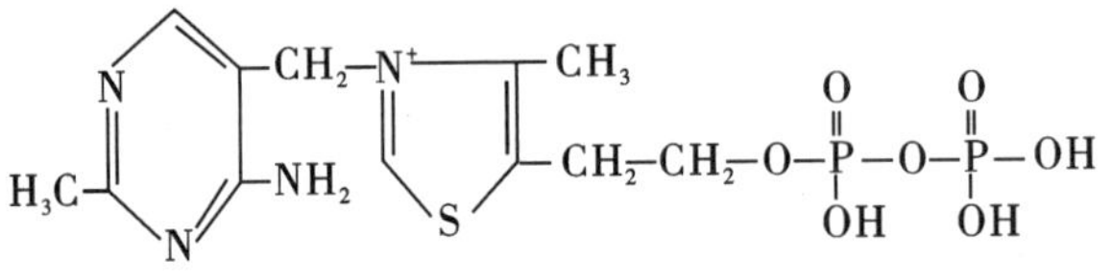

图 3-6　焦磷酸硫胺素(TPP)

(二)生化功能及缺乏症

1. 与糖代谢关系密切　TPP 是 α-酮酸氧化脱羧酶的辅酶,参与 α-酮酸的氧化脱羧反应,如丙酮酸和 α-酮戊二酸的氧化脱羧缺乏维生素 B_1 时,α-酮酸氧化脱羧减少,糖代谢受限,首先影响神经组织的能量供应,并积聚较多丙酮酸及乳酸,使神经组织传导障碍,患者出现手足麻木、四肢无力、肌肉萎缩等多发性神经炎的症状。严重时影响心肌代谢,可出现心力衰竭、下肢水肿等症状,临床上称"脚气病"。所以,维生素 B_1 也称抗脚气病维生素。

2. 维生素 B_1 在神经传导中起一定作用　TPP 参与乙酰胆碱的合成与分解,体内乙酰胆碱是由乙酰辅酶 A 与胆碱合成,乙酰辅酶 A 主要来自于丙酮酸的氧化脱羧反应。维生素 B_1 缺乏时,使丙酮酸氧化脱羧反应受阻,影响乙酰胆碱的合成。同时,由于维生素 B_1 对胆碱酯酶的抑制减弱,使乙酰胆碱分解加强,导致神经传导受到影响。主要表现为消化液分泌减少、食欲缺乏、消化不良等。

二、维生素 B_2

(一)化学本质、性质及来源

维生素 B_2 又名核黄素,是核醇与 7,8-二甲基异咯嗪的缩合物,由于异咯嗪环上的第 1 及第 10 位氮原子与活泼的双键连接,这两个氮原子可反复地受氢和脱氢,具有氧化还原性。维生素 B_2 在碱性溶液中极易变质,在酸性溶液中稳定,对光极为敏感。蛋黄、瘦肉、绿叶蔬菜、米糠等食物是核黄素的主要来源。肠道细菌能合成核黄素。

维生素 B_2 被吸收后在小肠黏膜的黄素激酶的作用下可转变成黄素单核苷酸(flavin mononucleotide,FMN),在体细胞内还可进一步在焦磷酸化酶的催化下生成黄素腺嘌呤二核苷酸(flavin adenine dinucleotide,FAD),FMN 及 FAD 为其体内存在活性型(图3-7)。

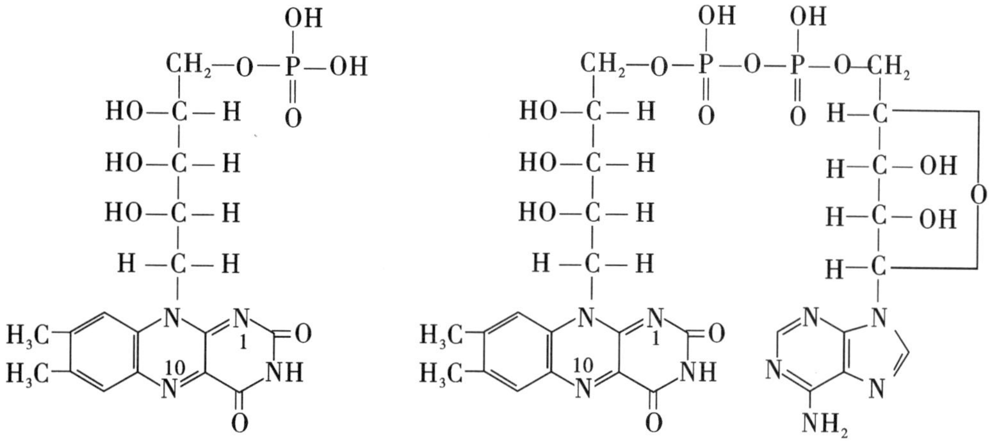

FMN的结构   FAD的结构

图3-7　FMN、FAD 的结构

(二)生化功能及缺乏症

FMN、FAD 是体内氧化还原酶的辅基,如琥珀酸脱氢酶、黄嘌呤氧化酶和脂酰 CoA 脱氢酶等,主要起递氢的作用,能促进糖、脂肪和蛋白质的代谢,可以维持皮肤、黏膜和视觉的正常功能。人类维生素 B_2 缺乏时,可引起口角炎、唇炎、阴囊炎、眼睑炎等症。

三、维生素 PP

(一)化学本质、性质及来源

维生素 PP 又名抗癞皮病维生素,包括尼克酸(又称烟酸)及尼克酰胺(又称烟酰胺),二者均属吡啶衍生物,在体内可相互转化,对酸、碱和热均比较稳定。肉、肝、谷类、胚芽、花生等食物的维生素 PP 含量较多。谷类加工越精细丢失越多。动物性蛋白含色氨酸较多,人体能将色氨酸转变成维生素 PP,但转变率较低。在体内尼克酸可经几步连续的酶促反应与核糖、磷酸、腺嘌呤组成脱氢酶的辅酶,主要包括尼克酰胺腺嘌呤二核苷酸(NAD^+)和尼克酰胺腺嘌呤二核苷酸磷酸($NADP^+$),它们是维生素 PP 在体内的活性型(图3-8)。

(二)生化功能及缺乏症

NAD^+ 和 $NADP^+$ 是多种不需要氧脱氢酶的辅酶,分子中的尼克酰胺部分具有可逆的加氢及脱氢的特性。

人类维生素 PP 缺乏症称为癞皮病,主要表现是皮炎、腹泻及痴呆。皮炎常呈对称性,并出现于暴露部位;痴呆是因神经组织变性的结果。抗结核药物异烟肼的结构与维生素 PP 十分相似,二者有拮抗作用,长期服用可能引起维生素 PP 缺乏。

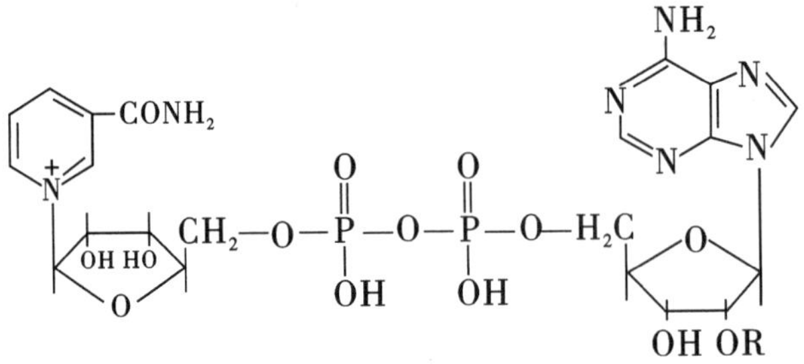

图 3-8　NAD⁺ 与 NADP⁺ 的结构

四、维生素 B₆

(一)化学本质、性质及来源

维生素 B₆ 是吡啶的衍生物,包括吡哆醇、吡哆醛及吡哆胺,在体内以磷酸酯的形式存在(图 3-9)。参加代谢的活性形式是磷酸吡哆醛和磷酸吡哆胺,二者可相互转变。

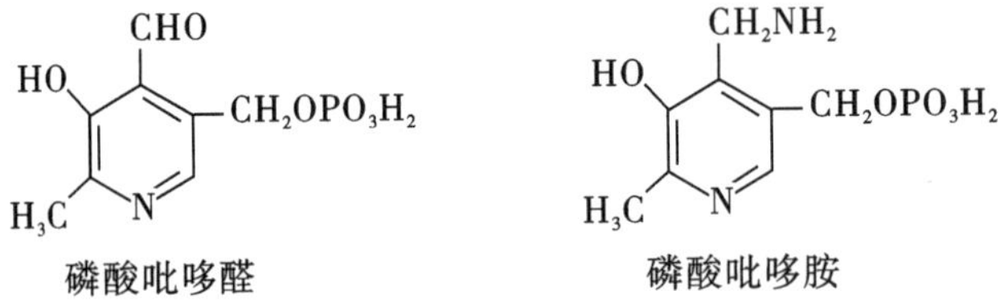

磷酸吡哆醛　　　　　　　磷酸吡哆胺

图 3-9　磷酸吡哆醛、磷酸吡哆胺

维生素 B₆ 在酸性溶液中较稳定,在碱性溶液中易受光、热而破坏。维生素 B₆ 在食物中分布较广,谷类加工与食物储存、烹调过程均可使其丢失;过多纤维素也使其利用率降低。食物中的维生素 B₆ 利用率约为 75%。

(二)生化功能及缺乏症

①磷酸吡哆醛是转氨酶辅酶,磷酸吡哆醛和磷酸吡哆胺二者互变起着传递氨基的作用。②磷酸吡哆醛是氨基酸脱羧酶的辅酶,催化谷氨酸、组氨酸、鸟氨酸、色氨酸等的脱羧反应,生成相应的胺类。如谷氨酸脱羧产生的 γ-氨基丁酸是抑制性神经递质,临床上常用维生素 B₆ 对小儿惊厥及妊娠呕吐进行治疗。③其他磷酸吡哆醛是 δ-氨基-γ-酮戊酸(ALA)合酶的辅酶,而 ALA 合酶是血红素合成的限速酶。缺乏维生素 B₆ 时有可能造成低血色素小细胞性贫血和血清铁增高,故维生素 B₆ 临床用于贫血的辅助治疗。

五、泛酸

（一）化学本质、性质及来源

泛酸又称遍多酸。泛酸广泛存在于生物界，因显酸性而得名。泛酸在肠内被吸收进入人体后，经磷酸化并获得巯基乙胺而成 4-磷酸泛酰巯基乙胺。4-磷酸泛酰巯基乙胺是辅酶 A（CoA-SH）及酰基载体蛋白（ACP）的组成部分，所以 CoA 及 ACP 为泛酸在体内的活性型（图 3-10）。

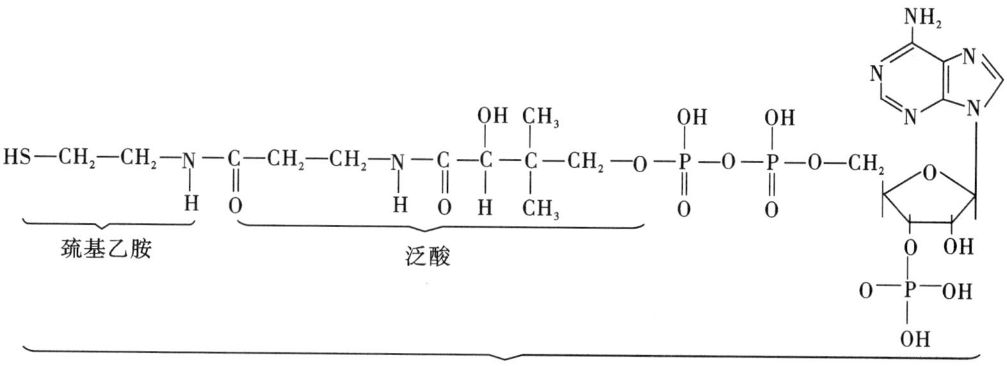

图 3-10　辅酶 A

（二）生化功能及缺乏症

在体内 CoA 及 ACP 构成各种酰基转移酶的辅酶，它们广泛参与糖、脂类、蛋白质代谢及肝的生物转化作用。有 70 多种酶需 CoA 及 ACP，常以 CoA-SH 表示辅酶 A。人类泛酸缺乏病罕见。

六、生物素

（一）化学本质、性质及来源

生物素是由噻吩环和尿素相结合的双环化合物（图 3-11），它为无色针状结晶体，耐酸而不耐碱，氧化剂及高温可使其失活。肠道细菌能合成生物素。

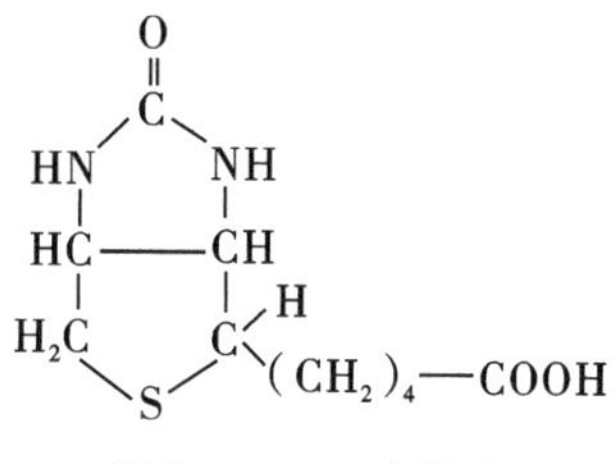

图 3-11　β-生物素

(二)生化功能及缺乏症

生物素是各种羧化酶的辅酶,是 CO_2 的载体,参与羧化反应。如丙酮酸羧化为草酰乙酸,乙酰 CoA 羧化为丙二酰 CoA 等过程中均需生物素参与。生物素来源极广泛,人体肠道细菌也能合成,很少出现缺乏症。

七、叶酸

(一)化学本质、性质及来源

叶酸因绿叶植物中含量十分丰富而得名。叶酸由蝶呤啶、对氨基苯甲酸和谷氨酸三部分组成。叶酸在酸性溶液中不稳定,加热或光照时易破坏。叶酸广泛存在于动物、植物性食物。食物经长时间储存及烹调可损失较多。叶酸在肉及水果、蔬菜中含量较多,肠道的细菌也能合成。

叶酸在小肠上段易被吸收,在十二指肠及空肠上皮黏膜细胞含叶酸还原酶(辅酶为 NADPH),在该酶的作用下叶酸可转变成二氢叶酸(FH_2),FH_2 再还原成活性形式四氢叶酸(FH_4)(图 3-12)。

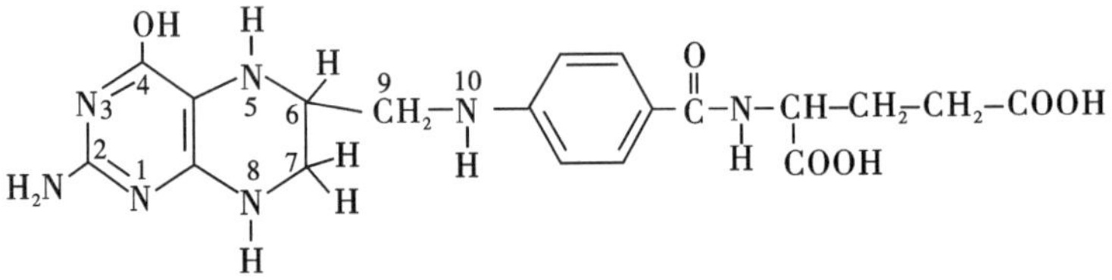

图 3-12　四氢叶酸

(二)生化功能及缺乏症

四氢叶酸是体内一碳单位转移酶的辅酶,作为一碳单位载体为嘌呤、胸腺嘧啶核苷酸等物质的合成提供碳源等。当叶酸缺乏时,DNA 合成必然受到抑制,骨髓幼红细胞 DNA 合成减少,细胞分裂速度降低,细胞体积变大,造成巨幼细胞贫血。

八、维生素 B_{12}

(一)化学本质、性质及来源

维生素 B_{12} 又称钴胺素,是唯一含金属元素的维生素。维生素 B_{12} 在体内因结合的化学基团不同,可有多种存在形式,如氰钴胺素、羟钴胺素、甲钴胺素和 5′-脱氧腺苷钴胺素,后两者是维生素 B_{12} 的活性型,也是血液中存在的主要形式。

维生素 B_{12} 在强酸、强碱和光照下不稳定。人体维生素 B_{12} 主要来源于动物性食物,人体肠道细菌可以合成。维生素 B_{12} 的吸收需要一种由胃壁细胞分泌的高度特异的糖蛋白(内因子)和胰腺分泌的胰蛋白酶参与。故胃和胰腺功能障碍(慢性萎缩性胃炎、胃大部分或全切的患者)时可引起维生素 B_{12} 的缺乏。维生素 B_{12} 广泛存在于动物性食物,长期素食者易发生缺乏病。

(二)生化功能及缺乏症

1.甲基钴胺素是转甲基酶的辅酶　甲基钴胺素与四氢叶酸协同进行甲基转移。

在蛋氨酸循环中,甲基钴胺素作为转甲基酶的辅酶,从甲基四氢叶酸接受甲基,转移给同型半胱氨酸,同型半胱氨酸甲基化后可以生成蛋氨酸。缺乏维生素 B_{12} 时,甲基四氢叶酸中的甲基不能转移出去,一是引起蛋氨酸合成减少,同型半胱氨酸堆积,可造成高同型半胱氨酸血症,加速动脉硬化、血栓生成和高血压的危险性。二是影响 FH_4 的再生,组织中游离的 FH_4 含量减少,一碳单位的代谢受阻,造成核酸合成障碍,产生巨幼细胞贫血。

2.5′-脱氧腺苷钴胺素是变位酶的辅酶 5′-脱氧腺苷钴胺素是 L-甲基丙二酰 CoA 变位酶的辅酶,使 L-甲基丙二酰 CoA 转变为琥珀酰 CoA。缺乏维生素 B_{12} 可使神经组织中 L-甲基丙二酰 CoA 大量堆积,成为丙二酰 CoA 的竞争性抑制剂,妨碍脂肪酸的合成,导致神经髓鞘质变性退化。

九、硫辛酸

(一)化学本质、性质及来源

硫辛酸的化学结构是一个含硫的八碳酸,以氧化型和还原型两种形式存在,氧化型在 6、8 位上由二硫键相连,又称 6,8-二硫辛酸。硫辛酸不溶于水,而溶于脂溶剂,故有人将其归为脂溶性维生素。在食物中常和维生素 B_1 同时存在。

(二)生化功能及缺乏症

①二氢硫辛酸是二氢硫辛酸乙酰转移酶的辅酶,参与糖代谢中 α-酮酸的氧化脱羧作用。②硫辛酸还具有抗脂肪肝和降低血胆固醇的作用;此外,它很容易进行氧化还原反应,故可保护巯基酶免受金属离子的损害。目前尚未发现人类有硫辛酸的缺乏症。

十、维生素 C

(一)化学本质、性质及来源

维生素 C 又称抗坏血酸,化学本质是己糖酸内酯。它是六碳多羟酸性化合物,其烯醇式羟基的氢容易解离,而显酸性(图 3-13)。维生素 C 在体内有两种形式,即抗坏血酸和脱氢抗坏血酸,二者通过氧化还原反应可以互变而发挥生理作用。

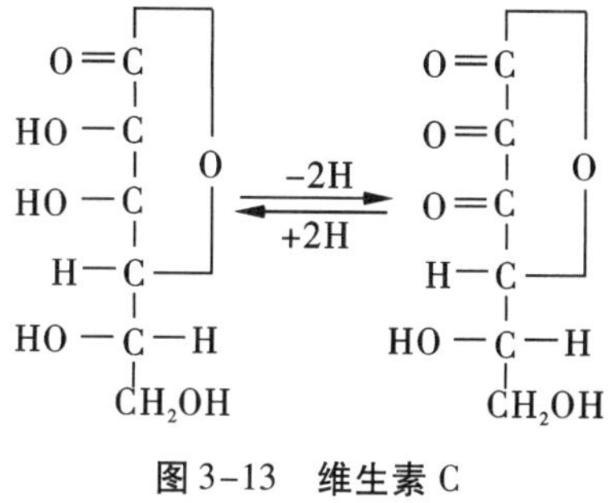

图 3-13 维生素 C

(二)生化功能及缺乏症

1.参与体内多种羟化反应

(1)促进胶原蛋白的合成 维生素 C 是胶原脯氨酸羟化酶及胶原赖氨酸羟化酶的辅助因子,参与羟化反应,促进胶原蛋白的合成。胶原蛋白是结缔组织、骨和毛细血管的重要成分。维生素 C 缺乏时将导致毛细血管破裂,引起皮下、黏膜及牙龈等部位出血,严重时引起内脏出血,临床上称之为坏血病。由于维生素 C 能防治坏血病,所以又称抗坏血酸。它对创伤的愈合是不可缺少的。

(2)参与胆固醇的转化 维生素 C 是 7α-羟化酶的辅酶。正常时体内 40% 的胆固醇经羟化转变成胆汁酸。缺乏维生素 C 直接影响胆固醇转化,进而影响脂类代谢。

(3)参与芳香族氨基酸的代谢 维生素 C 参与苯丙氨酸转变为酪氨酸、酪氨酸转变为对羟苯丙氨酸及尿黑酸的反应。缺乏维生素 C 可导致尿中出现大量对羟苯丙氨酸。维生素 C 还参与酪氨酸转变为儿茶酚胺,色氨酸转变为 5-羟色胺的反应。

(4)参与肉碱合成 体内肉碱合成过程需要两个依赖维生素 C 的羟化酶,维生素 C 缺乏时,由于脂肪酸 β-氧化减弱,患者出现的倦怠乏力也是坏血病的症状之一。

2.参与体内的氧化还原反应 维生素 C 能可逆地脱氢和加氢,在许多氧化还原反应中发挥作用。

(1)保护巯基 它能使巯基酶的—SH 维持还原状态,以保护酶的活性。可使氧化型谷胱甘肽还原为还原型谷胱甘肽,因而有处理氧化剂,保护细胞膜的作用。

(2)利于血红蛋白运氧和造血 维生素 C 使红细胞中高铁血红蛋白还原为血红蛋白,使其恢复氧运输能力。维生素 C 使 Fe^{3+} 还原为 Fe^{2+},有利于铁的吸收及血红素的合成,促进造血功能。

(3)保护其他维生素 保护维生素 A、维生素 E 及 B 族维生素免遭氧化;还能促使叶酸转变为有活性的四氢叶酸。

3.抗病毒作用 维生素 C 能增加淋巴细胞的生成,提高吞噬细胞的吞噬能力,促进免疫球蛋白的合成,因此能提高机体免疫力。临床上用于心血管疾病、病毒性疾病等的支持性治疗。

植物中含有抗坏血酸氧化酶能将维生素 C 氧化为二酮古洛糖酸而失活,所以长期储存水果、蔬菜时维生素 C 的含量会大量减少。

小 结

维生素是维持人体生命活动所必需的,但在人体内不能合成或合成数量不能满足机体需求,必须由食物提供的一类小分子有机化合物。根据溶解性分为脂溶性维生素和水溶性维生素两大类。脂溶性维生素主要包括维生素 A、维生素 D、维生素 E、维生素 K 四种,水溶性维生素包括 B 族维生素和维生素 C 两大类。

脂溶性维生素溶于脂溶剂而不溶于水,在肠道吸收也与脂类密切相关,常因脂类吸收障碍而影响其吸收,其在肝或脂肪组织有一定的储存,长期缺乏供应,才引起缺乏病,若大量摄入,可导致体内积存过多而引起中毒。水溶性维生素易溶于水,长期缺乏会引起缺乏症,在体内不易储存,易从尿中排出,摄入量过多时,多以原型从尿中排出体外,很少发生机体中毒。水溶性维生素中 B 族维生素在体内构成酶的辅酶或辅基,在物质代谢中发挥重要作用。

 问题分析与能力提升

病例摘要 患儿,男,8岁,被诊断为急性共济失调与发育不良而住院接受治疗,初步怀疑为颅内占位性病变。检查表现出震动觉、关节位置觉缺失。实验室检查判断为小儿巨幼细胞贫血,脑部核磁共振检查没有发现脑部肿块或其他异常。询问小孩饮食习惯发现,该患者是一个绝对素食者。该患者被诊断为维生素 B_{12} 缺乏症,并接受肌内注射维生素 B_{12} 治疗。神经症状在开始治疗后几天内很快得到缓解。

思考:①该患者为何实验室检查判断为小儿巨幼细胞贫血?②该患者饮食习惯与维生素 B_{12} 缺乏症有何关系?

同步练习

一、单项选择题

1. 多食糖类需补充 （ ）
   A. 维生素 B_1 B. 维生素 B_2
   C. 维生素 B_5 D. 维生素 B_6
   E. 维生素 C

2. 肠道细菌可以合成下列哪种维生素 （ ）
   A. 维生素 K_2 B. 维生素 C
   C. 维生素 D   D. 维生素 E
   E. 维生素 B_2

3. 在凝血过程中发挥作用的许多凝血因子的生物合成依赖下述的哪一种维生素 （ ）
   A. 维生素 K   B. 维生素 E
   C. 维生素 C   D. 维生素 A
   E. 维生素 B_2

4. 真正的、具有生物活性的维生素 D 是 （ ）
   A. 25-羟基 D_3 B. D_3
   C. 7-脱氢胆固醇   D. 1,25-二羟基 D_3
   E. 1-羟基 D_3

5. 维生素 A 在视色素中的活性形式是 （ ）
   A. 反视黄醛   B. 11-顺视黄醛
   C. 胡萝卜素   D. 视黄酸
   E. 全反视黄醛

二、填空

1. 维生素 E 对_____极敏感,且易自身_____,因而能保护其他物质免遭氧化,所以具有_____作用。

2. 维生素 B_2 是_____和_____的缩合物,因其结晶呈橘黄色又称_____。

3. 维生素 PP 包括_____和_____两种,都是_____的衍生物。

4. 维生素 PP 在体内的活性形式是_____和_____,是多种不需氧脱氢酶的辅酶,分子中的尼可酰胺部分具有可逆的_____及_____特性。

5.临床上常用维生素 B_6 治疗小儿惊厥和呕吐,其机制是维生素 B_6 是_____的辅酶,能催化_____脱羧生成_____,该产物是一种抑制性神经递质。

三、名词解释

1.维生素 2.维生素缺乏症 3.维生素中毒症 4.水溶性维生素 5.脂溶性维生素

四、问答题

1.维生素 A 缺乏时,为什么会患夜盲症?

2.叙述佝偻病的发病机制。

3.维生素 K 促进凝血的机制是什么?

4.为什么维生素 B_1 缺乏会患脚气病?

第四章

酶

学习目标

◆掌握 酶的概念、酶的化学本质及酶促反应的特点;酶的分子组成、全酶、酶蛋白、辅助因子、必需基团、活性中心、酶原及酶原的激活;同工酶的概念及临床意义。

◆熟悉 影响酶促反应的因素及作用特点。

◆了解 酶的分类及命名;酶在医学上的应用。

人体内各种化学反应几乎都是在特异的生物催化剂催化下才能迅速进行。与一般的化学催化剂相比,生物催化剂具有更高的催化效率和特异性,使细胞内各种化学反应在温和的条件下可迅速有序地进行,才能保证生物体内的新陈代谢有条不紊地进行。人们已经发现酶和核酶两类生物催化剂。

酶与生命活动息息相关,从食物的消化吸收到营养物质在体内的代谢转化,几乎所有的化学反应都是在酶的催化下进行的。消化液中含有许多种酶,如胃液种含有胃蛋白酶,小肠液含有淀粉酶、麦芽糖酶、蔗糖酶、肽酶、脂肪酶等多种消化酶。人体内已知的酶有2 000余种,这些酶大多数分布在组织细胞中催化各种化学反应,同时酶也受到许多因素的影响,对代谢发挥精细的调节作用。人体内许多疾病与酶的异常密切相关,遗传性因素可引起酶质和量的异常。检测体液,尤其是血液中酶活性的改变可以帮助诊断某些疾病。许多药物可以通过改变人体或致病菌中某些酶的活性达到治疗目的。酶作为药物不断扩大其应用范围,酶还作为工具可用于临床检验和科学研究,固定化酶、抗体酶、酶联免疫测定等被广泛应用并越来越受到重视。

第一节 酶的含义及作用特点

一、酶的生物学意义

酶是活细胞产生的具有催化作用的一类特殊蛋白质,又称生物催化剂。体内几乎所有的化学反应都是在酶的催化作用下进行的,没有酶就没有新陈代谢,就没有生命活动。1926年,美国科学家 Summer 首次从刀豆中提纯得到脲酶结晶,并证明酶的化学本质是蛋白质。1982年,Cech 从四膜虫研究中发现了具有自身催化作用的核糖核酸,提出了核酶的概念。1995年,Szostak 研究室报道了具有 DNA 连接酶活性的 DNA 片段,命名为脱氧核酶。但是,生物体内绝大多数化学反应仍是由蛋白质类的天然酶催化。

二、酶的作用特点

(一)酶与一般催化剂的共性

酶和一般催化剂一样,只能催化热力学上允许进行的化学反应,只能缩短可逆反应达到平衡所需的时间,而不能改变平衡点,即不改变平衡常数。都能降低反应所需的活化能,从而增加活化分子的数量,加速反应进行。反应前后酶的质和量保持不变。

(二)酶的催化作用特点

酶的化学本质是蛋白质,与一般催化剂相比有其自身的作用特点。

1. 极高的催化效率 在常温、常压及 pH 值接近中性的条件下,酶比一般催化剂的效率高 $10^6 \sim 10^{12}$ 倍。例如,脲酶水解尿素的速度常数比酸水解尿素高 7×10^{12} 倍左右,过氧化氢酶催化过氧化氢分解的速度常数比 Fe^{2+} 高 6×10^5 倍左右。

2. 高度的专一性 酶对其所催化的底物有较严格的选择性。一种酶只作用于一类化合物或一定的化学键,促进一定的化学反应,生成一定的产物,这种现象称为酶的专一性或特异性。根据酶对底物选择的严格程度不同,酶的专一性可分为三种类型。

(1)绝对专一性 一种酶只能催化一种底物进行一种化学反应,这种专一性称为绝对专一性。如琥珀酸脱氢酶催化琥珀酸脱氢,生成延胡索酸,而对结构相似的丙二酸则不起作用。

(2)相对专一性 一种酶能作用于一类化合物或一种化学键,这种不太严格的选择性称为相对专一性。如蔗糖酶作用于蔗糖分子中的 β-1,2-糖苷键,也可作用于棉子糖分子中葡萄糖与果糖间的 β-1,2-糖苷键等。

(3)立体异构特异性 某些酶对底物的立体构型有严格的要求,称之为立体异构特异性。例如精氨酸酶只能催化 L-精氨酸水解生成 L-鸟氨酸和尿素,而对 D-精氨酸则无作用。

3. 高度不稳定性 由于酶的化学本质是蛋白质,所以凡能使蛋白质变性的理化因素均可影响酶的活性,甚至使酶完全失活。故要保持酶的活性,必须避免能使蛋白质变性的因素。此外,酶活性还受特异抑制剂的抑制。

4. 酶活性的可调控性 酶与体内其他代谢物一样,其自身也要不断进行新陈代谢,通过改变酶的合成和降解速度可调节酶含量。代谢物浓度或产物浓度变化、外界环境变化和生理功能的需要均可通过激素和神经系统,通过关键酶的变构调节和共价修饰来影响整个酶促反应速度,从而保证物质代谢的速度和方向。

第二节　酶的命名与分类

一、酶的命名

（一）习惯命名法

1961年以前,人们使用的是酶的习惯命名法,一般按以下几种情况对酶进行命名:①根据底物命名,如淀粉酶、蛋白酶等;②以酶催化的底物加反应的类型来命名,如乳酸脱氢酶、磷酸己糖异构酶等;③有时在底物前再加上酶的来源,如胰淀粉酶、胃蛋白酶等。习惯命名法简单,使用方便,但有时出现一酶数名或一名数酶的弊病。

（二）系统命名法

1961年国际酶学委员会提出了一套系统命名法,使一个酶只有一个名称。在这个系统内,一个酶是从其底物及所催化反应的类型而得名,同时还有一个由4个数字组成的系统编号,数字前冠以EC,编号第一个数字表示该酶属于六大类中的哪一类,第二个数字表示该酶属于哪一亚类,第三个数字表示亚-亚类,第四个数字是该酶在亚-亚类中的排序。如:

$$L-谷氨酸+ATP+NH_3 \rightarrow L-谷氨酰胺+ADP+H_3PO_4$$

催化此反应的酶系统命名为L-谷氨酸:氨合成酶。它的分类编号是EC 6.3.1.2,每个酶均有一个名称和一个编号(表4-1)。一般系统命名都较长,使用不方便,国际酶学委员会还同时为每一个酶从常用的习惯名称中挑选出一个推荐名称。推荐名称简便适用,易于推广。国际酶学委员会规定在发表以酶为主题的论文时,在正文中第一次出现的酶要表明酶的分类编号。

二、酶的分类

国际酶学委员会,按酶促反应性质把酶分为六大类。

1.氧化还原酶类　催化底物进行氧化还原反应,如琥珀酸脱氢酶、细胞色素氧化酶、过氧化氢酶等。

2.转移酶类　催化底物之间某些基团的转移或交换,如转氨酶、转甲基酶、磷酸化酶等。

3.水解酶类　催化底物发生水解反应,如胃蛋白酶、唾液淀粉酶、胰脂酶等。

4.裂合酶类　催化一种底物分解为两种化合物或将两种化合物合成一种化合物的反应,如柠檬酸合成酶、醛缩酶、碳酸酐酶等。

5.异构酶类　催化同分异构体之间的相互转化,如磷酸己糖异构酶、磷酸丙糖异构酶等。

6.合成酶类(或连接酶类)　催化两分子底物缔合为一分子化合物,并必须与ATP的磷酸键断裂相偶联,如氨基酰-tRNA合成酶、谷氨酰胺合成酶等。

表4-1　酶的分类与命名

酶的分类	系统名称	编号	催化的反应	推荐名称
氧化还原酶类	(S)-乳酸:NAD^+-氧化还原酶	EC 1.1.1.27	(S)-乳酸+NAD^+ $\rightleftharpoons$ 丙酮酸+$NADH+H^+$	L-乳酸脱氢酶
转移酶类	L-丙氨酸:α-酮戊二酸氨基转移酶	EC 2.6.1.2	L-丙氨酸+α-酮戊二酸 $\rightleftharpoons$ 丙酮酸+L-谷氨酸	丙氨酸转氨酶
水解酶类	1,4-α-D-葡聚糖-聚糖水解酶	EC 3.2.1.1	水解含有3个以上1,4-α-D-葡萄糖基的多糖中1,4-α-D-葡萄糖苷键	α-淀粉酶
裂合酶类	D-果糖-1,6-二磷酸 D-甘油醛-3-磷酸裂合酶	EC 4.1.2.13	D-果糖-1,6-二磷酸 $\rightleftharpoons$ 磷酸二羟丙酮+D-甘油醛-3-磷酸	果糖二磷酸醛缩酶
异构酶类	D-甘油醛-3-磷酸醛-酮-异构酶	EC 5.3.1.1	D-甘油醛-3-磷酸 $\rightleftharpoons$ 磷酸二羟丙酮	丙糖磷酸异构酶
连接酶类	L-谷氨酸:氨连接酶（生成ADP）	EC 6.3.1.2	ATP+L-谷氨酸+NH_3 $\rightleftharpoons$ ADP+P_i+L-谷氨酰胺	谷氨酸-氨连接酶

第三节　酶的结构与催化活性

（一）酶的分子组成

根据酶的化学组成成分的不同,可分为单纯酶和结合酶两大类。

1. 单纯酶　此类酶仅由氨基酸构成的单纯蛋白质,如脲酶、蛋白酶、淀粉酶、酯酶等均属于此类。

2. 结合酶　此类酶既含有蛋白质,又含有非蛋白质成分,如金属离子、铁卟啉、含B族维生素的小分子有机物等。结合酶的蛋白质部分称为酶蛋白,非蛋白部分称为辅助因子,两者结合组成全酶。只有全酶才具有催化活性,若将酶蛋白与辅助因子分开,催化活性即丧失。可见结合酶的蛋白质部分与辅助因子都是酶催化作用所不可缺少的。

结合酶的辅助因子有两类:一类是金属离子,另一类是小分子有机化合物。金属离子的作用:①有的是稳定酶的分子构象所必需;②有的参与组成酶的活性中心,通过本身的还原而传递电子;③有的在酶和底物之间起桥梁作用;④有的是中和阴离子,降低反应中的静电斥力。小分子有机化合物与酶蛋白以非共价键疏松结合,经透析或超滤等方法能与酶蛋白分离的辅助因子称为辅酶。与酶蛋白以共价键结合,结合比较牢固,用上述方法不易将二者分离的辅助因子称为辅基。辅助因子对热的稳定性较高。它们参与转移氢原子、电子或某些化学基团的反应。

体内酶的种类很多,但作为酶的辅酶或辅基的种类却有限。一种酶蛋白只能与一种辅助因子结合生成一种结合酶（全酶）;而一种辅助因子可与不同的酶蛋白结合形成不同的全酶,催化不同的反应。例如,乳酸脱氢酶和苹果酸脱氢酶的酶蛋白均可与NAD$^+$结合,分别成为乳酸脱氢酶全酶和苹果酸脱氢酶全酶,二者都催化脱氢反应,但催化的底物不同,说明酶催化的特异性决定于酶蛋白,而辅助因子的作用是参与具体的酶促反应。

B 族维生素在酶促反应中的作用见表4-2。

表4-2　B 族维生素与辅助因子

维生素	化学本质	辅助因子形式	主要功能
维生素 B$_1$	硫胺素	焦磷酸硫胺素	脱羧
维生素 B$_2$	核黄素	黄素腺嘌呤单核苷酸 黄素腺嘌呤二核苷酸	递氢
维生素 PP	尼克酸或 尼克酰胺	尼克酰胺腺嘌呤二核苷酸 尼克酰胺腺嘌呤二核苷酸磷酸	递氢
维生素 B$_6$	吡哆醇 吡哆醛 吡哆胺	磷酸吡哆醇 磷酸吡哆醛或 磷酸吡哆胺	转氨基 氨基酸脱羧
泛酸		辅酶 A	酰基转移
维生素 H		生物素	羧化
叶酸		四氢叶酸	一碳单位转移
维生素 B$_{12}$	钴胺素	甲基 B$_{12}$	甲基转移

(二)酶催化的关键部位

1. 酶的必需基团　酶分子中与酶活性密切相关的基团称为必需基团或活性基团。常见的必需基团有丝氨酸的羟基、组氨酸的咪唑基、半胱氨酸的巯基和天冬氨酸、谷氨酸的侧链羧基等。

2. 酶的活性中心　酶的必需基团在一级结构上可能相距很远,但在形成空间结构时相互接近,形成具有三维结构的区域,既能与底物结合又能将底物转化为产物的局部区域称酶的活性中心。活性中心的功能基团可分为结合基团和催化基团;前者作用是影响底物中某些化学键的稳定性,催化底物发生化学反应并使之转化为产物。有些酶的结合基团同时具有催化基团的功能。酶在活性中心以外也有必需基团,称为酶活性中心外的必需基团,虽然它们不直接参与催化作用,但却为维持酶的活性中心的空间构象所必需(图4-1)。

酶的活性中心

酶的活性中心位于酶分子表面一个较小的区域,或为裂缝或为凹陷,不是一个点也不是一个面,更不是一条线,而是一个立体结构的区域。酶的专一性是由酶活性中心的结构决定的。

笔记栏

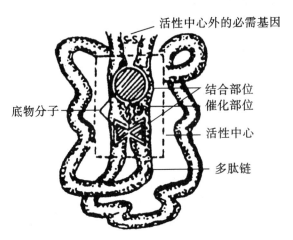

图4-1 活性中心结构示意

(三)酶原与激活

有些酶在细胞内合成或初分泌时,没有催化活性,这种无活性状态的酶的前身物称为酶原。如胃蛋白酶原在胃液中 H^+ 的作用下水解除去 N-末端 42 个氨基酸残基后才形成有活性的胃蛋白酶。后者可再催化胃蛋白酶原激活为胃蛋白酶,这种作用称为自身激活作用。胰蛋白酶原在小肠内受肠激酶的作用,从 N-末端切去六肽后被激活为胰蛋白酶(图4-2)。胰蛋白酶原亦能自身激活。酶原激活的本质是去掉部分肽段后有利于活性中心的形成或暴露。

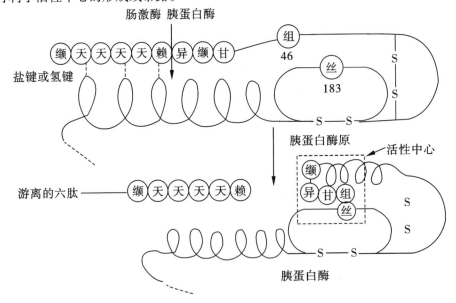

图4-2 胰蛋白酶原的激活过程

酶以酶原的形式存在,具有重要的生理意义。消化道蛋白酶以酶原形式分泌可避免胰腺细胞和细胞外基质蛋白遭受蛋白酶的水解破坏,激活的生理意义在于避免细胞产生的蛋白酶对细胞自身进行消化,同时还能保证酶在特定的部位和环境中迅速地发挥其生理作用。除胃肠道的蛋白酶有酶原激活过程外,参与血液凝固过程的许多蛋白水解酶在细胞内合成以及进入血液时也以酶原形式存在,可保证血流畅通运行。一旦血管破坏,一系列凝血因子被激活,凝血酶原被激活生成凝血酶,后者催化纤维蛋白原转变为纤维蛋白,产生血凝块以阻止大量失血,对机体起保护作用。此外,酶原还可以看作酶的储存形式,一旦需要时,便可及时激活并发挥作用。

(四)同工酶

在同一机体的不同组织,甚至在同一组织细胞的不同细胞器中,存在着催化相同反应,而分子结构、理化性质和免疫学性质有所不同的一组酶,称同工酶。现已发现有100多种酶具有同工酶。大多数是由不同亚基组成的聚合体,因其亚基类型、数目或比例不同,形成分子结构不同的一组酶。虽然它们都可催化同一种反应,但它们之间对底物的亲和力、专一性、酶动力学及免疫学性质均不同。例如,乳酸脱氢酶(lactate dehydrogenase,LDH)同工酶是由 H 或 M 两种亚基组成的四聚体,这两种亚基以不同的比例组成 5 种同工酶,即 $LDH_1 \sim LDH_5$(图 4-3)。它们均能催化乳酸与丙酮酸之间的氧化还原反应,在碱性条件下,它们所带的电荷不同,按电泳迁移率的不同,可进行分离和测定,电泳最快的同工酶为 LDH_1,最慢的为 LDH_5(图 4-4)。不同组织中 LDH 的同工酶酶谱不同,例如,心肌中 LDH_1 和 LDH_2 含量最多,而骨骼肌和肝中以 LDH_4 和 LDH_5 为主。当骨骼肌病变时,血清中 LDH_4 和 LDH_5 含量升高,而在心肌病变时,血清中 LDH_1 和 LDH_2 含量升高,另外同工酶在疾病出现的早期比总酶升高快,因此,血清同工酶谱分析有助于器官疾病的早期诊断和定位诊断。

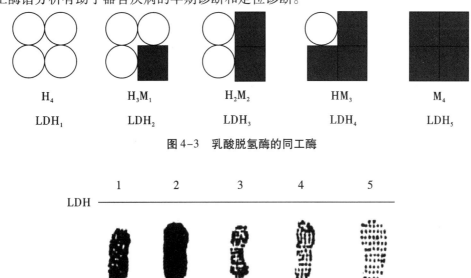

H_4	H_3M_1	H_2M_2	HM_3	M_4
LDH_1	LDH_2	LDH_3	LDH_4	LDH_5

图 4-3　乳酸脱氢酶的同工酶

图 4-4　血清乳酸脱氢酶同工酶的电泳图谱

（五）酶的作用机制

1. 降低反应的活化能　化学反应时，底物分子间的有效碰撞是反应进行的基础，所谓有效碰撞是指底物分子获得足够能量后，发生的分子间碰撞。发生有效碰撞的分子称为活化分子，其所获得的能量称为活化能。温度升高，可以增大化学反应的速度，是因为温度升高使更多的底物分子获得活化能。酶增大化学反应的速度却是降低化学反应所需的活化能。在酶的作用下，使原先不能进行有效碰撞的分子变成活化分子，从而加速化学反应的速度。

2. 中间复合物学说　酶之所以能降低反应的活化能，主要是因为酶与底物分子形成中间复合物，中间复合物不稳定，它进行反应所需要的活化能就少，因此极易转变为产物和游离的酶。

$$E+S \Longleftrightarrow ES \longrightarrow E+P$$

上式中 E 代表游离的酶，S 代表底物，ES 代表酶-底物复合物（中间产物），P 代表产物。

第四节　影响酶促反应速度的因素

酶促反应动力学是研究酶促反应速度及其影响因素的作用规律。影响酶促反应的因素有酶浓度、底物浓度、温度、pH 值、激活剂和抑制剂等。在研究某一因素对酶促反应速度的影响时，必须保持酶促反应系统中其他因素不变，并严格保持反应处于初速度。所谓初速度是反应开始时的速度，此时，产物浓度很低，不会由于产物堆积而导致酶促逆向反应的产生。由于反应时间短，反应系统的其他条件如底物浓度、pH 值等不会有明显的改变，在这种条件下，酶促反应速度才与所研究的因素有关。若将产物生成量对反应时间作图，可得到一条酶促反应的时间进程曲线（图 4-5）。

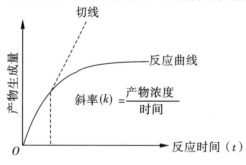

图 4-5　酶促反应的时间进程曲线

酶所催化的反应称酶促反应。酶加速化学反应的催化能力称酶活性。用酶促反应速度来反映酶活性。酶促反应速度常用在规定的反应条件下，以单位时间内底物的消耗量或产物的生成量来表示。为便于比较各种酶的活性，1976 年国际生化学会酶学委员会规定：在特定的条件下，1 min 内使底物转变 1 μmol（10^{-6} mol）的酶量为一个国际单位。1979 年该学会又推荐以催量（katal）代替国际单位表示酶的活性。1 催量表示的意义是：在特定的测量系统中，酶催化底物 1 s 能转变 1 mol 底物的酶量。1 国际单位=16.67×10^{-9}催量。

（一）pH 值对酶促反应速度的影响

酶是蛋白质，有许多极性基团，在不同的 pH 值条件下，这些基团的电离状态不同。只有当酶蛋白处于一定的电离状态，酶才能与底物结合。许多底物或辅酶也具有离子特性，随环境 pH 值的改变也会表现出不同的电离状态，同样影响与酶的结合。当酶活性中心、底物、辅酶（或辅基）的可电离基团呈现酶与底物结合并催化底物发生变化的最佳电离状态时，酶促反应速度最快。pH 值过高或过低，都可使酶变性失活，因此溶液 pH 值对酶促反应速度的影响很大（图 4-6）。酶促反应速度最大时的环境 pH 值称为酶促反应的最适 pH 值。不同的酶最适 pH 值不相同，一般酶的最适 pH 值在 4~8 之间。但也有例外，如胃蛋白酶最适 pH 值为1.8，胰蛋白酶最适 pH 值为7.7，肝精氨酸酶最适 pH 值为9.8（表4-3）。

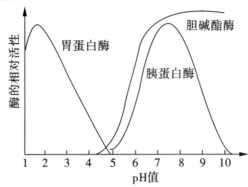

图 4-6　pH 值对几种酶促活性的影响

最适 pH 值不是酶的特征性常数，它受缓冲液的种类与浓度、底物浓度、酶的纯度等因素影响而有所变化。

表 4-3　一些酶的最适 pH 值

酶	最适 pH 值
胃蛋白酶	1.8
过氧化物酶	7.6
胰蛋白酶	7.7
延胡索酸酶	7.8
核糖核酸酶	7.8
精氨酸酶	9.8

（二）温度对酶促反应速度的影响

酶促反应在一定范围内（0~40 ℃）随温度的升高而加快。但酶是蛋白质，故温度继续升高，酶逐渐变性失活，80 ℃以上时大多数酶已不可逆变性。温度低时，反应速度随温度升高而加快，当温度超过一定数值时，反应速度反而随温度上升而减慢，形成倒 V 形曲线(图 4-7)。酶促反应最快时的环境温度称为酶促反应的最适温度。对大多数酶来说,最适温度较接近于细胞所处的环境温度。酶的最适温度不是酶的特征性常数,反应时间延长,最适温度降低,反之最适温度升高。

低温不会使酶变性失活,只是酶活性随温度下降而降低,复温后酶又恢复其活性。利用此原理,可低温保存菌种及生物制剂。心脏手术时的低温麻醉及抢救重症流行性脑脊髓膜炎患者时用的亚冬眠疗法及物理降温,均是利用酶活性随温度下降而降低这一性质,以减慢细胞代谢速度,提高机体对氧及营养物质缺乏的耐受性,有利于手术治疗和度过疾病的极期,为康复争得时间。

温度对酶促反应速度的影响

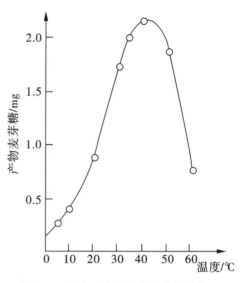

图 4-7　温度对酶促反应速度的影响

(三)底物浓度对酶促反应速度的影响

在反应体系中不含抑制剂,酶浓度恒定,且浓度足够大时,底物浓度对反应速度的影响呈现矩形双曲线(图 4-8)。

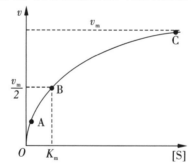

图 4-8　底物浓度对酶促反应速度的影响

图 4-8 说明在底物浓度[S]很低时,反应速度随底物浓度的增加而迅速增加,两者成正比。但进一步增加底物浓度时,反应速度的增加逐渐减慢,两者不成正比。若底物浓度已很高时再增加底物浓度,反应速度不再增加,趋向于达到反应速度的极限值即最大反应速度(v_{max})。

米-曼(Michaelis-Menten)根据中间产物学说进行数学推导,得出了 v 与[S]关系的公式,即著名的米-曼方程式,式中 K_m 称为米氏常数。

$$v = \frac{v_m[S]}{K_m + [S]}$$

底物浓度对酶促反应速度的影响

K_m 是酶学研究中一个重要常数,其意义有以下几个方面:

(1)K_m 值等于酶促反应速度为最大速度一半时的底物浓度,设 $v = 1/2\,v_m$,代入米氏方程,则:

$$\frac{1}{2}v_{\mathrm{m}} = \frac{v_{\mathrm{m}}[\mathrm{S}]}{K_{\mathrm{m}}+[\mathrm{S}]} \qquad 即\ K_{\mathrm{m}} = [\mathrm{S}]$$

（2）K_{m}值可以近似地表示酶与底物的亲和力。K_{m}值愈大，表示酶与底物的亲和力愈小；K_{m}值愈小，酶与底物的亲和力愈大。酶与底物的亲和力大，即 K_{m}值小，表示不需要很高底物浓度，便可达到最大速度的一半。

（3）K_{m}是酶的特征性常数，不同酶的米氏常数不同。K_{m}值一般只与酶的结构和其催化的底物有关，而与酶的浓度无关。各种同工酶K_{m}值也不同，如有来源不同的两种酶，其催化作用相同，若 K_{m}值相同，则为同一种酶；若 K_{m}值不同，则为同工酶。大多数酶的 K_{m}值在 $10^{-7} \sim 10^{-6}\mathrm{mol/L}$。

（4）判断哪些底物是酶的天然底物或最适底物。如果一种酶同时有几种底物，那么酶催化每一种底物都有一个特定的 K_{m}值，其中 K_{m}值最小者与酶的亲和力最大，此底物一般为酶的最适底物。

（四）酶浓度对酶促反应速度的影响

当底物浓度远大于酶浓度时，随着酶浓度（$[\mathrm{E}]$）的增加，酶促反应速度（v）亦增加，呈正比例关系（图4-9）。

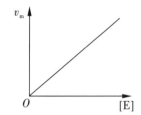

图4-9　酶浓度对酶促反应速度的影响

（五）激活剂对酶促反应速度的影响

凡能提高酶活性的物质称为激活剂。有些激活剂是酶促反应进行必不可少的条件，其作用类似底物，但不被反应所转变，称必需激活剂，多数为金属离子。还有一些酶促反应，在无激活剂存在时，反应能缓慢进行，当加入激活剂后，反应大大加快，称非必需激活剂。

（六）抑制剂对酶促反应速度的影响

凡能使酶活性下降或失活但又不使其变性的物质称为酶的抑制剂。抑制作用可分为两大类，即不可逆性抑制作用与可逆性抑制作用。

1. 不可逆性抑制作用　抑制剂与酶分子的某些基团（主要是必需基团）以共价键方式结合，使酶活性丧失。一般不能用稀释、透析、超滤等简单方法除去抑制剂，这种抑制作用称为不可逆性抑制作用。但这类抑制剂使酶活性受抑制后，用某些药物解毒，可使酶恢复活性。

（1）羟基酶的抑制　羟基酶是指以丝氨酸侧链上的羟基（—OH）为必需基团的一类酶。有机磷杀虫剂如二异丙基氟磷酸、敌敌畏、敌百虫、1605 等均可特异性地与胆碱酯酶活性中心丝氨酸残基上的羟基共价结合，使酶失活。

$$RO-\overset{\overset{O}{\|}}{\underset{O-X}{P}}-O-X \quad +E-OH \longrightarrow \quad RO-\overset{\overset{O}{\|}}{\underset{O-E}{P}}-O-E \quad +HX$$

有机磷化合物　　　　羟基酶　　　　失活的酶　　　　酸

胆碱酯酶活性被抑制后,胆碱神经末梢分泌的乙酰胆碱不能及时分解而堆积,导致胆碱神经过度兴奋,表现出一系列中毒症状,这也是有机磷农药杀死昆虫的机制。解磷定等药物置换结合于胆碱酯酶上的磷酰基,从而恢复酶的活性,常用于临床。

$$HON=CH-\underset{\text{解磷定}}{\boxed{N^+{-}CH_3}} \quad + \quad RO-\overset{\overset{O}{\|}}{\underset{O-E}{P}}-O-E \quad \longrightarrow \quad R'O-\overset{\overset{O}{\|}}{\underset{}{P}}-O-N=CH-\boxed{N^+{-}CH_3} \quad +E-OH$$

解磷定　　　　　　　失活的酶　　　　　　有机磷–解磷定复合物　　　　活化的酶

(2)巯基酶的抑制　巯基酶是指以半胱氨酸残基侧链上的巯基(—SH)为必需基团的一类酶。某些重金属离子如 Hg^{2+}、Ag^+、Pb^{2+} 及 As^{3+} 等可与酶分子的活性巯基进行不可逆的结合,使酶活性受抑制。例如,第二次世界大战期间法西斯使用的化学毒气——路易士气(Lewisite)就是一种砷化合物,能抑制体内巯基酶。二巯基丙醇(英国抗路易士气剂)或二巯基丁二酸钠等含活泼巯基的化合物能除去酶分子中与巯基结合的化合物,使酶分子上的巯基还原,恢复酶活性。某些重金属盐中毒的解救机制也在于此。

$$\underset{Cl}{\overset{Cl}{\diagdown}}As-CH=CHCl + E\underset{SH}{\overset{SH}{\diagup}} \longrightarrow E\underset{S}{\overset{S}{\diagdown}}As-CH=CHCl +2HCl$$

路易士气　　　　　　巯基酶　　　　失活的酶　　　　酸

$$E\underset{S}{\overset{S}{\diagup}}Hg + \underset{COONa}{\overset{COONa}{\underset{|}{\overset{|}{\underset{CHSH}{CHSH}}}}} \longrightarrow E\underset{SH}{\overset{SH}{\diagdown}} + \underset{COONa}{\overset{COONa}{\underset{|}{\overset{|}{\underset{CHS}{CHS}}}}}Hg$$

二巯基丁二酸钠

$$E\underset{S}{\overset{S}{\diagup}}As-CH=CHCl + \underset{CH_2SH}{\overset{CH_2OH}{\underset{|}{\overset{|}{CHSH}}}} \longrightarrow E\underset{SH}{\overset{SH}{\diagdown}} + \underset{CH_2S}{\overset{CH_2OH}{\underset{|}{\overset{|}{CHS}}}}As-CH=CHCl$$

失活的酶　　　　　二巯基丙醇　　　　巯基酶复活

2.可逆性抑制作用　抑制剂与酶以非共价键结合,两者结合比较疏松,故用透析等物理方法除去抑制剂后,酶的活性能恢复,这种抑制作用称为可逆性抑制作用。根据抑制剂、底物与酶三者的相互关系,可逆性抑制作用又可分为竞争性抑制作用、非竞争性抑制作用等。

（1）竞争性抑制作用 竞争性抑制剂的结构与底物类似，能与底物竞争酶的活性中心，酶与这种抑制剂结合后，不能再与底物结合，这种作用称为竞争性抑制作用。例如，丙二酸、苹果酸、草酰乙酸与琥珀酸脱氢酶的底物琥珀酸结构相似，故它们能竞争性地与酶的活性中心结合，一旦结合，则生成抑制剂–酶复合物，就不能生成产物，成为反应的"死端"，从而减少了反应体系中 ES 的浓度，使酶活性下降。竞争性抑制作用 E、S、I 及其反应的关系如下：

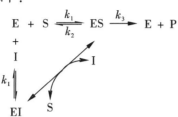

竞争性抑制作用的显著特点是酶的抑制作用可被高浓度的底物所解除。

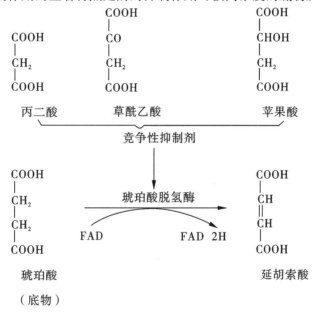

有些药物属酶的竞争性抑制剂，如磺胺类化合物的抑菌作用就是因为其化学结构与对氨基苯甲酸相似，而对氨基苯甲酸、二氢蝶啶及谷氨酸是某些细菌合成二氢叶酸所必需的原料。二氢叶酸转变成四氢叶酸后是细菌合成核酸必不可少的辅酶。磺胺类化合物与二氢叶酸合成酶相结合后，减少了对氨基苯甲酸与二氢叶酸合成酶的结合量，使四氢叶酸和核酸的合成减少，导致细菌的生长和增殖停止。在实际应用中需维持磺胺类药物在体液中的高浓度才能获得满意疗效。人类能直接利用食物中的叶酸，故人体的核酸代谢不易受影响。

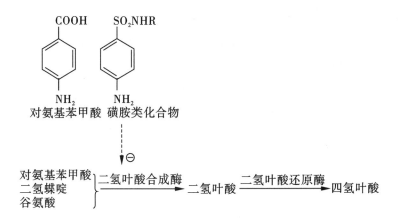

（2）非竞争性抑制作用　非竞争性抑制剂也能与酶可逆地结合，但结合的部位不在酶的活性中心，而在活性中心以外的区域。故酶与抑制剂结合后，还可与 S 结合形成 EIS，但这种结合并无催化活性。由于抑制剂不与底物竞争酶的活性中心，故把这种抑制称为非竞争性抑制作用。非竞争性抑制作用 E、S、I 及其反应的关系如下：

$$E+S \underset{k_2}{\overset{k_1}{\rightleftharpoons}} ES \xrightarrow{k_3} E+P$$

$$\begin{array}{ccc} + & & + \\ I & & I \\ k_1 \Big\Vert & & k_1' \Big\Vert \\ \end{array}$$

$$EI+S \rightleftharpoons ESI$$

非竞争性抑制作用的特点是不能用增加底物浓度的方法解除抑制剂对酶的抑制作用。

毒花毛苷是细胞膜上钠钾 ATP 酶的强烈抑制剂，这可能与其利尿作用和强心作用有关，其作用就是一种非竞争性抑制作用。

第五节　酶在临床医学上的应用

（一）酶与疾病的关系

有些疾病的发生是由于酶的质和量异常引起的。现已发现 140 多种先天性代谢缺陷中，多由酶的先天性或遗传性缺损所致。例如，酪氨酸酶分子缺陷引起的白化病，6-磷酸葡萄糖脱氢酶分子缺陷引起的蚕豆病，苯丙氨酸羟化酶缺乏引起的苯丙酮酸尿症等。

激素代谢障碍或维生素缺乏也可引起酶的质和量的异常。例如，维生素 K 缺乏时，凝血因子Ⅱ、Ⅶ、Ⅸ、Ⅹ的前体不能在肝内进一步羧化生成成熟的凝血因子，患者表现出因这些凝血因子质的异常所致的出血性疾病。

有些疾病的发生是酶的活性受到抑制引起的。例如，有机磷农药中毒由于抑制了胆碱酯酶的活性，重金属盐中毒由于抑制了巯基酶的活性，氰化物中毒是由于抑制了细胞色素氧化酶。

许多疾病也可引起酶的异常,这种异常又使病情加重。例如,急性胰腺炎时,胰蛋白酶原在胰腺组织中被激活,导致胰腺组织被水解破坏。

(二)酶与疾病的诊断

临床上更为常见的是许多组织器官的疾病表现为血液等体液中一些酶活性的异常,通过测定血液、尿液等体液中酶活性的改变可以反映某些疾病的发生和发展,有利于临床诊断和预后判断。据统计,当前临床上酶的测定占临床化学检验总量的 25%,可见酶在临床诊断上的重要作用。血液中酶活性的改变大致有以下几方面的原因。

1.酶从损伤细胞内释放增加　细胞破坏或细胞膜通透性增高时,细胞内的某些酶可大量释放入血。如急性胰腺炎时血清和尿中淀粉酶活性升高;急性肝炎或心肌炎时血清转氨酶活性升高等。

2.酶合成异常　酶合成异常包括酶合成减少和增加两种情况。由于许多酶在肝内合成,肝功能严重障碍时,某些酶合成减少,如血中凝血酶原、凝血因子Ⅶ等含量下降。患骨骼系统疾病时,可因骨细胞或软骨细胞合成、分泌较多的碱性磷酸酶,而使血清中此酶活性增加。如胆管堵塞时,胆汁的反流可诱导肝合成大量的碱性磷酸酶;巴比妥盐类或酒精可诱导肝中的 γ-谷氨酰转移酶生成增多。

3.酶的排泄障碍　肝硬化时血清碱性磷酸酶不能被及时清除,胆管阻塞可影响血清碱性磷酸酶的排泄,均可造成血清中此酶浓度的明显升高。

另外同工酶的测定对于疾病的诊断和器官定位具有重要意义。

(三)酶与疾病的治疗

酶不仅用于诊断,也可用于治疗。人工合成的酶底物类似物可与酶结合,应用竞争性抑制原理阻碍代谢的进行,达到治疗目的。例如,氨甲蝶呤、5-氟尿嘧啶、6-巯基嘌呤等,都是核酸代谢途径中相关酶的竞争性抑制剂,可达到遏制肿瘤生长的目的。磺胺类药物是细菌二氢叶酸合成酶的竞争性抑制剂。氯霉素可抑制某些细菌转肽酶的活性从而抑制其蛋白质的合成。

水解酶类如胃蛋白酶、胰蛋白酶、淀粉酶、脂肪酶和木瓜蛋白酶,临床上用于助消化;溶菌酶、菠萝蛋白酶、木瓜蛋白酶可缓解炎症及消肿;胰凝乳蛋白酶用于外科清创和烧伤患者痂后的清除;胰凝乳蛋白还用于防治脓胸患者浆膜粘连;链激酶、尿激酶、纤溶酶等可防止血栓形成和溶解血栓,用于缺血性脑病、心血管疾病的防治,如脑血栓、心肌梗死及各种病因所致的弥散性血管内凝血;天冬酰胺酶用于抑制血癌细胞的生长等。但酶是蛋白质,有抗原性,可诱导抗体的生成,重复使用时除可引起过敏反应外,对酶的有效性因抗体生成而降低。

另外,酶还作为工具用于科学研究和临床检验。当前遗传工程进展很快,利用酶具有高度特异性的特点,将酶作为工具,在分子水平上对某些生物大分子进行定向的分割与连接。例如,基因工程中应用的各种限制性核酸内切酶、连接酶以及聚合酶链反应中应用的热稳定的 TaqDNA 聚合酶等。

固定化酶是将水溶性酶经物理或化学方法处理,将其固定于有机或无机物的介质上,或包埋于某些膜中,使之成为不溶于水的、稳定的可以反复利用的固态酶。由于其具有类似离子交换树脂和亲和层析样的优点,机械性强,对热和酸碱的稳定性好,可长期反复利用,在工业、农业、医药、环保和理论研究等方面具有广阔的应用前景。

抗体酶是人工制造的具有催化活性的单克隆抗体。人们根据酶底物的过渡态与酶的活性中心密切结合并易于生成产物的特性,设计出过渡分子的类似物,并以此作为抗原,接种于动物体内使之产生相应的抗体。该抗体具有催化过渡态反应的酶活性,这种具有酶活性的抗体,称为抗体酶。抗体酶研究是酶工程研究的前沿之一。制造抗体酶的技术比蛋白质工程甚至比生产酶制剂简单,又可大量生产。因此,可通过抗体酶的途径来制备特异性强、药效性高的药物或研发自然界不存在的新酶。

酶联免疫测定法是利用酶作为分析试剂,对一些酶的活性、底物浓度、激活剂、抑制剂等进行定量分析的一种方法。此法具有灵敏、准确、方便、迅速的特点,已广泛地应用于临床检验和科学研究等各领域。

小　结

酶是由活细胞产生的一类具有特殊催化作用的蛋白质,它有极高的催化效率、高度的专一性、高度的不稳定性,酶活性的可调控性。酶根据其化学成分的不同分为单纯酶和结合酶,单纯酶是仅由氨基酸残基组成的蛋白质,结合酶除具有蛋白质部分外,还有非蛋白辅助因子,酶蛋白部分决定酶促反应的特异性,辅助因子决定了酶促反应的类型。

酶的活性中心是与底物结合又能将底物转化为产物的特定的空间区域。活性中心的功能基团可分为结合基团和催化基团。无活性状态的酶的前身物称为酶原,无活性的酶原在一定条件下能转变成有活性的酶的过程,称为酶原的激活。酶原激活的生理意义在于避免细胞产生的蛋白酶对细胞自身进行消化,同时保证了合成的酶在特定的部位和环境中迅速地发挥其生理作用。同工酶指能催化相同反应,而分子结构、理化性质和免疫学性质不尽相同的一组酶,血清同工酶谱分析有助于器官疾病的早期诊断和定位诊断,影响酶促反应速度的因素有酶浓度、底物浓度、温度、pH 值、激活剂、抑制剂等。

酶的命名包括习惯命名法和系统命名法。酶可分为六大类,分别是氧化还原酶类、转移酶类、水解酶类、裂解酶类、异构酶类、合成酶类。

问题分析与能力提升

病例摘要　某男性患者,46 岁,餐后 8 h 出现持续性左上腹疼痛,伴有恶心、呕吐,急性病容,侧卧卷曲位。体格检查:意识清晰,精神尚可,上腹部轻度肌紧张,压痛和反跳痛明显,T 38.2 ℃,P 120 次/min,R 18 次/min,BP 80/60 mmHg(1 mmHg=0.133 kPa)。

既往史:无高血压、心脏病病史,无肝炎、结核病病史。

实验室检查:WBC $20×10^9$/L,中性粒细胞85%;血清淀粉酶580 U/L,尿淀粉酶500 U/L;B超检查胰腺肿大,形态异常,胰管增粗。

思考:此病例的临床诊断和诊断依据。

同步练习

一、单项选择题

1. 关于酶的叙述正确的是 （   ）
   A. 所有酶都有辅酶 B. 酶的催化作用与其空间结构无关
   C. 绝大多数酶的化学本质是蛋白质 D. 酶能改变化学反应的平衡点
   E. 酶不能在胞外发挥催化作用

2. 关于酶催化作用的叙述不正确的是 （   ）
   A. 催化反应具有高度特异性 B. 催化反应所需要的条件温和
   C. 催化活性可以调节 D. 催化效率极高
   E. 催化作用可以改变反应的平衡常数

3. 关于酶蛋白和辅助因子的叙述,错误的是 （   ）
   A. 二者单独存在时酶无催化活性 B. 二者形成的复合物称全酶
   C. 全酶才有催化作用 D. 辅助因子可以是有机化合物
   E. 一种辅助因子只能与一种酶蛋白结合

4. 关于辅助因子叙述错误的是 （   ）
   A. 参与酶活性中心的构成 B. 决定酶催化反应的特异性
   C. 包括辅酶和辅基 D. 决定反应的种类、性质
   E. 维生素可参与辅助因子构成

5. 关于酶活性中心叙述错误的是 （   ）
   A. 结合基团在活性中心内 B. 催化基团属于必需基团
   C. 具有特定的空间构象 D. 空间结构与酶催化活性无关
   E. 底物在此被转化为产物

6. 酶催化效率高的原因是 （   ）
   A. 降低反应的自由能 B. 降低反应的活化能
   C. 降低产物能量水平 D. 升高活化能
   E. 升高产物能量水平

7. 酶的特异性是指 （   ）
   A. 与底物结合具有严格选择性 B. 与辅酶的结合具有选择性
   C. 催化反应的机制各不相同 D. 在细胞中有特殊的定位
   E. 在特定条件下起催化作用

8. 加热后,酶活性降低或消失的主要原因是 （   ）
   A. 酶水解 B. 酶蛋白变性
   C. 亚基解聚 D. 辅酶脱落
   E. 辅基脱落

9. 酶促反应速度达到最大速度的80%时,K_m等于 （   ）
   A. $[S]$ B. $1/2[S]$
   C. $1/3[S]$ D. $1/4[S]$
   E. $1/5[S]$

10. K_m值是指 （   ）
   A. V等于$1/2V_{max}$时的底物浓度 B. V等于$1/2V_{max}$时的酶浓度
   C. V等于$1/2V_{max}$时的温度 D. V等于$1/2V_{max}$时的抑制剂浓度
   E. 降低反应速度一半时的底物浓度

11. 酶促反应速度与底物浓度的关系可用　　　　　　　　　　　　　　（　　）

    A. 诱导契合学说解释　　　　　　　　B. 中间产物学说解释

    C. 多元催化学说解释　　　　　　　　D. 表面效应学说解释

    E. 邻近效应学说解释

12. 酶促反应速度与酶浓度成正比的条件是　　　　　　　　　　　　　（　　）

    A. 底物被酶饱和　　　　　　　　　　B. 反应速度达最大

    C. 酶浓度远远大于底物浓度　　　　　D. 底物浓度远远大于酶浓度

    E. 以上都不是

13. $V=V_{max}$ 后再增加 $[S]$，V 不再增加的原因是　　　　　　　　　（　　）

    A. 部分酶活性中心被产物占据　　　　B. 过量底物抑制酶的催化活性

    C. 酶的活性中心已被底物所饱和　　　D. 产物生成过多改变反应的平衡常数

    E. 以上都不是

14. 温度与酶促反应速度的关系曲线是　　　　　　　　　　　　　　　（　　）

    A. 直线　　　　　　　　　　　　　　B. 矩形双曲线

    C. 抛物线　　　　　　　　　　　　　D. 钟罩形曲线

    E. S 形曲线

15. 关于 pH 值与酶促反应速度关系的叙述正确的是　　　　　　　　　（　　）

    A. pH 值与酶蛋白和底物的解离无关

    B. 反应速度与环境 pH 值成正比

    C. 人体内酶的最适 pH 值均为中性即 pH=7 左右

    D. pH 值对酶促反应速度影响不大

    E. 以上都不是

16. 关于抑制剂对酶蛋白影响的叙述正确的是　　　　　　　　　　　　（　　）

    A. 使酶变性而使酶失活　　　　　　　B. 使辅基变性而使酶失活

    C. 都与酶的活性中心结合　　　　　　D. 除去抑制剂后，酶活性可恢复

    E. 以上都不是

17. 有机磷农药(如敌百虫)中毒属于　　　　　　　　　　　　　　　（　　）

    A. 不可逆性抑制　　　　　　　　　　B. 竞争性抑制

    C. 可逆性抑制　　　　　　　　　　　D. 非竞争性抑制

    E. 反竞争性抑制

18. 有机磷农药敌敌畏可结合胆碱酯酶活性中心的　　　　　　　　　　（　　）

    A. 丝氨酸残基的—OH　　　　　　　　B. 半胱氨酸残基的—SH

    C. 色氨酸残基的吲哚基　　　　　　　D. 精氨酸残基的胍基

    E. 甲硫氨酸残基的甲硫基

19. 可解除敌敌畏对酶抑制作用的物质是　　　　　　　　　　　　　　（　　）

    A. 解磷定　　　　　　　　　　　　　B. 二巯基丙醇

    C. 磺胺类药物　　　　　　　　　　　D. 5-FU

    E. MTX

20. 磺胺类药物抑菌或杀菌作用的机制是　　　　　　　　　　　　　　（　　）

    A. 抑制叶酸合成酶　　　　　　　　　B. 抑制二氢叶酸还原酶

    C. 抑制二氢叶酸合成酶　　　　　　　D. 抑制四氢叶酸还原酶

    E. 抑制四氢叶酸合成酶

21. 有关酶与一般催化剂共性的叙述，不正确的是　　　　　　　　　　（　　）

    A. 都能加快反应速度

B. 其本身在反应前后没有结构和性质上的改变

C. 只能催化热力学上允许进行的化学反应　　　D. 能缩短反应达到平衡所需要的时间

E. 能改变化学反应的平衡点

22. 关于酶促反应特点描述,错误的是　　　　　　　　　　　　　　　(　　)

　　A. 酶能加快化学反应速度　　　　　　　　B. 酶在体内催化的反应都是不可逆反应

　　C. 酶在反应前后无质和量的变化　　　　　D. 酶对所催化的反应具有高度选择性

　　E. 酶能缩短化学反应到达平衡的时间

23. 含 LDH₅ 丰富的组织是　　　　　　　　　　　　　　　　　　　(　　)

　　A. 肝　　　　　　　　　　　　　　　　　B. 心肌

　　C. 红细胞　　　　　　　　　　　　　　　D. 肾

　　E. 脑

24. 乳酸脱氢酶同工酶是由 H 亚基、M 亚基组成的　　　　　　　　　　(　　)

　　A. 二聚体　　　　　　　　　　　　　　　B. 三聚体

　　C. 四聚体　　　　　　　　　　　　　　　D. 五聚体

　　E. 六聚体

25. 酶的国际分类不包括　　　　　　　　　　　　　　　　　　　　(　　)

　　A. 转移酶类　　　　　　　　　　　　　　B. 水解酶类

　　C. 裂合酶类　　　　　　　　　　　　　　D. 异构酶类

　　E. 以上都不是

26. 蛋白酶属于　　　　　　　　　　　　　　　　　　　　　　　　(　　)

　　A. 氧化还原酶类　　　　　　　　　　　　B. 转移酶类

　　C. 裂解酶类　　　　　　　　　　　　　　D. 水解酶类

　　E. 异构酶类

27. 胰蛋白酶最初以酶原形式存在的意义是　　　　　　　　　　　　(　　)

　　A. 保证蛋白酶的水解效率　　　　　　　　B. 促进蛋白酶的分泌

　　C. 保护胰腺组织免受破坏　　　　　　　　D. 保证蛋白酶在一定时间内发挥作用

　　E. 以上都不是

28. 非竞争性抑制的特点是　　　　　　　　　　　　　　　　　　　(　　)

　　A. 抑制剂与底物结构相似　　　　　　　　B. 抑制程度取决于抑制剂的浓度

　　C. 抑制剂与酶的活性中心结合　　　　　　D. 酶与抑制剂结合不影响其与底物结合

　　E. 增加底物浓度可解除抑制

29. 关于竞争性抑制作用特点的叙述,错误的是　　　　　　　　　　(　　)

　　A. 抑制剂与底物结构相似　　　　　　　　B. 抑制剂与酶的活性中心结合

　　C. 增加底物浓度可解除抑制　　　　　　　D. 抑制程度与[S]和[I]有关

　　E. 以上都不是

30. 下列哪个不是影响酶促反应速度的因素　　　　　　　　　　　　(　　)

　　A. 底物浓度　　　　　　　　　　　　　　B. 酶浓度

　　C. 反应环境的温度　　　　　　　　　　　D. 反应环境的 pH 值

　　E. 酶原浓度

二、填空题

1. 酶区别于一般催化剂催化化学反应的四个特点分别是_____、_____、_____

_____、_____。

2. 根据与酶蛋白结合的紧密程度,辅助因子分为_____和_____,其中_____

____与酶蛋白结合紧密,不能通过透析或超滤去除,_____与酶蛋白结合疏松,可用透析或超滤去除。

　　3.酶的活性中心包括_____和_____两种必需基团,其中与底物直接结合的称为_____,催化底物转化为产物的称为_____。

　　4.酶对底物的选择性称为酶的特异性,可分为_____、_____、_____。

　　5.LDH 同工酶分为 5 种,心肌细胞中含量最高的是_____,肝细胞中含量最高的是_____。

三、名词解释

1.酶　2.必需基团　3.酶的活性中心　4.酶原　5.酶原的激活　6.同工酶

四、问答题

1.酶促反应的特点和作用机制是什么?

2.何为酶原? 胰蛋白酶原激活的机制及生理意义是什么?

3.从酶抑制剂的角度说明有机磷农药中毒的机制。

4.从酶非竞争性抑制的角度简述磺胺类药物的作用机制。

5.简述酶的竞争性抑制、非竞争性抑制和反竞争性抑制的异同点。

糖代谢

学习目标

◆掌握 糖酵解的概念及反应过程,糖酵解的反应特点;糖有氧氧化的概念、能量计算及反应过程,三羧酸循环的特点,磷酸戊糖途径的生理意义;糖异生的概念及反应过程;血糖概念,血糖的来源和去路,血糖的调节过程。

◆熟悉 糖原合成与糖原分解的概念,反应过程,生理意义;糖异生的生理意义。

◆了解 糖尿病的发病机制与致病因素;糖的消化吸收。

糖是广泛存在于生物界的一大类有机化合物,其化学本质是多羟基醛或多羟基酮及其衍生物或多聚物的总称。糖广泛存在于自然界,植物中含糖丰富,占其干重的 85%~95%。糖是人体最重要的能源物质,主要来自于食物中的淀粉,另外还有少量的糖原及双糖(蔗糖、乳糖、麦芽糖),均在小肠被消化分解为葡萄糖以主动吸收的方式进入血液。体内的糖主要是葡萄糖,它是糖在体内的运输形式,糖的储存形式是糖原。淀粉和糖原都是由多个葡萄糖聚合而成的大分子多糖。在机体的糖代谢中,葡萄糖居主要的地位。因此,本章重点介绍葡萄糖在体内的代谢。

第一节 糖的生理功能

(一)糖是机体主要的供能物质

糖占人体干重的 2%,糖最主要的生理功能是为机体提供生命活动所需要的能量,人体能量的 50%~70% 来自糖的氧化分解,1 mol 葡萄糖完全氧化分解可释放 2 840 kJ 能量;其中 40% 转化为 ATP,用于完成机体各种生理活动,如肌肉收缩、代谢反应和神经活动等。

(二)糖是人体组织结构的重要成分

糖蛋白和糖脂是生物膜的重要组成成分,还参与细胞间识别、黏附及信息传递作用;糖是构成组织结构的重要成分,如核糖、脱氧核糖是核酸的组成成分,蛋白聚糖是结缔组织基质和细胞间质的重要组成成分。蛋白聚糖分子负电荷密集,可吸收大量水分子构成凝胶状态,它是组织细胞的天然黏合剂,对维持细胞的相对稳定和正常生理功能起重要作用。

(三)转变为其他物质

糖是机体重要的碳源,糖代谢的中间产物可转变为其他含碳化合物,如非必需氨基酸、脂肪酸、甘油、核苷酸等,参与脂肪、蛋白质、核酸等重要物质的合成。此外,糖还参与构成免疫球蛋白、部分激素、酶、血型物质及绝大部分凝血因子等生理功能物质。

第二节　糖的分解代谢

糖的分解代谢是糖在体内的氧化供能过程。糖在体内主要有三条分解代谢途径:①在不需氧的情况下进行的糖酵解;②在有氧情况下进行的有氧氧化;③生成5-磷酸核糖为中间产物的磷酸戊糖途径。

一、糖酵解

(一)糖酵解的概念

葡萄糖或糖原的葡萄糖单位在无氧或缺氧情况下,分解生成乳酸并生成ATP的过程称为糖的无氧分解,这一过程与酵母中糖生醇发酵的过程相似,故又称糖酵解。

(二)糖酵解的反应过程

糖酵解反应的全过程均在胞液中进行,整个途径可分为两个阶段。第一阶段由葡萄糖或糖原的葡萄糖单位分解生成2分子磷酸丙糖,第二阶段由磷酸丙糖转变为乳酸,其反应过程如下。

$$葡萄糖 \longrightarrow 磷酸丙糖×2 \longrightarrow 乳酸×2$$

1.磷酸丙糖的生成　此阶段包括4步反应。

(1)葡萄糖磷酸化生成6-磷酸葡萄糖　葡萄糖(glucose,G)在己糖激酶或葡萄糖激酶催化下,由ATP提供磷酸基和能量,生成6-磷酸葡萄糖(glucose-6-phosphate,G-6-P)。这一步反应不仅活化了葡萄糖,以便其进一步参与各种代谢,而且还能捕获进入细胞的葡萄糖,使其不再逸出细胞。己糖激酶是糖酵解途径的关键酶(又称限速酶)之一,催化的反应不可逆。己糖激酶主要存在于肝外组织,对葡萄糖有较强的亲和力,在糖浓度较低时,仍可发挥较强的催化作用,这就保证了大脑等重要生命器官,即使在饥饿、血糖浓度降低的情况下,仍可摄取利用葡萄糖以维持能量供应。葡萄糖激酶主要存在于肝,此酶对葡萄糖的亲和力较小,在葡萄糖浓度高时,催化效率较高,有利于肝在高血糖浓度下将大量葡萄糖磷酸化,进而用于合成肝糖原。

$$葡萄糖 \xrightarrow[\substack{Mg^{2+} \\ ATP \qquad ADP}]{己糖激酶} 6\text{-}磷酸葡萄糖$$

糖原进行糖酵解时,首先由磷酸化酶催化糖原分子中的葡萄糖单位磷酸化,生成1-磷酸葡萄糖(glucose-1-phosphate,G-1-P),然后在磷酸葡萄糖变位酶催化下转变

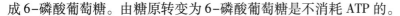

成6-磷酸葡萄糖。由糖原转变为6-磷酸葡萄糖是不消耗 ATP 的。

(2)6-磷酸葡萄糖转变为6-磷酸果糖(fructose-6-phosphate,F-6-P)　这是醛糖和酮糖之间的异构化反应,由磷酸己糖异构酶催化,为可逆反应。

$$6-磷酸葡萄糖 \xrightleftharpoons{磷酸己糖异构酶} 6-磷酸果糖$$

(3)6-磷酸果糖磷酸化为1,6-二磷酸果糖(1,6-fructose-bisphosphate,F-1,6-P 或 FBP)　6-磷酸果糖在磷酸果糖激酶催化下生成 F-1,6-P,这是酵解途径中第二次磷酸化反应,需 ATP 和 Mg^{2+},反应不可逆。磷酸果糖激酶是糖酵解过程中最重要的关键酶,其催化活性的强弱,直接影响着糖酵解的速度。

$$6-磷酸果糖 \xrightarrow[ATP \quad Mg^{2+} \quad ADP]{磷酸果糖激酶} 1,6-二磷酸果糖$$

(4)1,6-二磷酸果糖裂解为2分子磷酸丙糖　在醛缩酶作用下,F-1,6-P 裂解为2分子互为异构体的磷酸丙糖,即3-磷酸甘油醛和磷酸二羟丙酮,二者在异构酶作用下可互相转变。当3-磷酸甘油醛在下一步反应中被消耗时,磷酸二羟丙酮迅速转变为3-磷酸甘油醛,继续进行酵解,故一分子6碳的 F-1,6-P 相当于生成2分子3-磷酸甘油醛。

$$1,6-二磷酸果糖 \xrightleftharpoons{醛缩酶} 3-磷酸甘油醛 + 磷酸二羟丙酮$$

至此,以上4步反应有两次磷酸化作用,消耗2分子 ATP,这一阶段的特点是耗能。

2.乳酸生成　此阶段包括6步反应。

(1)3-磷酸甘油醛氧化生成1,3-二磷酸甘油酸　在3-磷酸甘油醛脱氢酶催化下,3-磷酸甘油醛脱氢氧化,并生成含有一个高能磷酸键的1,3-二磷酸甘油酸(1,3-bisphosphoglycerate,1,3-BPG)。本反应脱下的2H,由脱氢酶的辅酶 NAD^+ 接受,生成 $NADH+H^+$。此步反应可逆。

$$3-磷酸甘油醛 + H_3PO_4 + NAD^+ \xrightleftharpoons{3-磷酸甘油醛脱氢酶} 1,3-二磷酸甘油酸 + NADH+H^+$$

(2)1,3-二磷酸甘油酸转变为3-磷酸甘油酸　1,3-二磷酸甘油酸在3-磷酸甘油酸激酶催化下,将分子内部的高能磷酸基团转移给 ADP,生成 ATP 和3-磷酸甘油酸。这是酵解过程中以底物水平磷酸化方式生成 ATP 的第一个反应。这是体内产生 ATP 的次要方式,不需要氧。

$$1,3-二磷酸甘油酸 + ADP \xrightleftharpoons[Mg^{2+}]{3-磷酸甘油酸激酶} 3-磷酸甘油酸 + ATP$$

(3)3-磷酸甘油酸转变为2-磷酸甘油酸　在磷酸甘油酸变位酶的催化下,3-磷酸甘油酸 C_3 位上的磷酸基转移到 C_2 位上,生成2-磷酸甘油酸。

$$3-磷酸甘油酸 \xrightleftharpoons{磷酸甘油酸变位酶} 2-磷酸甘油酸$$

(4)2-磷酸甘油酸转变为磷酸烯醇式丙酮酸　2-磷酸甘油酸经烯醇化酶作用进行脱水反应,使分子内部能量重新分配,形成含有1个高能磷酸键的磷酸烯醇式丙酮酸(PEP)。

$$2-磷酸甘油酸 \xrightleftharpoons{烯醇化酶} 磷酸烯醇式丙酮酸 + H_2O$$

(5)丙酮酸的生成　PEP 在丙酮酸激酶催化下,使分子中的高能磷酸基转移给

ADP 生成 ATP,其自身生成烯醇式丙酮酸,并自动转变为丙酮酸。丙酮酸激酶是关键酶,催化的反应不可逆,这是糖酵解途径中第二个以底物水平磷酸化方式生成 ATP 的反应。

$$磷酸烯醇式丙酮酸 \xrightarrow[\text{ATP} \quad \text{ADP}]{\text{丙酮酸激酶} \atop Mg^{2+}} 烯醇式丙酮酸 \longrightarrow 丙酮酸$$

(6)丙酮酸还原为乳酸　乳酸脱氢酶催化丙酮酸还原为乳酸,供氢体 $NADH+H^+$ 来自 3-磷酸甘油醛脱下的氢,丙酮酸则起到受氢体的作用,使 $NADH+H^+$ 得以再生为 NAD^+,保证了糖酵解的继续进行。

$$丙酮酸+NADH+H^+ \xrightleftharpoons[]{乳酸脱氢酶} 乳酸+NAD^+$$

现将糖酵解反应的全过程综合如图 5-2。

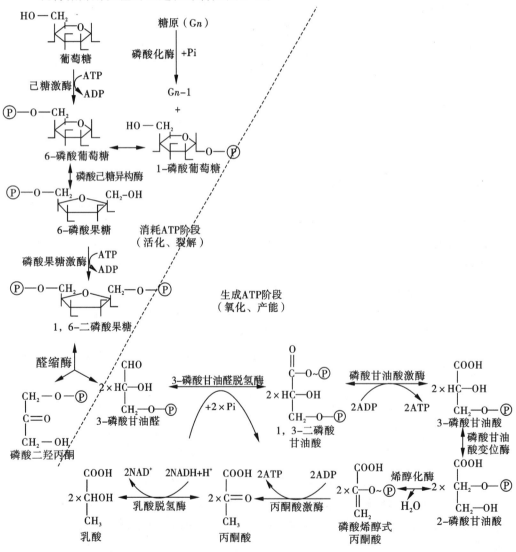

图 5-2　糖酵解的过程

（三）糖酵解反应特点

1. 糖酵解的起始物是葡萄糖或糖原，反应在胞液中进行，全过程没有氧的参与，反应中生成的 $NADH+H^+$ 只能将 2H 交给丙酮酸，使之还原成乳酸。因此，乳酸是糖酵解的必然产物。

2. 糖酵解途径释放能量较少，1 分子葡萄糖可氧化为 2 分子丙酮酸，经 2 次底物水平磷酸化，可产生 4 分子 ATP，除去葡萄糖活化时消耗的 2 分子 ATP，可净生成 2 分子 ATP；若从糖原开始，则净生成 3 分子 ATP。

3. 糖酵解反应的全过程中，有三步是不可逆的单向反应。催化这三步反应的己糖激酶（肝中是葡萄糖激酶）、磷酸果糖激酶、丙酮酸激酶是糖酵解过程中的关键酶，其中以磷酸果糖激酶的催化活性最低，是最重要的关键酶。这三个酶催化的反应可通过其他的酶催化而使整个酵解过程可逆。

（四）糖酵解的生理意义

1. 糖酵解主要生理意义是在机体缺氧时提供能量　正常生理情况下，人体主要靠糖的有氧氧化供能，但当氧供应不足时，需靠糖酵解提供一部分急需的能量。如剧烈运动时，能量需求增加，呼吸和循环加快，肌肉处于相对缺氧状态，必须通过糖酵解提供急需的能量；又如呼吸或循环功能障碍、严重贫血、大量失血等造成机体缺氧时，也通过糖酵解增强供应能量。倘若机体相对缺氧时间较长，可造成糖酵解产物乳酸的堆积，可能引起代谢性酸中毒。

2. 糖酵解是某些组织生理情况下的供能途径　少数组织即使在氧供应充足的情况下，仍主要靠糖酵解供能，如视网膜、睾丸、肾髓质和皮肤等。成熟红细胞由于无线粒体，故以糖酵解为其唯一供能途径。神经、白细胞、骨髓、肿瘤细胞中糖酵解也很活跃。

3. 糖酵解的逆反应是糖异生的途径。

二、糖的有氧氧化

（一）糖的有氧氧化的概念

葡萄糖或糖原的葡萄糖单位在有氧条件下彻底氧化成水和二氧化碳并释放大量能量的过程，称为糖的有氧氧化。有氧氧化是糖分解代谢的主要方式，绝大多数组织细胞都从有氧氧化获得能量。

（二）有氧氧化的反应过程

糖的有氧氧化过程可分为三个阶段：①葡萄糖或糖原分解为丙酮酸；②丙酮酸氧化脱羧生成乙酰 CoA；③乙酰 CoA 经三羧酸循环彻底氧化生成二氧化碳、水和 ATP。

$$葡萄糖 \xrightarrow[\text{胞液}]{\text{第一阶段}} 丙酮酸 \xrightarrow[\text{线粒体}]{\text{第二阶段}} 乙酰\ CoA \xrightarrow[\text{线粒体}]{\text{第三阶段}} CO_2+H_2O+ATP$$

1. 丙酮酸的生成　葡萄糖转变为丙酮酸的阶段，是糖有氧氧化和糖酵解共有的过程，也称为糖酵解途径。有氧氧化与糖酵解所不同的反应是 3-磷酸甘油醛脱氢产生的 $NADH+H^+$ 在有氧条件下，不再交给丙酮酸使其还原为乳酸，而是进入线粒体经呼吸链氧化生成水并释放出能量。

2.丙酮酸氧化脱羧生成乙酰 CoA　丙酮酸经线粒体内膜上特异载体转运进入线粒体,又在丙酮酸脱氢酶复合体催化下,经脱氢、脱羧、酰化等反应生成乙酰 CoA,总反应如下:

丙酮酸生成乙酰 CoA 的反应是糖有氧氧化过程中重要的不可逆反应,其重要特征是丙酮酸氧化释放的自由能储存于乙酰 CoA 及 NADH 中。乙酰 CoA 可参与多种代谢途径,NADH 则进入呼吸链继续氧化。

丙酮酸脱氢酶系属于多酶复合体,由三种酶组合而成(表5-1)。

表 5-1　丙酮酸脱氢酶系的组成

酶	辅酶	所含维生素
丙酮酸脱氢酶	TPP	维生素 B_1
二氢硫辛酸乙酰转移酶	二氢硫辛酸、HSCoA	硫辛酸、泛酸
二氢硫辛酸脱氢酶	FAD、NAD^+	维生素 B_2、维生素 PP

丙酮酸脱氢酶系作用机制见图 5-3。

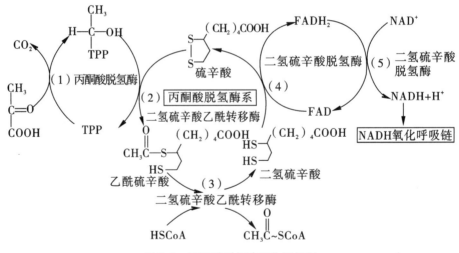

图 5-3　丙酮酸脱氢酶系作用机制

丙酮酸脱氢酶系的五种辅酶均含有维生素。特别是维生素 B_1 参与丙酮酸脱氢酶系的构成,当维生素 B_1 缺乏时,体内 TPP 不足,则影响丙酮酸脱氢酶系的活性,使丙酮酸脱羧受阻,以致神经组织、心肌能量供应不足,并伴随丙酮酸和乳酸在神经组织、心肌堆积,影响其代谢和功能,引起"脚气病"。缺乏维生素 B_2 常引起口角炎、舌炎及鳞屑性皮炎,缺乏维生素 PP 可引起癞皮病。

3.乙酰 CoA 进入三羧酸循环彻底氧化分解　三羧酸循环亦称柠檬酸循环,是从乙酰 CoA 与草酰乙酸缩合生成含三个羧基的柠檬酸开始,经过一系列反应,最终仍然生成草酰乙酸而构成循环。由于最早由 Krebs 提出,故也称为 Krebs 循环。三羧酸循环是乙酰 CoA 彻底氧化的途径,在线粒体中进行,包括 8 步反应,反应结构式见图 5-4。

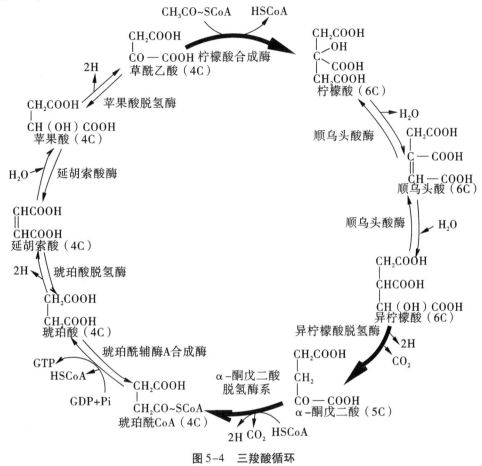

图 5-4　三羧酸循环

(1)柠檬酸的生成　柠檬酸合成酶催化乙酰 CoA 的乙酰基与草酰乙酸缩合生成柠檬酸,释放 HSCoA,此反应不可逆。反应所需能量来自乙酰 CoA 中高能硫酯键的水解。

$$乙酰 CoA+草酰乙酸+H_2O \xrightarrow{柠檬酸合成酶} 柠檬酸+HSCoA$$

(2)异柠檬酸的生成　在顺乌头酸酶的催化下,柠檬酸先脱水生成顺乌头酸,后者则水化生成异柠檬酸,反应的结果使 C_3 上的羟基转移到 C_2 上,此反应可逆。

$$柠檬酸 \underset{-H_2O}{\overset{顺乌头酸酶}{\rightleftharpoons}} 顺乌头酸 \xrightarrow[+H_2O]{顺乌头酸酶} 异柠檬酸$$

(3)异柠檬酸氧化脱羧　异柠檬酸在异柠檬酸脱氢酶催化下,脱氢、脱羧,转变为 α-酮戊二酸,脱下的氢由 NAD^+ 接受。反应不可逆,异柠檬酸脱氢酶是三羧酸循环的关键酶。

$$异柠檬酸+NAD^+ \xrightarrow[Mg^{2+}]{异柠檬酸脱氢酶} \alpha-酮戊二酸+NADH+H^++CO_2$$

(4)α-酮戊二酸氧化脱羧　α-酮戊二酸在 α-酮戊二酸脱氢酶复合体催化下,脱氢、脱羧,转变为琥珀酰辅酶 A。其反应过程及机制与丙酮酸的氧化脱羧反应类同。该酶系为关键酶,催化反应不可逆。

$$\alpha-\text{酮戊二酸} \xrightarrow[\text{NAD}^+ \quad \text{TPP、FAD、硫辛酸、HSCoA}]{\alpha-\text{酮戊二酸脱氢酶系 Mg}^{2+}} \text{琥珀酰CoA} + CO_2 \quad \text{NADH}+\text{H}^+$$

(5)琥珀酸的生成　琥珀酰辅酶 A 含有高能硫酯键,在琥珀酸硫激酶(又称琥珀酰辅酶 A 合成酶)催化下,将其能量转移给 GDP,生成 GTP,其本身则转变为琥珀酸,这是三羧酸循环中唯一经底物水平磷酸化生成的高能化合物,生成的 GTP 再将其高能磷酸键转移给 ADP 生成 ATP,此反应不可逆。

$$\text{琥珀酸 CoA}+\text{GDP}+\text{Pi} \xrightarrow{\text{琥珀酸硫激酶}} \text{琥珀酸}+\text{GTP}+\text{HSCoA}$$

(6)琥珀酸脱氢生成延胡索酸　琥珀酸在琥珀酸脱氢酶催化下生成延胡索酸,脱下的氢由 FAD 传递。

$$\text{琥珀酸}+\text{FAD} \underset{\text{琥珀酸脱氢酶}}{\rightleftharpoons} \text{延胡索酸}+\text{FADH}_2$$

(7)延胡索酸加水生成苹果酸　延胡索酸酶催化此可逆反应。

$$\text{延胡索酸}+\text{H}_2\text{O} \underset{\text{延胡索酸酶}}{\rightleftharpoons} \text{苹果酸}$$

(8)草酰乙酸的再生　苹果酸在苹果酸脱氢酶催化下生成草酰乙酸,脱下的氢由 NAD$^+$ 传递。再生的草酰乙酸可再次进入三羧酸循环。

$$\text{苹果酸}+\text{NAD}^+ \underset{\text{苹果酸脱氢酶}}{\rightleftharpoons} \text{草酰乙酸}+\text{NADH}+\text{H}^+$$

(三)三羧酸循环的特点

1. 三羧酸循环是乙酰 CoA 彻底氧化的过程　三羧酸循环中 1 分子乙酰 CoA 经 2 次脱羧反应使分子中的碳原子转变为二氧化碳而释放。实际上是氧化了 1 分子乙酰 CoA。反应全部酶系都存在于细胞线粒体中。

2. 三羧酸循环是需氧的代谢过程　是产生 ATP 的主要途径。三羧酸循环中有 4 次脱氢反应,其中 3 次以 NAD$^+$ 为受氢体,每分子 NADH+H$^+$ 经呼吸链氧化产生 2.5 个 ATP,1 次以 FAD 为受氢体,1 分子 FADH$_2$ 经氧化可生成 1.5 个 ATP,加上底物水平磷酸化生成的 1 个高能磷酸键,故 1 分子乙酰 CoA 经三羧酸循环氧化产生 10 个 ATP。氧间接参与三羧酸循环,因为三羧酸循环中产生的 NADH+H$^+$ 和 FADH$_2$ 必须经呼吸链把电子传递给氧,重新氧化成 NAD$^+$ 和 FAD,因此三羧酸循环是需氧的代谢过程。

3. 三羧酸循环不可逆　三羧酸循环中柠檬酸合成酶、异柠檬酸脱氢酶和 α-酮戊二酸脱氢酶复合体是该代谢途径的关键酶,这 3 个酶所催化的三步反应均是单向不可逆反应,所以三羧酸循环是不可逆转的。

4. 三羧酸循环中间物质的补充　三羧酸循环是一个周而复始的不可逆的循环,因此循环中的中间产物如草酰乙酸、α-酮戊二酸、琥珀酸等都起着促进循环的作用,其量不会因参加循环而减少。但由于体内各代谢途径的交汇和无定向,三羧酸循环中的产物亦可进入其他代谢途径而被消耗,如草酰乙酸可转变为天门冬氨酸,α-酮戊二酸转变为谷氨酸,参与蛋白质的合成,因而这些中间产物必须不断更新和及时补充,才能保证循环的正常进行。故补充三羧酸循环的中间物质是必需的,中间物质的补充反应又称回补反应。最重要的回补反应是丙酮酸羧化形成草酰乙酸。

笔记栏

(四)有氧氧化的生理意义

1. 有氧氧化是体内供能的重要途径　1 mol 葡萄糖经有氧氧化可生成 30(或 32)mol ATP,而糖酵解从葡萄糖开始仅生成 2 mol ATP(若从糖原开始生成 3 mol ATP),前者是后者的 15(或 16)倍,总结如表 5-2 所示。

表 5-2　葡萄糖有氧氧化生成的 ATP

	反应	辅酶	最终获得 ATP
第一阶段	葡萄糖→6-磷酸葡萄糖		-1
	6-磷酸果糖→1,6-磷酸果糖		-1
	2×3-磷酸甘油醛→2×1,3-二磷酸甘油酸	2NADH(胞质)	3 或 5*
	2×1,3-二磷酸甘油酸→2×3-磷酸甘油酸		2
	2×磷酸烯醇式丙酮酸→2×丙酮酸		2
第二阶段	2×丙酮酸→2×乙酰 CoA	2NADH(线粒体基质)	5
第三阶段	2×异柠檬酸→2×α-酮戊二酸	2NADH(线粒体基质)	5
	2×α-酮戊二酸→2×琥珀酰辅酶 A	2NADH	5
	2×琥珀酰辅酶 A→2×琥珀酸		2
	2×琥珀酸→2×延胡索酸	2FADH$_2$	3
	2×苹果酸→2×草酰乙酸	2NADH	5
	由一个葡萄糖总共获得		30 或 32

* 获得 ATP 的数量取决于还原当量进入线粒体的穿梭机制

2. 三羧酸循环是糖、脂肪、蛋白质彻底氧化的共同途径　三大营养物质糖、脂肪、蛋白质经代谢后均可生成乙酰 CoA ,乙酰 CoA 必须经过三羧酸循环才能彻底氧化。因而糖、脂肪、蛋白质氧化的最终产物都是 H_2O、CO_2,并生成大量 ATP。

3. 三羧酸循环是物质代谢联系的枢纽　糖分解代谢产生的丙酮酸、α-酮戊二酸、草酰乙酸等可分别转变成丙氨酸、谷氨酸和天冬氨酸;同样这些氨基酸也可脱氨基后生成相应的 α-酮酸,进入三羧酸循环彻底氧化;脂肪分解产生甘油和脂肪酸,前者可转变成磷酸二羟丙酮,后者可生成乙酰 CoA ,它们均可进入三羧酸循环氧化供能,故三羧酸循环是糖、脂肪、氨基酸互变的枢纽。

4. 三羧酸循环提供生物合成的前体　三羧酸循环中的某些成分可用于合成其他物质,例如琥珀酰辅酶 A 可用于血红素的合成。

三、磷酸戊糖途径

(一)磷酸戊糖途径的概念

糖在分解代谢过程中有磷酸戊糖产生的途径称磷酸戊糖途径,这是葡萄糖在体内除有氧氧化、无氧酵解主要分解途径外的另一重要途径。该途径主要在肝、脂肪组织、哺乳期的乳腺、肾上腺皮质、性腺、骨髓和红细胞中进行。

（二）反应过程

磷酸戊糖途径在胞液中进行,全过程分为两个阶段:第一阶段是6-磷酸葡萄糖脱氢氧化生成磷酸戊糖,第二阶段是一系列基团转移反应。其全部反应过程如图5-5所示。

1. 磷酸戊糖的生成 6-磷酸葡萄糖经2次脱氢反应和1次脱羧反应生成2分子NADPH+H$^+$和1分子的CO_2后,转变为5-磷酸核酮糖。

2. 基团移换反应 此阶段在异构酶、转酮酶、转醛酶等一系列酶作用下,生成5-磷酸核糖、6-磷酸果糖和3-磷酸甘油醛等,前者用于合成核酸,而后二者则进入糖酵解途径进行代谢。

磷酸戊糖途径中的关键酶是6-磷酸葡萄糖脱氢酶,此酶活性受NADPH+H$^+$浓度的影响,NADPH+H$^+$浓度增高时抑制该酶活性。

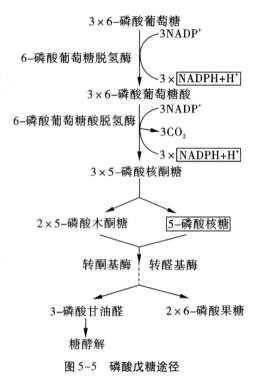

图5-5 磷酸戊糖途径

（三）磷酸戊糖途径的生理意义

1. 为核酸的生物合成提供核糖 核糖是核酸和游离核苷酸的组成成分。磷酸戊糖途径是体内利用葡萄糖生成5-磷酸核糖的唯一途径,为体内核苷酸的合成并进一步为核酸的合成提供了原料。

2. 提供NADPH+H$^+$作为供氢体参与多种代谢反应

（1）NADPH+H$^+$作为供氢体参与胆固醇、脂肪酸、皮质激素和性激素等的生物合成。

（2）NADPH+H$^+$是加单氧酶系(羟化反应)的供氢体,因而与药物、毒物和某些激素的生物转化有关(详见第十四章)。

（3）NADPH+H$^+$是谷胱甘肽还原酶的辅酶,这对维持细胞中还原型谷胱甘肽(reducedgiutathione,GSH)的正常含量起着重要作用。GSH可与氧化剂如H_2O_2起反应,从而保护一些含巯基的蛋白质或酶免遭氧化而丧失正常的结构和功能。如红细胞中的GSH可以保护红细胞膜上含巯基的蛋白质和酶,以维持膜的完整性和酶活性。遗传性6-磷酸葡萄糖脱氢酶缺陷的患者,磷酸戊糖途径不能正常进行,NADPH+H$^+$缺乏,GSH含量减少,其红细胞易于破坏而发生溶血性贫血,因患者常在食蚕豆后发病,故称蚕豆病。

第三节　糖的储存与动员

糖原是以葡萄糖为单位聚合而成的分支状多糖,是体内糖的储存形式。糖原分子中的葡萄糖单位主要以 α-1,4-糖苷键相连,形成直链结构,部分以 α-1,6-糖苷键相连构成支链。一条糖链有 1 个还原端和 1 个非还原端(图5-6),糖原的合成与分解都是由非还原端开始的。

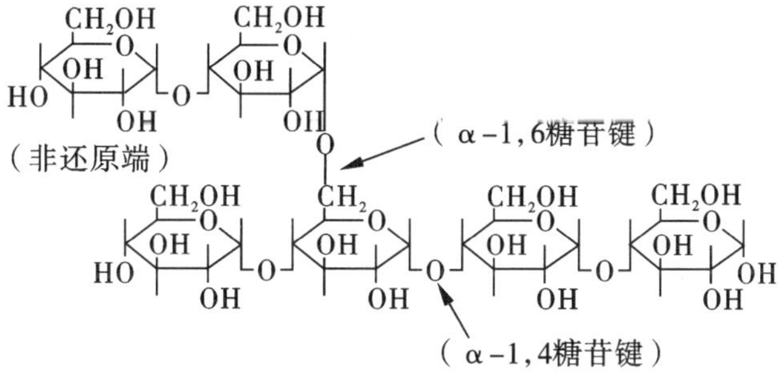

图 5-6　糖原的结构

糖原主要储存在肌肉组织和肝中,肌糖原占肌肉总重量的 1% ~2% ,为 250 ~400 g;肝糖原占肝重的 6% ~8% ,为 70 ~100 g。肌糖原分解主要为肌肉收缩提供能量,肝糖原分解则主要维持血糖浓度。

一、糖原合成

(一)糖原合成的概念

由单糖(主要是葡萄糖)合成糖原的过程称为糖原合成。肝糖原可以任何单糖(如葡萄糖、果糖、半乳糖等)为原料进行合成,而肌糖原只能以葡萄糖作为合成原料。

糖原的合成

(二)糖原合成的反应过程

糖原合成反应在胞液中进行,消耗 ATP 和 UTP。其过程包括以下 4 步反应。

1. 葡萄糖磷酸化　此反应由己糖激酶(或葡萄糖激酶)催化,ATP 供应能量,为不可逆反应。

$$\text{葡萄糖} \xrightarrow[\text{ATP} \quad \text{Mg}^{2+} \quad \text{ADP}]{\text{己糖激酶或葡萄糖激酶（肝）}} \text{6-磷酸葡萄糖}$$

2. 1-磷酸葡萄糖的生成　此反应在磷酸葡萄糖变位酶作用下完成。

$$\text{6-磷酸葡萄糖} \xrightleftharpoons{\text{磷酸葡萄糖变位酶}} \text{1-磷酸葡萄糖}$$

3. 尿苷二磷酸葡萄糖的生成　在尿苷二磷酸葡萄糖焦磷酸化酶作用下,1-磷酸葡萄糖与 UTP 作用,生成尿苷二磷酸葡萄糖(uridine diphosphate glucose,UDPG),释放焦磷酸。此过程消耗的 UTP 可由 ATP 和 UDP 通过转磷酸基团生成。

$$\text{1-磷酸葡萄糖+尿苷三磷酸} \xrightarrow{\text{UDPG 焦磷酸化酶}} \text{二磷酸尿苷葡萄糖+焦磷酸}$$

4. 糖原的合成　在糖原合酶作用下,UDPG 中的葡萄糖单位转移到细胞内原有的糖原"引物"上,在非还原端以 α-1,4-糖苷键连接。每反应一次,糖原引物上即增加 1 个葡萄糖单位。

$$\text{二磷酸尿苷葡萄糖+糖原"引物"} \xrightarrow[\text{作用于 } \alpha\text{-1,4-糖苷键}]{\text{糖原合酶}} \text{二磷酸尿苷+糖原}$$

（三）糖原合成反应的特点

1. 糖原合成是单糖加到糖原"引物"上,使糖原分子变大的过程,"引物"是至少含有 4 个葡萄糖单位的 α-1,4-多聚葡萄糖。

2. 糖原合酶是糖原合成过程的关键酶。UDPG 可看作"活性葡萄糖"的供体。

3. 糖原合酶只能延长糖链,不能形成分支,当链长度达到 12 ~ 18 个葡萄糖残基时,分支酶可将一段糖链(6 ~ 7 个葡萄糖残基)转移到邻近的糖链上,以 α-1,6-糖苷键连接,从而形成糖原的分支。此种分支结构不仅可增加糖原的水溶性,以利其储存,更重要的是增加了非还原端的数目,有利于提高反应速度(图 5-7)。

4. 糖原分子上每增加 1 个葡萄糖单位消耗 2 分子 ATP,故糖原合成是个耗能过程。

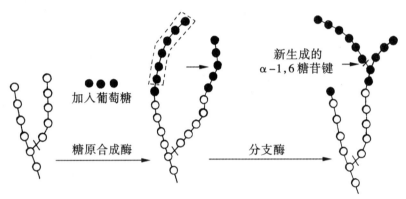

图 5-7　分支酶的作用

二、糖原分解

（一）糖原分解概念

糖原分解是指肝糖原分解为葡萄糖的过程。

（二）反应过程

1. 糖原分解为 1-磷酸葡萄糖。从糖原分子的非还原端开始,磷酸化酶催化 α-1,4-糖苷键水解,逐个生成 1-磷酸葡萄糖。磷酸化酶只能水解 α-1,4-糖苷键而对 α-1,6-糖苷键无作用。当糖链上的葡萄糖基逐个磷酸解离至开分支点约 4 个葡萄糖基时,在脱支酶的作用下将 3 个葡萄糖基转移到邻近糖链的末端,仍以 α-1,4-糖苷键连接。剩下的 1 个以 α-1,6-糖苷键与糖链形成分支的葡萄糖基被脱支酶水解成游离葡萄糖(图 5-8),糖原在磷酸化酶与脱支酶的交替作用下分解,分子越变越小。

2. 1-磷酸葡萄糖在变位酶作用下,转变为 6-磷酸葡萄糖。

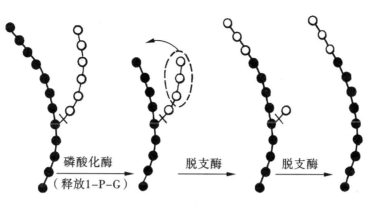

图 5-8　糖原的分解

3.6-磷酸葡萄糖在葡萄糖-6-磷酸酶作用下,水解为葡萄糖。葡萄糖-6-磷酸酶只存在于肝和肾,而不存在于肌肉中,所以只有肝糖原、肾糖原可直接补充血糖。糖原合成及代谢途径可归纳为图 5-9。

糖原的分解

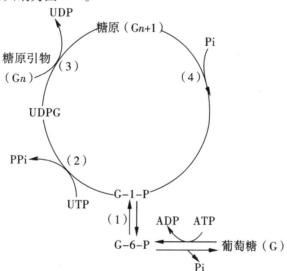

图 5-9　糖原的合成与分解

(三)糖原分解的特点

1. 糖原分解是不消耗能量的过程。

2. 磷酸化酶是糖原分解的限速酶。

3. 肝糖原和肌糖原都可以分解为6-磷酸葡萄糖。由于肌肉组织中无葡萄糖-6-磷酸酶,因此肌糖原只能进行糖酵解,生成乳酸后再经糖异生作用转变成糖。

三、糖异生

(一)糖异生的概念

由非糖物质转变为葡萄糖或糖原的过程称为糖异生。能转变为糖的非糖物质主要有:甘油、有机酸(乳酸、丙酮酸及三羧酸循环中的各种羧酸)和生糖氨基酸(丙、甘、苏、丝、谷、天冬、半胱、脯、组氨酸等)。糖异生的主要场所是肝,而肾在正常情况下糖异生能力只有肝的1/10,长期饥饿时肾糖异生能力增强。

(二)糖异生的途径

糖异生基本是糖酵解的逆行。糖酵解的三个关键酶催化的反应是不可逆的,称之为"能障"。实现糖异生必须有另外不同的酶催化逆过程,绕过三个"能障",使非糖物质顺利转变为葡萄糖,这些酶都为糖异生过程中的关键酶,这个过程就是糖异生途径。反应过程如下:

1.丙酮酸转变为磷酸烯醇式丙酮酸 此反应需要丙酮酸羧化酶和磷酸烯醇式丙酮酸羧激酶联合作用,通过丙酮酸羧化支路来完成(图5-10)。

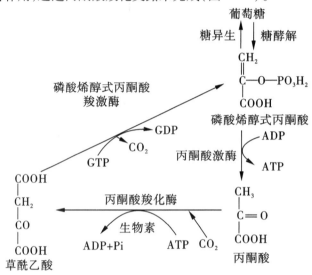

图5-10 丙酮酸羧化支路

在线粒体中,丙酮酸在以生物素为辅酶的丙酮酸羧化酶催化下,并在 CO_2 和 ATP 存在时,使其羧化为草酰乙酸。通过苹果酸穿梭作用(见第六章),草酰乙酸从线粒体转移到胞液,在磷酸烯醇式丙酮酸羧激酶催化下,由 GTP 供能,脱羧生成磷酸烯醇式丙酮酸。反应共消耗2分子 ATP。

2.1,6-二磷酸果糖转变为6-磷酸果糖 这是糖异生途径的第二个能障,在果糖二磷酸酶催化下,1,6-二磷酸果糖水解生成6-磷酸果糖。

$$1,6\text{-二磷酸果糖} \xrightarrow[\mathrm{H_2O} \quad \mathrm{Pi}]{\text{果糖二磷酸酶}} 6\text{-磷酸果糖}$$

3.6-磷酸葡萄糖水解为葡萄糖 此步反应与糖原分解的最后一步相同,在肝(肾)中存在的葡萄糖-6-磷酸酶催化下,6-磷酸葡萄糖水解为葡萄糖。

甘油是脂肪分解产物,当甘油进行糖异生时,首先在 α-磷酸甘油激酶作用下转变为 α-磷酸甘油,再经 α-磷酸甘油脱氢酶催化生成磷酸二羟丙酮,参与糖异生过程。乳酸可脱氢生成丙酮酸,丙氨酸等生糖氨基酸通过转变为三羧酸循环中的中间产物之一,然后均可通过糖异生途径转变为糖。糖异生途径归纳如图5-11。

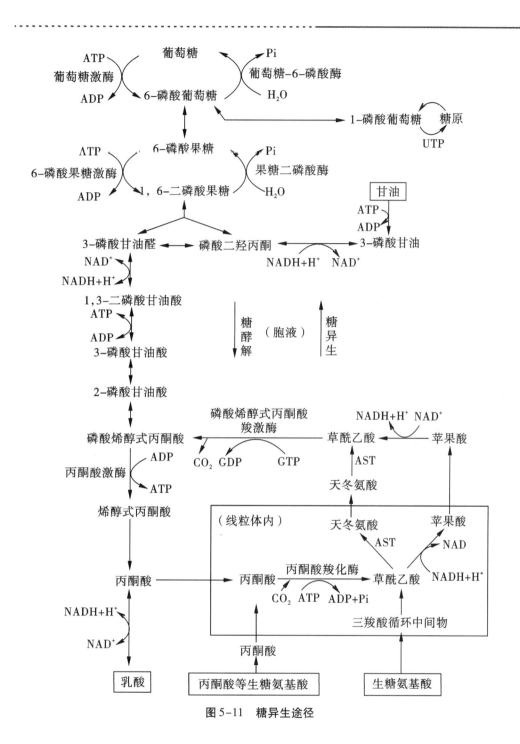

图 5-11　糖异生途径

四、糖储存与动员的生理意义

(一)糖原合成与分解的生理意义

糖原合成与分解是机体储能、供能的重要方式,同时也调节并维持血糖浓度的相对恒定。在间断进食情况下,机体必须储存一定量的营养物质以备不进食时的生理需要。进食后多余的糖可在肝或其他组织合成糖原,以免血糖过高。在不进食期间,各组织可利用其储存的糖原进行分解代谢,减少直接利用血糖。肝还可及时将储存糖原分解为葡萄糖释放入血,使血糖浓度不致过低。

(二)糖异生的生理意义

1. 维持空腹和饥饿时血糖浓度的相对恒定　这是糖异生最主要的生理功能。空腹和饥饿时,肝糖原分解产生的葡萄糖仅能维持 6~7 h,以后机体完全依靠糖异生作用来维持血糖浓度恒定。饥饿时,肌肉产生的乳酸量较少,糖异生的原料主要为氨基酸和甘油,经糖异生转变为葡萄糖,维持血糖水平,保证脑、红细胞等重要器官能量供应。

2. 调节酸碱平衡　长期饥饿时,肾糖异生增强可促进肾小管细胞分泌氨,有利于肾的排 H^+ 保 Na^+,使 NH_3 与 H^+ 生成 NH_4Cl 排出体外;另外使乳酸经糖异生作用转变成糖,可防止乳酸堆积,这些均对维持机体酸碱平衡有一定意义。

3. 有利于乳酸的利用　乳酸是糖异生的重要原料。当肌肉在缺氧或剧烈运动时,肌糖原酵解产生大量乳酸,乳酸可经血液运输到肝,在肝内乳酸通过糖异生作用合成肝糖原或葡萄糖,葡萄糖进入血液又可被肌肉摄取利用,此过程称乳酸循环(图5-12)。乳酸循环的意义一方面是机体可利用乳酸分子的能量,避免乳酸的损失;另一方面,因乳酸是酸性物质,乳酸循环能及时使乳酸转化,防止乳酸在组织中堆积。所以糖异生有利于乳酸再利用、糖原更新,补充肌肉消耗的糖原及防止乳酸酸中毒的发生。

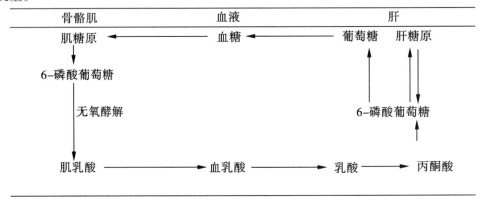

图 5-12　乳酸循环

第四节　糖代谢障碍

一、血糖的来源和去路

消化吸收进入体内的单糖主要是葡萄糖。半乳糖、果糖吸收后,在体内可转变成葡萄糖。血液中的葡萄糖称为血糖。血糖浓度随进食、活动等变化而有所波动,空腹状态下比较恒定。正常人空腹血糖浓度为 3.9~6.1 mmol/L。血糖浓度的相对稳定对保证组织器官,特别是对大脑的正常生理活动具有重要意义。如果血糖过低,会出现脑功能障碍,甚至出现低血糖昏迷。血糖浓度的相对恒定靠机体血糖来源和去路的动态平衡维持。

(一)血糖的来源

血糖的来源有三个方面:

1.食物中的糖 食物中的糖经消化吸收入血的葡萄糖及其他单糖是血糖的主要来源。

2.肝糖原 肝将其储存的肝糖原分解为葡萄糖进入血液,这是空腹时血糖的主要来源。

3.糖异生作用 体内某些非糖物质可转变生成葡萄糖来维持血糖的浓度。如禁食>12 h时脂肪中甘油及肌肉剧烈运动收缩后产生的乳酸可在肝中转变成糖。

(二)血糖的去路

血糖的去路有四条:

1.氧化分解 血液中的葡萄糖流经全身各组织时,可被组织细胞摄取,经氧化分解为机体供能,这是血糖的最主要去路。

2.合成糖原储存 消化吸收的葡萄糖在肝和肌肉中合成糖原储存,这是糖在体内的主要储存形式。

3.转变成其他糖及糖衍生物 葡萄糖在体内可转变成核糖、脱氧核糖、氨基糖等,作为一些重要物质合成的原料。

4.转变为非糖物质 葡萄糖在体内可转变成脂肪、某些非必需氨基酸等。

血糖来源和去路总结如图5-13,这就是糖在体内的代谢概况。

血糖的来源和去路

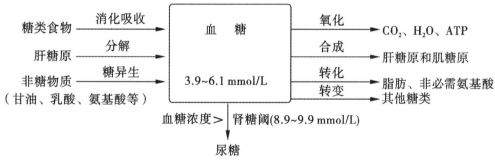

图 5-13　血糖来源和去路

二、血糖浓度的调节

正常情况下,血糖浓度的相对恒定依赖于血糖来源与去路的平衡,这种平衡需要体内多种因素的共同调节,其主要调节因素有神经、激素和组织器官。

(一)神经系统调节

神经系统对血糖的调节属于整体调节,通过对各种促激素或激素分泌的调节,进而影响各代谢途径中的酶活性而完成调节作用。参与血糖调节的是自主神经中的交感神经和迷走神经。当情绪激动时,交感神经兴奋,使肾上腺素分泌增加,促进肝糖原分解、肌糖原酵解和糖异生作用,使血糖升高;当处于静息状态时,迷走神经兴奋,使胰岛素分泌增加,促进糖进入细胞合成糖原,促进糖转变成脂肪储存,同时又抑制糖异生作用,使血糖水平降低。正常情况下,机体在多种调节因素的相互作用下,维持血糖浓度的恒定。

(二)激素调节

调节血糖的激素有两类:一类是降低血糖的激素,即胰岛素;另一类是升高血糖的激素,有肾上腺素、胰高血糖素、糖皮质激素和生长激素等。这两类激素的作用相互拮抗、相互制约,它们通过调节糖代谢各途径的关键酶的活性或含量来调节血糖浓度恒定。其作用见表5-3。

表5-3 激素对血糖浓度的影响

降低血糖的激素		升高血糖的激素
胰岛素	1. 促进葡萄糖进入肌肉、脂肪等组织细胞 2. 加速葡萄糖在肝、肌肉内合成糖原 3. 促进糖的有氧氧化 4. 促进糖转变为脂肪 5. 抑制糖异生作用	肾上腺素	1. 促进肝糖原分解 2. 促进肌糖原酵解 3. 促进糖异生作用
		胰高血糖素	1. 抑制肝糖原合成,促进肝糖原分解 2. 促进糖异生作用
		糖皮质激素	1. 促进糖异生作用 2. 促进肝外组织蛋白质分解,生成氨基酸

(三)器官的调节

肝是体内调节血糖浓度的主要器官。肝可以通过肝糖原分解、糖异生作用升高血糖,也可以通过肝糖原合成来降低血糖。

三、耐糖现象和耐糖曲线

(一)耐糖现象

人体处理所给予葡萄糖的能力称为葡萄糖耐量或耐糖现象。正常人即使一次食入大量葡萄糖,其血糖浓度仅暂时升高,不久即可恢复到正常水平,这是正常的耐糖现象。如果食入葡萄糖后,血糖上升后恢复缓慢,或者血糖升高不明显甚至不升高,这说明血糖调节障碍,称为耐糖现象失常。

(二)耐糖曲线

临床上常用的检测糖耐量方法是先测定受试者清晨空腹血糖浓度,然后一次进食100 g葡萄糖(或按每千克1.5~1.75 g葡萄糖)。进食后每隔0.5 h或1 h测血糖一次,测至3~4 h为止。以时间为横坐标,血糖浓度为纵坐标绘制成曲线称为糖耐量曲线(图5-13)。

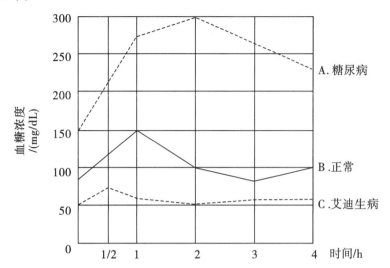

图5-13 糖耐量曲线

正常人的糖耐量曲线的特点是:空腹血糖浓度正常;食糖后血糖浓度升高,1 h内达高峰,但不超过8.89 mmol/L(160 mg/dL);此后血糖浓度迅速降低,在2 h之内降至正常水平。

糖尿病患者因胰岛素分泌不足或机体对胰岛素的敏感性下降,糖耐量曲线表现为:空腹血糖浓度较正常值高;进食糖后血糖迅速升高,并超过肾糖阈;在2 h内不能恢复至空腹血糖水平。

艾迪生病患者由于肾上腺皮质功能低下,其耐糖曲线表现为:空腹血糖浓度低于正常值;进食糖后血糖浓度升高不明显;短时间即恢复原有水平。

糖代谢紊乱通常表现为血糖异常,主要是高血糖和低血糖。

四、低血糖

空腹血糖低于3.0 mmol/L称为低血糖。由于脑细胞内几乎不能储存糖原,其所需能量直接靠摄取血中葡萄糖进行氧化分解。血糖浓度降低后进入脑组织的葡萄糖减少,脑细胞能量供应不足,影响脑细胞正常功能,可出现头晕、心悸、出冷汗等虚脱症状。如果血糖水平过低时,可发生低血糖昏迷,如能给患者及时静脉滴注葡萄糖,症状就会得到缓解。

引起低血糖的原因:①胰岛B细胞器质性病变,如B细胞瘤可导致胰岛素分泌过多;②肾上腺皮质功能减退,使糖皮质激素分泌不足;③严重肝病,肝糖原的储存及糖异生作用降低,肝不能有效地调节血糖;④饥饿时间过长或持续的剧烈运动也可引起低血糖;⑤临床治疗时使用胰岛素过量(药源性)。

五、高血糖与糖尿病

空腹血糖浓度持续超过6.9 mmol/L时,称为高血糖。当血糖浓度超过肾糖阈(8.89~10.00 mmol/L)时,葡萄糖从尿中排出,称为糖尿。

引起高血糖和糖尿的原因有生理性和病理性之别。正常人偶尔也可出现高血糖和糖尿,如进食大量糖或情绪激动时交感神经兴奋引起肾上腺素分泌增加等均可引起一过性高血糖,甚至糖尿。病理性高血糖及糖尿多见于下列情况。

　　1.糖尿病　　以高血糖和糖尿为主要症状的疾病主要是糖尿病。引起高血糖的病理基础是胰岛 B 细胞功能障碍所致胰岛素相对或绝对缺乏;或胰岛素受体数目减少;或与胰岛素的亲和力降低,以致血糖不能充分被组织利用。近年来还发现胰岛素分子病,即由于胰岛素原分子中个别氨基酸被另外的氨基酸所取代致使胰岛素原不能转变为胰岛素。

　　2.肾性糖尿　　由于肾病导致肾小管重吸收能力下降,使肾糖阈下降出现糖尿,称为肾性糖尿。这类患者空腹血糖一般都正常,体内糖代谢并无明显异常。

　　3.对抗胰岛素的激素分泌过多　　垂体前叶、肾上腺皮质及甲状腺功能亢进时,所分泌的生长素、糖皮质激素、甲状腺素等对抗胰岛素的激素分泌过多,也可导致高血糖和糖尿。

小　结

　　糖的主要功能是氧化供能,也是人体组织结构的成分,还参与构成某些生理活性物质。

　　食物中的淀粉经消化作用水解为葡萄糖后经门静脉吸收入血。血液中的葡萄糖称为血糖,是糖的运输形式。正常人空腹血糖的浓度为 $3.9 \sim 6.1$ mmol/L。血糖的主要来源是食物中经消化吸收的糖;其次是肝糖原分解、糖异生、肌糖原酵解间接补充血糖。血糖的主要去路是氧化分解供能,其次是合成肝、肌、肾糖原,转变为脂肪、某些非必需氨基酸和其他糖类。血糖浓度超过肾糖阈时可出现糖尿。

　　糖代谢主要是指葡萄糖在体内的复杂代谢过程,包括分解代谢与合成代谢。分解代谢途径主要有糖酵解、有氧氧化和磷酸戊糖途径。

　　葡萄糖或糖原的葡萄糖单位在无氧或缺氧情况下分解为乳酸和 ATP 的过程称为糖酵解。糖酵解在胞液中进行,其代谢反应可分为两个阶段。第一阶段由葡萄糖转变为 2 分子磷酸丙糖,其特点是耗能;第二阶段由 3-磷酸甘油醛转变为乳酸,其特点是产能和氧化还原反应。糖酵解发生的关键酶是 6-磷酸果糖激酶、丙酮酸激酶和己糖激酶(肝中为葡萄糖激酶)。1 分子葡萄糖(糖原)经酵解可生成 2 分子(3 分子)ATP。糖酵解的生理意义是在机体缺氧情况下,迅速提供能量;又是某些组织生理情况下的供能途径。

　　葡萄糖或糖原的葡萄糖单位在有氧条件下,彻底氧化生成 CO_2、H_2O,并产生大量能量的过程,称为糖的有氧氧化。它是体内糖氧化供能的主要方式,在胞液和线粒体中进行,包括三个阶段:第一阶段为葡萄糖循酵解途径分解为丙酮酸,在胞液中进行;第二阶段为丙酮酸进入线粒体,在关键酶丙酮酸脱氢酶复合体催化下氧化脱羧生成乙酰辅酶 A;第三阶段是乙酰辅酶 A 进入三羧酸循环彻底氧化成 CO_2 和 H_2O。1 分子乙酰辅酶 A 经三羧酸循环运转一周,经 2 次脱羧、4 次脱氢,消耗 1 个乙酰基,产生 10 个 ATP。三羧酸循环是糖、脂肪、蛋白质彻底氧化的共同途径,又是三者相互转变、相互联系的枢纽,还为其他合成代谢提供前体物质。1 mol 葡萄糖彻底氧化可产生 30 或

32 mol ATP。糖有氧氧化的关键酶除与糖酵解相同的三个酶外,还有异柠檬酸脱氢酶、丙酮酸脱氢酶复合体、柠檬酸合成酶和α-酮戊二酸脱氢酶复合体。

磷酸戊糖途径在胞液中进行,其关键酶是6-磷酸葡萄糖脱氢酶(辅酶为NADP$^+$),如先天缺乏此酶,可患蚕豆病。磷酸戊糖途径的重要性在于该途径可产生5-磷酸核糖和NADPH。5-磷酸核糖是合成核苷酸的重要原料。NADPH作为供氢体参与多种代谢反应。

糖原是体内糖的储存形式,肝和肌肉是储存糖原的主要组织。肝糖原合成途径有直接途径(由葡萄糖经UDPG合成糖原)和间接途径(由三碳化合物经糖异生合成糖原)。从葡萄糖合成糖原是耗能过程,在糖原引物上每增加1分子葡萄糖要消耗2分子ATP。肝糖原分解为葡萄糖的过程称为糖原分解,肝糖原是血糖的重要来源。肌糖原是由葡萄糖经UDPG合成;由于肌肉组织中缺乏葡萄糖-6-磷酸酶,肌糖原不能分解为葡萄糖,只能进行糖酵解或有氧氧化。因此肌糖原主要在肌肉收缩时经糖酵解迅速供能。糖原合成与分解的关键酶分别是糖原合成酶及磷酸化酶。糖原合成与分解的生理意义主要是维持血糖浓度的恒定。

糖异生是指非糖物质转变为葡萄糖或糖原的过程。糖异生的原料有乳酸、甘油和生糖氨基酸等。糖异生的主要场所是肝,其次是肾。糖异生的途径基本上是糖酵解的逆过程。糖酵解中三个关键酶催化的不可逆反应分别由糖异生的四个关键酶:丙酮酸羧化酶、磷酸烯醇式丙酮酸羧激酶、果糖二磷酸酶和葡萄糖-6-磷酸酶催化完成。糖异生的生理意义在于饥饿时维持血糖浓度的恒定;也是肝补充或恢复糖原储备的重要途径;长期饥饿时,肾糖异生增强有利于维持酸碱平衡。

血糖浓度受到神经、激素和器官水平三个层次的调节。胰岛素是降血糖激素,而升血糖激素是胰高血糖素、肾上腺素、糖皮质激素和生长激素。肝通过糖原的合成和分解、糖异生来维持机体血糖浓度的稳定。人体处理所给予葡萄糖的能力被称为糖耐量,通过口服葡萄糖耐量曲线判断机体有无糖代谢紊乱。糖尿病是以慢性血糖水平增高为特征的代谢性疾病,分为1型和2型糖尿病。

问题分析与能力提升

病例摘要 患者,男性,65岁,因烦渴、多食、多饮、多尿2个月余,近10 d病情加重入院。患者前几天饮水量明显增加,有时甚至达到3 000 mL每天,并伴有明显的乏力。

体格检查:意识清晰,精神尚可,呼吸无烂苹果味。T 36.5 ℃,P 79 次/min,R 18 次/min,BP 130/84 mmHg,BMI 37 kg/m^2。呼吸尚平稳,双肺未听到啰音。双下肢无水肿,双侧足背动脉搏动良好。

既往史:无高血压、心脏病病史,无肝炎、结核病病史。

家族史:患者姐姐患糖尿病10余年。

实验室检查:FPG 15.5 mmol/L,2 h PG 28.1 mmol/L,GHb 8.7%,尿酮体(-),尿糖(-);空腹血清C-肽0.89 mmol/L,空腹血清胰岛素31 U/L;胰岛素抗体、胰岛细胞抗体、谷氨酸脱羧酶抗体均为阴性。尿24 h总蛋白、清蛋白、清蛋白/肌酐比值正常。

思考:此病例的临床诊断和诊断依据。

同步练习

一、单项选择题

1. 参与糖酵解途径的三个不可逆反应的酶是 （ ）
   A. 葡萄糖激酶、己糖激酶、磷酸果糖激酶
   B. 甘油磷酸激酶、磷酸果糖激酶、丙酮酸激酶
   C. 葡萄糖激酶、己糖激酶、丙酮酸激酶
   D. 己糖激酶、磷酸果糖激酶、丙酮酸激酶
   E. 甘油磷酸激酶、磷酸果糖激酶、己糖激酶

2. 主要在肝中发挥催化作用的己糖激酶同工酶是 （ ）
   A. Ⅰ型   B. Ⅱ型
   C. Ⅲ型   D. Ⅳ型
   E. Ⅴ型

3. 主要发生在线粒体中的代谢途径是 （ ）
   A. 糖酵解途径   B. 三羧酸循环
   C. 磷酸戊糖途径   D. 脂肪酸合成
   E. 乳酸循环

4. 糖原中一个葡萄糖基转变为2分子乳酸,可净得ATP的分子数是 （ ）
   A. 1   B. 2
   C. 3   D. 4
   E. 5

5. 直接参与底物水平磷酸化的是 （ ）
   A. α-酮戊二酸脱氢酶   B. 3-磷酸甘油醛脱氢酶
   C. 琥珀酸脱氢酶   D. 6-磷酸葡萄糖脱氢酶
   E. 磷酸甘油酸激酶

6. 成熟红细胞中糖酵解的主要功能是 （ ）
   A. 调节红细胞的带氧状态   B. 供应能量
   C. 提供磷酸戊糖   D. 对抗糖异生
   E. 提供合成用原料

7. 关于糖的有氧氧化的描述,错误的是 （ ）
   A. 糖有氧氧化的产物是 CO_2 和 H_2O
   B. 糖有氧氧化是细胞获得能量的主要方式
   C. 三羧酸循环是三大营养物质相互转变的途径
   D. 有氧氧化在胞浆中进行
   E. 葡萄糖氧化成 CO_2 和 H_2O 时可生成30或32个ATP

8. 空腹饮酒可导致低血糖,其可能的原因为 （ ）
   A. 乙醇氧化时消化过多的 NAD^+,影响乳酸经糖异生作用转变为血糖
   B. 饮酒影响外源性葡萄糖的吸收
   C. 饮酒刺激胰岛素分泌而致低血糖
   D. 乙醇代谢过程中消耗肝糖原
   E. 以上都不是

9. 用于糖原合成的1-磷酸葡萄糖首先要经何种物质活化 （ ）
   A. ATP   B. CTP
   C. GTP   D. UTP

E. TTP

10. 关于糖原合成的描述,错误的是　　　　　　　　　　　　( )

A. 糖原合成过程中有焦磷酸生成

B. 糖原合酶催化形成分支

C. 从1-磷酸葡萄糖合成糖原要消耗~P

D. 葡萄糖供体是UDPG

E. 葡萄糖基加到糖链的非还原端

11. 糖原分解所得到的初产物是　　　　　　　　　　　　　( )

A. UDPG　　　　　　　　　　　　　B. 葡萄糖

C. 1-磷酸葡萄糖　　　　　　　　　　D. 1-磷酸葡萄糖和葡萄糖

E. 6-磷酸葡萄糖

12. 与丙酮酸异生为葡萄糖无关的酶是　　　　　　　　　( )

A. 果糖二磷酸酶Ⅰ　　　　　　　　　B. 烯醇化酶

C. 丙酮酸激酶　　　　　　　　　　　D. 醛缩酶

E. 磷酸己糖异构酶

13. 糖酵解途径中催化不可逆反应的是　　　　　　　　　( )

A. 3-磷酸甘油醛脱氢酶　　　　　　　B. 磷酸甘油酸激酶

C. 醛缩酶　　　　　　　　　　　　　D. 烯醇化酶

E. 丙酮酸激酶

14. 1分子葡萄糖经磷酸戊糖途径代谢可生成　　　　　　( )

A. 1分子NADH　　　　　　　　　　B. 2分子NADH

C. 1分子NADPH　　　　　　　　　　D. 2分子CO_2

E. 2分子NADPH

15. 磷酸戊糖途径　　　　　　　　　　　　　　　　　　( )

A. 是体内CO_2的主要来源

B. 可生成NADPH直接通过呼吸链产生ATP

C. 可生成NADPH,供还原性合成代谢需要

D. 是体内生成糖醛酸的途径

E. 饥饿时葡萄糖经此途径代谢增加

16. 血糖浓度低时脑仍可摄取葡萄糖而肝不能是因为　　　( )

A. 胰岛素的调节作用

B. 己糖激酶与葡萄糖的亲和力强

C. 葡萄糖激酶与葡萄糖的亲和力强

D. 血脑屏障在血糖低时不起作用

E. 以上都不是

17. 肌糖原分解不能直接转变为血糖的原因是　　　　　　( )

A. 肌肉组织缺乏己糖激酶

B. 肌肉组织缺乏葡萄糖激酶

C. 肌肉组织缺乏糖原合酶

D. 肌肉组织缺乏葡萄糖-6-磷酸酶

E. 肌肉组织缺乏糖原磷酸化酶

18. 关于尿糖的描述,正确的是　　　　　　　　　　　　( )

A. 尿糖阳性,血糖一定也升高

B. 尿糖阳性是由于肾小管不能将糖全部重吸收

C.尿糖阳性肯定是有糖代谢紊乱

D.尿糖阳性是诊断糖尿病的唯一依据

E.尿糖阳性一定是由于胰岛素分泌不足

19.氨基酸生成糖的途径是 （　　）

    A.糖有氧氧化   B.糖酵解

    C.糖原分解   D.糖原合成

    E.糖异生

20.对糖酵解和糖异生都起催化作用的酶是 （　　）

    A.丙酮酸激酶   B.丙酮酸羧化酶

    C.3-磷酸甘油酸脱氢酶   D.果糖二磷酸酶

    E.己糖激酶

21.不属于升高血糖的激素是 （　　）

    A.胰高血糖素   B.肾上腺素

    C.生长激素   D.肾上腺皮质激素

    E.胰岛素

22.催化丙酮酸生成草酰乙酸的酶是 （　　）

    A.乳酸脱氢酶   B.醛缩酶

    C.丙酮酸羧化酶   D.丙酮酸激酶

    E.丙酮酸氧化脱氢酶系

23.糖异生的主要意义在于 （　　）

    A.防止酸中毒

    B.由乳酸等物质转变为糖原

    C.更新肝糖原

    D.维持饥饿情况下血糖浓度的相对稳定

    E.保证机体在缺氧时获得能量

24.使三羧酸循环得以顺利进行的关键物质是 （　　）

    A.乙酰辅酶A   B.α-酮戊二酸

    C.柠檬酸   D.琥珀酰辅酶A

    E.草酰乙酸

25.促进糖原合成的激素是 （　　）

    A.肾上腺素   B.胰高血糖素

    C.胰岛素   D.肾上腺皮质激素

    E.甲状腺素

26.调节人体血糖浓度最重要的器官是 （　　）

    A.心   B.肝

    C.脾   D.肺

    E.肾

27.5-磷酸核糖的主要来源是 （　　）

    A.糖酵解   B.糖有氧氧化

    C.磷酸戊糖途径   D.脂肪酸氧化

    E.糖异生

28.6-磷酸葡萄糖脱氢酶的辅酶是 （　　）

    A.FMN   B.FAD

    C.NAD^+ D.$NADP^+$

E. TPP

三、填空题

1.1 分子葡萄糖经糖酵解可净生成_____分子 ATP 和_____分子乳酸;经有氧氧化可净生成_____ATP。

2. 糖的有氧氧化的细胞定位在_____、_____。

3. 一次三羧酸循环共发生_____次脱氢反应,_____次脱羧反应,_____次底物水平磷酸化,共生成_____分子 ATP。

4. 糖异生的主要原料有_____、_____、_____等。

5. 血糖的主要来源有_____、_____、_____,主要去路有_____、_____、_____。

三、名词解释

1. 糖酵解　2. 有氧氧化　3. 磷酸戊糖途径　4. 乳酸循环　5. 糖异生　6. 低血糖昏迷

四、问答题

1. 简述三羧酸循环的特点和意义。

2. 简述磷酸戊糖途径的生理意义。

3. 简述肝糖原和肌糖原的分解代谢有何不同。

4. 简述糖异生的关键反应和生理意义。

5. 简述乳酸循环的过程及生理意义。

6. 比较糖酵解和糖有氧氧化的反应过程和生理意义。

7. 简述血糖的来源和去路,糖尿病的发病机制。

第六章

生物氧化

学习目标

◆掌握 生物氧化的概念、特点;呼吸链的概念、排列及组成;氧化磷酸化的概念、偶联部位。

◆熟悉 氧化磷酸化的影响因素;线粒体外 NADH 转运进入线粒体的机制。

◆了解 其他氧化体系。

第一节 生物氧化的方式

一切生物体都依靠能量来进行生命活动,维持生存,生物体所需要的能量主要来自于体内三大营养物质糖、脂肪、蛋白质的氧化分解。生物氧化就是指物质在生物体内的氧化分解,即糖、脂肪、蛋白质在体内彻底氧化分解生成 CO_2 和 H_2O 并释放能量的过程。因反应过程中细胞要摄取 O_2 和释放 CO_2,故又称为细胞呼吸或组织呼吸。生物氧化过程中释放的能量,有相当一部分可使 ADP 发生磷酸化生成 ATP 供生命活动利用;其余则以热能形式释放,用于维持体温(图 6-1)。

在真核生物细胞中,生物氧化在线粒体内进行,而原核生物是在细胞质膜上进行。

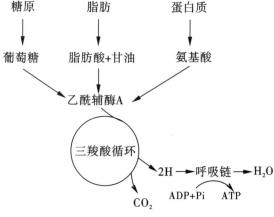

图 6-1 糖、脂肪和蛋白质氧化放能的三个阶段

(一)生物氧化的方式与特点

1.生物氧化的方式 在化学本质上,生物氧化的氧化方式与一般氧化还原反应相同,加氧、脱氢、失电子属于氧化,而加氢、脱氧、得电子则属于还原。不同的是,生物体内的氧化是在酶的催化下有序进

行的。

2.生物氧化的特点　同一物质在体内外氧化时所消耗的氧气、产生的 CO_2 和 H_2O 以及释放的能量均相同,但生物氧化具有与体外氧化明显不同的特点。①反应条件不同:体外氧化反应条件剧烈,一般需要在高温、强酸或强碱环境中进行,而生物氧化是在生物细胞内进行的有序的酶促氧化过程,反应条件温和(水溶液、中性 pH 值和常温)。②能量的释放方式不同:体外氧化能量是以光和热的形式骤然释放的,而生物氧化是在酶的催化下能量逐步释放的,而且释放出来的能量一部分以热能形式散发以维持体温,一部分以化学能(ATP)形式储存供生命活动能量之需。③ CO_2 和 H_2O 的生成方式不同:体外氧化产生的 CO_2 和 H_2O 是 C 和 H 直接与 O_2 结合生成,而生物氧化生成的 CO_2 是由有机酸脱羧产生, H_2O 是代谢物脱下的 H 经过呼吸链逐步传递给 O_2 结合产生。④生物氧化的速率受体内多种因素的影响和调节。

(二)生物氧化过程中 CO_2 的生成

CO_2 是生物氧化的主要产物之一,人体内 CO_2 的生成不是代谢物的碳原子和氧原子的直接结合,而是来源于有机酸的脱羧反应。营养物质在体内的代谢过程中可产生许多不同的有机酸,这些有机酸在酶催化下经过脱羧反应即可生成 CO_2 。根据脱去的羧基在有机酸分子中的位置不同,可分为 α-脱羧和 β-脱羧;根据脱羧时是否伴有脱氢反应可分为单纯脱羧和氧化脱羧。例如:

$$H_2N-CH-COOH \xrightarrow{\text{氨基酸脱羧酶}} CH_2-NH_2 +CO_2$$
（上方均带有 R 侧链）

$$CH_3-\overset{O}{\overset{\|}{C}}-COOH \xrightarrow[\text{CoASH} \quad \text{NAD}^+ \quad \text{NADH+H}^+]{\text{丙酮酸脱氢酶系}} CH_3COSCoA+CO_2$$

第二节　生物氧化过程中水的生成

在生物氧化过程中,水的生成并不是由代谢物脱下的氢和氧直接结合而成,而是代谢物脱下来的氢由相应的氢载体(NAD^+ 、 $NADP^+$ 、FAD、FMN 等)所接受,再在线粒体内通过呼吸链传递给氧而生成水。所谓呼吸链是指在线粒体内膜上按照一定顺序排列着的酶和辅酶,其作用是将代谢物脱下的氢和电子通过连锁反应逐步传递给氧生成水。这种与细胞摄取氧的呼吸密切相关的连锁反应体系或传递链称为氧化呼吸链,或电子传递链。

一、呼吸链的组成及作用

参与呼吸链组成的酶与辅酶分布在线粒体内膜上,其中具有脱氢和传递氢的功能的部分称为递氢体,具有将氢原子中的电子捕获并逐步传递给氧的部分称为递电子体。其结果是使氢原子失去电子氧化成氢离子,而电子经电子传递链使氧原子还原成氧离子,两种离子迅速结合生成水分子。

生物氧化中
H_2O 的生成

（一）呼吸链的主要成分

呼吸链是由多种递氢体和递电子体组成，其本质是一系列的酶与辅酶，包括：NAD^+（$NADP^+$）、FAD、FMN、泛醌（CoQ）以及 Cyt b、Cyt c_1、Cyt c、Cyt a、Cyt a_3 等。

1. NAD$^+$和NADP$^+$　NAD^+（辅酶Ⅰ，CoI，烟酰胺腺嘌呤二核苷酸）和 $NADP^+$（辅酶Ⅱ，CoⅡ，烟酰胺腺嘌呤二核苷酸磷酸）是烟酰胺脱氢酶类的辅酶，其结构式如下（图6-2）：

图6-2　NAD$^+$的结构式

NAD^+ 或 $NADP^+$ 分子中的功能部分烟酰胺的氮为五价，能可逆地接受电子而成为三价氮，且其对侧的碳原子比较活泼，能可逆地进行加氢和脱氢反应，所以该酶在呼吸链中主要起着递氢的作用。NAD^+ 和 $NADP^+$ 在进行加氢反应时只能接受1个氢原子和1个电子，将另一个 H^+ 游离出来，因此将还原型的 NAD^+ 写成 $NADH+H^+$，还原型 $NADP^+$ 的写成 $NADPH+H^+$，反应如图6-3。

图6-3　NAD$^+$的加氢和脱氢反应

2. 黄素蛋白　黄素蛋白因其辅基中核黄素呈黄色而得名。黄素蛋白的辅基有两种，即黄素单核苷酸（FMN）和黄素腺嘌呤二核苷酸（FAD），FMN 和 FAD 发挥功能的结构是异咯嗪环，该环上的1位和10位氮原子能可逆地进行加氢和脱氢反应。氧化型或醌型的 FMN 和 FAD 可先接受一个质子和一个电子形成不稳定的半醌型 FMNH 或 FADH，后者再接受一个质子和电子转变成为还原型或氢醌型的 $FMNH_2$ 或 $FADH_2$。反应如图6-4。

3. 泛醌　泛醌又称为辅酶 Q（UQ、CoQ），是一种小分子、脂溶性醌类化合物，因广泛存在于生物界而得名。泛醌有多个异戊二烯单位相互连接形成的较长的侧链，不同来源的泛醌其异戊二烯单位的数目不同，在哺乳动物组织中最多见的泛醌其侧链由10个异戊二烯单位组成，用 CoQ_{10} 表示。因侧链的强疏水作用，它能在线粒体内膜中自由扩散，易从线粒体内膜中分离，不包含在呼吸链复合体中。

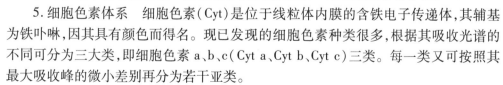

图6-4 FMN的加氢和脱氢反应

泛醌具有醌的性质,首先接受一个电子和一个质子还原成半醌型泛醌,再接受一个电子和一个质子还原成二氢泛醌,后者将两个电子传递给细胞色素,两个质子游离于介质中,自身则被氧化成醌,反应如图6-5。

图6-5 泛醌的加氢和脱氢反应

4. 铁硫蛋白 铁硫蛋白(Fe-S)又称铁硫中心,含有等量的铁原子和硫原子,铁原子与无机硫原子或是与蛋白质肽链上半胱氨酸残基的硫相结合。其中的一个铁原子可进行 $Fe^{2+} \rightleftharpoons Fe^{3+} + e^-$ 的可逆反应,每次传递一个电子。其功能是将 $FMNH_2$ 的电子传递给泛醌。

常见的铁硫蛋白有3种组合方式。①单个铁原子与4个半胱氨酸残基上的巯基硫相连;②2个铁原子、2个无机硫原子组成(2Fe-2S),其中每个铁原子还各与2个半胱氨酸残基的巯基硫相结合;③由4个铁原子与4个无机硫原子相连组成(4Fe-4S),铁原子与硫原子相间排列在一个正六面体的八个顶角,四个铁原子还各与一个半胱氨酸残基上的巯基硫相连(图6-6)。

在呼吸链中,铁硫蛋白多与黄素蛋白或细胞色素b结合成复合物存在。

铁硫蛋白

5. 细胞色素体系 细胞色素(Cyt)是位于线粒体内膜的含铁电子传递体,其辅基为铁卟啉,因其具有颜色而得名。现已发现的细胞色素种类很多,根据其吸收光谱的不同可分为三大类,即细胞色素a、b、c(Cyt a、Cyt b、Cyt c)三类。每一类又可按照其最大吸收峰的微小差别再分为若干亚类。

人体线粒体内膜呼吸链上至少有5种不同的细胞色素,包括 Cyt a、Cyt a_3、Cyt b、Cyt c、Cyt c_1(图6-7)。细胞色素通过铁卟啉中的铁原子 $Fe^{2+} \rightleftharpoons Fe^{3+} + e$ 反应,在呼吸链中起着传递电子的作用。其在呼吸链中传递电子的顺序为 Cyt b→Cyt c_1→Cyt c→Cyt a→Cyt a_3→O_2。Cyt c 呈水溶性,易从线粒体内膜中分离,为游动的电子传递体。

Cyt a 和 Cyt a₃两者结合紧密很难分离,故称为 Cyt aa₃,Cyt aa₃是呼吸链的最后一个传递体,能将两个电子直接传递给 1 个氧原子,故将 Cyt aa₃称为细胞色素氧化酶。

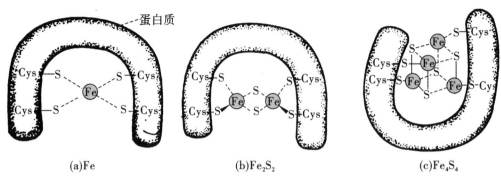

图 6-6　铁硫蛋白的结构示意

细胞色素 a 辅基

细胞色素 b 辅基

细胞色素 c 辅基

图 6-7　细胞色素体系

(二)呼吸链酶复合体

这些呼吸链的组成成分大多以酶复合体的形式分布于线粒体内膜上,用胆酸和脱氧胆酸反复处理线粒体内膜得到 4 种具有传递功能的酶复合体,见表 6-1。

表 6-1　人线粒体呼吸链复合体

复合体	酶名称	多肽链数	功能辅基	功能
复合体 I	NADH-泛醌还原酶	39	FMN,Fe-S	既可传递电子,又可传递氢原子
复合体 II	琥珀酸-泛醌还原酶	4	FAD,Fe-S	既可传递电子,又可传递氢原子
复合体 III	泛醌-细胞色素 C 还原酶	11	血红素 b_L, b_H, c_1, Fe-S	只能传递电子
复合体 IV	细胞色素 C 氧化酶	13	血红素 a, 血红素 a_3, CuA, CuB	只能传递电子

1. 复合体 I　NADH-泛醌还原酶:该复合体将氢原子和电子从 NADH 经 FMN 及 Fe-S 传递给泛醌。

2. 复合体 II　琥珀酸-泛醌还原酶:该复合体将氢原子和电子从琥珀酸经 FAD 及 Fe-S 传递给泛醌。

3. 复合体 III　泛醌-细胞色素 C 还原酶:该复合体将电子从泛醌经 Cyt b、Cyt c_1 传递给 Cyt c。

4. 复合体 IV　细胞色素 C 氧化酶:该复合体将电子从 Cyt c 经 Cyt aa_3 传递给氧。

呼吸链相应的复合体在线粒体内膜上分布及位置见图 6-8。

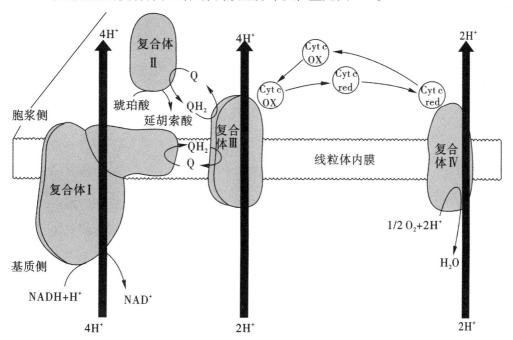

图 6-8　电子传递链各复合体位置示意

二、呼吸链组分的排列

在呼吸链中各种传递体是按一定顺序排列的,首先通过实验测定呼吸链各组分的氧化还原电位如表6-2。

表6-2　与呼吸链相关的传递体的标准还原电位

氧化还原对	$E^\ominus(V)$	氧化还原对	$E^\ominus(V)$
$NAD^+/NADH+H^+$	-0.32	$Cyt\ c_1\ Fe^{3+}/Fe^{2+}$	0.22
$FMN/FMNH_2$	-0.219	$Cyt\ c\ Fe^{3+}/Fe^{2+}$	0.254
$FAD/FADH_2$	-0.219	$Cyt\ a\ Fe^{3+}/Fe^{2+}$	0.29
$Cyt\ b_L\ (b_H)\ Fe^{3+}/Fe^{2+}$	0.05(0.10)	$Cyt\ a_3\ Fe^{3+}/Fe^{2+}$	0.35
$Q_{10}/Q_{10}H_2$	0.06	$1/2O_2/H_2O$	0.816

因为标准电位越低的传递体,其供电子的能力越大,所以电子是由低电位的电子传递体传递给高电位的电子传递体。因此根据呼吸链中各组分标准电极电位的高低及体外呼吸链拆开和重组实验等,现已基本确定两条呼吸链的排列顺序。

1. NADH 氧化呼吸链　NADH 氧化呼吸链由 NADH、黄素蛋白、铁硫蛋白、泛醌和细胞色素组成。生物氧化中大部分脱氢酶都是以 NAD^+ 为辅酶,如乳酸脱氢酶、苹果酸脱氢酶等,这些脱氢酶催化代谢物脱下来的氢都是由 NAD^+ 接受,生成 $NADH+H^+$,$NADH+H^+$ 则进入 NADH 氧化呼吸链将氢最终传递给氧生成水。NADH 氧化呼吸链是体内最常见的一条重要呼吸链。

代谢物在相应脱氢酶催化下,脱下 2H,交给 NAD^+ 生成 $NADH+H^+$,后者又在复合体 I 作用下,经 FMN 传递给 CoQ 生成 $CoQH_2$。$CoQH_2$ 在复合体 III 作用下脱下 2H($2H^++2e$),其中 $2H^+$ 释放游离于介质中,$2e$ 则沿着 $Cyt\ b \rightarrow Cyt\ c_1 \rightarrow Cyt\ c \rightarrow Cyt\ aa_3 \rightarrow O_2$ 的顺序逐步传递给氧,使氧激活,生成氧离子 O^{2-},O^{2-} 可与游离于介质中的 $2H^+$ 结合生成水。NADH 氧化呼吸链各组分的排列顺序如图6-9。

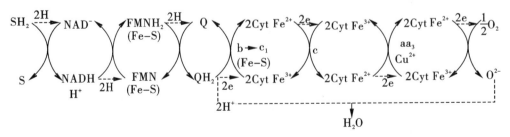

图6-9　NADH 氧化呼吸链

2. $FADH_2$ 氧化呼吸链(琥珀酸氧化呼吸链)　$FADH_2$ 氧化呼吸链由黄素蛋白(以 FAD 为辅基)、泛醌和细胞色素组成。生物氧化中有一小部分的脱氢酶是以 FAD 为辅基的,如琥珀酸脱氢酶、α-磷酸甘油脱氢酶、脂肪酰 CoA 脱氢酶等,最常见的是琥珀酸脱氢酶。这条呼吸链不如 NADH 氧化呼吸链的作用普遍。

代谢物脱下来的 2H 经复合体 Ⅱ（FAD、Fe-S）给 CoQ 生成 $CoQH_2$。$CoQH_2$ 在复合体 Ⅲ 作用下脱下 $2H(2H^+ +2e)$，其中 $2H^+$ 释放游离于介质中，$2e$ 则沿着 Cyt b →Cyt c_1 →Cyt c→Cyt aa_3→O_2 的顺序逐步传递给氧，使氧激活，生成氧离子 O^{2-}，O^{2-} 可与游离于介质中的 $2H^+$ 结合生成水。$FADH_2$ 氧化呼吸链各组分的排列顺序如图 6-10。

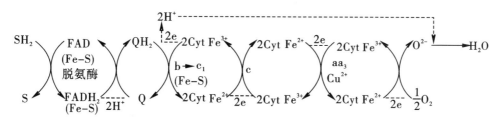

图 6-10　$FADH_2$ 氧化呼吸链

两条呼吸链的区别在于 NADH 氧化呼吸链比 $FADH_2$ 氧化呼吸链多出一个递氢体，所以前者较长，后者较短，两条呼吸链的递电子体组分相同，交汇点是 CoQ。

三、胞液中 NADH 的氧化

线粒体内生成的 NADH 和 $FADH_2$ 可直接进入呼吸链氧化，但是在胞液中生成的 NADH 不能自由透过线粒体内膜，因此胞液中的 NADH 所携带的氢必须通过某种转运机制进入线粒体内才能参与氧化磷酸化过程。常见的转运机制有 α-磷酸甘油穿梭作用和苹果酸-天冬氨酸穿梭作用。

1. α-磷酸甘油穿梭　线粒体外的 NADH 在胞液中的磷酸甘油脱氢酶催化下，使磷酸二羟丙酮还原成 α-磷酸甘油，α-磷酸甘油可自由进入线粒体，进入线粒体的 α-磷酸甘油在磷酸甘油脱氢酶的催化下脱氢生成磷酸二羟丙酮，脱下的 2H 被 FAD 接受生成 $FADH_2$，磷酸二羟丙酮可穿出线粒体至胞液继续穿梭作用，$FADH_2$ 则进入 $FADH_2$ 氧化呼吸链生成 1 分子 H_2O 和 2 分子 ATP。这种穿梭机制主要存在于脑及骨骼肌中，在这些组织中，糖酵解过程中 3-磷酸甘油醛脱氢产生的 $NADH+H^+$ 可通过 α-磷酸甘油穿梭作用进入线粒体氧化分解。反应过程见图 6-11。

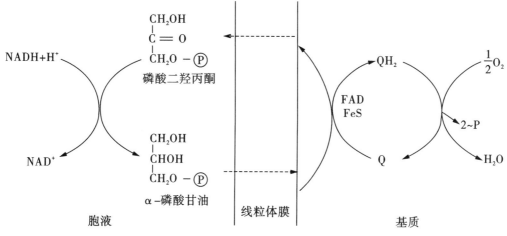

图 6-11　α-磷酸甘油穿梭

2.苹果酸-天冬氨酸穿梭　胞液中的草酰乙酸在苹果酸脱氢酶的作用下,接受NADH+H$^+$中的2H还原为苹果酸,苹果酸可自由进入线粒体内,进入线粒体的苹果酸在苹果酸脱氢酶的作用下重新生成草酰乙酸和NADH。NADH进入NADH氧化呼吸链生成1分子H$_2$O和3分子ATP。线粒体内生成的草酰乙酸经天冬氨酸转氨酶又称谷草转氨酶作用生成天冬氨酸,天冬氨酸可通过线粒体内膜上的载体运出线粒体,再转变为草酰乙酸以继续穿梭作用。这种穿梭作用主要存在于肝和心肌细胞中,在这些组织中,糖酵解过程中3-磷酸甘油醛脱氢产生的NADH+H$^+$可通过苹果酸-天冬氨酸穿梭作用进入线粒体氧化分解。反应过程见图6-12。

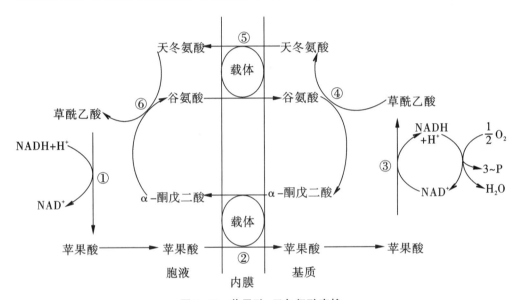

图6-12　苹果酸-天冬氨酸穿梭

第三节　ATP的生成

生物氧化最重要的意义是能获得生命活动所需要的能量。生物氧化过程中释放大量的能量,一部分以热能形式散发以维持体温,另一部分以高能键的形式储存于ATP以及其他高能化合物中。ATP是生物界的主要供能物质,同时也是人体内能量代谢的中心物质,机体能量的释放、储存、转化和利用都是以ATP为核心的。

(一)高能化合物

化学键水解断裂时会释放能量,当水解释放能量>21 kJ/mol时的化学键称为高能化学键,通常用"～"表示。含有高能化学键的化合物称为高能化合物。在生物体内高能化合物主要有高能磷酸化合物,如ATP、GTP、磷酸肌酸、磷酸烯醇式丙酮酸等;以及高能硫酯化合物,如乙酰CoA等。高能磷酸化合物含有高能磷酸键,常用"～P"符号表示。高能硫酯化合物是由酰基和硫醇基构成,含有高能硫酯键,常用"～S"符号表示,在CoA-SH转移时释放较多的自由能,所以可参与多种代谢反应。

在能量代谢中起关键作用的是ATP-ADP系统。ADP能接受代谢物质中形成的一些高能化合物的一个磷酸基团和一部分能量转变成 ATP,也可以在呼吸链氧化过程中直接获取能量用无机磷酸合成 ATP;ATP 水解释放出一个磷酸基团变成 ADP,同时释放出的能量可用于合成代谢和其他需要能量的生理活动,这就是 ATP 循环(图 6-13)。机体的肌肉收缩、腺体分泌、信号转导、主动跨膜转运以及生物大分子的合成等都是耗能过程。

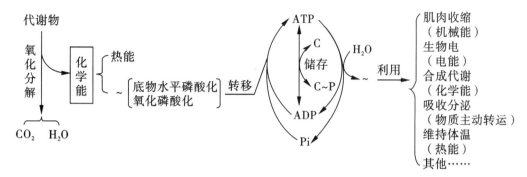

图 6-13　ATP 循环

由此可见,ATP 循环是生物体内能量转换的基本方式,在物质代谢中非常广泛。人体内 ATP 含量虽然不多,但每日经 ATP/ADP 相互转变的量相当可观。

(二)ATP 的生成

ATP 的生成即 ADP 生成 ATP 的过程。体内 ATP 的生成有两种方式:底物水平磷酸化和氧化磷酸化。氧化磷酸化是体内生成 ATP 的主要方式。

1.底物水平磷酸化　代谢物在氧化过程中,有少数反应因脱氢或脱水引起分子内部的原子发生重排,能量重新分布,形成高能磷酸键并伴有 ADP 磷酸化生成 ATP 的作用称为底物水平磷酸化。底物水平磷酸化主要见于糖酵解和三羧酸循环的三个反应中,是体内 ATP 生成的次要方式。

$$1,3-二磷酸甘油酸+ADP \xrightarrow{3-磷酸激酶} 3-磷酸甘油酸+ATP$$

$$磷酸烯醇式丙酮酸+ADP \xrightarrow{丙酮酸激酶} 烯醇式丙酮酸+ATP$$

$$琥珀酰辅酶 A+Pi+GDP \xrightarrow{琥珀酸硫激酶} 琥珀酸+HSCoA+GTP$$

通过底物水平磷酸化形成的 ATP 在体内所占比例很小,如 1 mol 葡萄糖彻底氧化产生 36 mol 或 38 mol ATP 中只有 4 mol 或 6 mol 由底物水平磷酸化产生,其余 ATP 均是通过氧化磷酸化产生的。

2.氧化磷酸化　代谢物脱氢经呼吸链传递给氧生成水的同时,释放的能量传递给 ADP 使 ADP 磷酸化生成 ATP,由于是代谢物的氧化反应与 ADP 的磷酸化反应偶联发生,故称为氧化磷酸化。

氧化磷酸化是体内生成 ATP 的主要方式,在糖、脂类等物质氧化分解代谢过程中除少数外,几乎全部通过氧化磷酸化生成 ATP。如果只有代谢物的氧化过程而不伴随 ADP 磷酸化的过程则称为氧化磷酸化的解偶联。

在呼吸链的传递过程中,并不是每一个传递部位释放的能量都能使 ADP 磷酸化生成 ATP,将所释放的能量能够使 ADP 磷酸化生成 ATP 的部位称之为氧化磷酸化偶联部位。通过测定离体线粒体内几种物质氧化时的 P/O 比值,可大体推测出偶联部位。P/O 比值是指每消耗 1 mol 氧原子所需消耗无机磷的摩尔数。在氧化磷酸化过程中,消耗的无机磷参与 ATP 的生成,所以无机磷的原子数可间接反映 ATP 的生成数。实验证实,丙酮酸等底物脱氢反应产生 $NADH+H^+$,通过 NADH 氧化呼吸链,P/O 比值接近 3,说明 NADH 氧化呼吸链存在 3 个 ATP 生成部位。而琥珀酸脱氢时,通过 $FADH_2$ 氧化呼吸链,P/O 比值接近 2,说明 $FADH_2$ 氧化呼吸链存在 2 个 ATP 生成部位。即代谢物脱下的氢,经 NADH 氧化呼吸链传递有 3 个偶联部位,$FADH_2$ 氧化呼吸链传递有 2 个偶联部位。

NADH 氧化呼吸链中氧化磷酸化偶联部位分别是:NADH 与 CoQ 之间、细胞色素 b 与细胞色素 c 之间、细胞色素 aa_3 与 O_2 之间。而通过 $FADH_2$ 氧化呼吸链只有后面两个偶联部位,分别是:细胞色素 b 与细胞色素 c 之间、细胞色素 aa_3 与 O_2 之间(图 6-14)。近代实验证明:一对电子经 NADH 氧化呼吸链传递,P/O 比值约为 2.5,即可生成 2.5 分子 ATP;一对电子经 $FADH_2$ 氧化呼吸链传递,P/O 比值约为 1.5,即只能生成 1.5 分子 ATP。

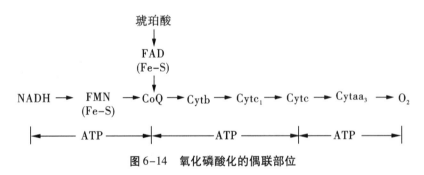

图 6-14 氧化磷酸化的偶联部位

在电子传递过程中所释放的自由能是怎样转入 ATP 分子中的,这就是氧化磷酸化作用的机制问题。关于氧化磷酸化的机制,英国生物化学家 Peter Mitchell 于 1961 年创立的化学渗透学说已被普遍接受,他因此获得了 1978 年的诺贝尔化学奖。米切尔提出,电子传递时能量驱动质子从线粒体内膜的基质侧转移到内膜胞质侧,形成跨线粒体内膜的质子电化学梯度,储存能量,当质子通过 ATP 合酶顺浓度梯度回流入基质时驱动 ADP 与 Pi 生成 ATP(图 6-15)。该理论解释了氧化磷酸化中电子传递链蛋白、ATP 合酶在隔离基质的内膜分布的意义及其如何有利于用质子作为能源。这一理论是解决该生物能学难题的重大突破,并更新了人们对涉及生命现象的生物能储存、生物合成、代谢物转运、膜结构功能等多种问题的认识。

氧化磷酸化作用受多种因素的影响,主要有:[ADP]/[ATP] 值、甲状腺激素、各种抑制剂等。

(1)[ADP]/[ATP] 值的影响 是氧化磷酸化速率的主要影响因素。当机体消耗 ATP 增多时,导致 ADP 浓度增高,[ADP]/[ATP] 值升高,ADP 转入线粒体数量增多,促使氧化磷酸化速率加快;反之,ADP 不足,氧化磷酸化速率减慢。这种调节作用可使体内 ATP 的生成速率适应生理需要,使机体合理利用能源,避免能源浪费。

(2)甲状腺激素的影响 甲状腺激素是调节机体能量代谢的重要激素,主要通过影响 [ADP]/[ATP] 值而影响氧化磷酸化的速率。甲状腺激素可诱导细胞膜上钠钾

ATP 酶的生成,使 ATP 分解为 ADP 的速率加快,导致[ADP]/[ATP]值升高,进而使氧化磷酸化速率加快,ATP 的生成也相应增多。由于 ATP 合成与分解速率均加快,引起机体代谢物分解增多、产热量增多,因此甲状腺功能亢进患者可出现基础代谢率增高,临床表现为易饥多食、体重下降、心动过速、呼吸加快、体温升高、怕热多汗、脱水等症状。

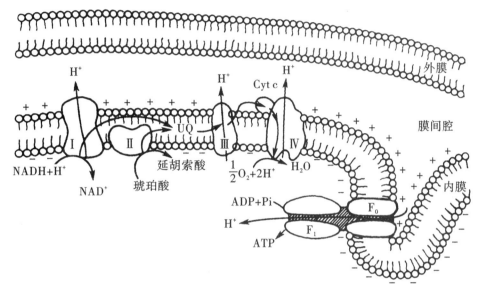

图 6-15　氧化磷酸化的机制

(3)抑制剂的作用　抑制剂分为电子传递链抑制剂、解偶联剂和氧化磷酸化抑制剂。①电子传递链抑制剂(也叫呼吸链抑制剂):能特异阻断呼吸链中某些部位的电子传递从而抑制氧化磷酸化作用。例如鱼藤酮、异戊巴比妥、粉蝶霉素 A 等可与复合体Ⅰ中的铁硫蛋白结合从而阻断 NADH 到 CoQ 之间的电子传递;抗霉素 A、二巯基丙醇能抑制复合体Ⅲ中 Cyt b 与 Cyt c_1 之间的电子传递;氰化物、CO、叠氮化物可抑制 Cyt aa_3 与 O_2 之间的电子传递(图 6-16)。经常发生的城市火灾事故中,由于建筑装饰材料中的 N 和 C 经高温可形成 HCN,因此伤员除因燃烧不完全造成 CO 中毒外,还存在 CN^- 中毒。这些抑制剂均为毒性物质,可使细胞呼吸停止引起机体迅速死亡。②解偶联剂:这类抑制剂不影响呼吸链的电子传递,而是解除氧化与磷酸化的偶联作用,使氧化过程中产生的能量不能生成 ATP 而是以热能形式散发。常见的解偶联剂有 2,4-二硝基苯酚,其作用在于分裂氧化与磷酸化过程。因二硝基苯酚为脂溶性物质,在线粒体内膜中可自由移动,其进入线粒体基质后可释放出质子,而返回胞液侧后可再结合质子,从而破坏了质子梯度,故不能生成 ATP,导致氧化磷酸化呈现解偶联。氧化磷酸化的解偶联作用可发生于新生儿的棕色脂肪组织,其线粒体内膜上有解偶联蛋白,可使氧化磷酸化解偶联,新生儿可通过这种机制产热,维持体温。哺乳动物体内存在含有大量线粒体的棕色脂肪组织,是产热御寒组织。新生儿硬肿症是因为缺乏棕色脂肪组织,不能维持正常体温而使皮下脂肪凝固所致。③氧化磷酸化抑制剂:这类抑制剂对电子传递及 ADP 磷酸化均有抑制作用,如寡霉素。

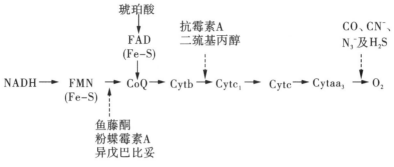

图 6-16　电子传递链抑制作用点

（三）高能化合物的储存和利用

生物体内能量的储存和利用都是以 ATP 为核心，即围绕着 ADP 磷酸化生成 ATP 的吸能反应和 ATP 水解为 ADP 的放能反应进行的。物质代谢过程中释放出的能量使 ADP 磷酸化生成 ATP，能量储存于 ATP 分子中；当机体需要能量时，ATP 水解为 ADP，同时释放能量，每摩尔 ATP 水解释放能量约为 30.5 kJ，此能量可转化为机械能、渗透能、化学能、电能、热能等满足机体的肌肉收缩、主动转运、合成代谢、膜电位运动、维持体温等生命活动的能量需要。

体内能量大部分由 ATP 供给，但是有些合成代谢并不是由 ATP 直接功能，而是以其他高能化合物为直接能量来源。例如 UTP 用于合成糖原，CTP 用于合成磷脂，GTP 用于合成蛋白质等。然而这些高能化合物的生成和补充都有赖于 ATP。

ATP 作为能量载体分子，在分解代谢中产生，又在合成代谢等耗能过程中利用，ATP 分子性质稳定，但不在细胞中储存，寿命仅数分钟。当体内的 ATP 生成增多时，机体可以将 ATP 分子中的高能磷酸基团转移给肌酸，把能量暂时储存下来。肌酸在肌酸激酶的作用下，由 ATP 提供能量转变成磷酸肌酸。当体内 ATP 不足时，磷酸肌酸分解放能使 ADP 磷酸化生成 ATP，再为生命活动提供能量。

心肌与骨骼肌不同，心肌是持续性节律性的收缩与舒张。心肌既不能大量储存脂肪和糖原，也不能储存很多的磷酸肌酸，因此一旦心肌血管受阻导致缺氧，就极易造成心肌坏死，即心肌梗死。

能量的储存与利用

第四节　其他氧化体系

线粒体氧化体系是生物的主要氧化途径。此外还有一类与 ATP 的生成无关，但具有其他重要生理功能的非线粒体氧化体系，如微粒体氧化体系、过氧化物酶体氧化体系等。

（一）微粒体中的氧化酶

微粒体氧化体系存在于细胞的滑面内质网上，其组成成分较为复杂。在微粒体中存在一类加氧酶，其所催化的氧化反应是将氧直接加到底物分子上，根据催化底物加氧反应情况不同可分为单加氧酶和双加氧酶。

1.单加氧酶　单加氧酶催化在底物分子中加 1 个氧原子的反应,又称为羟化酶或混合功能氧化酶。单加氧酶由细胞色素 P_{450}、NADPH-细胞色素 P_{450} 还原酶和细胞色素 b_5 还原酶组成。能直接激活 O_2,使其中一个氧原子加到底物中使其羟化,另一个氧原子被 NADPH 还原成 H_2O。其催化反应可表示如下:

$$RH+NADPH+H^++O_2 \rightarrow ROH+NADP^++H_2O$$

单加氧酶主要存在于肝和肾上腺的微粒体中,参与类固醇激素、胆汁酸、胆色素等的生成以及药物和毒物的生物转化作用。

2.双加氧酶　双加氧酶又叫转氧酶。催化 2 个氧原子直接加到底物分子特定的双键上,使该底物分子分解成两部分。

(二)过氧化物酶体中的氧化酶类

过氧化物酶体是一种特殊的细胞器,存在于动物组织的肝、肾、中性粒细胞和小肠黏膜细胞中。

1.过氧化氢酶　过氧化氢酶又称触酶,其辅基为血红素,可催化 H_2O_2 的分解反应,它的催化效率高,所以体内不会发生 H_2O_2 的蓄积中毒,消除 H_2O_2 对机体的毒害作用。

2.过氧化物酶　过氧化物酶也是以血红素为辅基,可催化 H_2O_2 分解生成 H_2O 并释放出氧原子直接氧化酚类和胺类物质。临床上检查粪及消化液中有无隐血时,就是利用血液白细胞中含有过氧化物酶,可将联苯胺氧化成蓝色化合物。

此外,红细胞等组织中还有一种含硒的谷胱甘肽过氧化物酶,利用还原型谷胱甘肽催化破坏过氧化氢脂质,具有保护生物膜及血红蛋白免遭损伤的作用。

(三)超氧化物歧化酶

呼吸链电子传递过程中可产生超氧离子,体内其他物质(如黄嘌呤)氧化时也可产生超氧离子。其化学性质活泼,可使磷脂分子中不饱和脂肪酸氧化生成过氧化脂质损伤生物膜,过氧化脂质与蛋白质结合成的复合物积累成的棕褐色色素颗粒即脂褐素,脂褐素难由细胞排出或降解而在细胞中堆积,使细胞功能下降。脂褐素若在皮肤则为老年斑。

超氧化物歧化酶(superoxide dismutase,SOD)是人体防御内、外环境中超氧离子对人体伤害的重要的酶。超氧化物歧化酶可催化一分子超氧阴离子氧化生成 O_2,而另一分子超氧离子还原生成 H_2O_2,从而消除超氧离子。SOD 广泛存在于各种组织,半衰期极短。哺乳动物细胞有三种 SOD 同工酶,在胞外、胞质中,有活性中心含 Cu/Zn 离子的 Cu/Zn-SOD;线粒体 SOD 活性中心含 Mn^{2+},称 Mn-SOD。Cu/Zn-SOD 基因缺陷使超氧离子不能及时清除而损伤神经元,可引起肌萎缩性侧索硬化症。

体内其他小分子自由基清除剂有维生素 C、维生素 E、泛醌、β-胡萝卜素等,共同组成人体抗氧化体系。

小　结

生物氧化是指糖、脂肪、蛋白质等供能物质在生物细胞中彻底氧化分解为 CO_2 和 H_2O 并逐步释放能量的过程。生物氧化主要在线粒体中进行,其中相当一部分能量可使 ADP 磷酸化生成 ATP。

CO_2 的生成方式为有机酸脱羧。H_2O 是氧化呼吸链电子传递的终产物。

线粒体内膜上存在多种具有氧化还原功能的酶和辅酶,排列组成氧化呼吸链或称电子传递链。在细胞的线粒体中,代谢物脱下的 2H 以质子和电子的形式通过呼吸链逐步传递给 O_2 生成 H_2O,并释放物质氧化的能量。从细胞线粒体内膜分离得到四种功能的呼吸链复合体:NADH-泛醌还原酶(复合体 I)、琥珀酸-泛醌还原酶(复合体 II)、泛醌-细胞色素 C 还原酶(复合体 III)和细胞色素 C 氧化酶(复合体 IV)。CoQ 和 Cyt c 不包含在这些复合体内。

通过测定呼吸链各组分的标准氧化还原电位等方法,可以推测出氧化呼吸链各组分电子传递顺序。根据传递顺序的不同,体内存在两种呼吸链:NADH 氧化呼吸链和 $FADH_2$ 氧化呼吸链。

胞质中物质代谢生成的 NADH 不能直接进入线粒体,必须通过 α-磷酸甘油穿梭作用和苹果酸-天冬氨酸穿梭作用进入线粒体进行氧化。

体内 ATP 的生成方式有两种:底物水平磷酸化和氧化磷酸化。氧化磷酸化是指代谢物脱氢经呼吸链传递给氧生成水的同时,释放的能量传递给 ADP 使 ADP 磷酸化生成 ATP 的过程,是 ATP 产生的主要方式。氧化磷酸化受到甲状腺素和 ADP/ATP 比值的调节,同时易受呼吸链抑制剂、解偶联剂和 ATP 合酶抑制剂等的抑制。底物水平磷酸化是指代谢物在氧化过程中,有少数反应因脱氢或脱水引起分子内部的原子发生重排,能量重新分布,形成高能磷酸键并伴有 ADP 磷酸化生成 ATP 的作用。

除 ATP 外还存在其他高能化合物,但生物体内能量的生成、转化、储存和利用都是以 ATP 为核心。在肌肉和脑组织中,磷酸肌酸可作为 ATP 的能量储存形式。

生物氧化过程中有时会生成具有强氧化性的反应活性氧类,对细胞有损伤作用。微粒体中的氧化酶类可以将某些底物分子羟基化,增强其极性,便于从体内排出;过氧化物酶体中的氧化酶类和超氧化物歧化酶对反应活性氧类具有一定的清除作用。

 问题分析与能力提升

病例摘要 6 个月女婴,慢性水样腹泻 2 个月,严重脱水,鼻饲后症状加重,其堂兄因腹泻继发脱水于 6 个月时夭折。检查:精神萎靡嗜睡,双眼凹陷,口唇干燥,四肢冷,见花纹;脉搏 160 次/min,尿极少,身长 57 cm,体重 5 kg;尿糖(++),氢气呼吸实验(+)。诊断:葡萄糖-半乳糖吸收不良症。治疗:果糖/木糖替代疗法控制症状。

思考:此女婴糖代谢有何异常?

 同步练习

一、单项选择题

1. 生物氧化 CO_2 的产生是 （ ）
 A. 呼吸链的氧化还原过程中产生   B. 有机酸脱羧
 C. 碳原子被氧原子氧化   D. 糖原的合成
 E. 以上都不是

2. 生物氧化的特点不包括 （ ）

A. 逐步放能   B. 有酶催化

C. 常温常压下进行   D. 能量全部以热能形式释放

E. 可产生 ATP

3. NADH 氧化呼吸链的组成部分不包括 （ ）

  A. NAD^+ B. CoQ

  C. FAD   D. Fe–S

  E. Cyt

4. 下列代谢物经过一种酶脱下的 2H,不能经过 NADH 呼吸链氧化的是 （ ）

  A. 苹果酸   B. 异柠檬酸

  C. 琥珀酸   D. 丙酮酸

  E. α-酮戊二酸

5. 各种细胞色素在呼吸链中传递电子的顺序是 （ ）

  A. $a \rightarrow a_3 \rightarrow b \rightarrow c_1 \rightarrow 1/2\ O_2$ B. $b \rightarrow c_1 \rightarrow c \rightarrow a \rightarrow a_3 \rightarrow 1/2\ O_2$

  C. $a_1 \rightarrow b \rightarrow c \rightarrow a \rightarrow a_3 \rightarrow 1/2\ O_2$ D. $a \rightarrow a_3 \rightarrow b \rightarrow c_1 \rightarrow a_3 \rightarrow 1/2\ O_2$

  E. $c \rightarrow c_1 \rightarrow b \rightarrow aa_3 \rightarrow 1/2\ O_2$

6. 电子按下列各式传递,能偶联磷酸化的是 （ ）

  A. $Cyt\ aa_3 \rightarrow 1/2\ O_2$ B. 琥珀酸 $\rightarrow$ FAD

  C. $CoQ \rightarrow Cyt\ b$ D. $Cyt\ c \rightarrow Cyt\ aa_3$

  E. 以上都不是

7. 体内参与各种供能反应最普遍最主要的是 （ ）

  A. 磷酸肌酸   B. ATP

  C. UTP   D. CTP

  E. GTP

8. 肌酸激酶催化的化学反应是 （ ）

  A. 肌酸 $\rightarrow$ 肌酐   B. 肌酸+ATP $\Longleftrightarrow$ 磷酸肌酸+ADP

  C. 肌酸+CTP $\Longleftrightarrow$ 磷酸肌酸+CDP   D. 乳酸 $\rightarrow$ 丙酮酸

  E. 肌酸+UTP $\Longleftrightarrow$ 磷酸肌酸+UDP

9. 调节氧化磷酸化作用中最主要的因素是 （ ）

  A. ATP/ADP   B. $FADH_2$

  C. NADH   D. $Cyt\ aa_3$

  E. 以上都不是

10. 胞液中的 NADH （ ）

  A. 可直接进入线粒体氧化   B. 以 α-磷酸甘油穿梭进入线粒体氧化

  C. 不能进入线粒体进行氧化   D. 在微粒体内氧化

  E. 以上都不是

11. 属于底物水平磷酸化的反应是 （ ）

  A. 1,3-二磷酸甘油酸 $\rightarrow$ 3-磷酸甘油酸   B. 苹果酸 $\rightarrow$ 草酰乙酸

  C. 丙酮酸 $\rightarrow$ 乙酰辅酶 A   D. 琥珀酸 $\rightarrow$ 延胡索酸

  E. 异柠檬酸 $\rightarrow$ α-酮戊二酸

12. 体内 ATP 生成较多时可以下列何种形式储存 （ ）

  A. 磷酸肌酸   B. CDP

  C. UDP   D. GDP

  E. 肌酐

13. 催化的反应与 H_2O_2 无关的是 （ ）

A. SOD   B.过氧化氢酶

C.羟化酶   D.过氧化物酶

E.以上都不是

14.调节氧化磷酸化最重要的激素为   (　　)

A.肾上腺素   B.甲状腺素

C.肾上腺皮质激素   D.胰岛素

E.生长素

15.细胞色素含有   (　　)

A.胆红素   B.铁卟啉

C.血红素   D.FAD

E.NAD^+

16.阻断 $Cytaa_3 \rightarrow O_2$ 的电子传递的物质不包括   (　　)

A.CN^- B.$N3^-$

C.CO   D.阿米妥

E.NaCN

17.关于非线粒体的生物氧化特点叙述错误的是   (　　)

A.可产生氧自由基   B.仅存在于肝

C.参与药物、毒物及代谢物的生物转化   D.不伴磷酸化

E.包括微粒体氧化体系,过氧化物酶体系及 SOD

18.线粒体氧化磷酸化解偶联是指   (　　)

A.线粒体内膜 ATP 酶被抑制   B.线粒体能利用氧但不能生成 ATP

C.抑制电子传递   D.CN^- 为解偶联剂

E.甲状腺素亦为解偶联剂

19.下列不是加单氧酶生理功能的是   (　　)

A.参与某些激素的灭活   B.参与维生素 D 的灭活

C.参与胆汁酸的合成   D.参与肝的生物转化

E.参与药物代谢

20.符合高能磷酸键叙述的是   (　　)

A.含高能键的化合物都含有高能磷酸键   B.有高能磷酸键变化的反应都是不可逆的

C.体内高能磷酸键产生主要是氧化磷酸化方式

D.体内的高能磷酸键主要是 CTP 形式

E.体内的高能磷酸键仅为 ATP

二、填空题

1.含细胞色素 a、a_3 复合物又称为_____,它可将电子直接传递给_____。

2.呼吸链复合体Ⅲ又可称为_____,它除含有辅助成分 Fe-S 外,还含有辅基_____。

3.目前已知有 3 个反应以底物水平磷酸化方式生成 ATP,其中一个反应由丙酮酸激酶催化,催化另 2 个反应的酶是_____和_____。

4.NADH-泛醌还原酶就是复合体_____,它含有辅基_____和 Fe-S。

三、名词解释

1.生物氧化   2.氧化磷酸化   3.呼吸链

四、问答题

1.试比较体内氧化与体外氧化的异同。

2.试述体内两条主要的呼吸链。

3.如何理解生物体内的能量代谢是以 ATP 为中心的?

第七章

脂类代谢

◆ 学习目标

◆掌握　脂肪动员、脂肪酸β-氧化、酮体的生成与利用。
◆熟悉　血浆脂蛋白的分类、特点及其在脂类代谢中的作用。
◆了解　脂肪酸合成过程及调节、胆固醇的生物合成及转化、脂类代谢的相关疾病。

第一节　概　述

脂类是广泛存在于生物体内的一类重要的有机化合物,包括脂肪和类脂两大类。脂肪又称为可变脂或储脂,其化学本质是三酰甘油或甘油三酯(triglyceride, TG),类脂又称基本脂,主要包括磷脂(phospholipid, PL)、糖脂(glycolipid, GL)、胆固醇(cholesterol, Ch)及胆固醇酯(cholesterol ester, CE)等。脂肪和类脂在化学组成上虽然差异很大,但它们都有一个共同的物理性质即难溶于水,易溶于乙醚、氯仿、丙酮等脂溶剂,这种性质称为脂溶性。

一、脂类的主要生理功能

(一)三酰甘油的主要生理功能

1. 储能与供能　三酰甘油的主要生理功能是储能与供能。人体活动所需要的能量20%~30%由三酰甘油所提供。1 g 三酰甘油氧化分解可释放能量 38.9 kJ(9.3 kcal),比同等重量的糖或蛋白质多 1 倍多。三酰甘油属疏水性物质,在体内储存时几乎不结合水,所占体积小,储存 1 g 三酰甘油占 1.2 mL 的体积,为等重量糖原所占体积的 1/4。体内可储存大量的三酰甘油,占体重的 10%~20%,因此,三酰甘油是体内能量最有效的储存形式。实验证明:一个人在饥饿时,体内储存的三酰甘油氧化提供给机体的能量占 50% 以上,如果绝食 1~3 d,能量的 85% 来自三酰甘油,故三酰甘油是饥饿和禁食时体内能量的主要来源。

2. 保护内脏、防止体温散失　内脏周围的脂肪组织具有软垫作用,能缓冲外界的机械撞击,对内脏有保护作用。分布于皮下的脂肪,因脂肪不易导热,可防止过多的热量散失而保持体温。

3.作为脂溶剂 帮助脂溶性维生素 A、维生素 D、维生素 E、维生素 K 的吸收。

4.提供营养必需脂肪酸 在脂类中,特别是磷脂分子中含有多不饱和脂肪酸(表7-1)。多数不饱和脂肪酸在体内能够合成,但亚油酸($18:2$,$\triangle^{9,12}$)、亚麻酸($18:3$,$\triangle^{9,12,15}$)和花生四烯酸($20:4$,$\triangle^{5,8,11,14}$)不能在体内合成,必须靠食物提供,这类脂肪酸称人体必需脂肪酸。这些脂肪酸是维持生长发育和皮肤正常代谢所必需的,若食物中缺乏营养必需脂肪酸,可出现生长缓慢、皮肤鳞屑多、变薄、毛发稀疏等皮炎症状;参与甘油磷脂等物质合成;此外,花生四烯酸还是合成前列腺素、血栓素和白三烯等重要生理活性物质的原料。

表7-1 体内常见的不饱和脂肪酸

习惯名	系统名※	双键数	双键位置		族	分布
			Δ 系	n 系		
软油酸	十六碳一烯酸	16:1	9	7	ω-7	广泛
油酸	十八碳一烯酸	18:1	9	9	ω-9	广泛
亚油酸	十八碳二烯酸	18:2	9,12	6,9	ω-6	植物油
α 亚麻酸	十八碳三烯酸	18:2	9,12,15	3,6,9	ω-3	植物油
γ 亚麻酸	十八碳三烯酸	18:3	6,9,12	6,9,12	ω-6	植物油
花生四烯酸	二十碳四烯酸	20:4	5,8,11,14	6,9,12,15	ω-6	植物油
timnodonic acid	二十碳五烯酸	20:5	5,8,11,14,17	3,6,9,12,15	ω-3	鱼油
clupanodonic acid	二十二碳五烯酸	22:5	7,10,13,16,19	3,6,9,12,15	ω-3	鱼油、脑
cervonic acid	二十二碳六烯酸	22:6	4,7,10,13,16,19	3,6,9,12,15,18	ω-3	鱼油

※ 系统命名法:需标示脂肪酸的碳原子数和双键的位置。①ω 或 n 编码体系:从脂肪酸的甲基碳起计算其碳原子顺序。②△编码体系:从脂肪酸的羧基碳起计算碳原子的顺序。例如:$CH_3-(CH_2)_5-CH=CH-(CH_2)_7-COOH$ 称十六碳-Δ^9-烯酸;ω 编码体系称十六碳-ω^7-烯酸

(二)类脂的主要生理功能

1.维持正常生物膜的结构和功能 类脂,特别是磷脂和胆固醇是构成所有生物膜如细胞膜、线粒体膜、核膜及内质网膜等的重要组成成分,它们与蛋白质结合形成脂蛋白参与生物膜的组成。细胞膜含胆固醇较多,而亚细胞结构的膜含磷脂较多。生物膜在生命活动过程中起着重要的作用,如能量转换、物质运输、信息的识别和传递、细胞的发育和分化,以及神经传导、激素作用等。

2.参与脂蛋白组成 磷脂是脂蛋白的重要组分,它与蛋白质一起位于脂蛋白的表面,其亲水部分朝向表面,疏水部分朝向核心,将不溶于水的脂肪、胆固醇酯等颗粒包裹在脂蛋白内部,形成脂蛋白核心,在运输外源性和内源性三酰甘油和胆固醇中起着重要作用(见本章血浆脂蛋白代谢部分)。

3.转变成多种重要的生理活性物质 类脂在体内可转变成多种重要的生理活性物质,如胆固醇在体内可转变成胆汁酸、维生素 D_3、性激素及肾上腺皮质激素等;磷脂

可转变成肺表面活性物质、血小板激活因子等;磷脂还可转变成磷脂酰肌醇,参与跨膜信息的传递。

4.维护神经传导的正常功能　神经鞘磷脂是神经髓鞘膜的重要成分,常与磷脂酰胆碱并存于膜的外侧,起着绝缘作用,防止神经冲动从一条神经纤维向其他神经纤维扩散,有利于神经冲动的定向传导。

二、脂类在体内的分布和含量

脂肪和类脂在体内的分布差异很大。脂肪主要储存于脂肪组织中,多分布于大网膜、肠系膜、皮下及脏器外周,这一部分脂肪称为储存脂,脂肪组织则称为脂库。储存脂在正常体温下多为液态或半液态,皮下脂肪因含不饱和脂肪酸较多,因此熔点低而流动度大,这就使得皮下脂肪在较冷的体表温度下仍能保持液态,有利于各种代谢的进行。机体深处的储存脂熔点较高,通常处于半固体状态,因此有利于保护内脏器官。脂肪是体内含量最多的脂类,是机体储存能量的一种形式。成年男性的脂肪含量占体重的 10%～20%,女性稍高。体内的脂肪含量受营养状况和机体活动等诸多因素的影响,不同个体间差异较大,同一个体的不同时期也有明显的差异,因此脂肪又称为可变脂。

类脂是生物膜的基本组成成分,约占体重的 5%。类脂在体内的含量不受营养状况和机体活动的影响,因此又称固定脂或基本脂。类脂主要存在于细胞的各种膜性结构中,不同的组织中类脂的含量不同,以神经组织中较多,而一般组织中则较少。

三、脂类的消化吸收

食物中的脂类主要为脂肪,此外还有少量的磷脂和胆固醇等。脂类的消化主要在小肠上段进行,肝分泌的胆汁及胰腺分泌的胰液均汇集于此。胆汁中的胆汁酸盐能将脂类物质乳化并分散为细小的微团,利于消化酶的作用。胰液中有胰脂酶、胆固醇酯酶、辅脂酶及磷脂酶 A_2 等。

脂肪及类脂的消化产物主要在十二指肠下段及空肠上段被吸收。

脂类的消化和吸收

第二节　三酰甘油的代谢

一、三酰甘油的化学结构

三酰甘油由 1 分子甘油与 3 分子脂肪酸组成,难溶于水,易溶于乙醚、氯仿、丙酮等脂溶剂。

$$CH_2-O-\overset{O}{\overset{\|}{C}}-R_1$$
$$CH-O-\overset{O}{\overset{\|}{C}}-R_2$$
$$CH_2-O-\overset{O}{\overset{\|}{C}}-R_3$$

三酰甘油

*R 表示脂肪酸

二、三酰甘油的分解代谢

(一)脂肪动员

脂肪组织中储存的三酰甘油在脂肪酶的催化下逐步水

解为游离脂肪酸(free fatty acid,FFA)和甘油,并释放入血,以供其他组织氧化利用的过程称为脂肪动员。脂肪动员的结果是生成1分子甘油和3分子脂肪酸。

三酰甘油 $\xrightarrow[\text{H}_2\text{O} \quad \text{脂肪酸}]{\text{三酰甘油脂肪酶}}$ 二酰甘油 $\xrightarrow[\text{H}_2\text{O} \quad \text{脂肪酸}]{\text{二酰甘油脂肪酶}}$ 一酰甘油 $\xrightarrow[\text{H}_2\text{O} \quad \text{脂肪酸}]{\text{一酰甘油脂肪酶}}$ 甘油

脂肪组织中含有的脂肪酶包括三酰甘油脂肪酶、二酰甘油脂肪酶及一酰甘油脂肪酶。其中三酰甘油脂肪酶活性最低,是三酰甘油分解的限速酶,受多种激素的调控,故又称为激素敏感性三酰甘油脂肪酶(hormone-sensitive-triglyceride lipase,HSL)。凡是能够提高三酰甘油脂肪酶活性,促进脂肪动员的激素称脂解激素;反之,称抗脂解激素。脂解激素有肾上腺素、去甲肾上腺素、胰高血糖素、促肾上腺皮质激素、促甲状腺素等,抗脂解激素有胰岛素前列腺素 E_2、烟酸等。机体通过激素调节三酰甘油脂肪酶的活性,实现脂肪动员的调控。当禁食、饥饿或处于兴奋时,肾上腺素、胰高血糖素等分泌增加,脂解作用加强;膳食后或睡眠时,胰岛素分泌增加,脂解作用降低。

(二)甘油的氧化分解

脂肪动员产生的甘油扩散入血,随血液循环运往肝、肾肠等组织被摄取利用。甘油在细胞内经甘油激酶催化,消耗ATP,生成α-磷酸甘油。α-磷酸甘油在α-磷酸甘油脱氢酶催化下转变为磷酸二羟丙酮,磷酸二羟丙酮是糖酵解途径的中间产物,可沿糖酵解途径继续氧化分解并释放能量,也可沿糖异生途径转变为糖原或葡萄糖。

甘油 $\xrightarrow[\text{ATP} \quad \text{ADP}]{\text{甘油激酶}}$ α-磷酸甘油 $\xrightarrow[\text{NAD}^+ \quad \text{NADH}+\text{H}^+]{\text{α-磷酸甘油脱氢酶}}$ 磷酸二羟丙酮 $\begin{cases} \text{糖异生} \\ \text{CO}_2+\text{H}_2\text{O}+\text{能量} \end{cases}$

甘油磷酸激酶主要存在于肝、肾及小肠黏膜细胞,骨骼肌细胞和脂肪细胞缺乏甘油激酶,因此肌肉和脂肪细胞不能很好地利用甘油,而要经血液循环运往肝、肾及小肠黏膜细胞等被氧化分解或进行糖异生作用。

(三)脂肪酸的分解代谢

脂肪酸是人体重要的能源物质,在氧供给充足的条件下,脂肪酸在体内可彻底氧化产生 CO_2 和 H_2O 并释放大量能量。除成熟红细胞和脑组织外,几乎所有的组织都能够氧化利用脂肪酸,但以肝和肌肉组织最为活跃。脂肪酸氧化过程可大致分为脂肪酸的活化、脂酰CoA进入线粒体、β-氧化过程及乙酰CoA的彻底氧化等四个阶段。

1.脂肪酸的活化　脂肪酸的活化是指脂肪酸转变为脂酰CoA的过程。脂肪酸的活化在胞液中进行。在ATP、HSCoA和 Mg^{2+} 存在的条件下,游离脂肪酸由存在于内质网及线粒体外膜上的脂酰CoA合成酶(acyl-CoA synthetase)催化生成脂酰CoA。

$$R-COOH+ATP+HSCoA \xrightarrow[Mg^{2+}]{\text{脂酰 CoA 合成酶}} R-CO\sim SCoA+AMP+PPi$$

脂肪酸　　　　　　　　　　　　　　　　脂酰 CoA

在脂酰CoA分子中,HSCoA实际上是脂酰基的载体,不仅含有高能硫酯键,而且水溶性也增加,这样就使得脂肪酸的代谢活性明显提高。反应过程中生成的焦磷酸立即被细胞内的焦磷酸酶水解,阻止了逆向反应的进行。因此1分子脂肪酸的活化,实际上消耗了两个高能磷酸键,相当于消耗了2分子ATP。

2. 脂酰CoA进入线粒体　脂肪酸的活化在胞液中进行,而氧化脂肪酸的酶系则存在于线粒体的基质内,因此活化的脂酰CoA必须进入线粒体基质才能进行氧化分解。长链的脂酰CoA不能直接透过线粒体内膜,需经肉碱携带才能进入线粒体基质。肉碱的化学名称是L-β-羟-γ-三甲氨基丁酸。

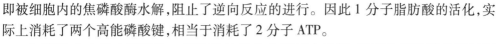

线粒体内膜两侧上存在着肉碱脂酰转移酶Ⅰ(carnitine acyl transferase Ⅰ,CATⅠ)和肉碱脂酰转移酶Ⅱ(CATⅡ),酶Ⅰ位于线粒体内膜外侧,催化脂酰基从CoA上转移至肉碱的羟基上,生成脂酰肉碱,然后通过膜载体的作用转运到膜内侧,接着在酶Ⅱ的催化下将脂酰基从肉碱上转移到线粒体基质内的HSCoA分子上,并释放出肉碱,肉碱由转位酶转运至膜内腔重复利用。如图7-1。

CATⅠ与CATⅡ属于同工酶,其中CATⅠ为限速酶,是脂酰CoA进入线粒体进行脂肪酸β-氧化的主要限速步骤。在某些生理或病理情况下,如饥饿、高脂低糖膳食及糖尿病等时,体内糖的氧化利用降低,此时,CATⅠ活性增高,脂肪酸氧化增强。机体主要靠脂肪酸氧化供能。相反,饱食后,脂肪合成及丙二酰CoA增加,后者抑制CATⅠ活性,脂肪酸的氧化受到抑制。

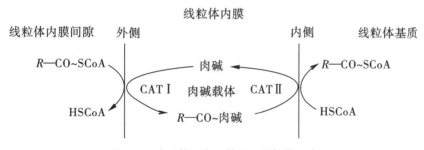

图7-1　肉碱转运脂酰基进入线粒体示意

3. 脂酰CoA的β-氧化过程　脂酰CoA进入线粒体基质后,从脂酰基的β-碳原子开始,依次进行脱氢、加水、再脱氢、硫解四步连续的酶促反应,生成1分子乙酰CoA及1分子比原来少2个碳原子的脂酸CoA,此氧化过程中的每一步都与β碳原子有关,故称为脂酰基β-氧化。现β-氧化的四步连续反应简述如下:

(1)脱氢　脂酰CoA在脂酰CoA脱氢酶的催化下,α和β碳原子上各脱去一个氢原子,生成α、β烯脂酰CoA,脱下的2H由FAD接受生成FADH$_2$。

(2)加水　在水化酶催化下,α,β烯脂酰CoA在α、β烯键上加1分子水,生成β-羟脂酰CoA。

(3)再脱氢　在β-羟脂酰CoA脱氢酶的催化下,β-羟脂酰CoA在β-碳原子上再次脱氢,生成β-酮脂酰CoA,脱下的2H由NAD$^+$接受,生成NADH+H$^+$。

(4)硫解　β-酮脂酰CoA在硫解酶的催化下,α与β碳原子之间的化学键断裂,与1分子HSCoA结合,生成1分子乙酰CoA和1分子比原来少两个碳原子的脂酰

CoA。后者又可再次进行脱氢、加水、再脱氢和硫解反应,如此反复进行,直到脂酰CoA 全部分解成乙酰 CoA,如图 7-2 所示。

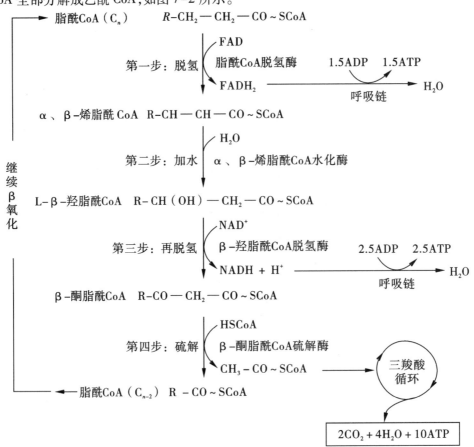

图 7-2 脂肪酸的 β-氧化过程

4.丙酸的氧化 人体内和膳食中含极少量的奇数碳原子脂肪酸,经过 β-氧化除生成乙酰 CoA 外还生成一分子丙酰 CoA。丙酰 CoA 经过羧化反应和分子内重排,转变成琥珀酰 CoA 进行代谢,反应如下:

5.脂肪酸氧化时能量的释放和利用 脂肪酸 β-氧化过程中生成的乙酰 CoA 除可在肝细胞线粒体缩合成酮体外,主要通过三羧酸循环彻底氧化成 CO_2 和 H_2O,并释放出能量,是体内能量的重要来源。现以 1 分子软脂酸(16C)为例来说明,其氧化的总反应式如下:

$$CH_3(CH_2)_{14}CO \sim SCoA + 7HSCoA + 7FAD + 7NAD^+ + 7H_2O \longrightarrow$$

$$8CH_3CO \sim SCoA + 7FADH_2 + 7NADH + 7H^+$$

1分子软脂酰CoA分解成8分子乙酰CoA需要经过7次β-氧化。因此1分子软脂肪酸彻底氧化共生成$(1.5 \times 7)+(2.5 \times 7)+(10 \times 8)=108$个ATP,减去脂肪酸活化时消耗的2个ATP,净生成106个ATP。按1 mol ATP水解释放的自由能30.56 kJ计算,共计生成30.56×106个$=3\,233$ kJ,1mol软脂酸在体外彻底氧化成CO_2和H_2O时释放的自由能为9 795 kJ,因此其能量利用率为40%($3\,233 \div 9\,795 \times 100\%$),其余能量以热能形式释放。

线粒体内不饱和脂肪酸的氧化过程与饱和脂肪酸的氧化基本相同,也主要是进行β-氧化。不同点是不饱和脂肪酸是顺式双键构型,与饱和脂肪酸β-氧化时生成的反式双键不同,需要异构酶参加。又因不饱和脂肪酸含有烯键,故氧化时少一次脱氢过程,所以产生的ATP数量少于含相同碳原子数的饱和脂肪酸。

体内含偶数碳原子的饱和脂肪酸,β-氧化产生ATP数量可按以下方法计算:

(1)β-氧化产生ATP数量$=(C_n/2-1) \times (1.5+2.5)$

(2)乙酰CoA产生ATP数量$=C_n/2 \times 10$

(3)脂肪酸氧化合成ATP总量$=(1)+(2)-2$

式中,C_n:脂肪酸碳原子个数。$(C_n/2-1)$:β-氧化次数。$C_n/2$:乙酰CoA生成数。

(四)酮体的生成和利用

体内脂肪酸的氧化分解以肝和骨骼肌最为活跃,而且在心肌和骨骼肌等组织中脂肪酸经β-氧化生成的乙酰CoA能够彻底氧化成ATP、CO_2和H_2O,但在肝细胞线粒体内、脂肪酸β-氧化生成的乙酰CoA则大部分缩合生成乙酰乙酸(acetoacetate)、β-羟丁酸(β-hydroxybutyrate)和丙酮(acetone),三者统称为酮体(ketone bodies)。其中以β-羟丁酸最多,约占酮体总量的70%,乙酰乙酸占30%,而丙酮的量极微。由于肝细胞内缺乏氧化利用酮体的酶,因此肝内生成的酮体必须通过细胞膜进入血液循环,运往肝外组织被利用。

1. 酮体的生成　酮体生成的部位是在肝线粒体内,合成原料是乙酰CoA。其合成过程如图7-3所示。

(1)乙酰乙酰CoA的生成　2分子乙酰CoA在乙酰乙酰CoA硫解酶催化下,缩合成1分子乙酰乙酰CoA。

(2)羟甲戊二酸单酰CoA(HMG-CoA)的生成　乙酰乙酰CoA在β-羟-β-甲基戊二酸单酰CoA(β-hydroxy-β-methyl glutaryl CoA,HMGCoA)合成酶的催化下再与1分子乙酰CoA缩合成HMGCoA。

(3)乙酰乙酸的生成　HMGCoA经裂解酶催化裂解成乙酰乙酸和乙酰CoA,后者又可参与酮体的合成。

(4)β-羟丁酸及丙酮的生成　乙酰乙酸在β-羟丁酸脱氢酶的催化下还原生成β-羟丁酸,反应所需的氢由$NADH + H^+$提供;乙酰乙酸缓慢地自发脱羧生成丙酮,也可由乙酰乙酸脱羧酶催化脱羧生成。丙酮是一种挥发性物质,当血液中含有大量丙酮时可直接由肺排出。

HMGCoA合成酶是酮体合成过程中的限速酶。肝细胞线粒体内含有各种合成酮体的酶类,特别是HMGCoA合成酶,因此生成酮体是肝特有的功能。

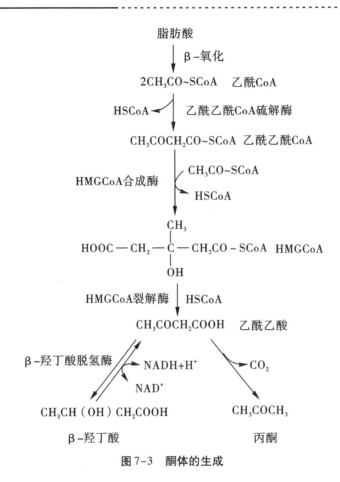

图 7-3　酮体的生成

2. **酮体的利用**　肝外组织，特别是心肌、骨骼肌及脑和肾等器官组织是利用酮体最主要的组织。在这些组织中酮体能够被彻底氧化成 CO_2 和 H_2O，并获得能量。酮体的利用，首先要进行活化，其活化过程由琥珀酰 CoA 转硫酶或乙酰乙酸硫激酶催化完成。乙酰乙酸在琥珀酰 CoA 转硫酶或乙酰乙酸硫激酶的催化下，转变为乙酰乙酰 CoA，然后乙酰乙酰 CoA 在硫解酶的催化下分解为 2 分子乙酰 CoA，后者进入三羧酸循环被彻底氧化。β-羟丁酸可在 β-羟丁酸脱氢酶催化下氧化生成乙酰乙酸，然后沿上述途径氧化（图 7-4）。正常情况下丙酮含量很少，可从尿中排出，当血液中酮体剧烈升高时，可从肺直接呼出。

酮体只能在肝内生成，这是因为肝细胞线粒体含有所有的生酮酶体系，但肝脏不能利用酮体，这是因为肝细胞缺乏分解酮体的酶系（琥珀酰 CoA 转硫酶和乙酰乙酸硫激酶）。故"肝内生酮，肝外利用"是脂肪酸在肝脏的代谢特点。

3. **酮体代谢的生理意义**　酮体是肝内氧化脂肪酸的一种中间产物，是肝输出脂类能源的一种形式。酮体分子小，易溶于水，能够通过血脑屏障及肌肉的毛细血管壁，是心肌、脑和骨骼肌等组织的重要能源。脑细胞在正常情况下，所需能量的 90% 由葡萄糖提供，但在长期饥饿状态下，脑组织所需要的能量约 75% 由酮体提供。

正常人血中酮体含量很少，仅 0.03～0.5 mmol/L，但是在饥饿、低糖高脂膳食及糖尿病时，由于机体不能很好地利用葡萄糖氧化供能，致使脂肪动员增强，脂肪酸 β-

氧化增加,酮体生成过多。当肝内酮体的生成量超过肝外组织的利用能力时,可使血中酮体升高,如血中酮体超过正常含量上限(0.5 mmol/L),称酮血症,如果尿中出现酮体称酮尿症。由于β-羟丁酸、乙酰乙酸都是一些酸性较强的物质,血中浓度过高,可导致血液 pH 值下降,引起酮症酸中毒。丙酮(烂苹果味)在体内含量过高时,可随呼吸排出体外。

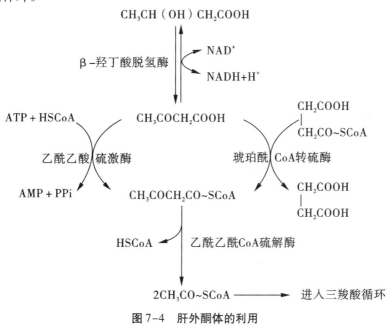

图 7-4　肝外酮体的利用

三、三酰甘油的合成代谢

体内几乎所有的组织都可合成三酰甘油,但以肝和脂肪组织为主,且肝脏的合成能力最强。三酰甘油是机体储存能量的重要形式。摄入的三酰甘油以及糖和蛋白质转变而来的三酰甘油均可在脂肪组织中储存,以供饥饿或禁食时的能量需要。

(一)脂肪酸的生物合成

1. 合成部位　脂肪酸的合成在胞液中进行,肝、肾、脑、肺、乳腺及脂肪组织等均可合成,但肝是合成脂肪酸的主要场所。

2. 合成原料　脂肪酸合成的原料主要是乙酰 CoA,另外还需要 NADPH+H$^+$ 供氢和 ATP 供能。乙酰 CoA 主要来自糖的分解代谢,少量来自某些氨基酸的分解。但无论何种来源的乙酰 CoA 都是在线粒体内生成,而脂肪酸的合成则在胞液中进行,因此线粒体内生成的乙酰 CoA 必须进入胞液才能用于脂肪酸的合成。经研究证实,乙酰 CoA 不能自由通过线粒体内膜,但可通过柠檬酸-丙酮酸循环将线粒体内生成的乙酰 CoA 转移到胞液。在此循环中,乙酰 CoA 与草酰乙酸首先在线粒体缩合生成柠檬酸,然后柠檬酸通过线粒体内膜上特异载体的转运进入胞液,再由胞液中的柠檬酸裂解酶催化裂解生成草酰乙酸和乙酰 CoA。乙酰 CoA 用于脂肪酸的合成,而草酰乙酸则在苹果酸脱氢酶作用下还原生成苹果酸,再经线粒体内膜上的载体转运进入线粒体。苹果酸也可经苹果酸酶的催化分解为丙酮酸再经载体转运进入线粒体。进入线粒体的苹果酸和丙酮酸最终均可转变成草酰乙酸,然后再参与乙酰 CoA 的转运,如图 7-5 所示。

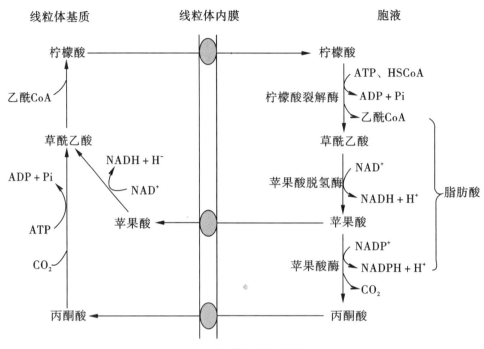

图 7-5　柠檬酸-丙酮酸循环

3. 软脂酸的合成　软脂酸是由 16 个碳原子组成的饱和脂肪酸,所需碳原子全部来自乙酰 CoA,除 1 分子乙酰 CoA 作为软脂酸合成的"引物"外,其余的乙酰 CoA 均以丙二酰 CoA 形式,作为添加剂参与脂肪酸合成,丙二酰 CoA 由乙酰 CoA 羧化酶催化完成,反应中由碳酸氢盐提供 CO_2,ATP 提供羧化反应过程所需的能量。

$$CH_3CO \sim SCoA + HCO_3^- + ATP \xrightarrow[\text{生物素、}Mg^{2+}]{\text{乙酰 CoA 羧化酶}} HOOCCH_2CO \sim SCoA + ADP + Pi$$

乙酰 CoA 羧化酶存在于胞液中,是一种变构酶,同时也是脂肪酸生物合成的限速酶,其活性受柠檬酸、异柠檬酸及乙酰 CoA 的变构激活,而软脂酰 CoA 为此酶的变构抑制剂,高糖低脂饮食可促进此酶的合成,通过丙二酰 CoA 的合成进而促进脂肪酸合成。

脂肪酸合成是在脂肪酸合成酶系催化下完成,该酶系是一种多酶复合体,由 7 种酶(乙酰基转移酶、丙二酸单酰 CoA 转移酶、β-酮脂酰合酶、β-酮脂酰还原酶、水化酶,α、β-烯脂酰还原酶和硫酯酶)和酰基载体蛋白(acyl carrier protein,ACP)组成。在哺乳类动物,催化脂肪酸合成的 7 种酶活性和 ACP 存在于一条多肽链上,即在一条多肽链上含有 8 个结构域。其总的反应式为:

$$CH_3CO \sim SCoA + 7HOOCCH_2CO \sim SCOA + 14NADPH + 14H^+ \xrightarrow{\text{脂肪酸合成酶系}}$$

$$CH_3(CH_2)_{14}CO \sim SCoA + 6H_2O + 7CO_2 + 8HSCoA + 14NADP^+$$

软脂酸的合成过程是一个连续的酶促反应,从一开始就在这个复合体上反复进行缩合、还原、脱水、再还原反应,每进行一轮缩合、还原、脱水和再还原的过程,碳链增加 2 个碳原子。经过 7 次循环后,生成 16 碳的软脂酰 ACP,最后经硫酯酶水解脱离复合体释放出软脂酸。

4. 软脂酸合成后的加工　组成人体的脂肪酸,其碳链长短不一,而脂肪酸合成酶系催化的反应只能合成软脂酸。机体合成软脂酸后,根据需要可将软脂酸的碳链加长或缩短。碳链缩短是通过 β-氧化,碳链加长可在线粒体和内质网中进行,在线粒体中,其合成过程与脂肪酸 β-氧化逆反应相似,由 NADPH 供氢,通过缩合、加氢、脱水和再加氢反应,每进行一轮可增加 2 个碳原子,一般可延长脂肪酸至 24 或 26 碳,但以硬脂肪酸最多。在内质网中,其合成过程与软脂酸合成酶系催化的过程相似。

此外,软脂酸也可以去饱和生成软油酸（16:1,$\triangle^9$）和油酸（18:1,$\triangle^9$）两种,但不能生成亚油酸（18:2$\triangle^{9,12}$）、亚麻酸（18:3$\triangle^{9,12,15}$）及花生四烯酸（20:4$\triangle^{5,8,11,14}$）等营养必需脂肪酸。

5. 多不饱和脂肪酸的重要衍生物　在哺乳动物不同组织细胞内,由花生四烯酸转变成的衍生物,是一类重要的生物活性物质。主要包括前列腺素（prostaglandin,PG）、血栓噁烷（thromboxane A_2,TXA_2）和白三烯（leukotriene,LT）三类物质。这些物质种类多、浓度低、分布广,但生理活性很强,它们一般都不经血液循环运输而直接作用于局部组织,故被称为"局部激素",并参与几乎所有的细胞代谢活动,在调节细胞代谢上具有重要作用。它们在发挥短暂作用后又迅速降解,通常与炎症、免疫、过敏及心血管疾病等重要病理过程有关。

（二）α-磷酸甘油的生成

甘油三酯合成所需要的甘油部分来自 α-磷酸甘油,它的来源有两条途径。

1. 来自糖代谢　糖酵解途径产生的磷酸二羟内酮在 α-磷酸甘油脱氢酶的催化下,以 NADH + H^+ 为辅酶,还原生成 α-磷酸甘油。此反应在机体各组织内普遍存在,它是 α-磷酸甘油的主要来源。

$$
\begin{array}{ccc}
\text{CH}_2\text{OH} & & \text{CH}_2\text{OH} \\
| & \alpha\text{-磷酸甘油脱氢酶} & | \\
\text{C}=\text{O} & \xrightleftharpoons{\quad\quad\quad} & \text{CHOH} \\
| & \text{NADH + H}^+ \quad \text{NAD}^+ & | \\
\text{CH}_2\text{—O—}\textcircled{P} & & \text{CH}_2\text{—O—}\textcircled{P}
\end{array}
$$

磷酸二羟丙酮　　　　　　　　　　　　　　　α-磷酸甘油

2. 细胞内甘油再利用　甘油在甘油激酶的催化下,消耗 ATP 生成 α-磷酸甘油。

$$
\begin{array}{ccc}
\text{CH}_2\text{OH} & & \text{CH}_2\text{OH} \\
| & \text{甘油激酶} & | \\
\text{CHOH} & \xrightarrow{\quad\quad\quad} & \text{CHOH} \\
| & \text{ATP} \quad \text{ADP} & | \\
\text{CH}_2\text{OH} & & \text{CH}_2\text{—O—}\textcircled{P}
\end{array}
$$

甘油　　　　　　　　　　　　　　　　　α-磷酸甘油

肝、肾、哺乳期乳腺及小肠黏膜富含甘油激酶,而肌肉和脂肪组织细胞内这种激酶的活性很低,因而不能利用甘油来合成三酰甘油。

（三）三酰甘油的合成

肝细胞和脂肪细胞的内质网是合成三酰甘油的主要部位,其次是肺和骨髓。小肠黏膜细胞在吸收脂类后也可合成大量的三酰甘油。三酰甘油以 α-磷酸甘油和脂肪酰 CoA 为原料合成,其合成过程如下:

$$
\begin{array}{c}
\text{CH}_2\text{OH} \\
|\\
\text{CHOH} \\
|\\
\text{CH}_2\text{—O—\textcircled{P}}
\end{array}
\xrightarrow[\text{2RCO~SCoA \quad 2HSCoA}]{\text{α-磷酸甘油脂酰转移酶}}
\begin{array}{c}
\text{CH}_2\text{—O—C—R}_1 \\
|\\
\text{CH—O—C—R}_2 \\
|\\
\text{CH}_2\text{—O—\textcircled{P}}
\end{array}
\xrightarrow[\text{H}_2\text{O \quad H}_3\text{PO}_4]{\text{磷酸酶}}
$$

α-磷酸甘油 　　　　　　　　　　　　　　　　磷脂酸

$$
\begin{array}{c}
\text{CH}_2\text{—O—C—R}_1 \\
|\\
\text{CH—O—C—R}_2 \\
|\\
\text{CH}_2\text{OH}
\end{array}
\xrightarrow[\text{RCO~SCoA \quad HSCoA}]{\text{甘油二酯脂酰转移酶}}
\begin{array}{c}
\text{CH}_2\text{—O—C—R}_1 \\
|\\
\text{CH—O—C—R}_2 \\
|\\
\text{CH}_2\text{—O—C—R}_3
\end{array}
$$

二酰甘油 　　　　　　　　　　　　　　　　三酰甘油

1 分子 α-磷酸甘油与 2 分子脂酰 CoA 在 α-磷酸甘油脂酰转移酶的催化下首先合成磷脂酸,磷脂酸经磷酸酶水解生成二酰甘油,然后二酰甘油又与 1 分子脂酰 CoA 作用生成三酰甘油,反应由二酰甘油脂酰转移酶催化。

第三节　磷脂的代谢

一、磷脂的化学及其主要生理功能

磷脂是一类含磷酸的类脂,按其化学组成不同可分为甘油磷脂与鞘磷脂两大类,前者以甘油为基本骨架,后者以鞘氨醇为基本骨架。体内含量最多的磷脂是甘油磷脂,而且分布广。鞘磷脂主要分布于大脑和神经髓鞘中。下面主要介绍甘油磷脂的代谢。

（一）甘油磷脂的化学

甘油磷脂由甘油、脂肪酸、H_3PO_4 及含氮化合物等组成,其基本结构为:

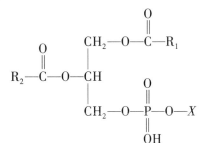

$X = H^+$ 　　　　　　　　　　磷脂酸

$X = CH_2CH_2N^+(CH_3)_3$ 　　磷脂酰胆碱(卵磷脂)

$X = CH_2CH_2NH_2$ 　　　　　磷脂酰乙醇胺(脑磷脂)

$X = CH_2CH\ NH_2COOH$ 　　磷脂酰丝氨酸

$X = CH_2CHOHCH_2OH$ 　　　磷脂酰甘油

$X = 磷脂酰甘油$ 　　　　　　二磷脂酰甘油(心磷脂)

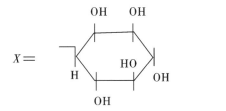　　　　　　　　　　磷脂酰肌醇

在甘油的 1 位和 2 位羟基上各结合 1 分子脂肪酸,通常 2 位脂肪酸为花生四烯酸,3 位羟基上结合 1 分子磷酸,为最简单的甘油磷脂被称为磷脂酸。根据与磷酸羟基相连的取代基团 X 不同,可将甘油磷脂分为磷脂酰胆碱(卵磷脂)、磷脂酰乙醇胺(脑磷脂)、磷脂酰丝氨酸、磷脂酰甘油、二磷脂酰甘油(心磷脂)及磷脂酰肌醇等。体内以卵磷脂和脑磷脂的含量最多,且最重要,约占总磷脂的 75%。

(二)磷脂的主要生理功能

磷脂除了构成生物膜外,还参与脂蛋白的组成与转运,组成肺泡表面活性物质,组成血小板活化因子,组成神经鞘磷脂,参与细胞膜对蛋白质的识别和信号转导。

二、甘油磷脂的代谢

(一)甘油磷脂的合成

1. 合成部位　全身各组织细胞的内质网中都含有合成甘油磷脂的酶,因此各组织细胞均可合成甘油磷脂,其中肝、肾及小肠等组织细胞是合成甘油磷脂的主要场所。

2. 合成原料　甘油磷脂的合成原料主要包括甘油、脂肪酸、磷酸盐、胆碱、乙醇胺、丝氨酸及肌醇等物质。甘油和脂肪酸主要由糖代谢转变而来,胆碱和乙醇胺可由食物提供,也可由丝氨酸在体内转变而来。

3. 合成过程　甘油磷脂的合成过程比较复杂,一方面不同的磷脂需经不同途径合成,另一方面不同的途径可合成同一磷脂,而且有些磷脂在体内还可以互相转变。

(1)胆碱和乙醇胺的活化　胆碱和乙醇胺在参与合成代谢之前首先要进行活化

生成胞苷二磷酸胆碱(CDP-胆碱)和胞苷二磷酸乙醇胺(CDP-乙醇胺),其活化过程如下:

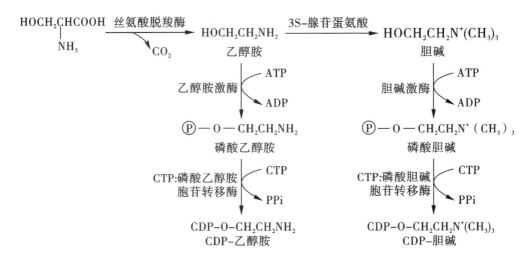

(2)磷脂酰乙醇胺与磷脂酰胆碱的生成　磷脂酰乙醇胺与磷脂酰胆碱可由二酰甘油分别与CDP-乙醇胺和CDP-胆碱作用生成,反应分别由存在于内质网膜上的磷酸乙醇胺脂酰甘油转移酶与磷酸胆碱脂酰甘油转移酶催化。另外,磷脂酰乙醇胺甲基化也可生成磷脂酰胆碱(图7-6)。

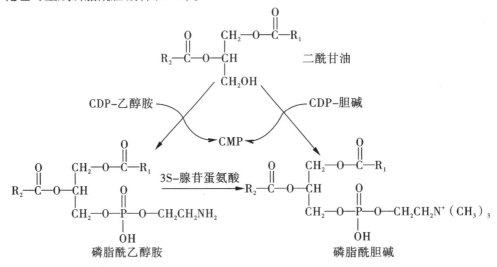

图7-6　磷脂酰乙醇胺与磷脂酰胆碱的合成

(二)甘油磷脂的分解

在体内甘油磷脂的分解由磷脂酶催化完成。在磷脂酶的作用下,甘油磷脂逐步水解生成甘油、脂肪酸、磷酸及各种含氮化合物如胆碱、乙醇胺和丝氨酸等。根据磷脂酶作用的特异性不同,可将磷脂酶分为磷脂酶 A_1、磷脂酶 A_2、磷脂酶 B_1、磷脂酶 B_2、磷脂酶 C 和磷脂酶 D。它们分别作用于甘油磷脂的各个酯键,生成不同的水解产物。如图7-7所示。

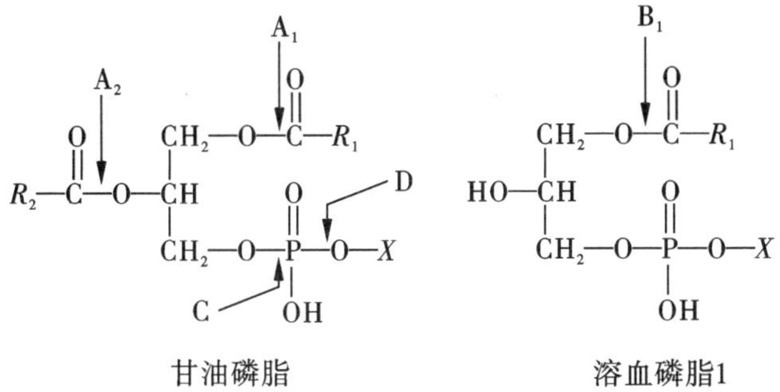

图 7-7　磷脂酶对甘油磷脂的水解

磷脂酶 A_2 存在于各组织细胞膜和线粒体膜,其作用是催化甘油磷脂中 2 位酯键水解生成溶血磷脂 1 和多不饱和脂肪酸。溶血磷脂是一种较强的表面活性物质,能使红细胞膜或其他细胞膜破坏引起溶血或细胞坏死。磷脂酶 A_2 的酶原形式存在于胰腺中,临床上急性胰腺炎的发病,就是由于某种原因使磷脂酶 A_2 激活,导致胰腺细胞膜受损,胰腺组织坏死。某些蛇毒中含有磷脂酶 A_1,因此被毒蛇咬伤后可引起溶血。

第四节　胆固醇的代谢

一、胆固醇的化学

胆固醇是体内重要脂类物质之一,它是最早由动物胆石中分离出来的具有羟基的固体醇类化合物,故称为胆固醇,所有固醇(包括胆固醇)均具有环戊烷多氢菲的基本结构,不同固醇的区别是碳原子数及取代基不同。胆固醇的结构如下:

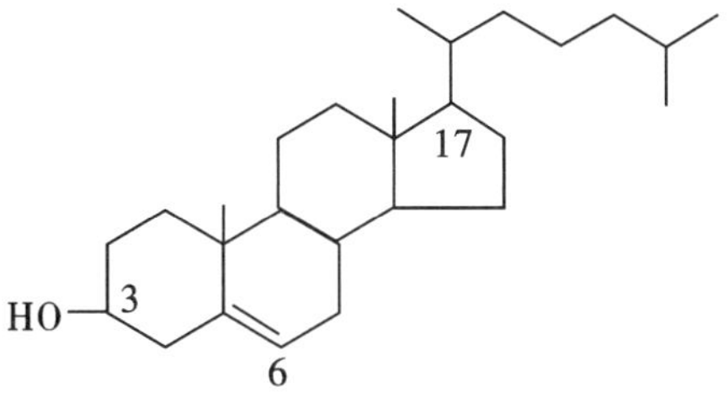

胆固醇 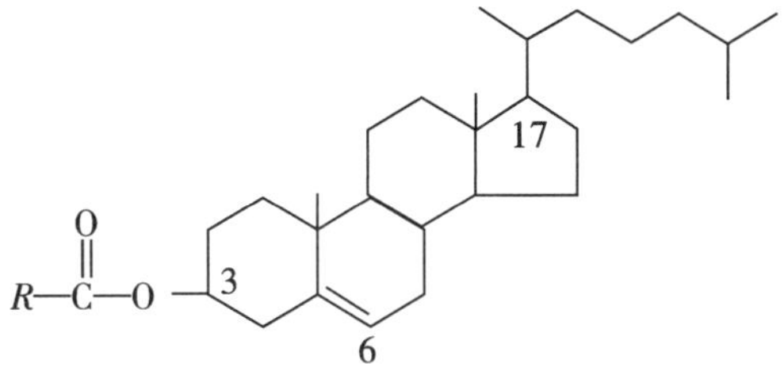　　　　　　　　　　　　　　　胆固醇酯

正常成年人体内胆固醇总重约为 140 g,平均含量约为 2 g/kg 体重。胆固醇广泛分布于体内各组织,但分布极不均一,大约 1/4 分布于脑及神经组织,约占脑组织的 2% ;其次肝、肾、肠等内脏组织中胆固醇的含量也比较高,每 100 g 组织含 200 ~ 500 mg,而肌肉组织中胆固醇的含量较低,每 100 g 组织含 100 ~ 200 mg,肾上腺皮质、卵巢等组织胆固醇含量最高,可达 5% ~ 10% 。

胆固醇是生物膜的重要组成成分,在维持膜的流动性和正常功能中起重要作用。膜结构中的胆固醇均为游离胆固醇,而细胞中储存的都是胆固醇酯。胆固醇在体内可转变成胆汁酸、维生素 D_3、肾上腺皮质激素及性激素等重要生理活性物质。胆固醇代谢发生障碍可使血浆胆固醇增高,是形成动脉粥样硬化的一种危险因素。

体内的胆固醇有两个来源即内源性胆固醇和外源性胆固醇。外源性胆固醇由膳食摄入,正常人每天从膳食中摄取的胆固醇为 300 ~ 500 mg,主要来自动物性食品,如肝、脑、肉类以及蛋类、奶油等。内源性胆固醇由机体自身合成,正常人 50% 以上的胆固醇来自机体自身合成。

二、胆固醇的合成代谢

(一)合成部位

成人除脑组织及成熟红细胞外,几乎全身各组织均可合成胆固醇,每天可合成 1 ~ 1.5 g。肝是合成胆固醇最主要的场所,占总合成量的 70% ~ 80%;小肠的合成能力次之,合成量占总量的 10%。胆固醇的合成部位主要在胞液及内质网中进行。

(二)合成原料

乙酰 CoA 是合成胆固醇的基本原料,此外还需要大量的 ATP 和 $NADPH+H^+$。每合成 1 分子胆固醇需要 18 分子乙酰 CoA,36 分子 ATP 及 16 分子 $NADPH+H^+$。乙酰 CoA 和 ATP 主要来自糖的有氧氧化,而 $NADPH+H^+$ 则主要来自糖的磷酸戊糖途径,因此,糖是胆固醇合成原料的主要来源。

(三)合成过程

胆固醇的合成过程非常复杂,有 30 多步酶促反应,大致可分为三个阶段。

1. 甲基二羟戊酸的生成　在胞液中,首先由 2 分子乙酰 CoA 在乙酰乙酰 CoA 硫解酶的催化下缩合成乙酰乙酰 CoA,然后再与 1 分子乙酰 CoA 缩合生成 HMGCoA,反应由 HMGCoA 合酶催化。HMGCoA 是合成酮体和胆固醇的重要中间产物,在线粒体 HMGCoA 裂解生成酮体,在胞液中 HMGCoA 还原生成甲基二羟戊酸(mevalonic acid,MVA),反应由 HMGCoA 还原酶催化,由 $NADPH+H^+$ 供氢。HMGCoA 还原酶是胆固醇生物合成的限速酶。

2. 鲨烯的合成　MVA 在一系列酶的催化下,由 ATP 提供能量先磷酸化、再脱羧、脱羟基生成活泼的 5 碳焦磷酸化合物,然后 3 分子 5 碳焦磷酸化合物缩合生成 15 碳的焦磷酸法尼酯(farnesyl pyrophosphate,FPP),2 分子 FPP 再缩合,还原生成 30 碳的多烯烃化合物——鲨烯。

3. 胆固醇的合成　鲨烯在胞质中与胆固醇载体蛋白结合进入内质网,经加单氧酶、环化酶等催化,先环化生成羊毛固醇,再经氧化、脱羧和还原等反应,脱去 3 分子 CO_2 生成 27 碳的胆固醇(图 7-8)。

(四)胆固醇合成的调节

HMGCoA 还原酶是胆固醇生物合成的限速酶,控制着体内胆固醇合成的量与速度,其半寿期约为 4 h。各种因素对胆固醇生物合成的调节主要通过影响 HMGCoA 还原酶的活性实现。

1. 饥饿与饱食　饥饿和禁食,糖和蛋白质来源减少,可使 HMGCoA 还原酶合成减少,酶活性降低;同时,造成乙酰 CoA、ATP、NADPH 的不足,抑制胆固醇的合成。相反,摄入糖、高饱和脂肪等饮食后,HMGCoA 还原酶活性增加,胆固醇的合成也增加。

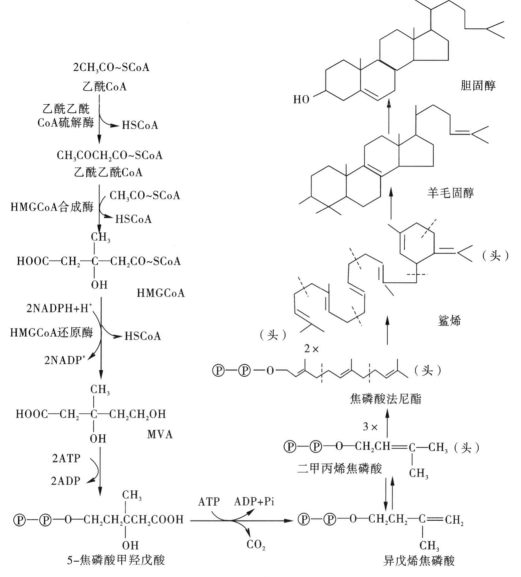

图 7-8 胆固醇的生物合成

2. 胆固醇的负反馈调节 体内无论内源性胆固醇还是外源性胆固醇的增多,都可反馈抑制 HMGCoA 还原酶的活性,使内源性胆固醇的合成减少,这种反馈调节主要存在于肝脏。小肠胆固醇的生物合成不受这种反馈调节,因此,大量进食胆固醇,仍可使血浆胆固醇浓度升高。相反,长期低胆固醇饮食,血浆胆固醇浓度也只能降低10% ~ 25% 。因此,仅靠减少胆固醇的摄入,不能使血浆胆固醇浓度明显减低。

3. 激素的调节 调节胆固醇合成的激素主要包括胰高血糖素、皮质激素、胰岛素及甲状腺激素等。胰高血糖素和皮质激素能抑制 HMGCoA 还原酶的活性,使胆固醇的合成减少。胰岛素能诱导 HMGCoA 还原酶的合成,从而增加胆固醇的合成。甲状腺激素除可提高 HMGCoA 还原酶的活性,增加胆固醇的合成外,还可促进胆固醇向胆汁酸的转化,而且转化作用更强,因此,甲状腺功能亢进的患者,血清中胆固醇的含量

笔记栏

反而降低。

4. 药物的作用 某些药物如洛伐他汀和辛伐他汀因它们的结构与 HMGCoA 相似,因此,能够竞争性地抑制 HMGCoA 还原酶的活性,使体内胆固醇的生物合成减少。另外有些药物如阴离子交换树脂(消胆胺)可通过干扰肠道胆汁酸盐的重吸收,促使体内更多的胆固醇转变为胆汁酸盐,达到降低血清中胆固醇浓度的作用。

三、胆固醇酯的生成

细胞内和血浆中的游离胆固醇都可以被酯化成胆固醇酯,但不同的部位催化胆固醇酯化的酶及其反应过程不同。

(一)胞内胆固醇的酯化

组织细胞内,游离胆固醇在脂酰 CoA 胆固醇脂酰转移酶(acyl cholesterol acyl transferase,ACAT)的催化下,接受脂酰 CoA 的脂酰基形成胆固醇酯,存于胞浆中。

$$胆固醇+脂酰 CoA \xrightarrow[\text{组织细胞内}]{\text{ACAT}} 胆固醇酯+CoASH$$

(二)血浆内胆固醇的酯化

血浆中,游离胆固醇在卵磷脂胆固醇脂酰转移酶(lecithin cholesterol acyl transferase,LCAT)的催化下,卵磷脂第 2 位碳原子上的脂酰基转移至胆固醇 3 位羟基上,生成胆固醇酯及溶血卵磷脂。

$$胆固醇+卵磷脂 \xrightarrow[\text{血浆}]{\text{LCAT}} 胆固醇酯+溶血卵磷脂$$

LCAT 由肝实质细胞合成,而后分泌入血,在血浆中常与 HDL 结合在一起发挥催化作用。肝实质细胞有病变或损害时,蛋白质代谢功能降低,LCAT 含量减少,活性降低,引起血浆胆固醇酯含量下降,引起胆固醇与胆固醇酯比值改变。正常人游离胆固醇与胆固醇酯的比值为 1∶3,检测游离胆固醇与胆固醇酯的比值,可作为临床肝脏疾病辅助诊断的生化指标。

四、胆固醇的转化与排泄

胆固醇与糖、脂肪和蛋白质不同,它在体内既不能彻底氧化成 CO_2 和 H_2O,也不能作为能源物质提供能量,但在体内能转变成某些重要的生理活性物质。胆固醇在体内除构成膜的组分外主要有四条代谢去路。

(一)转变为胆汁酸

胆固醇在肝中转变为胆汁酸(bile acid,BA)是胆固醇在体内的主要代谢去路,也是机体清除胆固醇的主要方式。正常人每天合成的胆固醇约有 40% 在肝中转变为胆汁酸,随胆汁排入肠道。在胆汁酸的分子结构中既含有亲水基团,又含有疏水基团,属两性分子,能够在油水两相间起降低表面张力的作用。因此,胆汁酸在肠道可促进脂类乳化,并与脂类的消化产物形成胆汁酸混合微团,在脂类的消化、吸收过程中起重要作用。

(二)转变为维生素 D_3

人体皮肤细胞内的胆固醇经酶促脱氢氧化生成 7-脱氢胆固醇,7-脱氢胆固醇经紫外光照射后转变成胆钙化醇,又称维生素 D_3。维生素 D_3 在肝细胞内质网经 25-羟化酶催化生成 25-羟维生素 D_3,后者再经肾小管上皮细胞线粒体内的 α-羟化酶催化形成 1,25-二羟维生素 D_3(活性维生素 D_3)。活性维生素 D_3 具有调节钙磷代谢的作用。

(三)转变为类固醇激素

胆固醇是肾上腺皮质、睾丸及卵巢等内分泌腺合成类固醇激素的原料。肾上腺皮质细胞中储存大量的胆固醇酯,含量可达 2%~5%,其中 90% 来自血液,10% 由自身合成。肾上腺皮质以胆固醇为原料,在一系列酶的催化下合成醛固酮、皮质醇及少量性激素。性激素主要在性腺合成,睾丸间质细胞合成雄激素,主要是睾酮;卵巢的卵泡内膜细胞及黄体可合成雌二醇及黄体酮;妊娠期胎盘合成的雌三醇也属于类固醇激素。

(四)胆固醇的排泄

胆固醇在体内的代谢去路主要是在肝脏转变为胆汁酸,以胆汁酸盐的形式随胆汁排出。部分胆固醇可随胆汁进入肠道,进入肠道的胆固醇,一部分被重吸收,另一部分受肠道细菌作用还原生成粪固醇随粪便排出体外。

第五节　血脂及血浆脂蛋白

一、血脂

血浆中所含的脂类称为血脂,主要包括三酰甘油、磷脂、胆固醇、胆固醇酯及游离脂肪酸(free fatty acid,FFA)等。磷脂主要有卵磷脂(约 70%)、神经鞘磷脂(约 20%)及脑磷脂(约 10%)。

正常人空腹血脂的含量远不如血糖恒定,血脂的含量受年龄、性别、膳食、运动及代谢等多种因素的影响,波动范围比较大。例如,进食高脂肪膳食后,可使血脂含量大幅度上升,但这种变化只是暂时的,通常在 12 h 之内逐渐趋于正常。正是由于这种原因,临床上进行血脂测定时要在空腹 12~14 h 后采血。血脂含量的测定,可以反映体内脂类代谢的情况,临床上可作为高脂血症、动脉硬化及冠心病等的辅助诊断。正常人空腹血脂水平见表 7-2。

血浆脂类的来源有食物中的脂类、体内合成的脂类、脂库动员释放,去路有氧化供能、进入脂库储存、构成生物膜、转变为其他物质,正常情况下来源与去路保持动态平衡。血浆中脂类的含量与全身脂类总量相比,虽然只占极少的一部分,但无论是外源性脂类物质还是内源性脂类物质都需经过血液转运于各组织之间,因此血脂含量可反映体内脂类的代谢情况。游离脂肪酸不溶于水,在血液中与清蛋白组成复合体运转,而且 1 分子清蛋白可与 10 分子游离脂肪酸结合。游离脂肪酸虽然在血液中浓度较低,但其代谢极为活跃,是体内重要的能源之一,可提供机体所需能量的 20%~25%。

表7-2　正常成人空腹时血浆中脂类的主要组成和含量

血浆脂类含量	mg/dL	mmol/L	空腹时来源
总脂	400~700(500)	4.0~7.0(5.0)	
三酰甘油	10~150(100)	0.11~1.69(1.13)	肝
总胆固醇	100~250(200)	2.59~6.47(5.17)	肝
胆固醇酯	70~200(145)	1.18~5.17(3.75)	
游离胆固醇	40~70(55)	1.03~1.81(1.42)	
总磷脂	150~250(200)	48.44~80.73(64.58)	肝
卵磷脂	50~200(100)	16.1~64.6(32.3)	肝
神经磷脂	50~130(70)	16.1~42.0(22.6)	肝
脑磷脂	15~35(20)	4.8~13.0(6.4)	肝
游离脂肪酸	5~20(15)	0.20~0.78	脂肪组织

括号内的数值为均值

二、血浆脂蛋白

脂类物质中,三酰甘油、胆固醇及其酯的水溶性都很差,不能在血浆中直接转运。这些脂类物质在血浆中的转运是与水溶性强的蛋白质、磷脂结合在一起,以脂蛋白(lipoprotein,LP)的形式在血浆中运转。而脂肪动员释放进入血液的游离脂肪酸,在血浆中是与清蛋白结合成复合体被转运。所以,血浆脂蛋白是脂类在血浆中的主要运输形式。

(一)血浆脂蛋白的分类

血浆脂蛋白由脂类和蛋白质两部分组成,但不同的脂蛋白所含的脂类和蛋白质在质和量方面都有很大的差异。根据这个差异可采用适当的方法将它们分离开,通常分离血浆脂蛋白的方法有两种,即超速离心法和电泳法。

1.超速离心法(密度分类法)　超速离心法是根据不同脂蛋白分子的密度不同进行分离,是分离血浆脂蛋白的一种经典方法。在不同的脂蛋白中,蛋白质和各种脂类所占的比例不同,因而其密度亦就不同,血浆在一定密度的盐溶液中进行超速离心时,各种脂蛋白因密度不同表现出不同的沉浮情况,密度小的易于上浮,密度大的易于下沉,用这种方法可将血浆脂蛋白分为四类:乳糜微粒(chylomicron,CM)、极低密度脂蛋白(very low density lipoprotein,VLDL)、低密度脂蛋白(low density lipoprotein,LDL)和高密度脂蛋白(high density lipoprotein,HDL)。

除上述四类脂蛋白外,还有中间密度脂蛋白(intermediate density lipoprotein,IDL),它是VLDL在脂肪组织毛细血管内的代谢物,其组成及密度介于VLDL与LDL之间。

2.电泳法　电泳法是分离血浆脂蛋白最常用的一种方法,这种方法是以不同的血浆脂蛋白颗粒大小及表面电荷量不同作为分离基础。由于不同的脂蛋白中脂类和蛋白质所占的比例不同,因此它们的颗粒大小及表面所带的电荷量不同,在电场中具有不同的电泳迁移率。按其电泳迁移率由慢到快,可将脂蛋白分离成四条区带,即乳糜微粒(CM)、β-脂蛋白(β- lipoprotein,β-LP)、前 β-脂蛋白(preβ- lipoprotein,preβ-LP)和 α-脂蛋白(α-lipoprotein,α-LP)。这四类脂蛋白与密度分类法的 CM、VLDL、LDL、HDL 的对应关系见表7-3。

表7-3　各种血浆脂蛋白的分类、性质、组成和功能

分类	密度法	CM	VLDL	LDL	HDL
	电泳法	CM	preβ-LP	β-LP	α-LP
性质	密度(g/mL)	<0.95	0.95～1.006	1.006～1.063	1.063～1.210
	漂浮系数(S_f)	>400	20～400	0～20	-
	颗粒直径(nm)	80～500	25～80	20～25	7.5～10
组成(%)	蛋白质	0.5～2	5～10	20～25	50
	脂类	98～99	90～95	75～80	50
	三酰甘油	80～95	50～70	10	5
	磷脂	5～7	15	20	25
	总胆固醇	1～4	15	45～50	20
	游离	1～2	5～7	8	5
	酯化	3	10～12	40～42	15～17
合成部位		小肠黏膜细胞	肝细胞	血浆	肝、小肠	肝、小肠
功能		转运外源性三酰甘油	转运内源性三酰甘油	转运胆固醇从肝到全身组织	逆转运肝外胆固醇回肝	转运胆固醇至肝内代谢

(二)血浆脂蛋白的组成及结构

血浆脂蛋白主要由蛋白质、三酰甘油、磷脂、胆固醇及胆固醇酯组成。各种血浆脂蛋白都含有这五种成分,但其组成比例及含量差异很大。CM 颗粒最大,含脂肪最多,达80%～95%,蛋白质含量最少,约1%,故密度最小。VLDL 含脂肪也多,达50%～70%,但其蛋白质、胆固醇、磷脂含量高于 CM,故密度较 CM 大。LDL 含胆固醇及其酯最多,为45%～50%。HDL 含蛋白质最多,约50%,故密度最高,颗粒最小。各种血浆脂蛋白的分类、性质、组成和功能见表7-3。

成熟的血浆脂蛋白大致呈球形。疏水性较强的脂肪和胆固醇酯均位于脂蛋白的内核,而具有极性及非极性基团的载脂蛋白、磷脂及游离胆固醇则以单分子层覆盖于脂蛋白表面,其非极性的疏水基团朝向内核,极性的亲水基团暴露在脂蛋白表面与水相接触,便于其在血液中运转。CM 及 VLDL 的内核是大量的脂肪及少量胆固醇酯,LDL、HDL 则主要以胆固醇酯为内核。

(三)载脂蛋白

血浆脂蛋白中的蛋白质部分称为载脂蛋白,是由肝及小肠黏膜细胞合成分泌的一种特异球蛋白,迄今已从人血浆分离出 apo 有 20 多种。主要有 apo A、apo B、apo C、 apo D、apo E 五类,其中根据载脂蛋白中氨基酸组成的差异,又分成若干亚类。如 apo A 又分为 AⅠ、AⅡ、AⅣ;apo B 分为 B100 和 B48;apo C 又分为 CⅠ、CⅡ、CⅢ。不同的血浆脂蛋白所含的载脂蛋白不同。CM 含 apo B48 而不含 apo B100,主要含 apo CⅡ;VLDL 含 apo B100 而不含 apo B48,主要含 apo B100 及 apo CⅡ;LDL 几乎只含 apo B100;HDL 则既不含 apo B48 又不含 apo B100,主要含 apo AI 及 apo AⅡ。

载脂蛋白的主要功能是参与脂类物质的转运及稳定脂蛋白的结构。此外,某些载脂蛋白还具有稳定脂蛋白结构、识别脂蛋白受体、调节脂蛋白转化的关键酶活性等功能。例如 apo AI 能激活卵磷脂胆固醇脂酰转移酶,促进胆固醇的酯化;apo CⅡ 能激活脂蛋白脂肪酶,促进 CM 和 VLDL 中的三酰甘油降解;apo B100 及 apo E 参与 LDL 受体的识别,促进 LDL 的代谢。

(四)血浆脂蛋白的代谢和功能

血浆脂蛋白的主要功能是转运脂类。由于各种脂蛋白的合成部位、转运脂类的比例及在血液中代谢过程不同,各种脂蛋白所表现出的生理功能也不同。

1.乳糜微粒(CM)　CM 由小肠黏膜细胞吸收食物中脂类后形成的脂蛋白,经淋巴入血,是运输外源性甘油三酯的主要形式。肠道吸收的脂类与肠黏膜细胞自身合成的胆固醇、apo B48 及少量的 apo AⅠ、apo AⅡ 和 apo AⅣ 等合成新生的 CM。新生的 CM 经淋巴系统进入血液循环后主要经历两方面的变化:一是从 HDL 获得 apo CⅡ 及 apo E,并将部分 apo AⅠ、apo AⅡ 和 apo AⅣ 转移给 HDL,形成成熟的 CM;二是当 CM 随血流通过心肌、骨骼肌及脂肪等组织的毛细血管时,其中所含的 apo CⅡ 能够将存在于这些组织毛细血管壁内皮细胞的 LPL 激活。在 LPL 的作用下,CM 中的三酰甘油逐渐被降解,同时其表面的 apo A 和 apo CⅡ 转移给 HDL 形成 CM 残余颗粒。残余颗粒富含磷脂和胆固醇及 apo B48 和 apo E。残余颗粒因其表面含有 apo E,能够被肝细胞膜表面的 apo E 受体识别并与之结合,最终被肝细胞摄取利用(图 7-9)。

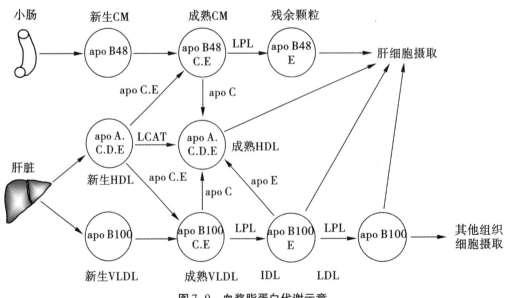

图 7-9　血浆脂蛋白代谢示意

乳糜微粒颗粒大,能使光线散射而呈乳浊样外观,这是饭后血浆浑浊的原因。正常人 CM 在血浆中的代谢很快,半寿期仅 5～15 min,因此摄入大量脂肪后血浆混浊只是暂时的,空腹 12～14 h 后血浆中不再含有 CM,这种现象称为脂肪廓清。LPL 在脂肪廓清中起主要作用,而肝素又是 LPL 的辅基,故临床上将肝素称为廓清因子。

2. 极低密度脂蛋白(VLDL) VLDL 主要由肝细胞合成,小肠黏膜细胞也有少量合成,是运输内源性三酰甘油的主要形式。肝细胞主要利用葡萄糖为原料合成三酰甘油,也可利用食物及脂肪组织动员的脂肪酸及 CM 残粒合成三酰甘油。新生的 VLDL 所含的载脂蛋白主要是 apo B_{100}。进入血液循环后 VLDL 的代谢与 CM 非常相似,同样首先接受 HDL 中的 apo C 和 apo E,特别是 apo C II,转变为成熟的 VLDL,然后 apo C II 激活存在于毛细血管壁内皮细胞上的 LPL。在 LPL 的作用下,VLDL 中的三酰甘油逐渐被降解,同时将 apo C 转移给 HDL,随着密度的增高以及 apo B100 和 apo E 含量的相对增加,VLDL 转变为 IDL。IDL 中三酰甘油与胆固醇的含量大致相等,载脂蛋白则主要是 apo B100 和 apo E。一部分 IDL 与肝细胞膜上的 apo E 受体结合后被肝细胞摄取利用,另一部分 IDL 转变为 LDL,转变过程是这样的:IDL 中的三酰甘油在 LPL 与肝脂肪酶的作用下,进一步水解,同时其表面的 apo E 转移至 HDL,仅剩下 apo B100,IDL 即转变为 LDL,VLDL 在血浆中的半寿期为 6～12 h。

3. 低密度脂蛋白(LDL) LDL 由 VLDL 在血浆中转变而来,是转运肝合成的内源性胆固醇的主要形式。正常人空腹血浆脂蛋白主要是 LDL,可占到血浆脂蛋白总量的 2/3。LDL 在体内的代谢有两条途径:一条是 LDL 受体途径;另一条是由清除细胞即单核吞噬细胞系的巨噬细胞清除,其中以 LDL 受体途径为主,大约 2/3 的 LDL 由 LDL 受体途径降解,1/3 的 LDL 由清除细胞清除。LDL 在血浆中的半寿期为 2～4 d。

人体内除了成纤维细胞外,大部分细胞膜上都存在 LDL 受体,但以肝细胞为主,大约 50% 的 LDL 在肝细胞降解。由于 LDL 受体能够特异地识别含 apo B100 或 apo E 的脂蛋白,因此 LDL 受体又称 apo B、E 受体,当血浆中的 LDL 与 LDL 受体结合后,受体聚集成簇,内吞入细胞并与溶酶体融合。在溶酶体中蛋白水解酶的作用下,LDL 中的 apo B100 被水解成氨基酸,其中的胆固醇酯被水解成游离胆固醇与脂肪酸。胞浆中的游离胆固醇既可参与细胞膜的组成,也可作为皮质激素、性激素、维生素 D_3 及胆汁酸合成的原料。通常细胞内所需的胆固醇既可自身合成,也可以摄取血中 LDL 颗粒内的胆固醇。故 LDL 的主要生理功能是转运肝脏合成的胆固醇到肝外组织,过剩的胆固醇也可沉积于动脉内皮细胞,被认为是致动脉粥样硬化的危险因子。

近年研究证明,VLDL 转变成 LDL 的流程简图如下:

$$VLDL \longrightarrow A 型 LDL(A-LDL) \longrightarrow B 型 LDL(B-LDL)$$

B-LDL 是颗粒变小密度增高的 LDL,又称为小而密的 LDL,临床上以 S-LDL 表示,S-LDL 是真正的致动脉硬化的危险因子。

4. 高密度脂蛋白(HDL) HDL 主要由肝细胞合成,小肠黏膜细胞亦有少量合成,此外,CM 及 VLDL 分解代谢时,脱落的组分也可合成新生的 HDL。HDL 是机体从外周组织向肝逆转运胆固醇的主要形式,HDL 按密度大小又分为 HDL_1、HDL_2 和 HDL_3,HDL_1 只有在高胆固醇膳食时才在血浆中出现,故又称为 HDL_C,正常人血浆中的 HDL 主要为 HDL_2 和 HDL_3。

新生的 HDL 所含的载脂蛋白主要是 apo A 和 apo C,还有少量的 apo D 和 apo E。

笔记栏

新生的 HDL 进入血液循环后,在血浆中的 LCAT 的催化下,HDL 表面卵磷脂的 2 位脂酰基转移至胆固醇的 3 位羟基上生成溶血卵磷脂和胆固醇酯。LCAT 由肝细胞合成,在血浆中发挥作用。HDL 中 apo A I 是 LCAT 的激活因子,在 LCAT 作用下生成的胆固醇酯被转移到 HDL 的内核,随着内核胆固醇酯的不断增加及 apo C 和 apo E 向 CM 或 VLDL 的转移,新生的 HDL 转变为成熟的 HDL。

HDL 主要在肝降解。成熟的 HDL 与肝细胞膜上的 HDL 受体结合后被肝细胞摄取,其中的胆固醇可用于合成胆汁酸或直接通过胆汁排出体外。由于 HDL 具有清除周围组织中的胆固醇及保护血管内膜不受 LDL 损害的作用,因此 HDL 有抗动脉粥样硬化的作用。流行病学研究证实,HDL 水平高者冠心病发病率低。HDL 在血浆中的半寿期为 3 ~ 5 d。

第六节　脂类代谢与疾病

(一)脂肪肝

肝内脂肪含量过高称为脂肪肝。脂肪肝常见的原因有:①肝内脂肪来源过多,如高糖 高脂饮食;②肝内磷脂合成不足,导致 VLDL 形成发生障碍,使肝内脂肪不能及时运出;③肝功能障碍,影响 VLDL 的合成与释放导致肝内脂肪在肝内堆积。临床上常采用磷脂及其合成原料、辅助因子(叶酸和维生素 B_{12})治疗脂肪肝是帮助肝内脂肪向肝外组织转运。

(二)高脂血症

血浆中的脂类高于正常人上限即为高脂血症。由于脂类在血液循环中以脂蛋白的形式运输,因此高脂血症也称高脂蛋白血症。一般成人以空腹 12 ~ 14 h 血清三酰甘油浓度 ≥2. 26 mmol/L, 总胆固醇浓度 ≥6. 21 mmol/L, 儿童总胆固醇浓度 ≥4. 14 mmol/L 为标准。1970 年世界卫生组织(WHO)对 Fredrickson 提出的高脂蛋白血症分型进行了补充和修订,建议将高脂蛋白血症分为五型六类。WHO 的高脂蛋白血症分型主要是根据临床化验结果,很少考虑患者的病因和体征。各型高脂蛋白血症的血脂及脂蛋白的变化见表7-4。

表7-4　高脂蛋白血症的分型

分型	脂蛋白变化	血脂变化	发病率
I	CM↑	TG↑↑↑,TC↑	罕见
IIa	LDL↑	TC↑↑	常见
IIb	VLDL 及 LDL↑	TG↑↑,TC↑↑	常见
III	IDL↑	TG↑↑,TC↑↑	罕见
IV	VLDL↑	TG↑↑	常见
V	CM 及 VLDL↑	TG↑↑↑,TC↑	较少

高脂蛋白血症可分为原发性与继发性两大类。原发性高脂蛋白血症与脂蛋白的组成和代谢过程中有关的载脂蛋白、酶和受体等的先天性缺陷有关。例如,LPL 基因缺陷造成 CM 清除障碍的 I 型高脂蛋白血症;LDL 受体缺陷造成的家族性高胆固醇血症等。而继发性高脂蛋白血症常继发于其他疾病如糖尿病、肾病、肝病及甲状腺功能减退等,也多见于肥胖、酗酒及肝病患者。

(三)动脉粥样硬化

动脉粥样硬化(atherosclerosis,AS)是指动脉内膜的脂质、血液成分的沉积,平滑肌细胞及胶原纤维增生,伴有坏死及钙化等不同程度病变的一类慢性进行性病理过程。高脂血症、高血压、吸烟是促进 AS 发病的三大主要危险因素。据资料统计,血浆胆固醇含量超过 6.7 mmol/L 者比低于 5.7 mmol/L 者的冠状动脉粥样硬化发病率高 7 倍。用高胆固醇膳食喂养家兔,可获得高胆固醇血症和动脉粥样硬化的实验模型。由于血浆中的胆固醇主要存在于 LDL 中,因此 LDL 增高,特别是 S-LDL 含量升高与动脉粥样硬化的关系最为密切。血浆胆固醇水平升高,不仅可造成血管内皮细胞损伤,而且还刺激血管平滑肌细胞内胆固醇酯堆积而转变成泡沫细胞。泡沫细胞是动脉粥样硬化的典型损害之一。除高胆固醇外,高三酰甘油也可促进动脉粥样硬化的形成。

HDL 具有抗动脉粥样硬化的作用,这是由于 HDL 既能清除周围组织的胆固醇,又能保护内膜不受 LDL 损害,促进血管内皮细胞合成 PGI_2,防止血小板凝集。目前的一些调查研究证实,血浆 HDL 较高的人不仅长寿,而且很少发生心肌梗死。相反,血浆 HDL 较低的人,即使血浆总胆固醇含量不高,也容易发生动脉粥样硬化。糖尿病患者及肥胖者血浆中的 HDL 均比较低,因此容易患冠心病。高血压、家族性糖尿和高血糖症及长期吸烟者均可致动脉内皮细胞损伤,有利于胆固醇沉积,可导致动脉粥样硬化。临床上考虑动脉粥样硬化的发病倾向,取决于 LDL/HDL 比值,这比总胆固醇的关系更为精确,LDL/HDL 称为冠心病指数。中国成人的冠心病指数为 2.0±0.7。

小　结

脂类包括脂肪和类脂,脂肪又叫三酰甘油或甘油三酯,是动植物主要的能量储存形式。血脂是血浆中各种脂类的总称,血浆脂蛋白是脂类物质在血液中的主要运输形式。血浆脂蛋白用超速离心法可分为 CM、VLDL、LDL 和 HDL;用电泳法可分为 CM、前β-脂蛋白、β-脂蛋白和α-脂蛋白。其中 CM 主要运输外源性脂肪;VLDL 主要运输内源性脂肪;LDL 主要将胆固醇运输到肝外;HDL 主要将胆固醇转运到肝内。

脂肪动员的关键酶为三酰甘油脂肪酶,肾上腺素、胰高血糖素等可激活该酶活性,储存在脂库内的脂肪动员时先被水解成脂肪酸和甘油,脂肪酸与血浆清蛋白结合后输送到各组织,主要在肝脏氧化。脂肪酸分解要先激活成脂酰 CoA,然后通过肉碱作为载体将脂酰 CoA 转移到线粒体基质内,经β-氧化反应生成乙酰 CoA 后进入三羧酸循环彻底氧化成 CO_2 和 H_2O。甘油则在肝脏经异生途径生成糖或进入糖分解代谢途径。酮体是三酰甘油在肝线粒体分解不完全的正常中间产物,是乙酰乙酸、β-羟丁酸、丙酮的总称。肝内生酮,肝外用是酮体代谢特点,也是肝外组织,尤其是在饥饿或禁食时脑、肌肉等组织的重要能源。如果生成酮体的速度超过肝利用酮体速度时,则可引起酮症酸中毒,严重的可危及生命。合成三酰甘油的原料主要是糖。

磷脂可分为甘油磷脂和鞘磷脂两类。重要的甘油磷脂有磷脂酰胆碱和磷脂酰乙醇胺,机体可自身合成。磷脂酶 A_1、磷脂酶 A_2、磷脂酶 B_1、磷脂酶 B_2、磷脂酶 C、磷脂酶 D 分别特异地作用于磷脂分子的不同部位,得出不同的产物。

胆固醇是生物膜的重要组分,是合成胆汁酸、类固醇激素和维生素 D_3 的重要原料。食物胆固醇以 CM 残粒形式进入肝脏;肝和其他细胞自身也能合成胆固醇。乙酰 CoA 是合成胆固醇的原料,HMG-CoA 还原酶是体内合成胆固醇的关键酶,该酶受胆固醇的反馈抑制。胆固醇在肝脏可转变成胆汁酸或直接排出体外。

问题分析与能力提升

病例摘要 患者:女性,12 岁。无明显诱因出现四肢皮下多发结节,大者如核桃大小,质硬,压痛(+),局部皮肤变硬,无红肿,无瘙痒及脱屑。

检查:查 IgA、IgG、IgM、补体 C3 及 C4、抗链球菌"O"、类风湿因子、抗核抗体系列均为阴性,CRP 43.24 mg/L(0~10),ESR 39 mm/h,考虑"硬肿症",给予静脉滴注氢化可的松 40 mg/d,口服维生素 C、维生素 E、双嘧达莫等治疗 8 d,面部肿胀基本消退,出现双侧面颊部皮下脂肪萎缩。

诊断:获得性部分脂肪营养不良。

思考:此患者脂类代谢有何异常?

同步练习

一、单项选择题

1. β-氧化第一次脱氢反应的辅酶是 ( )
   A. NAD^+　　　　　　　　　　B. $NADP^+$
   C. FMN　　　　　　　　　　　D. FAD
   E. TPP

2. 长期饥饿时,大脑的能量来源主要是 ( )
   A. 脂酸　　　　　　　　　　　B. 酮体
   C. 甘油　　　　　　　　　　　D. 氨基酸
   E. 丙酮酸

3. 携带脂酰基进入线粒体基质的是 ( )
   A. 天冬氨酸　　　　　　　　　B. 胆碱
   C. 苹果酸　　　　　　　　　　D. 肉碱
   E. 柠檬酸

4. 脂肪酸生物合成的限速酶是 ( )
   A. 肉碱脂酰转移酶 I　　　　　B. 乙酰 CoA 羧化酶
   C. 脂酰 CoA 合成酶　　　　　D. 水化酶
   E. HMG-CoA 合成酶

5. 下列哪一生化反应在线粒体内进行 ( )
   A. 脂肪酸 β-氧化　　　　　　B. 脂肪酸生物合成
   C. 三酰甘油的生物合成　　　　D. 糖酵解
   E. 甘油磷脂的合成

6. 脂肪大量动员时肝内生成的乙酰 CoA 主要转变为 ( )
   A. 葡萄糖　　　　　　　　　　B. 胆固醇

C. 脂肪酸 　　　　　　　　　　　　D. 酮体

E. 胆固醇酯

7. 18 碳硬脂酸经过 β-氧化其产物通过三羧酸循环和氧化磷酸化生成 ATP 的摩尔数为（　　）

　　A. 131 　　　　　　　　　　　　　　B. 129

　　C. 120 　　　　　　　　　　　　　　D. 122

　　E. 128

8. 脂肪酸在肝脏进行 β-氧化不生成下列哪一种化合物 　　　　　　　　　　（　　）

　　A. H_2O 　　　　　　　　　　　　　B. 乙酰 CoA

　　C. 脂酰 CoA 　　　　　　　　　　　　D. NADH

　　E. $FADH_2$

9. 胆固醇是下列哪一种化合物的前体 　　　　　　　　　　　　　　　　　（　　）

　　A. CoA 　　　　　　　　　　　　　　B. 泛醌

　　C. 维生素 A 　　　　　　　　　　　　D. 维生素 D

　　E. 维生素 E

10. 能抑制三酰甘油分解的激素是 　　　　　　　　　　　　　　　　　　　（　　）

　　A. 甲状腺激素 　　　　　　　　　　　B. 去甲肾上腺素

　　C. 胰岛素 　　　　　　　　　　　　　D. 肾上腺素

　　E. 生长素

11. 脂肪酸彻底氧化的产物是 　　　　　　　　　　　　　　　　　　　　　（　　）

　　A. 乙酰 CoA 　　　　　　　　　　　　B. 脂酰 CoA

　　C. 丙酰 CoA 　　　　　　　　　　　　D. 乙酰 CoA 及 $FADH_2$、NAD^++H^+

　　E. H_2O、CO_2 及释出的能量

12. 有关酮体的叙述,正确的是 　　　　　　　　　　　　　　　　　　　　（　　）

　　A. 包括乙酰乙酸、丙酮酸和 β-羟丁酸

　　B. 是脂肪酸在肝内大量分解时生成的产物

　　C. 是脂肪酸在肝内分解代谢中产生的一类中间产物

　　D. 是酸性产物,正常血液中不存在

　　E. 生成酮体的关键酶是 HMG-CoA 还原酶

13. 抗脂解激素是 　　　　　　　　　　　　　　　　　　　　　　　　　　（　　）

　　A. 肾上腺素 　　　　　　　　　　　　B. 去甲肾上腺素

　　C. 胰岛素 　　　　　　　　　　　　　D. 生长素

　　E. 胰高血糖素

14. 脂酸 β-氧化、酮体生成和胆固醇合成过程中共同的中间产物是 　　　　（　　）

　　A. 丙二酸单酰 CoA 　　　　　　　　　B. 乙酰 CoA

　　C. 乙酰乙酰 CoA 　　　　　　　　　　D. HMG-CoA

　　E. 乙酰乙酸

15. 下列哪种酶是脂肪分解的限速酶 　　　　　　　　　　　　　　　　　　（　　）

　　A. 蛋白激酶 　　　　　　　　　　　　B. 一酰甘油脂肪酶

　　C. 二酰甘油脂肪酶 　　　　　　　　　D. 激素敏感性三酰甘油脂肪酶

　　E. 甘油激酶

16. 脂酰 CoA 在肝脏中进行 β-氧化的酶促反应顺序为 　　　　　　　　　　（　　）

　　A. 脱水、加氢、再脱水、硫解 　　　　B. 脱氢、加水、再脱氢、硫解

　　C. 脱氢、加水、加氢、硫解 　　　　　D. 加氢、脱水、脱氢硫解

　　E. 脱氢、加水、再脱氢、裂解

17. 合成胆固醇的原料是 （　　）

    A. 草酰乙酸　　　　　　　　　　B. 柠檬酸

    C. 乙酰 CoA　　　　　　　　　　D. 苹果酸

    E. 丙酮酸

18. 脂肪酸的活化形式是 （　　）

    A. 脂肪酸-清蛋白复合物　　　　B. 脂肪

    C. 脂酰 CoA　　　　　　　　　　D. 磷脂酰胆碱

    E. 甘油酯

二、填空题

1. _____是动物和许多植物主要的能源储存形式,是由_____与 3 分子_____酯化而成的。

2. 一个碳原子数为 n (n 为偶数)的脂肪酸在 β-氧化中需经____次 β-氧化循环,生成 ____个乙酰 CoA, _____个 $FADH_2$ 和_____个 $NADH+H^+$。

三、名词解释

1. 脂肪动员　　2. 脂肪酸的β-氧化　　3. 酮体

四、问答题

1. 为什么哺乳动物摄入大量糖容易长胖?

2. 什么是酮体? 酮体对于动物有什么生理意义?

3. 试述胆固醇的来源及转化。

第八章

氨基酸代谢

学习目标

◆掌握 氨基酸的脱氨基作用,掌握氨的代谢,掌握甲硫氨酸循环、鸟氨酸循环概念及其生理意义。

◆熟悉 蛋白质的生理功能和需要量,熟悉氨基酸的脱羧基作用、氮平衡的概念。

◆了解 氨基酸的代谢概况,氨基酸、糖和脂肪在代谢上的联系。

第一节 蛋白质的营养作用

(一)蛋白质的生理功能

蛋白质是人体必需的一类生物大分子,种类、数量最多,功能最复杂。人体每日必需摄入一定量的蛋白质才能维持机体的生长和各种组织蛋白的更新。体内不停进行着蛋白质的合成代谢和分解代谢。蛋白质的合成、降解均需通过氨基酸来进行。机体通过体外摄入、体内合成或者氨基转换满足体内蛋白质的需求,但食物中的蛋白质也首先要分解成氨基酸才能被机体组织利用。氨基酸的氨基可以通过代谢转变为尿素,羧基可转变为胺类。另外,氨基酸还可以转变为糖、一些生理活性物质、某些含氮化合物或者为机体提供能量。

蛋白质属营养必需物质,其营养作用是糖、脂肪等其他营养物质所不能替代的。蛋白质是机体细胞和细胞外间质的基本构成成分,对维持组织的生长、参与组织细胞的更新和修补有重要作用。体内新陈代谢过程中起催化作用的酶,调节生长、代谢的各种激素以及有免疫功能的抗体都是由蛋白质构成的,蛋白质参与物质代谢及生理功能的调控。1 g 蛋白质可产生 16.7 kJ(4 kcal)热能,正常人体 10% ~ 15% 的能量来自蛋白质的分解,但可由糖和脂肪代替,属于蛋白质的次要生理功能。此外,蛋白质还有转运、凝血、免疫、记忆、信号转导等功能。

(二)氮平衡

氮平衡指机体氮的摄入量与排出量的对比关系,反映了体内蛋白质合成和分解代谢情况。直接测定食物和体内分解代谢蛋白质的量比较困难,但食物中的含氮物质绝大部分是蛋白质,非蛋白质的含氮物质含量很少,排泄物中含氮物质大部分来源于蛋白质分解代谢,蛋白质元素组成中氮含量也比较恒定(约16%),因此测定食物中的含氮量和尿与粪便含氮量,即可反映人体蛋白质的代谢概况。氮平衡有以下三种情况:

1.总氮平衡　每日摄入氮量与排出氮量大致相等,即摄入氮=排出氮,表示体内蛋白质的合成量与分解量大致相等,称为总氮平衡。此种情况见于正常成人。

2.正氮平衡　每日摄入氮量大于排出氮量,即摄入氮>排出氮,表明体内蛋白质的合成量大于分解量,称为正氮平衡。此种情况见于儿童、孕妇、病后恢复期。

3.负氮平衡　每日摄入氮量小于排出氮量,即摄入氮<排出氮,表明体内蛋白质的合成量小于分解量,称为负氮平衡。此种情况见于消耗性疾病患者(结核、肿瘤)、饥饿、营养不良者。

氮平衡实验表明,体重为60 kg的成年男子不进食蛋白质时每天最低分解20 g蛋白质。由于食物蛋白质和人体蛋白质的差异,不可能全部被吸收利用,故成人每天至少需要摄入30~50 g蛋白质。我国营养学会推荐成人每日摄入蛋白质需要量为80 g。生长发育期儿童、妊娠四个月以后和哺乳期妇女、恢复期、消耗性疾病和术后患者等蛋白质需求应按体重计算高于正常人,1岁以内婴儿应按体重计算高于成年人2~3倍。

(三)蛋白质的营养价值

通过对动物氨基酸营养缺乏实验及对人体短期氮平衡实验,可将氨基酸分为营养必需氨基酸和非必需氨基酸两类。

必需氨基酸是指体内不能自身合成,必须从食物中摄取的氨基酸,一共有8种:赖氨酸、色氨酸、苯丙氨酸、蛋氨酸、苏氨酸、亮氨酸、异亮氨酸、缬氨酸。其余12种氨基酸能够在体内自行合成,不一定必须要从食物中摄取的氨基酸称为非必需氨基酸。此外,组氨酸能在人体内合成,但其合成速度不能满足身体需要,精氨酸合成后迅速分解,因而生长发育迅速的儿童易缺乏这两种氨基酸,因此有人也把它们列为"必需氨基酸"。酪氨酸和半胱氨酸必须以必需氨基酸苯丙氨酸和蛋氨酸为原料来合成,故被称为半必需氨基酸。

外源蛋白质营养价值高低取决于必需氨基酸的含量、种类及必需氨基酸的比例。必需氨基酸的种类越齐全、数量越多、比例和人体组织蛋白越接近,其利用率越高,营养价值越高。因此,动物蛋白质的营养价值高于植物蛋白质。如混合后食用几种营养价值较低的蛋白质,必需氨基酸可以相互补充,从而提高其营养价值,称为食物蛋白质的互补作用。如谷类蛋白质赖氨酸较少而色氨酸较多,而大豆正好相反,将两者混合食用,可使必需氨基酸相互补充,提高营养价值。

当患者因为某些疾病(比如高位肠瘘、食管瘘等)不能从胃肠道正常摄取食物时,或者烧伤、摄食困难、长期剧烈胃肠道反应等,为保证体内氨基酸的需要和维持患者体内氮平衡,临床上可以通过静脉输入的形式给患者提供生理上所需要的比例适当、营养价值高的混合氨基酸制剂。

第二节　蛋白质的消化、吸收及腐败

(一)蛋白质的消化

食物蛋白质结构复杂,相对分子质量大,不易被吸收,未消化的外源性蛋白质被吸收人体后甚至可能引起过敏反应等。外源蛋白质在胃、小肠和肠黏膜细胞中经一系列酶促水解反应分解成小分子肽及氨基酸的过程,称为蛋白质的消化。

1.胃内消化　唾液中无水解蛋白酶,所以食物蛋白质的消化是从胃中开始的。胃黏膜主细胞分泌的胃蛋白酶原在胃内经盐酸或胃蛋白酶本身激活(自身激活作用)生成胃蛋白酶。胃蛋白酶的最适 pH 值为 1.5～2.5, pH 值为 6.0 时失活,适于胃内环境,其活性中心含天冬氨酸,属天冬氨酸蛋白酶类。胃蛋白酶主要消化芳香族氨基酸、蛋氨酸或亮氨酸组成的肽键,对肽键作用的特异性较差,产物主要为多肽及少量氨基酸。此外,胃蛋白酶还有凝乳作用,乳液凝为乳块后,在胃中停留时间延长,有利于乳汁中蛋白质的充分消化。

2.小肠中的消化　胃内蛋白质的消化产物及未被消化的蛋白质在胰液及肠黏膜细胞分泌的多种蛋白酶及肽酶的共同作用下,进一步水解为氨基酸。因此,肠是蛋白质消化的主要场所。

蛋白质的消化主要靠胰酶来完成。胰液中的蛋白酶分为两类:内肽酶和外肽酶。内肽酶水解蛋白质肽链内部的肽键包括胰蛋白酶、糜蛋白酶和弹性蛋白酶等,最适 pH 值在 7.0 左右,适于小肠环境,对肽键两旁的氨基酸种类均有一定的要求,有其特异性。如胰蛋白酶主要水解赖氨酸和精氨酸等碱性氨基酸残基的羧基组成的肽键,产生具有碱性氨基酸作为羧基末端的肽。外肽酶特异水解蛋白质或多肽末端的肽键,包括羧基肽酶 A、B。

蛋白质经过胃液和肠液中蛋白酶的逐步水解,最后的产物 2/3 为寡肽(二肽至十肽),1/3 为氨基酸。小肠黏膜细胞及胞液中存在两种寡肽酶:氨基肽酶及二肽酶。氨基肽酶从氨基末端逐步水解寡肽,最后生成二肽。二肽再经二肽酶的水解,最后生成氨基酸。因此,寡肽的水解主要在小肠黏膜细胞内进行的。

(二)氨基酸的吸收

正常情况下,蛋白质只有分解为氨基酸和少量的二肽、三肽才能被吸收。肠黏膜细胞上存在着二肽、三肽的主要转运载体,肽被吸收后大部分在肠黏膜细胞中进一步被水解为氨基酸,然后进入血液循环,因此门静脉中几乎找不到小肽。

氨基酸的吸收主要在小肠内通过主动转运的形式被吸收。肠黏膜上皮细胞的黏膜面的细胞膜上有若干种特殊的运载蛋白(载体),能与某些氨基酸和 Na^+ 在不同位置上同时结合,结合后可使运载蛋白的构象发生改变,从而把膜外(肠腔内)氨基酸和 Na^+ 都转运入肠黏膜上皮细胞内。Na^+ 则被钠泵排出至胞外,造成黏膜面内外的 Na^+ 梯度,有利于肠腔中的 Na^+ 继续通过运载蛋白进入细胞内,同时带动氨基酸进入。因此肠黏膜上氨基酸的吸收是间接消耗 ATP,而直接的推动力是肠腔和肠黏膜细胞内 Na^+ 梯度的电位势。氨基酸的不断进入导致小肠黏膜上皮细胞内的氨基酸浓度高于毛细血管内,于是氨基酸通过浆膜面其相应的载体而转运至毛细血管血液内。黏膜面的氨基酸载体是 Na^+ 依赖的,而浆膜面的氨基酸载体则不依赖 Na^+。现已证实前者至少有6种,分别对某些氨基酸起转运作用。它们是中性氨基酸载体、亚氨基酸与甘氨酸载体、β-氨基酸载体、碱性氨基酸和胱氨酸载体、酸性氨基酸载体。

除上述氨基酸的吸收机制外,氨基酸由细胞外进入细胞内的主要机制主要为 γ-谷氨酰基循环(γ-glutamyl cycle)。谷胱甘肽在这一循环中起着重要作用。这也是一个主动运送氨基酸通过细胞膜的过程,氨基酸在进入细胞之前先在细胞膜上 γ 谷氨酰基转移酶的催化下,与细胞内的谷胱甘肽作用生成 γ 谷氨酰氨基酸并进入细胞浆内,然后再经其他酶催化将氨基酸释放出来,同时使谷氨酸重新合成谷胱甘肽,进行下一次转运氨基酸的过程,因为氨基酸不能自由通透过细胞质膜。

(三)蛋白质的腐败作用

肠道内未被消化吸收的一小部分蛋白质,在大肠下部受大肠杆菌的作用,发生一些化学变化的过程称腐败。未被消化的蛋白质先被肠菌中的蛋白酶水解为氨基酸,然后再继续受肠菌中的其他酶类的催化,可产生胺、脂肪酸、醇、酚、吲哚、甲基吲哚、硫化氢、甲烷、氨、二氧化碳和某些维生素物质。

1. 胺类的生成　肠道细菌的蛋白酶使蛋白质水解为氨基酸,再经脱羧基作用生成胺类。如组氨酸脱羧产生组胺、赖氨酸脱羧产生尸胺、酪氨酸脱羧产生酪胺、色氨酸脱羧产生色胺等。组胺与尸胺有降压作用,酪胺及色胺有升压作用。胺类物质被吸收后,主要在肝内进行转化而解毒。酪胺和苯乙胺如不能在肝细胞内分解而进入脑组织,干扰正常神经递质的作用,使大脑发生异常抑制,这可能与肝性脑病有关。

2. 氨的生成　未被吸收的氨基酸在肠道细菌作用下,脱氨基生成氨。血液扩散入肠腔的尿素,受肠道尿素酶的作用而生成氨。这些氨可被吸收入血,在肝脏合成尿素而排出体外。由肠道吸收的氨所合成的尿素约占正常人每天排出尿素总量的1/4。严重肝功能障碍的患者,因不能及时处理吸收入体内的氨及其他毒性腐败物质,常发生肝昏迷。故对这类患者应采取措施,如控制蛋白摄入量,抑制肠道细菌生长以减少肠道氨的产生和吸收。

3. 其他有害物质的生成　腐败作用的大多数产物对人体有害,除了胺和氨以外,还有苯酚可产生苯酚、吲哚、甲级吲哚、硫化氢、甲烷等有毒物。

正常情况下,上述物质大部分随粪便排出,小部分可被肠道吸收,进入肝脏代谢转变而解毒。肠梗阻患者,肠内容物在肠腔停留时间过长,腐败物质增多,同时吸收也在增加,肝脏不能完全解毒,会引起机体中毒,出现头痛、头晕甚至血压下降等全身中毒症状。

第三节　氨基酸的一般代谢

一、氨基酸的代谢概况

食物蛋白质经过消化而吸收进入体内的氨基酸(外源性氨基酸)和体内各组织蛋

白质分解以及组织合成的非必需氨基酸(内源性氨基酸)混合在一起,分布于细胞内液和细胞外液中,共同组成氨基酸代谢库。机体没有专门的组织器官储存氨基酸,氨基酸代谢库实际上包括细胞内液、细胞间液和血液中的氨基酸。

体内氨基酸的主要功用是合成蛋白质和多肽。有一部分可转变成其他含氮化合物如嘌呤、嘧啶、肾上腺素、甲状腺素等。此外,还能进行分解代谢。氨基酸代谢概况见图8-1。

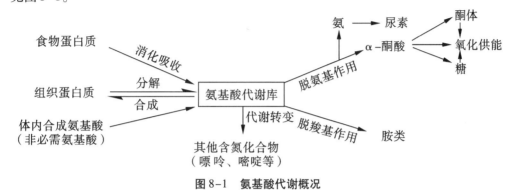

图8-1 氨基酸代谢概况

二、氨基酸的脱氨基作用

氨基酸的脱氨基作用是指氨基酸在酶的催化下脱去氨基生成 α-酮酸和氨的过程。脱氨基作用是氨基酸分解代谢的主要途径。氨基酸脱氨基的方式有氧化脱氨基、转氨基、联合脱氨基及嘌呤核苷酸循环,其中以联合脱氨基为最重要。

(一)氧化脱氨基作用

氨基酸在酶的催化下进行伴有氧化的脱氨基反应称为氧化脱氨基作用。体内氨基酸氧化酶有多种,其中以 L-谷氨酸脱氢酶最重要。此酶是一种以 NAD^+ 或 $NADP^+$ 为辅酶的不需氧脱氢酶,广泛存在于肝、肾、脑等组织细胞中,活性较强,催化L-谷氨酸氧化脱氨生成 α-酮戊二酸和氨,反应式如下:

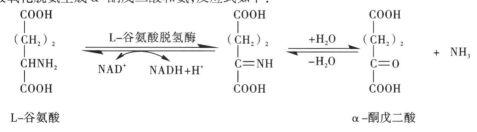

L-谷氨酸   α-酮戊二酸

氧化脱氨基作用

L-谷氨酸脱氢酶催化可逆反应,是一种变构酶,活性可受变构调节,已知 GTP 和 ATP 是此酶的变构抑制剂,而 GDP 和 ADP 则是变构激活剂。因此体内 GTP 和 ATP 不足时,即可促进谷氨酸加速氧化,这对于氨基酸氧化供能起重要调节作用。

(二)转氨基作用

1. 转氨基反应 在酶的催化下,一个氨基酸的 α-氨基转移至另一个 α-酮酸的酮基上,生成相应的 α-氨基酸,原来的氨基酸则生成相应的 α-酮酸的过程称为转氨基作用。催化此反应的酶称转氨酶或氨基转移酶。

$$\underset{\underset{\text{COOH}}{|}}{\overset{\overset{R_1}{|}}{\underset{}{\text{CHNH}_2}}} + \underset{\underset{\text{COOH}}{|}}{\overset{\overset{R_2}{|}}{\underset{}{\text{C}=\text{O}}}} \underset{}{\overset{\text{转氨酶}}{\rightleftharpoons}} \underset{\underset{\text{COOH}}{|}}{\overset{\overset{R_1}{|}}{\underset{}{\text{C}=\text{O}}}} + \underset{\underset{\text{COOH}}{|}}{\overset{\overset{R_2}{|}}{\underset{}{\text{CHNH}_2}}}$$

转氨基作用是可逆的,它既是氨基酸分解代谢的过程,也是体内合成非必需氨基酸的重要途径。

体内大多数氨基酸可以参与转氨基作用(赖氨酸、脯氨酸、羟脯氨酸除外),不同反应由专一的转氨酶催化,最常见的是谷丙转氨酶(glutamic pyruvic transaminase,GPT,ALT)和谷草转氨酶(glutamic oxalacetic transaminase,GOT,AST),它们在体内广泛存在,但各组织中含量不等(表8-1)。

表8-1 正常成人各组织中 GOT 及 GPT 活性(单位/克湿组织)

组织	GOT	GPT	组织	GOT	GPT
心	156 000	7 100	胰腺	28 000	2 000
肝	142 000	44 000	脾	14 000	1 200
骨骼肌	99 000	4 800	肺	10 000	700
肾	91 000	19 000	血清	2 016	16

由表8-1可以看出,转氨酶主要存在于细胞中,血清中含量很低,各种组织器官以心和肝活性最高。当因某种原因使细胞膜的通透性增高或组织坏死、细胞破裂时,有大量转氨酶逸入血清,使血清中转氨酶活性明显增高。例如,急性肝炎患者血清 GPT 明显增高,心肌梗死患者 GOT 明显上升,这些检验结果可协助临床诊断,也可作为观察疗效和预后的指标之一。

2.转氨酶　转氨酶的辅酶是磷酸吡哆醛(维生素 B_6 的磷酸酯)。转氨基作用实际上是在转氨酶的催化下,依靠其辅酶磷酸吡哆醛与磷酸吡哆胺的相互转变来实现的。

（三）联合脱氨基作用

联合脱氨基作用是体内氨基酸脱氨基的重要方式。转氨基作用与氧化脱氨基作用联合进行的脱氨方式称为联合脱氨基作用,在肝、肾、脑等组织中进行。

1.转氨酶与谷氨酸脱氢酶的联合脱氨基作用　在联合脱氨基反应中,一种氨基酸先与 α-酮戊二酸进行转氨基作用,生成相应的 α-酮酸与谷氨酸,然后谷氨酸在 L-谷氨酸脱氢酶的作用下,脱去氨基生成 α-酮戊二酸,并释放出氨(图8-2)。

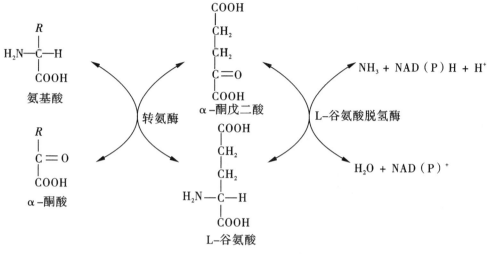

图8-2　联合脱氨基作用

这种联合脱氨基作用的全过程都是可逆的,因此这一过程既是氨基酸脱氨的主要方式,又是体内合成非必需氨基酸的主要途径。

2.嘌呤核苷酸循环　在骨骼肌和心肌中,L-谷氨酸脱氢酶活性很低,上述联合脱氨基作用难以进行。肌肉中存在着另一种氨基酸脱氨基方式,即嘌呤核苷酸循环(图8-3)。嘌呤核苷酸循环可以看成是另一种形式的联合脱氨基作用。

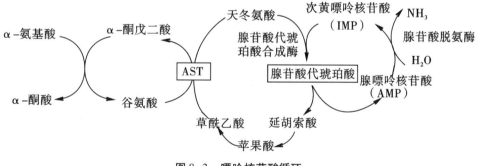

图8-3　嘌呤核苷酸循环

三、氨的代谢

体内物质代谢过程产生的氨及肠道吸收的氨共同形成了血氨。脑组织对氨极为敏感,当血氨浓度升高,引起脑功能紊乱称为氨中毒。正常人体通过一系列调节机制,维持氨的来源和去路保持动态平衡,使血浆中氨的浓度低于 0.06 mmol/L,一般在 0.047~0.065 /L 之间。

(一)体内氨的来源

1.内源性氨　氨基酸脱氨这是体内氨的主要来源,其他内源性氨还可来自胺类的氧化分解、嘌呤及嘧啶代谢产生的氨。

2.外源性氨 肠道吸收肠道吸收的氨有两个来源:一是肠道细菌腐败产氨;二是血中的尿素渗入肠道,经肠道细菌脲酶水解产生氨。肠道产氨量每天约4 g。当肠内腐败作用加强时,氨的生成增多。NH_3比NH_4^+更易透过细胞膜而被吸收。当肠道 pH 值较低时(pH 值<6.0),NH_3与H^+结合成NH_4^+,而减少氨的吸收。肠道 pH 值较高时,NH_4^+转变为NH_3,氨的吸收增多。临床上对高血氨患者采用弱酸性透析液进行结肠透析就是为了减少氨的吸收,促进氨的排泄,而禁用碱性肥皂水灌肠。

(二)体内氨的去路

体内氨的去路主要有合成尿素、合成谷氨酰胺、合成非必需氨基酸及其他含氮化合物。其中最主要的去路是在肝脏中合成尿素,然后随尿液排出体外,占机体排氮总量的80% ~90%。

1.肝脏是合成的尿素主要器官 实验证明,将动物(犬)的肝切除,可观察到血液及尿中尿素含量明显降低。若给此动物输入或饲喂氨基酸,会加快血氨增高而中毒死亡。此外,临床上可见急性重型肝炎患者血及尿中几乎不含尿素而氨含量增多。这些实验与临床观察充分证明,肝是合成尿素的最主要器官。其他器官如肾及脑等也能合成少量尿素。

2.尿素合成的鸟氨酸循环学说 1932 年,德国科学家 H. Krebs 和 H. Henseleit 通过鼠肝切片等一系列实验,提出了尿素生成的鸟氨酸循环学说。又称尿素循环。Krebs 一生中提出了两个循环学说(还有三羧酸循环),为生物化学的发展做出了重大贡献。实验根据如下:将大鼠肝的薄切片放在有氧条件下加氨盐保温数小时后,铵盐的含量减少,而同时尿素增多。在此切片中,分别加入各种化合物,并观察它们对尿素生成速度的影响。发现鸟氨酸、瓜氨酸或精氨酸能够大大加速尿素的合成。根据这三种氨基酸的结构推断,它们彼此相关,即鸟氨酸可能是瓜氨酸的前体,而瓜氨酸又是精氨酸的前体(结构式见后)。当大量鸟氨酸与肝切片及NH_4^+保温时,确有瓜氨酸的积存。此外,早已证实肝含有精氨酸酶,此酶催化精氨酸水解生成鸟氨酸及尿素。

基于以上事实,Krebs 和 Henseleit 提出了一个循环机制,即首先鸟氨酸与氨及CO_2结合生成瓜氨酸,瓜氨酸再接受 1 分子氨而生成精氨酸,精氨酸水解产生尿素,并重新生成鸟氨酸,形成鸟氨酸循环(图 8-4)。尿素是中性、无毒、水溶性很强的物质,由血液运输至肾,从尿中排出。

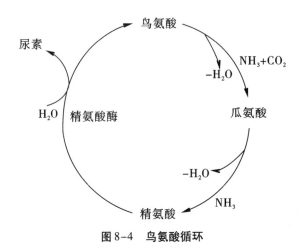

图 8-4 鸟氨酸循环

其后,用同位素标记的$^{15}NH_4Cl$或含^{15}N的氨基酸饲养犬,随尿排出的尿素含有^{15}N,进一步证实了尿素可由氨及CO_2合成。

3.鸟氨酸循环的详细过程 研究表明,鸟氨酸循环的具体过程远比上述的复杂,详细过程可分为以下四步:

(1)氨基甲酰磷酸的合成 在Mg^{2+}、ATP及N-乙酰谷氨酸(AGA)存在下,氨与CO_2可在氨基甲酰磷酸合成酶Ⅰ(carbamoyl phosphate synthetase Ⅰ,CPS-Ⅰ)的催化下,合成氨基甲酰磷酸。此反应不可逆,消耗2分子ATP。合成部位在线粒体。CPS-Ⅰ是一种变构酶,AGA是此酶的变构激活剂。

$$CO_2+NH_3+H_2O+2ATP \xrightarrow[\text{N-乙酰谷氨酸,}Mg^{2+}]{\text{氨基甲酰磷酸合成酶Ⅰ}} H_2N-\underset{\underset{O}{\|}}{C}-O \sim PO_3^{2-}+2ADP+Pi$$

$$\underset{\underset{O}{\|}}{CH_3C}-NH-\underset{\underset{(CH_2)_2}{|}}{\overset{\overset{COOH}{|}}{CH}}$$
$$\underset{COOH}{}$$

N-乙酰谷氨酸(AGA)

(2)瓜氨酸的合成 在鸟氨酸氨基甲酰转移酶催化下,氨基甲酰磷酸与鸟氨酸缩合成瓜氨酸,并释放出磷酸。反应部位在线粒体。

$$NH_2-\underset{\underset{O}{\|}}{C}-O\,\textcircled{P} + \underset{\underset{COO^-}{|}}{\overset{\overset{NH_3^+}{|}}{\underset{\underset{CHNH_3^+}{|}}{(CH_2)_3}}} \longrightarrow \underset{\underset{COO^-}{|}}{\overset{\overset{NH_2}{|}}{\underset{\underset{CHNH_3^+}{|}}{\underset{\underset{(CH_2)_3}{|}}{\underset{NH}{|}}}}} + Pi$$

鸟氨酸　　　　瓜氨酸

(3)合成精氨酸 瓜氨酸在线粒体内合成后,即被转运到线粒体外,在胞液中ATP与Mg^{2+}的存在下,通过精氨酸代琥珀酸合成酶的催化与天冬氨酸反应缩合为精氨琥珀酸,同时产生AMP及焦磷酸。

$$\underset{\underset{COO^-}{|}}{\overset{\overset{H_2N}{\diagdown}}{\underset{\underset{CHNH_3^+}{|}}{\underset{\underset{(CH_2)_3}{|}}{\underset{NH}{|}}}}}C=O \rightleftharpoons \underset{\underset{COO^-}{|}}{\overset{\overset{NH}{\|}}{\underset{\underset{CHNH_3^+}{|}}{\underset{\underset{(CH_2)_3}{|}}{\underset{NH}{|}}}}}C-OH$$

瓜氨酸　　　瓜氨酸(烯醇式)

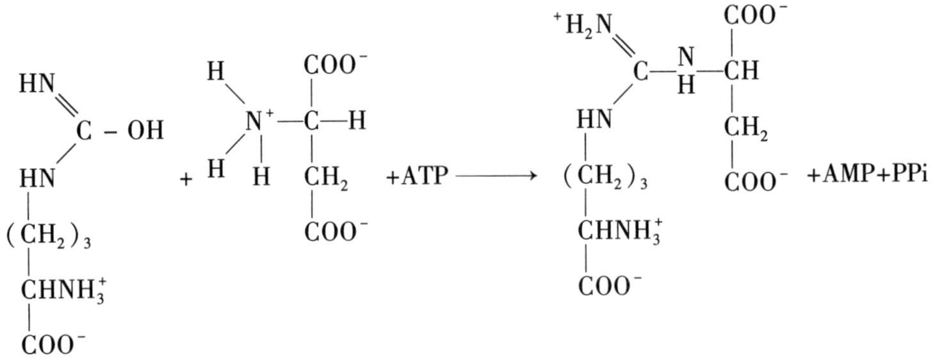

瓜氨酸　　　　　　　　天冬氨酸　　　　　　　　精氨琥珀酸

精氨琥珀酸通过精氨琥珀酸裂解酶的催化形成精氨酸和延胡索酸。延胡索酸经三羧酸循环变为草酰乙酸。草酰乙酸与谷氨酸进行转氨作用又可变回天冬氨酸。

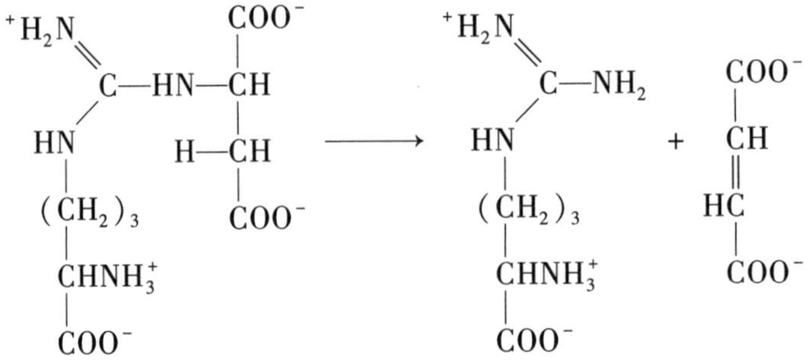

　　　　　　　　　　　　　　　　　　　精氨酸　　　　延胡索酸

上述反应天冬氨酸作为氨基的供体,不是直接来自 NH_3。天冬氨酸可由草酰乙酸与谷氨酸经转氨基作用而生成,谷氨酸的氨基又可来自体内多种氨基酸。由此可见,多种氨基酸的氨基可通过天冬氨酸的形式参加尿素合成。

(4)生成尿素　精氨酸在胞液中精氨酸酶的催化下水解产生尿素和鸟氨酸。鸟氨酸再进入线粒体,参与循环过程。尿素作为代谢终产物排出体外。

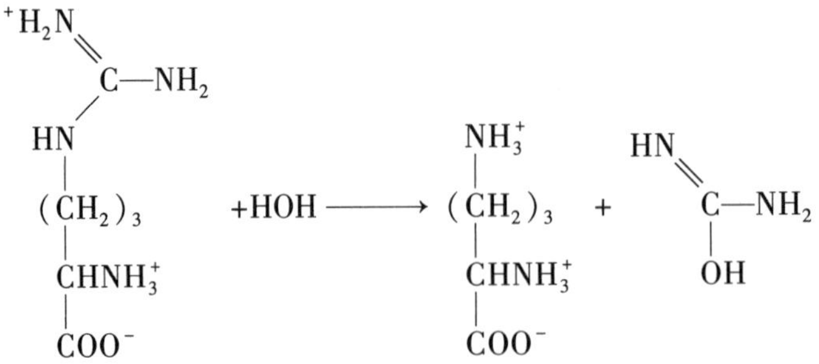

精氨酸　　　　　　　　鸟氨酸　　　　　　　尿素(烯醇式)

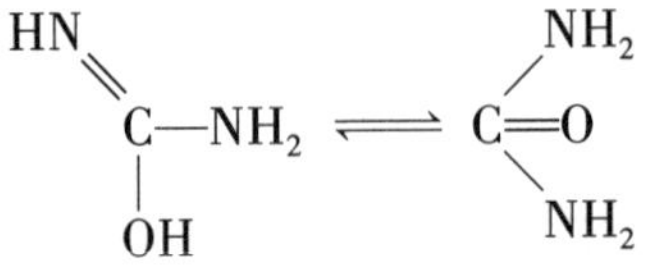

尿素

综上所述,可将尿素合成的总反应归结为:

$$2NH_3 + CO_2 + 3ATP + 3H_2O \longrightarrow \underset{NH_2}{\overset{\overset{\textstyle NH_2}{|}}{C}} = O \quad +2ADP + AMP + 4Pi$$

由此可见,尿素分子中的 2 个氮原子,1 个来自氨,另 1 个则来自天冬氨酸,而天冬氨酸又可由其他氨基酸通过转氨基作用生成。由此,尿素分子中 2 个氮原子的来源虽然不同,但都直接或间接来自各种氨基酸。另外,还可看到,尿素合成是一个耗能的过程,合成 1 分子尿素需要消耗 4 个高能磷酸键(图 8-5)。

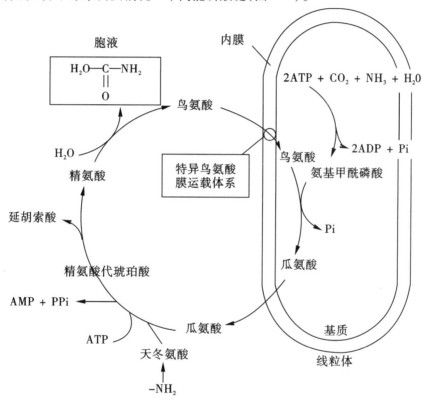

图 8-5　尿素合成的中间步骤

4. 尿素合成的调节

(1)食物　高蛋白质膳食时尿素合成加快,反之,低蛋白质膳食时尿素的合成速度减慢。

(2)氨基甲酰磷酸合成酶Ⅰ　N-乙酰谷氨酸(AGA)是此酶的变构激活剂,精氨酸促进 AGA 的合成,因此精氨酸浓度高时,尿素合成加速。

(3)尿素合成酶系的调节　所有参与反应的酶中,精氨酸代琥珀酸合成酶活性最低,是尿素合成的限速酶。

5. 氨的其他去路

(1)与谷氨酸反应生成谷氨酰胺。

(2)通过还原性加氨的方式固定在 α-酮戊二酸上而生成谷氨酸。

(3)谷氨酸又可通过转氨基作用,转移给其他 α-酮酸,生成某些非必需氨基酸。

6.高氨血症和氨中毒 正常生理情况下,血氨处于较低水平。尿素循环是维持血氨低浓度的关键。当肝功能严重损伤时,尿素循环发生障碍,血氨浓度升高,称为高氨血症。氨进入脑组织,可与α-酮戊二酸合成谷氨酸,谷氨酸又与氨进一步结合生成谷氨酰胺,从而使α-酮戊二酸和谷氨酸减少,导致三羧酸循环减弱,从而使脑组织中ATP生成减少。谷氨酸本身为神经递质,且是另一种神经递质γ-氨基丁酸(γ-aminobutyrate,GABA)的前体,其减少亦会影响大脑的正常生理功能,严重时可出现昏迷。

四、α-酮酸的代谢

α-氨基酸通过脱氨基后生成的碳链骨架α-酮酸主要有以下去路。

1.生成非必需氨基酸 α-酮酸经联合加氨反应可生成相应的氨基酸。8种必需氨基酸中,除赖氨酸和苏氨酸外其余6种亦可由相应的α-酮酸加氨生成。但和必需氨基酸相对应的α-酮酸不能在体内合成,所以必需氨基酸依赖于食物供应。

2.转变成糖或脂肪 体内可转变为糖的氨基酸称为生糖氨基酸;能转变为酮体的氨基酸称为生酮氨基酸;既能生糖又能生酮的氨基酸称为生糖兼生酮氨基酸。亮氨酸为生酮氨基酸,赖氨酸、异亮氨酸、色氨酸、苯丙氨酸和酪氨酸为生糖兼生酮氨基酸,其余氨基酸均为生糖氨基酸(表8-2)。

α-酮酸的代谢

表8-2 生糖及生酮氨基酸的分类

类别	氨基酸				
生酮氨基酸	亮氨酸	赖氨酸			
生糖兼生酮氨基酸	异亮氨酸	苯丙氨酸	酪氨酸	苏氨酸	色氨酸
生糖氨基酸	丝氨酸	缬氨酸	组氨酸	精氨酸	半胱氨酸
	脯氨酸	羟脯氨酸			
	甘氨酸	丙氨酸	谷氨酸	谷氨酰胺	天冬氨酸
	天冬酰胺	甲硫氨酸	蛋氨酸		

3.氧化供能生成CO_2和水 α-酮酸先转变成丙酮酸、乙酰辅酶A或三羧酸循环的中间产物,再经过三羧酸循环彻底氧化分解成CO_2和水,同时释放能量。

氨基酸在体内不能储存,食物中过的氨基酸就会转变成糖和脂肪。动物实验表明,进食100 g蛋白质可转变成58 g糖,同时还要生成16 g氮。因此,进食蛋白质应适量,过多的蛋白质摄入将增加肝脏和肾脏的负担。

第四节 个别氨基酸的代谢

一、氨基酸的脱羧基作用

在体内,氨基酸除经脱氨基反应分解外,部分氨基酸也可进行脱羧基作用分解生

成相应的胺和 CO_2。催化这些反应的酶是氨基酸脱羧酶,其辅酶为磷酸吡哆醛。脱羧基反应与体内许多重要化合物的生成有关。体内比较重要的氨基酸脱羧基反应如下:

(一)γ-氨基丁酸

γ-氨基丁酸(GABA)由 L-谷氨酸经 L-谷氨酸脱羧酶催化生成,抑制神经的兴奋性。

$$
\begin{array}{ccc}
\text{COOH} & & \text{COOH} \\
| & & | \\
(\text{CH}_2)_2 & \xrightarrow[\;\;CO_2\;\;]{\text{L-谷氨酸脱羧酶}} & (\text{CH}_2)_2 \\
| & & | \\
\text{CH—NH}_2 & & \text{CH}_2\text{NH}_2 \\
| & & \\
\text{COOH} & & \\
\end{array}
$$

L-谷氨酸 　　　　　　　　　　　　　　γ-氨基丁酸

(二)组胺

组氨酸通过组氨酸脱羧酶催化,生成组胺。

L-组氨酸 $\xrightarrow[\;\;CO_2\;\;]{\text{组氨酸脱羧酶}}$ 组胺

组胺是一种活性胺化合物.作为身体内的一种化学传导物质,可以影响许多细胞的反应,包括过敏,炎性反应,胃酸分泌等,也可以影响脑部神经传导,会造成想睡觉等效果。

(三)牛磺酸

体内牛磺酸由半胱氨酸代谢转变而来。半胱氨酸首先氧化成磺酸丙氨酸,再脱去羧基生成牛磺酸。牛磺酸是结合胆汁酸的组成成分。

$$
\begin{array}{ccccc}
\text{CH}_2\text{SH} & & \text{CH}_2\text{SO}_3\text{H} & & \text{CH}_2\text{SO}_3\text{H} \\
| & & | & & | \\
\text{CH—NH}_2 & \xrightarrow{3[O]} & \text{CH—NH}_2 & \xrightarrow[\;\;CO_2\;\;]{\text{磺酸丙氨酸脱羧酶}} & \text{CH}_2\text{NH}_2 \\
| & & | & & \\
\text{COOH} & & \text{COOH} & & \\
\end{array}
$$

L-半胱氨酸 　　磺酸丙氨酸 　　　　　　　　　　牛磺酸

现有研究表明牛磺酸在促进婴幼儿脑组织和智力发育、提高神经传导和视觉功能、防止心血管病、改善内分泌状态、增强人体免疫脂类吸收、糖代谢等方面都发挥着生理功能。

(四)5-羟色胺

在色氨酸羟化酶的作用下,色氨酸羟化生成5-羟色氨酸,再经5-羟色氨酸脱羧酶催化生成5-羟色胺(5-hydroxytryptamine,5-HT)。

5-羟色胺广泛分布于体内各组织,除神经组织外,还存在于胃肠、血小板及乳腺细胞中。脑内的5-羟色胺作为神经递质,具有抑制作用;在外周组织,5-羟色胺有收缩血管的作用。

$$色氨酸 \xrightarrow{\text{色氨酸羟化酶}} 5\text{-羟色氨酸}$$

色氨酸

5-羟色氨酸

$$5\text{-羟色氨酸} \xrightarrow[\searrow CO_2]{\text{5-羟色氨酸脱羧酶}} 5\text{-羟色胺}$$

5-羟色胺

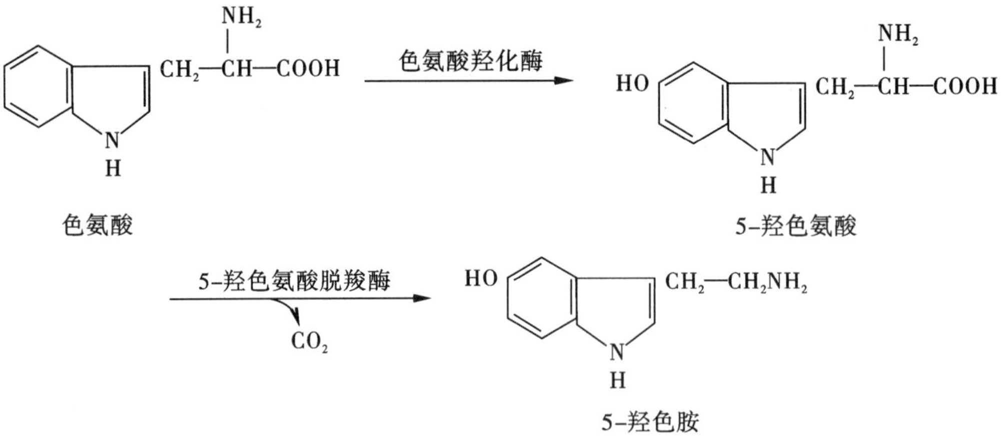

(五)多胺

分子中含有两个或两个以上氨基或亚氨基的胺称为多胺。某些氨基酸的脱羧基作用可以产生多胺类物质。例如,鸟氨酸脱羧基生成腐胺,然后再转变成精脒和精胺。

精脒与精胺是调节细胞生长的重要物质。凡生长旺盛的组织,如胚胎、再生肝、生长激素作用的细胞及癌瘤组织等,作为多胺合成限速酶的鸟氨酸脱羧酶活性和多胺的含量均有提高或增加。目前临床上利用测定癌瘤患者血、尿中多胺含量作为观察病情的指标之一。

二、氨基酸与一碳单位

(一)一碳单位概念及载体

一碳单位是指某些氨基酸分解代谢过程中产生的只含有一个碳原子的有机基团,也称为一碳基团。体内一碳单位主要有甲基($—CH_3$)、亚甲基($—CH_2—$)、甲炔基($—CH=$)、甲酰基($—CHO$)、亚氨甲基($—CH=NH$)等。一碳单位不能游离存在,必须由载体携带、转运才能参与代谢。一碳单位的载体是四氢叶酸(tetrahydrofolic acid,THFA),THFA 由叶酸加氢还原形成。

(二)一碳单位的产生及相互转变

一碳单位主要来源于丝氨酸、甘氨酸、组氨酸、色氨酸的代谢。

$$\underset{NH_3^+}{CH_2}—COO^- + NAD^+ + THFA \longrightarrow NH_4^+ + CO_2 + N^5, N^{10}—CH_2—THFA + NADH$$

甘氨酸

$$\underset{OH}{CH_2}—\underset{NH_3^+}{CH}—COO^- + THFA \Longleftrightarrow \underset{NH_3^+}{CH_2}—COO^- + N^5, N^{10}—CH_2—THFA$$

丝氨酸   甘氨酸

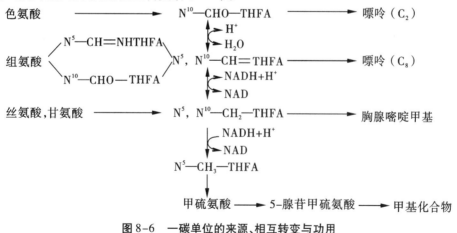

THFA 分子上不同形式的一碳单位中除 N^5-甲基四氢叶酸外,其余均可在适当条件下通过氧化还原反应相互转变(图 8-6)。

图 8-6 一碳单位的来源、相互转变与功用

(三)一碳单位的生理意义

一碳单位是机体细胞合成嘌呤及嘧啶的原料之一,故在核酸合成中占有重要地位。与乙酰辅酶 A 在联系糖、脂、氨基酸代谢中所起的枢纽作用相类似,一碳单位将氨基酸与核酸代谢联系起来。当 THFA 缺乏时,一碳单位代谢障碍,嘌呤核苷酸和嘧啶核苷酸合成障碍,DNA、RNA 生物合成受到影响,导致细胞增殖、分化、成熟受阻,临床上典型病例是巨幼细胞贫血。

三、含硫氨基酸的代谢

体内的含硫氨基酸有甲硫氨酸、半胱氨酸和胱氨酸三种。甲硫氨酸可以转变为半胱氨酸和胱氨酸，半胱氨酸和胱氨酸也可以互变，但后二者不能变为甲硫氨酸，所以甲硫氨酸是必需氨基酸。

（一）甲硫氨酸的代谢

甲硫氨酸在甲硫氨酸腺苷转移酶催化下，接受 ATP 提供的腺苷生成 S-腺苷甲硫氨酸(SAM)。SAM 为活性甲硫氨酸，是体内甲基的直接供体。活性甲硫氨酸在甲基转移酶的作用下，可将甲基转移至另一种物质，使其甲基化，而活性甲硫氨酸即变成 S-腺苷同型半胱氨酸，后者进一步脱去腺苷，生成同型半胱氨酸。

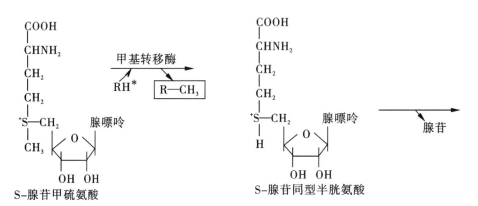

*式中 RH 代表接受甲基的物质

许多含甲基的生理活性物质，如胆碱、肌酸、肉碱及肾上腺素等都是直接由 SAM 提供甲基的。甲基化作用是重要的代谢反应，具有广泛的生理意义。

甲硫氨酸由 ATP 提供腺苷生成 S-腺苷同型半胱氨酸，进一步水解转变成同型半胱氨酸。同型半胱氨酸可以接受 N^5—甲基四氢叶酸提供的甲基，重新生成甲硫氨酸。这一循环称为甲硫氨酸循环(图 8-7)。

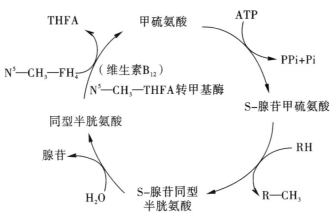

图 8-7　甲硫氨酸循环

甲硫氨酸循环的生理意义是由 N^5—CH_3—THFA 供给甲基形成甲硫氨酸,再通过此循环的 SAM 提供甲基,以进行体内广泛存在的甲基化反应,由此,N_5—CH_3^-THFA 可看成是体内甲基的间接供体。上述循环中虽然可以生成甲硫氨酸,但体内不能合成同型半胱氨酸,它只能由甲硫氨酸转变而来,所以实际上体内仍然不能合成甲硫氨酸,必须由食物供给。

(二)半胱氨酸与胱氨酸的代谢

两分子的半胱氨酸可氧化成胱氨酸,胱氨酸亦可还原成半胱氨酸,二者可以相互转变。

$$2\ \begin{array}{c} CH_2SH \\ CHNH_2 \\ COOH \end{array} \underset{+2H}{\overset{-2H}{\rightleftharpoons}} \begin{array}{c} CH_2—S—S—CH_2 \\ CHNH_2 \qquad CHNH_2 \\ COOH \qquad COOH \end{array}$$

半胱氨酸　　　　　　　　　　胱氨酸

蛋白质中两个半胱氨酸残基之间形成的二硫键对维持蛋白质的结构具有重要作用。体内许多重要酶的活性均与其分子中半胱氨酸残基上巯基的存在直接有关。体内存在的还原型谷胱甘肽能保护酶分子上的巯基,因而有重要的生理功能。

含硫氨基酸氧化分解均可以产生硫酸根。体内硫酸根的主要来源是半胱氨酸直接脱去巯基和氨基,生成丙酮酸、NH_3 和 H_2S,后者再经氧化而生成 H_2SO_4。体内的硫酸根一部分以无机盐形式随尿排出,另一部分则经 ATP 活化成活性硫酸根,即 3′-磷酸腺苷-5′-磷酸硫酸(3′-phospho-adenosine-5′-phosphosulfate, PAPS),反应过程如下:

$$ATP+SO_4^{2-} \xrightarrow{-PPi} AMP—SO_3 \xrightarrow{+ATP} 3—PO_3H_2—AMP—SO_3+ADP$$

　　　　　　　　腺苷-5′-磷酸硫酸　　　　　　　　　PAPS

PAPS的结构

PAPS 化学性质活泼,参与硫酸软骨素及硫酸角质素等分子中硫酸化氨基糖的合成,以及在肝生物转化作用中作为硫酸供体参与结合反应。

四、芳香族氨基酸的代谢

芳香族氨基酸包括苯丙氨酸、酪氨酸和色氨酸。

(一) 苯丙氨酸的代谢

苯丙氨酸是必需氨基酸,正常情况下,苯丙氨酸的主要代谢是经羟化作用,生成酪氨酸。催化此反应的酶是苯丙氨酸羟化酶。苯丙氨酸羟化酶是一种加单氧酶,其辅酶是四氢生物蝶呤,催化的反应不可逆,因而酪氨酸不能变为苯丙氨酸。

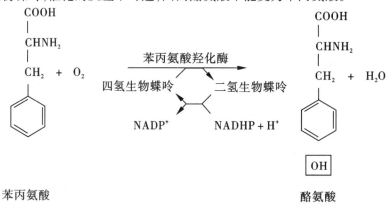

苯丙氨酸及络氨酸的代谢

(二) 酪氨酸的代谢

酪氨酸在体内可转化为多种物质。酪氨酸在代谢过程中逐步生成儿茶酚胺类物质,包括多巴胺、去甲肾上腺素和肾上腺素等。酪氨酸羟化酶是儿茶酚胺合成的限速酶,受产物的反馈抑制。

酪氨酸代谢的另一途径是合成黑色素。在黑色素细胞中由酪氨酸酶催化,酪氨酸羟化生成多巴,再经氧化脱羧等反应后生成黑色素。人体如先天缺乏酪氨酸酶,则黑色素合成障碍,皮肤、毛发等发白,称白化病。

除上述代谢途径外,酪氨酸还可在酪氨酸转氨酶的催化下,生成对羟苯丙酮酸,后者经尿黑酸等中间产物进一步转变成延胡索酸和乙酰乙酸,二者分别参与糖和脂肪酸代谢。因此,苯丙氨酸和酪氨酸是生糖兼生酮氨基酸。

若体内先天缺乏苯丙氨酸羟化酶,则苯丙氨酸不能转变成酪氨酸,继而转变成苯丙酮酸,此时尿中出现大量苯丙酮酸,称苯丙酮酸尿症。

酪氨酸的进一步代谢与合成某些神经递质、激素有关。

色氨酸是人体必需氨基酸。大多数食物蛋白中其含量很少,机体对其摄取少,分解也少,除参与蛋白质合成外,还可以进行脱羧生成 5-羟色胺,还可产生丙酮酸与乙酰乙酰辅酶 A,所以色氨酸是一种生糖兼生酮氨基酸。此外,色氨酸分解还可产生尼克酸,这是体内合成维生素的特例,但其合成甚少,不能满足机体的需要。

第五节 氨基酸、糖、脂肪在代谢上的联系

（一）三大营养物质在能量代谢上的联系

糖、脂、蛋白质可以在体内氧化供能。乙酰 CoA 是三大营养物质共同的中间代谢物，三羧酸循环是糖、脂、蛋白质最后分解的共同代谢途径。在能量供应上三大营养素可以相互代替，并相互制约。一般情况下，糖是机体的主要供能物质，脂肪是机体储能的主要形式。而蛋白质是组成细胞的重要物质，通常并无多余的储存。由于糖、脂、蛋白质分解代谢有共同的通路，所以任何一种供能物质的代谢占优势，常能抑制和节约其他供能物质的降解。

（二）三大营养物质代谢之间的联系

体内糖、脂、蛋白质和核酸等的代谢不是彼此独立，而是相互关联的。它们通过共同的中间代谢物，即两种代谢途径汇合时的中间产物、三羧酸循环和生物氧化等连成整体。三者之间互相转变，当一种物质代谢障碍时可引起其他物质代谢的紊乱，如糖尿病时糖代谢的障碍，可引起脂代谢、蛋白质代谢甚至水盐代谢的紊乱（图8-8）。

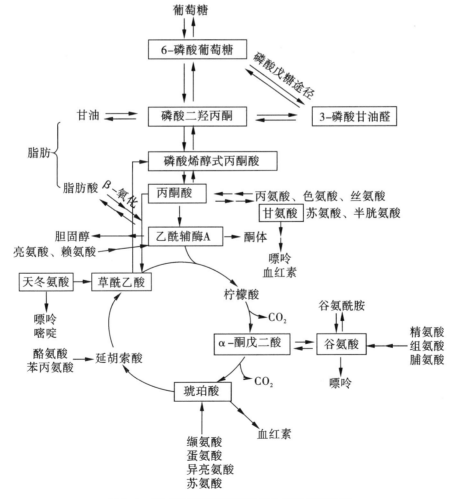

图8-8 糖、脂、氨基酸代谢途径之间的相互联系

1. **糖代谢与脂代谢的相互联系** 当摄入的糖量超过体内能量消耗时,除合成少量糖原储存在肝及肌肉组织外,生成的柠檬酸及 ATP 可变构激活乙酰 CoA 羧化酶,使由糖代谢产生的乙酰 CoA 得以羧化成丙二酰 CoA,进而合成脂酸及脂肪,即糖可以转变为脂肪。这就是为什么摄取不含脂肪的高糖膳食可使人肥胖及三酰甘油升高的原因。而脂肪绝大部分不能在体内转变为糖。这是因为脂酸分解生成的乙酰辅酶 A 不能转变为丙酮酸,因为丙酮酸转变成乙酰辅酶 A 这步反应是不可逆的。尽管脂酸分解产物之一甘油可以在肝、肾、肠等组织中甘油激酶作用下转变为磷酸甘油,进而转变成糖,但其量和脂肪中大量分解生成的乙酰辅酶 A 相比是微不足道的。此外,脂肪分解代谢的强度及顺利进行还是依赖于糖代谢的正常进行。当饥饿或糖供给不足或代谢障碍时,引起脂肪大量动员,脂酸进入肝 β-氧化生成酮体量增加,由于糖的不足,致使草酰乙酸相对不足,由脂酸分解生成的过量酮体不能及时通过三羧酸循环氧化,造成血酮体升高,产生酮血症。

2. **糖代谢与氨基酸代谢的相互联系** 体内蛋白质中的 20 种氨基酸,除生酮氨基酸(亮氨酸、赖氨酸)外,都可通过脱氨作用,生成相应的 α-酮酸。这些 α-酮酸可通过三羧酸循环及生物氧化生成 CO_2 和 H_2O 并释放出能量,也可转变成某些中间代谢物如丙酮酸,循糖异生途径转变为糖。同时糖代谢的一些中间产物也可氨基化成某些非必需氨基酸。但是苏、缬、亮、异亮、蛋、苯丙、色、赖氨酸 8 种氨基酸不能由糖代谢中间物转变而来,必须由食物供给,因此称为必需氨基酸。由此可见,20 种氨基酸除亮氨酸及赖氨酸外均可转变为糖,而糖代谢中间代谢物仅能在体内转变成 12 种非必需氨基酸,其余 8 种必需氨基酸必须从食物摄取。

3. **脂类代谢与氨基酸代谢的相互联系** 无论生糖、生酮氨基酸还是生糖兼生酮氨基酸(异亮、苯丙、色、酪、苏氨酸)分解后均生成乙酰辅酶 A,后者经还原缩合反应可合成脂酸进而合成脂肪,即蛋白质可以转变为脂肪。乙酰辅酶 A 也可合成胆固醇以满足机体的需要。此外,氨基酸也可作为合成磷脂的原料,但脂类不能转变为某些非必需氨基酸,仅脂肪的甘油可通过生成磷酸甘油醛,循糖酵解途径逆行反应生成糖,转变为某些非必需氨基酸。

4. **核酸与氨基酸代谢的相互关系** 氨基酸是体内核酸的重要原料,如嘌呤的合成需甘氨酸、天冬氨酸、谷氨酰胺及一碳单位,嘧啶的合成需天冬氨酸、谷氨酰胺及一碳单位为原料。合成核苷酸所需的磷酸核糖由磷酸戊糖途径提供。

小 结

蛋白质是生命现象的物质基础,氨基酸是蛋白质的基本单位。蛋白质是组织细胞的主要成分,同时还参与催化、调节、运输、供应能量等重要的生理活动。

氮平衡是指机体氮的摄入量与排出量的对比关系,反映体内蛋白质合成与分解代谢的概况。总氮平衡时指机体氮的摄入量等于排出量,反映机体蛋白质的分解与合成处于平衡状态;正氮平衡指机体氮的摄入量大于排出量,表示机体蛋白质的合成量多于分解量,组织有所增长;负氮平衡是指机体氮的摄入量小于排出量,表示机体蛋白质的分解量多于合成量,组织有所消耗。

体内不能合成而必须由食物供应的氨基酸,称为营养必需氨基酸。组成人体蛋白质的 20 中氨基酸,有 8 种为必需氨基酸。各种蛋白质由于所含氨基酸种类和数量不同,其营养价值也不相同。食物蛋白质的消化主要在小肠中进行,由各种蛋白水解酶的协同作用完成。水解生成的氨基酸及二肽即可被吸收。载体蛋白和 γ-谷氨酰循环是氨基酸吸收、转运的主要方式。未被消化的蛋白质和氨基酸在大肠下段还可发生腐败作用。

氨基酸的脱氨基作用是指氨基酸再酶的催化下脱去氨基生成 α-酮酸的过程,脱氨基作用主要有氧化脱氨基、转氨基、联合脱氨基、嘌呤核苷酸循环和非氧化脱氨基作用。转氨基与 L-谷氨酸氧化脱氨基的联合脱氨基作用,是体内大多数氨基酸脱氨基的主要方式,也是体内合成非必需氨基酸的重要途径。骨骼肌、心肌等组织中,氨基酸主要通过嘌呤核苷酸循环脱去氨基。

人体内的氨只要来源有组织中氨基酸的脱氨基作用、肾脏来源和肠道来源的氨。氨是有毒物质,体内的氨通过丙氨酸、谷氨酰胺等形式转到肝,主要去路是经鸟氨酸循环合成尿素,排出体外。肝功能严重损伤时,可产生高氨血症和肝性脑病。

氨基酸经过脱氨基作用生成的 α-酮酸是氨基酸的碳架,除部分可用于再合成氨基酸外,其余的可经过不同代谢途径,转变为丙酮酸或三羧酸循环中的某一中间产物,进一步通过糖异生转变成糖,这些氨基酸称为生糖氨基酸。有的氨基酸生成的 α-酮酸只能转变为酮体,称为生酮氨基酸。还有的氨基酸生成的 α-酮酸既可生糖也可生成酮体,称为生糖兼生酮氨基酸。有些氨基酸则可转变成乙酰辅酶 A 而形成脂类。由此可见,在体内,氨基酸、糖及脂类代谢有着广泛的联系。

氨基酸还可以在氨基酸脱羧酶催化下,在辅酶磷酸吡哆醛作用下,脱羧基反应分解,形成相应的胺。

一碳单位是某些氨基酸在分解代谢过程中产生的含有一个碳原子的基团,例如:甲基(—CH$_3$)、甲烯基(—CH$_2$—)、甲炔基(—CH=)、甲酰基(—CHO)、亚氨甲基(—CH=NH)等。四氢叶酸是一碳单位的运载体,在其代谢中起着重要作用。一碳单位的主要功用是作为合成嘌呤及嘧啶核苷酸的原料,是联系氨基酸与核酸代谢的枢纽。

甲硫氨酸的主要功能是通过甲硫氨酸循环,提供活性甲基,是体内转甲基作用的甲基供体。除此,还可参与肌酸等代谢。含硫氨基酸经分解代谢可生成硫酸,一部分转变成活性硫酸根。

苯丙氨酸和酪氨酸是两种重要的芳香族氨基酸。在苯丙氨酸羟化酶作用下苯丙氨酸生成酪氨酸。酪氨酸的苯环再羟化可生成多巴,在多巴脱羧酶的作用下可转变为多巴胺。色氨酸除脱羧生成 5-羟色胺外,还可生成烟酸,这是氨基酸在体内生成维生素的唯一途径。苯酮酸尿症、白化病等遗传病与苯丙氨酸或酪氨酸的代谢异常有关。

问题分析与能力提升

病例摘要 患者1:女,2.5 岁,第二胎第二产,足月顺产。患儿出生时正常,3 个月后开始头发逐渐变黄,尿有"鼠尿"臭味,智力低下,发育迟缓,就诊时不会认人,没有意识感,不能独自站立。

检查:皮肤白嫩,头发呈淡棕黄色,痴呆面容,虹膜呈茶褐色,流涎;四肢肌张力低。尿三氯化铁试验阳性,血苯丙氨酸测定为 387.4 μmol/L(正常值<240 μmol/L)。

笔记栏

诊断:苯丙酮尿症。

患者2:男,2月,系患者1之弟,第三胎第三产,足月顺产。

检查:皮肤色正常,头发呈淡黄色,面容未见呆滞。血液检查血苯丙氨酸427.6 μmol/L,尿三氯化铁试验阳性(+++)。

诊断:苯丙酮尿症。

思考:①该病的发生与哪种氨基酸的代谢有关?②如何治疗该疾病,有哪些途径?

同步练习

一、单项选择题

1. 下列属于必需氨基酸的是 ( )

    A.谷氨酸   B.苯丙氨酸

    C.丙氨酸   D.谷氨酰胺

    E.半胱氨酸

2. 体内转运一碳单位的载体是 ( )

    A.叶酸   B.四氢叶酸

    C.二氢叶酸   D.泛酸

    E.生物素

3. 下面不参与蛋白质生物合成的氨基酸是 ( )

    A.甘氨酸   B.鸟氨酸

    C.脯氨酸   D.精氨酸

    E.缬氨酸

4. PAPS 主要来自何种物质的代谢 ( )

    A.蛋氨酸   B.牛磺酸

    C.半胱氨酸   D.同型半胱氨酸

    E.以上都不对

5. 尿素的两个氮来自下列哪种物质 ( )

    A.鸟氨酸及氨甲酰磷酸   B.天冬氨酸及氨甲酰磷酸

    C.鸟氨酸的α-氨基及γ-氨基   D.瓜氨酸的α-氨基及精氨酸的α-氨基

    E.鸟氨酸的γ-氨基及甘氨酸

6. 成人体内氨的最主要代谢去路为 ( )

    A.形成非必需氨基酸   B.形成必需氨基酸

    C.形成 NH_4^+ 随尿排出   D.形成尿素

    E.形成嘌呤、嘧啶核苷酸

7. 血氨升高的主要原因是 ( )

    A.食入蛋白质过多   B.肝功能障碍

    C.肥皂水(碱性)灌肠,肠道氨的吸收增多   D.肾功能障碍

    E.以上都不是

8. 儿茶酚胺是由哪个氨基酸转化生成的 ( )

    A.色氨酸   B.谷氨酸

    C.天冬氨酸   D.酪氨酸

    E.赖氨酸

9. 肾脏中产生的氨主要来自 ( )

    A.氨基酸的联合脱氨基作用   B.谷氨酰胺的水解

C.尿素的水解　　　　　　　　　　D.氨基酸的非氧化脱氨基作用

E.胺的氧化

10.丙氨酸和α-酮戊二酸经谷丙转氨酶和下述哪一种酶的连续作用才能产生游离的氨（　　）

A.谷氨酰胺酶　　　　　　　　　　B.谷草转氨酶

C.谷氨酸脱氢酶　　　　　　　　　D.谷氨酰胺合成酶

E.酮戊二酸脱氢酶

11.下列哪一个化合物不能由酪氨酸合成　　　　　　　　　　　　　　（　　）

A.甲状腺素　　　　　　　　　　　B.肾上腺素

C.多巴胺　　　　　　　　　　　　D.苯丙氨酸

E.黑色素

12.肌肉中氨基酸脱氨的主要方式是　　　　　　　　　　　　　　　　（　　）

A.联合脱氨作用　　　　　　　　　B.L-谷氨酸氧化脱氨作用

C.转氨作用　　　　　　　　　　　D.鸟氨酸循环

E.嘌呤核苷酸循环

13.下列哪一种氨基酸经过转氨作用可生成草酰乙酸　　　　　　　　　（　　）

A.谷氨酸　　　　　　　　　　　　B.丙氨酸

C.苏氨酸　　　　　　　　　　　　D.天冬氨酸

E.脯氨酸

14.下列哪一种物质是体内氨的储存及运输形式　　　　　　　　　　　（　　）

A.谷氨酸　　　　　　　　　　　　B.酪氨酸

C.谷氨酰胺　　　　　　　　　　　D.谷胱甘肽

E.天冬酰胺

15.能直接转变为α-酮戊二酸的氨基酸为　　　　　　　　　　　　　　（　　）

A.天冬氨酸　　　　　　　　　　　B.丙氨酸

C.谷氨酸　　　　　　　　　　　　D.谷氨酰胺

E.天冬酰胺

16.同型半胱氨酸和N^5-甲基四氢叶酸反应生成蛋氨酸时所必需的维生素为（　　）

A.叶酸　　　　　　　　　　　　　B.二氢叶酸

C.四氢叶酸　　　　　　　　　　　D.维生素B_{12}

E.N^5-甲基四氢叶酸

17.苯丙酮酸尿症患者肝脏缺乏什么酶　　　　　　　　　　　　　　　（　　）

A.苯丙氨酸羟化酶　　　　　　　　B.酪氨酸酶

C.尿黑酸氧化酶　　　　　　　　　D.酪氨酸转氨酶

E.对羟苯丙酮酸氧化酶

二、填空题

1.氨基酸的脱氨基作用主要有_____、_____、_____三种方式。

2.催化氨基酸转氨基反应的酶称_____,它的辅酶是_____,后者在反应中起_____作用。

3.联合脱氨基反应需同时有_____及_____两种酶的参与,该反应中的中心物质是_____。

4.根据氨基酸的代谢转变,可将20种氨基酸分为_____、_____及_____三类。

5.氨在血液中主要以_____及_____两种形式运输。

6.尿素生成过程与三羧酸循环相联合的桥梁是_____和_____。

7.氨基酸脱羧基的产物是_____,催化这些反应的酶称_____,其辅酶为_____。

8.体内一碳单位有_____、_____、_____、_____及_____等,代谢中携带一碳单位的载体是_____。

三、名词解释

1.蛋白质的腐败作用　2.一碳单位　3.鸟氨酸循环　4.转氨基作用　6.甲硫氨酸循环　7.联合脱氨基作用

四、问答题

1.简述血氨的来源及去路。

2.氨基酸脱氨基方式有几种? 各有何特点?

3.何谓甲硫氨酸循环? 有何生理意义?

4.何谓鸟氨酸循环? 有何生理意义?

第九章

核苷酸代谢

学习目标

◆ 掌握 嘌呤、嘧啶核苷酸从头合成的原料。

◆ 熟悉 嘌呤、嘧啶核苷酸分解代谢的终产物。

◆ 了解 抗核苷酸代谢药物的生化机制。

核苷酸在细胞中发挥着各种重要作用。它们既是核酸大分子的前体,也是重要的能量携带体。它们不仅是烟酰胺核苷酸、黄素腺嘌呤二核苷酸、辅酶 A 等辅因子的组成成分,同时也以 UDP-葡萄糖和 CDP-二酰甘油等活性中间物的形式参与糖原和磷酸甘油酯的合成。此外,cAMP 和 cGMP 还是细胞的第二信使。

第一节　核苷酸的合成代谢

几乎所有生物都可以自身合成各种嘌呤和嘧啶核苷酸,体内合成核苷酸有两条途径:利用小分子为原料,经过一系列酶促反应合成核苷酸的从头合成途径;以及循环利用体内游离的核苷和碱基,重新合成核苷酸的补救合成途径。这两种途径在细胞代谢中都很重要。5-磷酸核糖-1-α-焦磷酸(PRPP)是核苷酸从头合成途径中的一种重要前体物质,此外,它也参与核苷酸的补救合成途径。

一、嘌呤核苷酸的合成

(一)嘌呤核苷酸的从头合成途径

1. 合成原料　嘌呤核苷酸的从头合成的基本原料是 5-磷酸核糖、谷氨酰胺、甘氨酸、N10-甲酰四氢叶酸、天冬氨酸和 CO_2,合成过程中需要消耗 GTP 和 ATP。作为主要底物的 5-磷酸核糖有两种来源,一是来自磷酸戊糖途径,二是来自核苷酸的降解产物——1-磷酸核糖的异构化。

PRPP 是一种极为重要的代谢中间物,它不仅参与嘌呤核苷酸和嘧啶核苷酸的从头合成,还参与它们的补救合成,此外,它还参与某些核苷酸类辅酶(辅酶 I 和 II)和某些氨基酸(His 和 Trp)的合成。因此,细胞内的 PRPP 的浓度受到严格的控制,其浓度通常较低。能够抑制 PRPP 合成酶活性的物质有：ADP、2,3-二磷酸甘油酸、AMP、GMP 和 IMPa。嘌呤环从头合成的元素来源见图 9-1。

2. 合成过程　嘌呤核苷酸从头合成过程主要在肝内进行，其次是小肠和胸腺。体内嘌呤核苷酸的合成不是先合成嘌呤碱基，然后再与核糖及磷酸结合，而是在磷酸核糖的基础上逐步合成嘌呤核苷酸。反应过程分两个阶段，首先生成次黄嘌呤核苷酸（IMP），然后由 IMP 转变为腺嘌呤核苷酸（AMP）和鸟嘌呤核苷酸（GMP）。

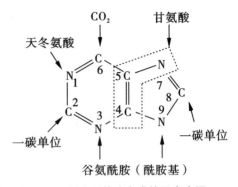

图 9-1　嘌呤环从头合成的元素来源

（1）IMP 的合成　5-磷酸核糖与 ATP 提供的焦磷酸生成 5-磷酸核糖-1 焦磷酸（PRPP）。PRPP 依次与谷胺酰胺、甘氨酸、一碳单位、CO_2、天冬氨酸等原料经过一系列酶促反应合成 IMP（图 9-2）。

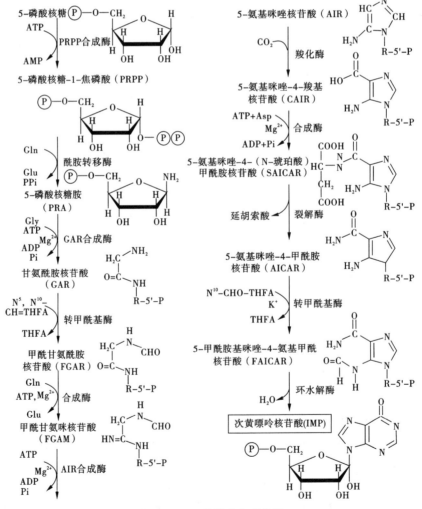

图 9-2　IMP 的从头合成代谢

（2）AMP 和 GMP 的合成　IMP 是嘌呤核苷酸合成的重要中间产物,由 IMP 可分别生成 AMP 和 GMP(图9-3)。AMP 的转化需要消耗一分子 GTP,GMP 的合成则需要一分子 ATP。

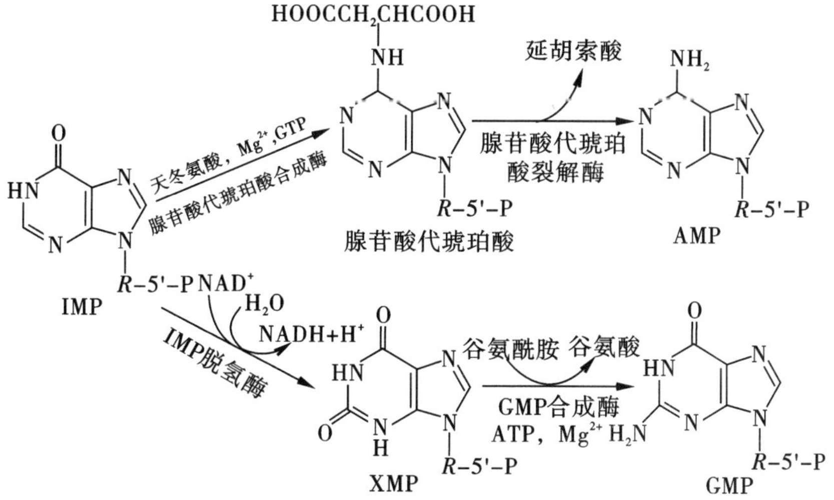

图 9-3　由 IMP 生成 AMP 和 GMP

AMP 与 GMP 在激酶的催化下经两步磷酸化,分别生成 ATP 和 GTP。

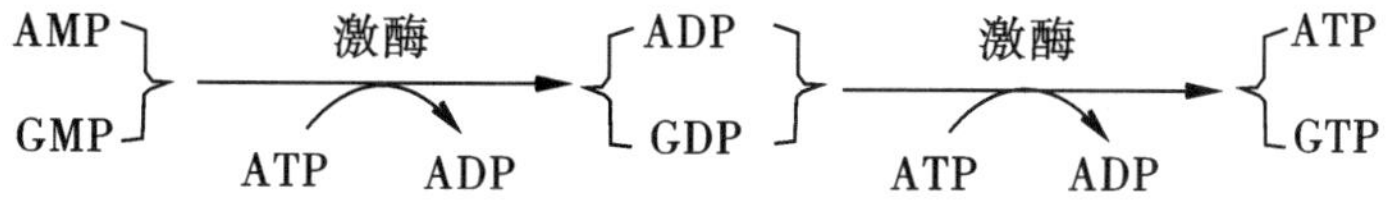

（二）嘌呤核苷酸的补救合成途径

1. 合成原料　嘌呤核苷酸的补救合成的原料是体内现存的嘌呤或嘌呤核苷,主要来自于消化道吸收和体内核酸的分解。

2. 合成过程　与从头合成途径相比,嘌呤核苷酸的补救合成途径反应过程简单,消耗的能量也少。主要在脑、骨髓、红细胞等组织器官中合成,因为这些组织中缺乏嘌呤核苷酸从头合成的酶。合成过程由 PRPP 提供磷酸核糖,由腺嘌呤磷酸核糖转移酶（APRT）和次黄嘌呤-鸟嘌呤磷酸核糖转移酶（HGPRT）分别催化腺嘌呤、次黄嘌呤、鸟嘌呤生成相应的 AMP、IMP 和 GMP。

$$\text{腺嘌呤}+\text{PRPP} \xrightarrow{\text{APRT}} \text{AMP}+\text{PPi}$$

$$\text{次黄嘌呤}+\text{PRPP} \xrightarrow{\text{HGPRT}} \text{IMP}+\text{PPi}$$

$$\text{鸟嘌呤}+\text{PRPP} \xrightarrow{\text{HGPRT}} \text{GMP}+\text{PPi}$$

人体内的腺嘌呤核苷在腺苷激酶催化下也可生成 AMP。其反应如下:

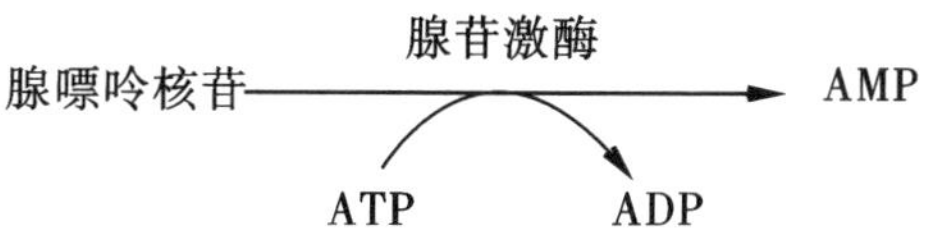

$$\text{腺嘌呤核苷} \xrightarrow{\text{腺苷激酶}} \text{AMP}$$

自毁容貌症是 X-连锁性遗传的先天性嘌呤代谢缺陷病,源于次黄嘌呤-鸟嘌呤磷酸核糖转移酶缺失。该酶的缺乏导致次黄嘌呤和鸟嘌呤不能被转换为 IMP 和 GMP 而是降解为尿酸,高尿酸血症引起早期肾脏结石,并出现痛风症状,伴随有智力低下和强迫性自身损伤行为。

嘌呤核苷酸补救合成途径的生理意义在于减少从头合成时能量和原料(某些氨基酸)的消耗,同时,体内某些组织器官,例如,脑、骨髓等缺乏有关的酶不能从头合成嘌呤核苷酸只能补救合成。对这些器官来说补救合成途径具有重要的意义。

二、嘧啶核苷酸的合成

(一)嘧啶核苷酸的从头合成途径

1. 合成原料 嘧啶核苷酸的从头合成的基本原料是氨基甲酰磷酸(谷氨酰胺、CO_2)、天冬氨酸和 5-磷酸核糖。嘧啶环从头合成的元素来源见图 9-4。

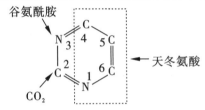

图 9-4 嘧啶环从头合成的元素来源

2. 合成过程 嘧啶核苷酸从头合成过程主要在肝细胞质和线粒体中进行。反应过程分两个阶段,首先生成尿嘧啶核苷酸(UMP),然后再由 UMP 转变为其他嘧啶核苷酸。与嘌呤核苷酸从头合成途径不同,嘧啶核苷酸首先合成的是嘧啶环,然后再与 5-磷酸核糖连接。

(1)UMP 的合成 首先由谷氨酰胺与 CO_2 生成氨基甲酰磷酸,然后与天冬氨酸进行一系列反应生成嘧啶环,最后与 PRPP 结合并脱羧生成 UMP(图 9-5)。

(2)UMP 转变为其他嘧啶核苷酸 UMP 经磷酸化生成 UDP 和 UTP。UTP 在 CTP 合成酶的催化下由谷氨酰胺提供氨基可生成 CTP(图 9-5)。

(二)嘧啶核苷酸的补救合成途径

参与嘧啶核苷酸补救合成的酶有两种:①嘧啶磷酸核糖转移酶,是嘧啶核苷酸补救合成的主要酶;②尿苷激酶。催化的反应如下:

$$嘧啶 + PRPP \xrightarrow{嘧啶磷酸核糖转移酶} 嘧啶核苷酸 + PPi$$

$$尿嘧啶核苷 + ATP \xrightarrow{尿苷激酶} UMP + ADP$$

三、脱氧核糖核苷酸的合成

脱氧核苷酸由核糖核苷酸还原生成,还原反应在二磷酸核苷酸(NDP,N 代表碱基)水平上进行。反应如下:

$$NDP + NADPH + H^+ \xrightarrow{核糖核苷酸还原酶} dNDP + NADP^+ + H_2O$$

笔记栏

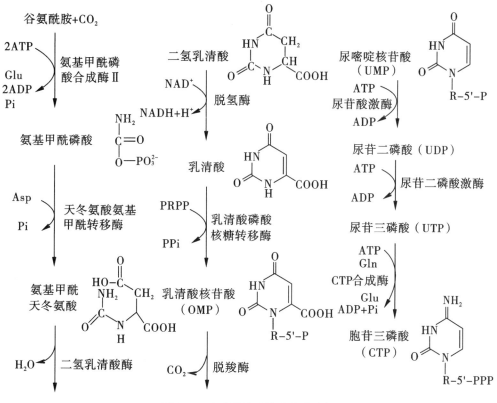

图 9-5 嘧啶核苷酸从头合成途径

脱氧胸腺嘧啶核苷酸与其他脱氧核苷酸的生成方式不同,它是由 dUMP 甲基化形成的,甲基由 N^5,N^{10}-亚甲基四氢叶酸(N^5,N^{10}-CH_2-7HFH)提供。dUMP 来源有两条途径:①由 dUDP 水解生成;②由 dCMP 加水脱氨基生成。

$$dUDP+H_2O \xrightarrow{\text{水解酶}} dUMP+Pi$$

$$dCMP+H_2O \xrightarrow{\text{dCMP 脱氨酶}} dUMP+NH_3$$

$$dUMP \xrightarrow{N^5,N^{10}-CH_2-7HFH} dTMP$$

第二节　核苷酸的分解代谢

体内核苷酸的分解代谢是逐步进行的,核苷酸在核苷酸酶作用下水解为核苷和磷酸,核苷再经核苷酶催化水解为戊糖和碱基,也可经核苷磷酸化酶催化生成磷酸戊糖和碱基。

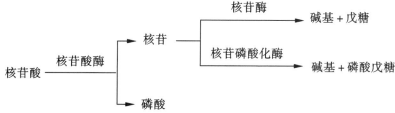

一、嘌呤核苷酸的分解

嘌呤核苷酸的分解代谢主要在肝、小肠及肾进行。分解代谢的最终产物是尿酸，尿酸以钠盐或钾盐的形式随尿排出体外（图9-6）。

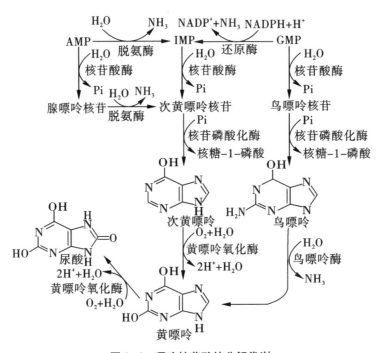

图9-6　嘌呤核苷酸的分解代谢

正常人血浆尿酸含量为 $0.12 \sim 0.36$ mmol/L。某些疾病（如白血病、恶性肿瘤等）可造成嘌呤分解过盛、尿酸生成过多或排泄障碍时，都可导致血中尿酸浓度增高。尿酸水溶性差，当血浆尿酸含量超过 0.47 mmol/L 时，尿酸盐可在关节、软组织、软骨及肾等处形成结晶并沉积下来，引起痛风症。

临床上常用别嘌呤醇治疗痛风症。其作用原理是别嘌呤醇的结构与次黄嘌呤结构类似，可竞争性抑制黄嘌呤氧化酶，抑制尿酸的生成。

二、嘧啶核苷酸的分解

嘧啶核苷酸分解的部位主要在肝脏。其中胞嘧啶和尿嘧啶最终生成 NH_3、CO_2 和 β-丙氨酸；胸腺嘧啶水解生成 NH_3、CO_2 和 β-氨基异丁酸，β-氨基异丁酸可随尿排出或继续分解。食入含 DNA 丰富的食物，经放射线治疗或化学治疗的恶性肿瘤患者，尿中 β-氨基异丁酸排出量增多（图9-7）。

痛风的表征、分子机制和别嘌呤醇的治疗

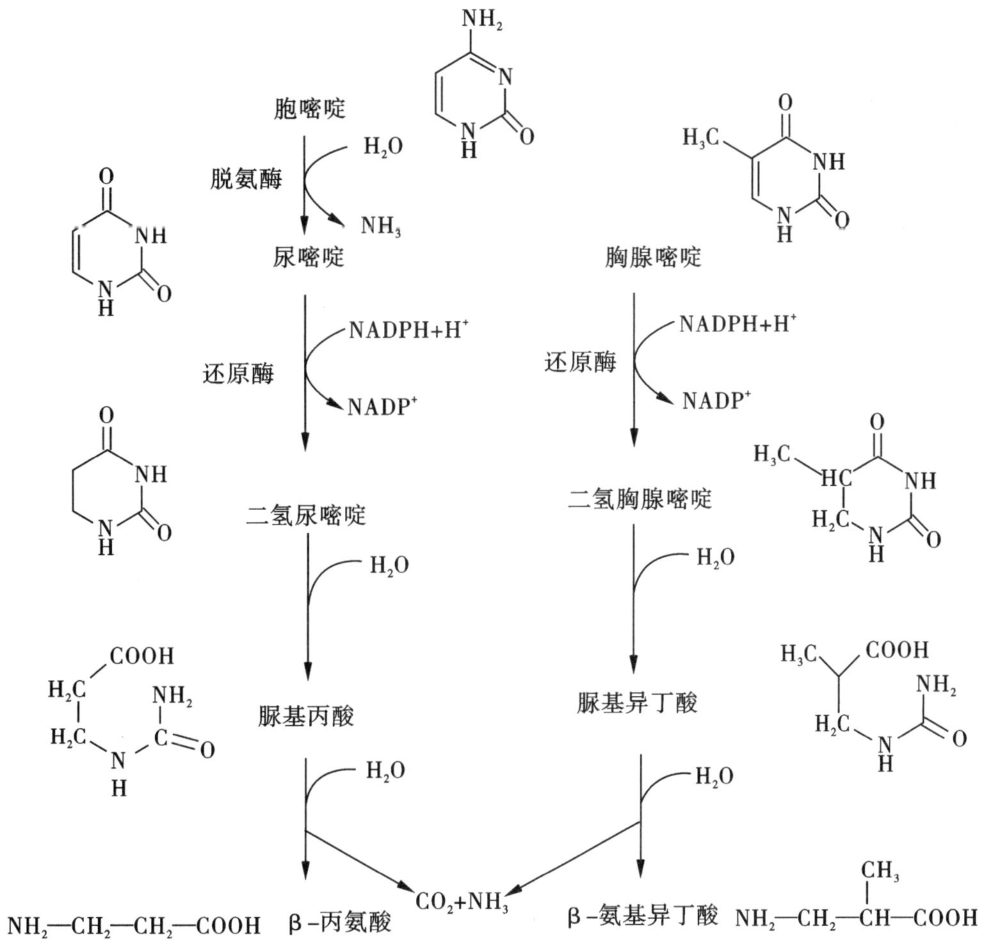

图9-7 嘧啶核苷酸的分解代谢

第三节 核苷酸的抗代谢物

核苷酸的抗代谢物是指嘌呤、嘧啶、氨基酸及叶酸类似物,其结构与核苷酸的合成原料、中间产物或产物类似,它们主要通过竞争性抑制核苷酸合成过程中酶的活性,干扰或阻断核苷酸、核酸及蛋白质的合成。肿瘤细胞的核酸合成十分旺盛,因此这些抗代谢物常用作抗肿瘤药物。

(一)嘌呤和嘧啶类似物

临床上应用较多的嘌呤类似物是6-巯基嘌呤(6-MP),6-MP的结构与次黄嘌呤类似,它在体内转变成6-MP核苷酸,可抑制从头合成和补救合成中酶的活性,从而抑制嘌呤核苷酸的合成。

嘧啶核苷酸类似物主要是5-氟尿嘧啶(5-FU),5-FU的结构与胸腺嘧啶相似,在体内可转变为有活性的一磷酸脱氧核糖氟尿嘧啶核苷(5-FdUMP),5-FdUMP的结构与dUMP结构相似,能抑制胸苷酸合成酶的活性,从而抑制dTMP的合成。

（二）氨基酸类似物

谷氨酰胺是合成嘌呤核苷酸和嘧啶核苷酸的原料，而氮杂丝氨酸具有与谷氨酰胺相似的化学结构，可干扰谷氨酰胺参与嘌呤核苷酸和嘧啶核苷酸的合成。

（三）叶酸类似物

嘌呤核苷酸合成所需的一碳单位，以及 dUMP 生成 dTMP 所需的甲基，都要有四氢叶酸（THFA）携带，而 THFA 是叶酸在二氢叶酸还原酶的作用下形成的，甲氨蝶呤结构与叶酸相似，能竞争性抑制二氢叶酸还原酶的活性，阻断 FH_4 的合成，从而抑制嘌呤核苷酸的合成。

常见的叶酸类似物有氨蝶呤及甲氨蝶呤。它们能竞争性抑制二氢叶酸还原酶，使叶酸不能还原成二氢叶酸及四氢叶酸，从而抑制嘌呤核苷酸和胸苷酸的合成。甲氨蝶呤在临床上用于白血病等恶性肿瘤的治疗。

小　结

核苷酸水解首先生成核苷和磷酸，核苷再分解为戊糖和碱基。碱基可继续分解，嘌呤碱分解的终产物为尿酸，胞嘧啶和尿嘧啶分解为 NH_3、CO_2 及 β-丙氨酸，胸腺嘧啶分解为 NH_3、CO_2 及 β-氨基异丁酸。

核糖核苷酸的合成可分为从头合成途径和补救合成途径。以小分子物质为原料逐步合成核苷酸的途径称为从头合成途径。生物体通常都以从头合成途径满足自身的核苷酸需求。嘌呤核苷酸的合成从 5-磷酸核糖焦磷酸开始，生成次黄嘌呤核苷酸，然后再转换为腺嘌呤核苷酸和鸟嘌呤核苷酸。嘧啶核苷酸则是先合成嘧啶环，再与磷酸核糖结合形成乳清苷酸，然后生成尿嘧啶核苷酸，其他嘧啶核苷酸均由尿嘧啶核苷酸转变而成。利用外源或降解产生的碱基和核苷合成核苷酸的途径称为补救合成途径。在补救途径中一些酶的遗传性缺陷可以导致严重的后果，如自毁容貌症和免疫缺陷症；嘌呤的代谢异常会导致痛风病，可以用黄嘌呤氧化酶的竞争性抑制剂别嘌呤醇进行治疗。核苷酸合成途径的酶可以作为治疗肿瘤和其他一些疾病的化疗靶标。

问题分析与能力提升

病例摘要　患者，男，45 岁，2 年前无明显诱因出现腰痛伴四肢无力，劳累后加重。近 3 个月腰痛、左下肢放射性痛伴四肢无力加剧。

检查：肉眼可见耳、腕掌、肘、膝、跖趾关节及足跟处痛风结节，肌酐 104.7 μmol/L，尿酸 570.9 μmol/L；血红蛋白 91.7 g/L，红细胞计数 $3.23×10^{12}$/L。

诊断：痛风病。

思考：①该病的发生与哪种物质的代谢相关？②该病如何治疗？

同步练习

一、选择题

1. 可作为核苷酸合成的一碳单位供体的是 （　　）

A. Pro   B. Ser

C. Glu   D. Thr

E. Tyr

2. 生物体中嘌呤核苷酸合成途径中首先合成的核苷酸是   ( )

A. AMP   B. GMP

C. IMP   D. CMP

E. XMP

3. 嘌呤核苷酸补救合成的反应步骤为   ( )

A. 1 步反应   B. 2 步反应

C. 3 步反应   D. 4 步反应

E. 5 步反应

4. 嘌呤核苷酸分解代谢的最终产物为   ( )

A. 胺   B. 尿素

C. 尿酸   D. β-氨基异丁酸

E. β-氨基丙氨酸

5. 5-氟尿嘧啶的抗癌作用机制是   ( )

A. 合成错误的 DNA   B. 抑制尿嘧啶的合成

C. 抑制胞嘧啶的合成   D. 抑制胸苷酸的合成

E. 抑制二氢叶酸还原酶

6. 下列哪种化合物对嘌呤核苷酸的生物合成不产生直接反馈抑制作用   ( )

A. TMP   B. IMP

C. AMP   D. GMP

E. ADP

7. 患痛风症的患者经别嘌呤醇治疗后尿酸减少,此时尿中可能出现的化合物是   ( )

A. 多巴胺   B. 精胺

C. 尿黑素   D. 谷氨酰胺

E. 别嘌呤核苷酸

三、填空

1. 三磷酸核苷酸是高能化合物,_____参与能量转移,_____为蛋白质生物合成提供能量,_____参与合成糖原,_____与磷脂的合成有关。

2. 参与嘌呤核苷酸合成的氨基酸有_____、_____和_____。

3. 脱氧核苷酸是由_____还原而来。

4. 痛风是因为体内_____过多造成的,使用别嘌呤醇作为_____的自杀性底物可以治疗痛风。

5. 从 IMP 合成 GMP 需要消耗_____,而从 IMP 合成 AMP 需要消耗_____作为能源物质。

三、名词解释

1. 嘌呤核苷酸的从头合成   2. 嘧啶核苷酸的补救合成   3. PRPP   4. MTX

四、问答题

1. 试从合成原料、合成程序、反馈调节等方面比较嘌呤核苷酸与嘧啶核苷酸从头合成的异同点。

2. 简单说明糖、脂肪、氨基酸和核苷酸代谢之间的关系。

3. 简述 PRPP 在核苷酸代谢中的作用。

4. 讨论核苷酸抗代谢物的作用原理及其临床应用。

第十章 遗传信息的传递与表达

🐌 **学习目标**

◆掌握 中心法则与 DNA 复制的概念、特点、反应条件及其作用;掌握转录、逆转录、翻译的概念及转录与复制的差异。

◆熟悉 蛋白质的生物合成过程;基因工程的概念、原理、主要步骤。

◆了解 DNA 的损伤与修复及蛋白质生物合成的调节。

第一节 DNA 的生物合成

一、遗传学中心法则

除 RNA 病毒外,大多数生物体的遗传信息主要储存于 DNA 分子中。DNA 是遗传的物质基础,其分子中的碱基排列顺序携带遗传信息。基因是 DNA 分子中某个功能片段,它能编码一条多肽链或一个 RNA(如 tRNA、rRNA 等)分子。蛋白质则是生命活动的执行者。遗传信息的传递遵循下面的基本法则,即从 DNA→DNA(复制),从 DNA→RNA(转录),再由 RNA→蛋白质(翻译)。1958 年 Crick 把遗传信息的这种传递规律称为中心法则。1970 年 Temin 及 Baltimore 分别从致癌 RNA 病毒中发现了逆转录酶,从而证明了 RNA 为模板也可逆转录合成 DNA,这种遗传信息传递的方向与转录正好相反,故称逆转录或反转录。后来还发现某些 RNA 病毒中的 RNA 也可自身复制,扩充和完善了遗传学中心法则(图 10-1)。

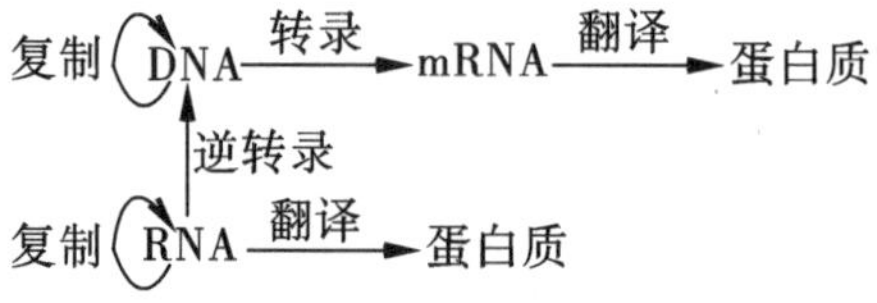

$$复制 \circlearrowleft DNA \xrightarrow{转录} mRNA \xrightarrow{翻译} 蛋白质$$

$$\Big\uparrow 逆转录$$

$$复制 \circlearrowleft RNA \xrightarrow{翻译} 蛋白质$$

图 10-1 中心法则示意

中心法则成为生命科学研究中最基本的原则,是现代生物学理论和生物分子技术的理论基础,从分子水平上解释了生物起源、遗传现象、生物进化、生长发育、免疫等生命科学的关键问题。

二、DNA 复制

在遗传信息传递过程中,以亲代 DNA 为模板合成与之完全相同的子代 DNA,称为 DNA 复制。通过复制可以把亲代遗传信息准确传递到子代。

(一)DNA 复制的特点

1.半保留性 DNA 复制方式是半保留复制。在 DNA 复制时,以亲代 DNA 解开的两条单链为模板,按照碱基互补配对原则,各自合成一条与之互补的 DNA 单链,成为两个与亲代 DNA 分子完全相同的子代 DNA 分子,在子代 DNA 分子中一条链是新合成的,另一条链则是保留亲代的,故称半保留复制(图 10-2)。

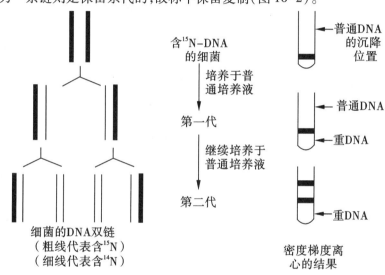

含^{15}N-DNA 的细菌

培养于普通培养液

第一代

继续培养于普通培养液

第二代

细菌的DNA双链
(粗线代表含^{15}N)
(细线代表含^{14}N)

普通DNA 的沉降位置

普通DNA

重DNA

重DNA

密度梯度离心的结果

半保留复制

图 10-2 Meselson-Stahl 实验——DNA 半保留复制的实验证明

2.高保真性 DNA 复制具有高保真性,这是生物物种特征得以遗传并保持相对稳定的基础。DNA 复制过程中维持高保真性的最重要机制主要有三个方面。第一,碱基配对机制:DNA 复制过程中严格遵守碱基配对规律;第二,防错机制:DNA 聚合酶在复制延长过程中对碱基的选择功能,是防止错配的重要机制;第三,纠错机制:DNA 聚合酶具有校读功能,能及时纠正复制中出现的错误。

3.半不连续性 DNA 复制时双螺旋打开,新链沿着张开的模板合成,形成一种 Y 形的结构,称为复制叉。两股链是反向平等的,一股是 5′→3′方向,另一股是 3′→5′方向,两股链都能作为模板合成新的互补链。其中以 3′→5′走向为模板的一条链合成方向为 5′→3′,与复制叉方向一致,称为前导链;另一条以 5′→3′走向为模板链的合成链走向与复制叉移动的方向相反,称为滞后链,其合成是不连续的,先形成许多不连续的片断(冈崎片断),最后连成一条完整的 DNA 链。就 DNA 复制的整体而言,一股是连续合成的,另一股是不连续合成的,故称为半不连续复制。

4.双向性 DNA 复制时在特定起始部位进行的,这些部位通常具有特殊的核苷酸序列。复制的起始点解开双链,在解链的局部成为一个空泡状的结构,也叫复制泡。

原核生物基因组是环状 DNA,只有一个复制起始点,而真核生物基因组庞大而复杂,有多个染色体组成,全部染色体均需复制,每条染色体上的 DNA 复制时又有多个复制起始点。DNA 复制从复制起始点向两个方向解链,形成两个延伸方向相反的复制叉,同时向两个方向复制,此种现象称为双向复制。

(二)参与 DNA 复制的主要物质

DNA 复制过程有多种成分参与,构成复杂的 DNA 复制反应体系,主要包括:①模板,亲代 DNA 分子解开的两条单链作为模板;②复制酶,包括 DNA 聚合酶、解螺旋酶、拓扑异构酶、DNA 连接酶等;③底物,包括 dATP、dGTP、dCTP、dTTP 四种脱氧三磷酸核苷(dNTP);④引物,是由引物酶催化合成的短链 RNA。

1. DNA 聚合酶　全称为 DNA 依赖的 DNA 聚合酶(DNA directed DNA polymerase,DDDP),在适量 DNA 作模板、RNA 作引物的条件下,可催化四种 dNTP 聚合成 DNA,故称之为 DNA 指导的 DNA 聚合酶。把先发现者称 DNA 聚合酶Ⅰ(DNA pol Ⅰ,DDDPⅠ),后发现者分别称为 DNA 聚合酶Ⅱ(DNA polⅡ,DDDPⅡ)和 DNA 聚合酶Ⅲ(DNA pol Ⅲ,DDDP Ⅲ)。

大肠杆菌 DNA pol Ⅰ是 1958 年 Kornderg 发现的第一个来自于大肠埃希菌的 DNA 聚合酶,这是一个比较简单,也认识得较为清楚的多功能酶:①催化冈崎片段由 5′→3′方向延长。②能识别并按 3′→5′方向切除 DNA 片段或引物的 3′末端的错误配对碱基。③在复制过程中按 5′→3′方向切除引物,并在引物切除后的空缺延长 DNA 片段。还有修复 DNA 损伤的作用。DNA polⅡ因含量少(<100 个分子/细胞)、活性低(仅有 DNA pol Ⅰ的 5%),功能尚难定论。DNA pol Ⅲ活性最大,每分子酶每分钟可使1.5 万~6.0 万个脱氧核苷酸聚合,是真正的 DNA 复制酶。大肠杆菌 DNA pol Ⅲ是由 10 种共 22 个亚基组成的不对称二聚体(图 10-3)。不对称二聚体的酶结构有利于其在复制叉上同时催化先导链和随从链的合成。

在真核细胞中已发现真核细胞至少有 α、β、γ、δ、ε 5 种 DNA 聚合酶,其中 α 是合成引物和随从链,β 是损伤修复酶,γ 是线粒体 DNA 复制的酶,δ 参与复制时合成先导链,ε 在复制中起校读、修复和填补引物空隙的作用。

DNA pol Ⅰ的主要作用是催化形成磷酸二酯键,只有模板 DNA 存在时才有酶活性,而且底物必须是 dNTP,催化的聚合方向是 5′→3′,需在引物的基础上延伸 DNA 链,而不能从头合成 DNA 链。

2. 解链和解旋酶类　DNA 分子是双螺旋结构,原核细胞环状 DNA 还可形成超螺旋结构;真核细胞则更复杂。在双螺旋链中,碱基皆在双螺旋结构的内侧,如果不解开复杂的螺旋和双链,碱基就不能外露,无法进行复制。故需要解旋、解链的酶类和蛋白质参与。

(1)解螺旋酶　即 rep 蛋白,也称解链酶。此酶通过水解 ATP 获得能量,解开双螺旋链间氢键成单链 DNA。在复制叉前解开一小段 DNA,并沿复制叉前进的方向移动。

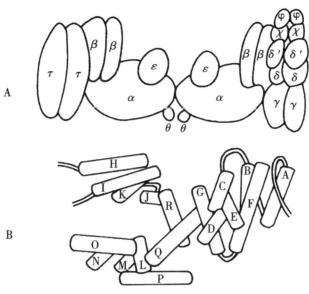

图 10-3　*E. coli* DNA 聚合酶 Ⅲ 是不对称二聚体

A. DNA 聚合酶 Ⅲ；B. DNA 聚合酶 Ⅰ 由 18 个 α 螺旋区组成，

H 和 Ⅰ 之间是较大的非螺旋区连接，图中未显示

（2）单链结合蛋白　在 DNA 复制时，一旦较短的单股 DNA 链形成，几分子单链结合蛋白立即牢固地结合上去，防止恢复双链，并对抗核酸酶、保护单链不被破坏。此蛋白在复制过程中可反复被利用（图 10-4）。

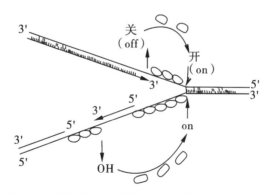

图 10-4　单链 DNA 结合蛋白在复制过程中反复使用

（3）拓扑异构酶　复制时 DNA 解链是一种高速反向旋转，可造成下游发生缠绕和打结现象。拓扑异构酶使复制中的 DNA 解结、解环，克服打结、缠绕现象。①拓扑异构酶 Ⅰ 能迅速使环状超螺旋 DNA 解旋，而不改变其化学组成。作用机制可能是先切开双链 DNA 中的一条链，此切口的游离磷酸基与酶分子结合，使该链末端沿螺旋轴按超螺旋反方向转动，消除超螺旋后再将切口封闭。无须 ATP 供能。②拓扑异构酶 Ⅱ 有两个亚基，一个切断 DNA 双股链；另一个可水解 ATP 释放出能量。前者切开双链后使之反超螺旋方向转动以消除超螺旋，在无 ATP 时即重新封闭；在有 ATP 时，后

者水解 ATP 释出能量,使双链按反超螺旋方向再旋转,形成负超螺旋后再封闭之(图 10-5)。

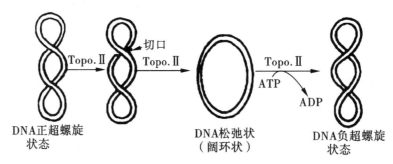

图 10-5　拓扑异构酶Ⅱ作用示意

3.DNA 连接酶　可催化两个 DNA 片段通过磷酸二酯键连接起来。反应需 ATP 供能(图 10-6)。图上方是双链状态下连接酶的作用,图下方把被连接的缺口放大,表示出化学反应。

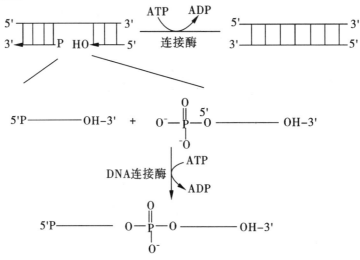

图 10-6　DNA 连接酶的作用方式

4.引物酶和引发体　由于 DNA 聚合酶只能在已有的引物 RNA 或 DNA 的 3′-OH 端上按 5′→3′ 方向催化连续合成 DNA,故必须由引物酶与引发前体结合成引发体,催化引物合成。ΦX174 DNA 复制时,其引发前体由 priA、priB、priC、dnaB、dnaC 和 dnaT 6 种蛋白组成,其中 priB 可识别起始原点,并取代单链结合蛋白结合于此原点。dnaB-dnaC 复合物可使起始原点 DNA 变构,以利于引物酶结合 DNA 催化引物合成。

(三)DNA 复制过程

DNA 复制是一个连续酶促反应的复杂过程,大致分为复制的起始、延伸及终止三个过程。

1.复制的起始　一般认为生物复制是从一个特定核苷酸顺序的固定点开始同时向两个方向进行,此点称复制起始点。真核生物的复制起始点一般有多个。复制起始时,在拓扑异构酶和解链酶作用下,从复制起始原点开始,向两端同时打开 DNA 局部双链,形成复制泡,此时单链结合蛋白结合在单链上以稳定其单链结构。复制泡从一个方向看,解开的两股单链和未解开的双螺旋形似叉子,故名复制叉。从原点开始,复制呈双向展开,称为双向复制。随复制的展开,复制叉向两端方向移动,复制泡不断扩大(图 10-7)。

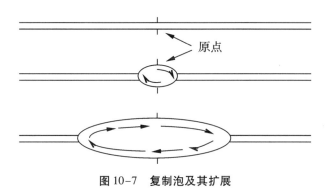

图 10-7 复制泡及其扩展

模板链是由 3′→5′ 被复制的,复制出的子链是由 5′→3′ 延伸的。由于 DNA 双链走向相反,形成复制叉后两模板链也必然走向相反,则合成子链的延伸方向也必不相同,其中,延伸方向朝向复制叉的子链称先导链,背向复制叉的子链称随从链。复制过程在复制体催化下进行,复制体由解链酶、引发体和呈不对称二聚体的 DNA pol Ⅲ 组成,复制体同时复制出先导链和随从链。开始复制先导链时,复制体中引发体内的引物酶直接识别并结合于其模板的复制起始原点,由此点开始按 3′→5′ 沿模板链滑动,使 RNA 引物由 5′→3′ 合成。之后引物酶脱离模板,复制体中 DNA pol Ⅲ 的一个单聚体结合该模板,在引物 3′ 端上接续由 5′→3′ 连续地合成先导链。而在随从链模板上,此时因无复制起始原点,引物酶不与此模板链结合,随着复制体沿先导链模板朝复制叉方向滑动。当随从链模板出现复制起始原点时,引发前体中 priB 识别并结合于该原点,dnaB-dnaC 复合体随之亦结合上去促进局部 DNA 变构,有利于其余引发前体蛋白结合(图 10-8)。当复制体滑动到此原点时,引发前体即与其中的引物酶结合形成引发体,使复制体与随从链模板链结合。这就形成复制体同时与先导链和随从链模板均结合着的结构。引发体形成后,引物酶与随从链模板起始原点结合,沿该模板链按 3′→5′ 方向合成引物,之后,引发前体则脱离引物酶沿该模板链按 5′→3′ 方向滑动以寻找下一个起始原点。由于引物酶沿随从链模板按 3′→5′ 方向(背向复制叉)催化引物按 5′→3′ 方向合成,而复制体又不断地继续向复制叉方向滑动,结果导致随从链模板链开始绕成 180° 的环。引物合成后,引发酶脱离模板链,复制体中 DNA pol Ⅲ 的另一单聚体接续在该引物 3′ 端后在随从链模板由 3′→5′ 滑动,按 5′→3′ 合成随从链,使这个环越来越大。到达前一引物 5′ 端时,DNA pol Ⅲ 单聚体即脱离该模板链,环亦随即被打开。当复制体在朝复制叉方向滑动中遇见随从链下一个起始位点时,早已滑动到并结合在该位点的引发前体即再与复制体中引物酶结合成引发体,又开始上述合成引物过程并再形成环,在合成随从链之后又打开环。

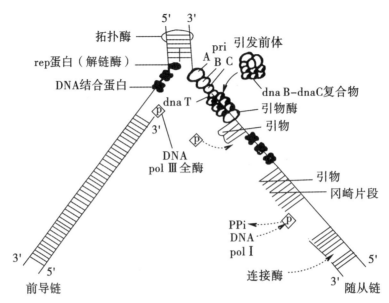

图 10-8 大肠杆菌 DNA 复制叉中复制过程

2.复制的延伸 当引发体形成,并由引物酶合成一小段引物后,真正的 DNA 生物合成即复制的延伸就开始了。以解开的 DNA 单链为模板,dNTP 为原料,在 DNA pol Ⅲ 的两个单聚体分别催化下,先导链连续合成,由 5′→3′ 延长。随从链则是合成一个一个的随从链片段,此片段长 1 000~2 000 个碱基,是日本人冈崎正治(Reiji Okazaki)首先发现,故称为冈崎片段。当随从链合成到一定长度后,冈崎片段之间的引物被 DNA pol Ⅰ 按 5′→3′ 方向切除,此酶同时催化冈崎片段 3′ 端按 5′→3′ 方向延伸,到达前一个冈崎片段 5′ 端时,DNA pol Ⅰ 脱落,再由连接酶催化连接延长了的冈崎片段成 DNA 长链。

3.复制的终止 复制的终止意味着从一个亲代 DNA 分子到两个子代 DNA 分子的合成结束。复制时,领头链可连续合成,但随从链是不连续合成的。因此,在复制的终止阶段,要切除引物,延长冈崎片段以填补引物水解留下的空隙,主要由 DNA 聚合酶Ⅰ发挥作用。对环形 DNA 分子,随从链中合成的最后一个延长了的冈崎片段 3′端和起始点合成的延伸了冈崎片段的 5′ 端,由连接酶催化连接成环。而在先导链则其 3′ 端和起始点先导链的 5′ 端直接焊接成环。真核生物染色体为线性结构,复制后其线性 5′末端上的引物切除后,留下的空缺无法直接填补,主要通过形成端粒来维持末端结构的完整性。现有研究表明,端粒结构及端粒酶与细胞的衰老及肿瘤的发生均有一定的关系。

(四)DNA 的损伤、修复和基因突变

紫外线、电离辐射、化学诱变等使 DNA 在复制过程中发生突变,这一过程叫 DNA 损伤。其实质就是 DNA 分子上碱基的改变,造成 DNA 结构和功能的破坏,导致基因突变。损伤可分两大类,即自发性损伤和环境因素损伤。所谓自发性损伤是还未找到特异环境有害因素的损伤,故此两大类有时很难区别。

1.DNA 自发性损伤

(1)DNA 复制错误 碱基配对错误频率 1%~10%,因为 DNA pol 的校读作用,使复制错误很低,仅 10^{-9}。

（2）碱基的自发性损伤　碱基中的氨基（—NH$_2$）、酮基（C＝O）和烯醇基（＝C—OH）常发生异构转变、丢失等。

2.环境因素对 DNA 损伤

（1）化学物质　①烷化剂:如氮芥、环磷酰胺等,可使鸟嘌呤的第 7 位 N 发生烷化而除去鸟嘌呤。②亚硝酸盐、丝裂霉素、放线菌素 D、博莱霉素和各种铂的衍生物,能结合在碱基上,使 DNA 碱基发生链内或链间交联,进而阻止了复制和转录。③代谢活化的化学物质:如苯并芘活化后与鸟嘌呤第二位氨基结合,导致损伤;黄曲霉素活化后亦可攻击某些鸟嘌呤,它们都是致癌剂。④碱基或核苷类似物:如 5-氟尿嘧啶、6-巯基嘌呤等既阻止核苷酸合成,又阻止 DNA 复制和表达。⑤染料:如吖啶黄、二氢吖啶等可嵌入 DNA 双链间,影响其复制和转录。

（2）物理因素　①紫外线照射:大量照射可使两个相邻嘧啶共价结合形成嘧啶二聚体（如 TT）;紫外线还可使 DNA 链断裂。②电离辐射:可使磷酸二酯键破坏从而使 DNA 链断裂。

3.DNA 损伤的修复

（1）无差错修复　通过修复,DNA 损伤得到完全恢复。①直接消除修复:包括光复活作用和转甲基作用修复。前者是在光复活酶催化下,使嘧啶二聚体解离而修复。此酶可受蓝光激活,人体仅在淋巴细胞和成纤维细胞中发现,故称为非重要修复方式。后者是在转甲基酶催化下,使 6-氧甲基鸟嘌呤中的甲基除去而修复。此酶把鸟嘌呤的甲基转接到酶蛋白自身,使酶自杀灭活。②切除修复,亦称暗修复,是人体重要的修复方式。其修复过程是:核酸内切酶先特异识别并结合于损伤部位,在其 5′ 端切断磷酸二酯键,DNA pol Ⅰ 在切口的 3′ 端,以完整的互补链为模板,按 5′→3′ 方向合成DNA 链进行修补。同时在切口 5′ 端,发挥其 5′→3′ 外切酶作用,切除包括损伤部位在内的一小段 DNA。最后由 DNA 连接酶把新合成的修补片段和原来的 DNA 断裂处连接起来（图 10-9）。

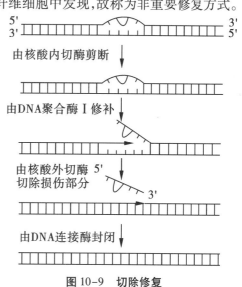

由核酸内切酶剪断 ↓

由DNA聚合酶Ⅰ修补 ↓

由核酸外切酶 5′ 切除损伤部分

由DNA连接酶封闭 ↓

图 10-9　切除修复

（2）有差错修复　即修复后仍有 DNA 碱基序列差错。①重组修复:又称复制后修复。损伤的 DNA 先进行复制,结果,无损伤 DNA 的单链复制成正常 DNA 双链,有损伤 DNA 单链由于损伤部位不能被复制,出现有一条链带缺口的 DNA 双链。通过分子重组,把定位于亲代单链的缺口相应顺序转移、重组到该缺口处填补。亲代链中的新缺口因为互补链是正常的,可由 DNA pol Ⅰ 修复,连接酶连接。但亲代 DNA 原来的损伤仍存在（图 10-10）。如此代代复制,该损伤链逐代被稀释。②SOS 修复:当 DNA 分子受到大范围严重损伤时,影响到了细胞存活,可诱导细胞产生多种复制酶和蛋白因子,它们对碱基识别能力差,但能催化空缺部位 DNA 合成。此修复虽有错误,但抢救了细胞生命。

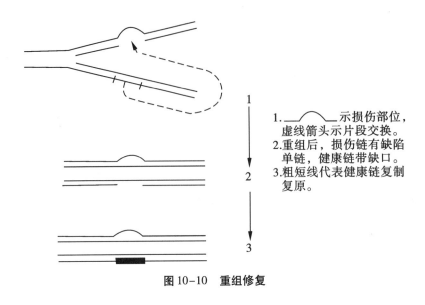

1. ⌒ 示损伤部位，虚线箭头示片段交换。
2. 重组后，损伤链有缺陷单链，健康链带缺口。
3. 粗短线代表健康链复制复原。

图 10-10　重组修复

(五)基因突变

如果 DNA 的损伤不是致死性的,而又未得到修复或者难以完全修复,结构异常的 DNA 通过复制把变异遗传到子代,造成子代生物性状改变称为基因突变。凡可引起这种遗传性 DNA 损伤的因素称为突变剂。由突变剂引发的基因突变叫诱发突变,反之,为自发突变。

三、逆转录

大多数生物的遗传信息储存在 DNA 分子中,将 DNA 分子上储存的遗传信息指导蛋白质的合成而表达生物学意义,期间有 RNA 分子的参与。RNA 病毒的遗传信息储存在 RNA 分子中,其遗传信息的传递可通过逆转录而实现。所谓逆转录(亦译为反向转录、反转录),是在逆转录酶催化下,以 RNA 为模板,以 dNTP 为原料合成 DNA 的过程。

1970 年 Temin 和 Baltimore 分别从 Rous 肉瘤病毒和鼠白血病病毒中分离出了逆转录酶,亦称 RNA 指导的 DNA 聚合酶,从而证明了 RNA 可逆转录成 DNA。

逆转录酶功能是:①以 RNA 为模板,dNTP 为原料,按 $5'\rightarrow3'$ 方向合成 DNA,合成起始时需色氨酸 tRNA(tRNA^{Trp})作引物;②具有核酸酶 H 作用,能特异从 DNA-RNA 杂交体中切除 RNA 及引物;③DNA pol 的作用,可以单链 DNA 为模板合成双链 DNA。

逆转录病毒基因组核酸是 RNA,在宿主细胞中需转变成 DNA 才能表达和进行基因组复制。逆转录病毒颗粒与宿主细胞膜上特异受体结合后进入宿主细胞,在细胞液中脱去病毒衣壳,释放出病毒颗粒中的基因组 RNA 和逆转录酶,逆转录酶以病毒 RNA 为模板,通过 3 个阶段合成互补 DNA(cDNA)。第一阶段,逆转录酶以(病毒) RNA 为模板,以 dNTP 为原料,在 tRNA^{Trp} 引物的 3'-OH 上接续合成 DNA(负链),形成 RNA-DNA 杂交体。第二阶段,DNA 负链合成快完成时,模板 RNA 和引物先后被逆转录酶水解除去,留下单股 DNA 负链,称互补 DNA。第三阶段,逆转录酶再以 DNA 负链为模板催化合成 DNA 单链(正链),成为 DNA 双链。最终产物是含有 RNA 信息的双链 DNA。此双链 DNA 可随机插入整合到宿主细胞 DNA 中,转录出病毒的 RNA,进而合成 RNA 病毒,插入到细胞染色体的病毒故称为前病毒,以原病毒的形式在宿主细胞中一代代传递下去。

逆转录现象具有重要的理论和实践意义。首先逆转录的发现进一步补充和完善了中心法则。其次拓宽了病毒致癌理论,从逆转录 RNA 病毒中发现了癌基因,使人们对 RNA 病毒致癌机制有了进一步的认识。后来又发现逆转录酶也存在于正常细胞,如蛙卵、正在分裂的淋巴细胞、胚胎细胞等,推测可能与细胞分化和胚胎发生有关。在基因工程中,应用逆转录酶可以进行 DNA 重组或建立 cDNA 文库的方法获取目的基因。

第二节　RNA 生物合成

一、转录的概念

转录是 RNA 的生物合成,指以 DNA 为模板,在 RNA 聚合酶催化下,以 NTP 为原料合成 RNA 的过程。体内各种 RNA 都基本上以这种方式合成。从功能上衔接 DNA 和蛋白质这两种生物大分子。转录和复制有许多相似之处,模板均为 DNA,聚合酶均需依赖 DNA,均遵循碱基配对原则,聚合过程每次都只延伸一个核苷酸,核苷酸之间连接酶均是 3′,5′-磷酸二酯键,链的延长方向均从 3′→5′。相似之中又有区别(表 10-1)。

表 10-1　复制和转录的区别

	复制	转录
模板	两股链均复制	模板链转录(不对称性转录)
原料	dNTP	NTP
酶	DNA 聚合酶	RNA 聚合酶
产物	子代双链 DNA	mRNA, tRNA, rRNA
配对	A–T,C–G	A–U,T–A,G–C

二、参与转录的物质

(一)模板 DNA

DNA 是双链结构,但只能转录其中一条链上的转录单位。转录单位是指 RNA 聚合酶作用的起始位点到终止位点之间的 DNA 顺序。真核生物多数转录单位只含 1 个结构基因;原核细胞则含几个功能相关的基因。DNA 两股链中被转录的单链叫模板链,不被转录的单链称编码链。由于各个基因在 DNA 双链中分布不同,使各转录单位也分布在两链的不同节段,因此模板链并不固定于某条 DNA 单链。把只转录 DNA 双链中模板链,而不转录编码链的转录方式称不对称转录。

模板链被转录的方向是 $3' \rightarrow 5'$。转录开始时,RNA 聚合酶(金酶)与 DNA 模板的启动基因结合,启动基因亦称启动子,但启动子本身并不被转录。原核生物的启动子包括 3 个功能单位(图 10-11)。①转录起始部位,即转录时与 RNA 链中第 1 个核苷酸互补结合的部位。常用+1 表示其顺序位置。第二个核苷酸用+2 表示,其后以此类推。②结合部位,即 RNA 聚合酶结合的部位,在启动部位上游 10(即-10)bp 处,碱基顺序为 TATAAT,故称 TATA 盒。③识别部位,即 RNA 聚合酶识别 DNA 所必需的部位,在起始部位上游 35(-35)bP 处,具 TTGACA 顺序。真核生物的启动子还不十分清楚,但已知也有一特殊富含 AT 碱基对区叫 Hogness 盒,在转录起始部位上游 25(-25)bp 处,是 RNA 聚合酶与启动子结合的部位。此部位上游 45 ~ 85 bp 处,有 GGCCAATCT 顺序,称 CAAT 盒,可能也与结合 RNA 聚合酶或启动子强度有关。

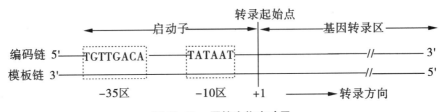

图 10-11 原核生物启动子

除了启动子,在真核生物还有增强子,位于启动子上游或下游,作用是增强转录速率。

在转录单位内,原核生物模板链的一级结构与蛋白质一级结构直接互相对应,真核生物则在基因之内还镶嵌着非编码区。把在基因中能编码蛋白质的 DNA 顺序称外显子,而夹在外显子之间不编码蛋白质的 DNA 顺序叫内含子。关于内含子的功能有两种不同看法。一种看法认为内含子是在进化中出现或消失的,内含子有利于物种的进化选择。另外一种认为内含子在基因表达中有调控功能。

DNA 链上还有转录终止信号,称终止子。原核生物的终止子有两类,一类为不含回文顺序(回文指一段正读和反读意义都相同的文字,在 DNA 链中指一段走向相反、顺序相同的双链顺序)或回文顺序较少,其终止转录作用需要 ρ 因子(能与 RNA 聚合酶结合,阻止其跨越终止子的蛋白质)协助。另一类则具回文顺序,其转录出的 RNA 形成发夹样结构,使 RNA pol、RNA 和模板形成三元复合物,直接阻止 RNA 聚合酶的滑动(图 10-12)。此外模板链 5′端有-AAAAAA-顺序,在其 mRNA 3′端形成-UUUUUU-顺序,A-U 结合键在碱基对中结合力最弱,使 RNA 易脱落而终止转录。

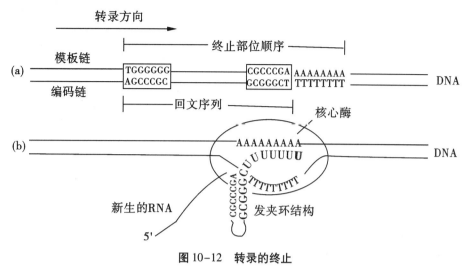

图 10-12 转录的终止

（a）终止部位顺序 （b）三元终止复合物的生成

（二）RNA 聚合酶

在各种原核和真核生物中均有 DNA 指导的 RNA 聚合酶，即 RNA 聚合酶（RNA pol）。

原核生物只有一种 RNA 聚合酶。大肠杆菌 RNA 聚合酶由 5 个亚基组成，4 种亚基分别为 α、β、β′ 和 σ 亚基，其中 α 亚基有 2 个，故为 $\alpha_2\beta\beta'\sigma$。σ 亚基在 RNA 合成启动后即脱离其他亚基，此时 RNA pol 叫核心酶，含 $\alpha_2\beta\beta'$。5 个亚基结合在一起时叫全酶。核心酶只具催化合成 RNA 作用，无识别启动子功能。各亚基的功能见表 10-2。

真核细胞中有 3 种 RNA pol，分别称 RNA pol Ⅰ、RNA pol Ⅱ 及 RNA pol Ⅲ。它们专一地转录不同的基因，产生不同的产物。三种酶对鹅膏蕈碱抑制作用的敏感性不同，是区别三种酶的方法之一。各亚基的功能见表 10-3。

（三）ρ 因子

ρ 因子为一种协助转录终止的蛋白质，能与单股 RNA 链结合。因有 ATP 酶活性，可水解 ATP 释出能量供其沿 RNA 按 5′→3′ 滑动，最后接触到 RNA pol 与之反应，使 RNA-DNA 杂交体解链，RNA 释出。

表 10-2 大肠杆菌 RNA 聚合酶亚基组成及功能

亚基	相对分子质量	数量	功能
α	37 000	2	决定哪些基因被转录
β	151 000	1	RNA 的起始与延伸
β′	156 000	1	结合 DNA 模板
σ	70 000	1	识别起始点

表 10-3　真核细胞 RNA 聚合酶的种类和功能

种类	细胞定位	合成的 RNA	对 α-鹅膏蕈碱的敏感性
Ⅰ	核仁	rRNA 前体	不敏感
Ⅱ	核质	hnRNA	高度敏感
Ⅲ	核质	tRNA 前体,5S rRNA	中度敏感

三、转录的过程

转录过程分为起始、延伸、终止 3 个阶段。真核生物的转录过程与原核生物大体相似,但尚不完全清楚,故以原核生物为例介绍转录的具体过程。

(一)起始阶段

RNA 的 转 录
过程

原核生物转录起始阶段包括 4 个步骤。第一步,转录起始过程中,RNA 聚合酶中 σ 因子辨认模板链启动子的识别位点,并与之结合,导致全酶结合在启动子的结合位点,形成闭合转录起始复合体。然后结合位点区域的部分双螺旋解开,形成开放转录复合体。当全酶在启动子由 3′ 端向 5′端滑动到达启动子的起始部位时,选择结合到模板链。此时,酶结合处的局部 DNA 发生变构,在约 17 个 bp 范围双链解开,形成转录泡。两个三磷酸嘌呤核苷优先按碱基配对原则与模板配对,全酶即催化其间形成磷酸二酯键,同时放出焦磷酸。之后,σ 因子脱落,模板链上只结合着核心酶。σ 因子的脱落使核心酶与模板链结合变得疏松,便于核心酶沿模板链由 3′→5′ 滑动。

(二)延伸阶段

σ 亚基从转录起始复合物上脱落后核心酶在模板链上由 3′→5′ 端滑动,一方面使 DNA 双链不断按模板链 3′→5′方向解开,另一方面使与模板配对结合的 NTP 间不断形成磷酸二酯键,RNA 链按 5′→3′ 方向延伸。由于核心酶移动过后,两条单股 DNA 链又恢复到双股形式,使转录泡沿 DNA 模板链按 3′→5′ 方向随核心酶一起滑动。新生成的 RNA 和模板链约有 12 bp 的杂交螺旋,超过此数值则解开成单链 RNA(图 10-13)。

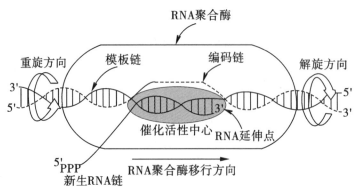

图 10-13　转录的延长

（三）终止阶段

随核心酶沿模板链由 3′端向 5′端滑动，新合成的 RNA 链不断由 5′端向 3′端延伸。当核心酶滑动到模板 DNA 链终止子时，若终止子有富含 GC 的回文顺序，则新生的 RNA 链形成发夹样结构，阻碍核心酶滑动，使模板–核心酶–新生 RNA 三元复合物易于解体，加之，模板回文顺序后的 AAAAAA 与新生 RNA 的 UUUUUU 配对结合键最易断开，致使新生 RNA 链脱落，转录终止。若终止子中不含回文顺序或回文顺序较少时，不形成或形成短的发夹结构，模板–核心酶–新生 RNA 三元复合物不易解体，则沿新生 RNA 链由 5′→3′滑动来的 ρ 因子与核心酶结合，使转录终止并释出新生 RNA 链，核心酶随后亦脱落。

四、转录后的加工

除原核生物的 mRNA 外，所有真核和原核生物转录出的 RNA 都必须经加工成熟才有活性。加工成熟过程在细胞核内进行。

（一）mRNA 加工成熟

真核生物 mRNA 转录后加工主要包括：5′端加"帽"，3′端加"尾"以及核内不均一 RNA 中段序列的剪接。真核生物刚转录出的 mRNA 是 mRNA 前体，相对分子质量大而不均一，称核不均一 RNA（heterogeneous nuclear RNA，hnRNA）。哺乳动物 hnRNA 分子中有 50%～75%的顺序不出现在胞浆中，说明这些顺序是属于内含子的转录产物，在加工成熟过程中被切除掉了。剪接过程包括切除内含子的转录产物（仍称内含子）和将几个外显子转录产物（仍称外显子）拼接起来。剪接过程还需 6 种非特异小型核糖核蛋白（UsnRNP）与 hnRNA 结合成剪接体协助。此过程的详细情况还未完全弄清楚。

剪接后还需在 5′端戴"帽子"。所谓帽子是 7-甲基鸟苷–5′–三磷酸（m^7Gppp），戴帽过程需 RNA 磷酸酶、鸟苷酸转移酶及甲基转移酶催化。除了戴"帽子"，还需加"尾巴"。所谓尾巴是在 3′端加上 30～240 个的多聚腺苷酸（polyA）。帽子功能是保护 mRNA 免受 RNA 酶水解破坏，并作为蛋白质生物合成时的识别标志。尾巴有保护 mRNA 被翻译的稳定性，也可能与其被连续翻译及 mRNA 由细胞核进入胞浆的转运有关。

（二）tRNA 加工成熟

原核生物和真核生物刚转录生成的 tRNA 前体一般都无生物活性。tRNA 前体加工包括剪接、修饰等过程。真核生物转录出的 tRNA 前体比成熟的 tRNA 约多数十个核苷酸，成熟过程中需在 5′和 3′端剪切下多余的核苷酸，之后再在反密码环中剪切 14～60 个核苷酸并拼接成反密码环。还要在 3′端加上 CCA–OH。此外，又要把尿嘧啶还原成二氢尿嘧啶（DHU）、异位成假尿嘧啶核苷（φ），尿嘧啶（U）甲基化成胸腺嘧啶（T），使嘌呤碱基（A 或 G）脱氨后生成次黄嘌呤，并使某些碱基（C、G 和 A）甲基化成相应的甲基化碱基。tRNA 的加工成熟过程在核内进行。

（三）rRNA 加工成熟

真核生物的 rRNA 共 4 种，除 5SrRNA 自己独立成体系外，其余 3 种 rRNA 的基因在核仁合成同一前体(45SrRNA)。原核生物的 rRNA 前体加工主要包括以下三个方面:第一,rRNA 前体被大肠杆菌体内的酶剪切成一定链长的 rRNA 分子;第二,rRNA 在修饰酶催化下进行碱基修饰;第三,rRNA 与蛋白质结合形成核糖体大、小亚基。

第三节　蛋白质的生物合成

所谓蛋白质生物合成是指以 mRNA 为模板,以其分子中碱基顺序所决定的遗传密码为指导,合成蛋白质的过程。由于 mRNA 上的遗传信息是以密码形式存在的,只有合成为蛋白质才能表达出生物性状,如同将一种语言翻译为另一种语言,因此蛋白质生物合成过程又称为翻译。mRNA 是指导合成蛋白质的直接模板,多个核糖体附着其上形成多核糖体。各种氨基酸在 tRNA 携带下,在多核糖体上以肽键相互结合,合成的多肽链经过一定的加工、修饰,成为具有生物活性的蛋白质分子。

一、蛋白质生物合成需要的物质

蛋白质生物合成大约需要 200 多种物质参与,其中包括作为原料的 20 种氨基酸、mRNA、tRNA、核糖体(含 rRNA)、多种酶、蛋白质因子、无机离子及一些供能物质等。

(一)蛋白质生物合成中三种 RNA 的作用

1.mRNA 与遗传密码　mRNA 上所携带的遗传信息是以碱基互补原则,从 DNA 结构基因转录下来的。在 mRNA 链上以 5′→3′方向,每 3 个相邻碱基组成一个三联体代表一种氨基酸,称遗传密码(又称密码子),见表 10-4。组成 mRNA 的碱基有四种,故可排列成 $4^3=64$ 个密码子,它们不仅代表 20 种氨基酸,而且有起始密码和终止密码。

遗传密码有如下特点:

(1)方向性　蛋白质生物合成过程是从 mRNA 分子的 5′末端向 3′末端方向阅读密码,即起始密码子位于 mRNA 的 5′末端,终止密码位于 mRNA 的 3′末端,每个密码子的 3 个氨基酸也是按照 5′端到 3′端方向识别阅读。

(2)连续性　阅读 mRNA 分子中遗传密码是从 5′端开始每三个碱基为一密码子连续不断地向 3′端阅读,直至终止密码出现。如果在 mRNA 分子插入一个或几个、缺失一个或几个碱基,就会引起阅读框(被翻译的碱基顺序)移位,称移码。移码可导致翻译出错误的氨基酸排列顺序或者使翻译提前终止。

(3)简并性　组成蛋白质的氨基酸只有 20 种,而 64 个遗传密码中有 61 个可以代表氨基酸,说明有的氨基酸有几个密码。一种氨基酸具有两种以上的密码子称为密码的简并性。同一种氨基酸所有的几种密码子称同义密码。

(4)摆动性　遗传密码子与反密码子配对时有时会出现不遵守碱基配对规律的情况,这种不严格的碱基配对现象称为遗传密码的摆动配对,或称为不稳定配对,也叫摆动性。摆动性常发生在密码子的第 3 位碱基,与反密码子的第 1 位碱基配对时可以不严格按照 A-U、C-G 配对。摆动现象使得密码子的第 3 位碱基发生突变时并不影响 tRNA 带入正确的氨基酸,同遗传密码简并性一样,摆动性也可以保护基因突变时不影响蛋白质多肽链中氨基酸的排列顺序,对于减少突变的有害效应具有重要意义。

（5）通用性　无论高等动物还是低等生物都共用一套遗传密码,这说明物种有共同的进化起源。近年研究表明,遗传密码也有个别例外,比如在哺乳动物线粒体和植物叶绿体的密码与通用密码有一些差别。

表 10-4　遗传密码

第一个核苷酸 （5'端）	第二个核苷酸				第三个核苷酸 （3'端）
	U	C	A	G	
U	UUU 苯丙	UCU 丝	UAU 酪	UGU 半胱	U
	UUC 苯丙	UCC 丝	UAC 酪	UGC 半胱	C
	UUA 亮	UCA 丝	UAA 终止	UGA 终止	A
	UUG 亮	UCG 丝	UAG 终止	UGG 色	G
C	CUU 亮	CCU 脯	CAU 组	CGU 精	U
	CUC 亮	CCC 脯	CAC 组	CGC 精	C
	CUA 亮	CCA 脯	CAA 谷胺	CGA 精	A
	CUG 亮	CCG 脯	CAG 谷胺	CGG 精	G
A	AUU 异亮	ACU 苏	AAU 天胺	AGU 丝	U
	AUC 异亮	ACC 苏	AAC 天胺	AGC 丝	C
	AUA 异亮	ACA 苏	AAA 赖	AGA 精	A
	AUG* 蛋	ACG 苏	AAG 赖	AGG 精	G
G	GUU 缬	GCU 丙	GAU 天	GGU 甘	U
	GUC 缬	GCC 丙	GAC 天	GGC 甘	C
	GUA 缬	GCA 丙	GAA 谷	GGA 甘	A
	GUG 缬	GCG 丙	GAG 谷	GGG 甘	G

* AUG 若在 mRNA 翻译起始部位,为起始密码;不在起始部位,则为蛋氨酸密码

2. tRNA 与氨基酸的转运　在蛋白质生物合成过程中 tRNA(转运核糖核酸)的作用是将氨基酸搬运到蛋白质合成场所。这是由于 tRNA 的 3'末端的 CCA-OH(氨基酸臂)是结合氨基酸的部位,可结合氨基酸形成氨基酰-tRNA。结合何种氨基酸,取决于 tRNA 反密码环上的反密码子。反密码子准确地按碱基配对原则与 mRNA 上密码子结合,使所带的氨基酸按 mRNA 分子中密码子顺序排列成肽链。这种结合是反方向的,即反密码子的第 1、2、3 核苷酸分别和密码子的第 3、2、1 核苷酸结合。

3. rRNA 在蛋白质合成中的作用　是与多种蛋白质一起共同构成核糖体,也称核蛋白体,为蛋白质合成提供场所。核糖体是多肽链合成的"装配机",参与蛋白质合成的各种成分最终必须在核糖体上将氨基酸按特定顺序合成多肽链。核糖体是由 rRNA 和几十种蛋白质组成的亚细胞颗粒,位于细胞浆。任何生物的核糖体都由大、小两个亚基组成,只有大小亚基聚合成核糖体,并组装上 mRNA 才能进行蛋白质的生物合

成。两个亚基均由不同的 rRNA 与多种蛋白质组成。大亚基上有转肽酶,还有两个氨基酰-tRNA 结合位点,一个是结合肽酰-tRNA 的位点(P 位,亦称"给位"),另一个是结合氨基酰-tRNA 的位点(A 位,亦称"受位")。小亚基有 mRNA 结合部位,使 mRNA 能附着于核蛋白体上,以便遗传密码被逐个进行翻译(图10-14)。

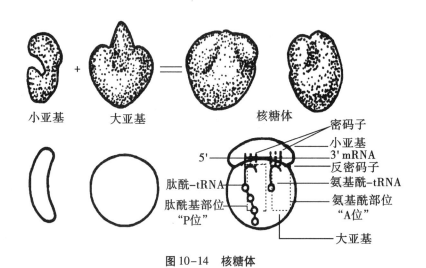

图 10-14　核糖体

(二)蛋白质合成的酶类

1. 氨基酰-tRNA 合成酶　各种氨基酸在 ATP 功能,Mg^{2+} 或 Mn^{2+} 等参与下,经特异的氨基酰-tRNA 合成酶催化形成具有反应活性的氨基酰-tRNA。酶特异性很高,每一种酶只催化一种特定氨基酸与其相应 tRNA 结合,此酶有 20 种以上。

2. 转肽酶　又称为肽基转移酶,存在于核糖体大亚基,是蛋白质生物合成最重要的酶,其作用是催化两个氨基酸之间形成肽键,将一个个氨基酸连接成多肽链。转肽酶化学本质是 RNA,是核酶直接参与蛋白质合成的实例。

3. 转位酶　转位酶催化核糖体和 mRNA 移位,核糖体向 mRNA 的 3′端移动一个密码子的距离,使下一个密码子定位于 A 位,而携带肽链的 tRNA 则转移至 P 位,使肽链延长。

(三)蛋白质生物合成需要的其他物质

1. 蛋白质因子　蛋白质生物合成过程中还需要许多其他的蛋白质因子参与,如起始因子(IF)、延长因子(EF)、释放因子(RF)等,它们分别在蛋白质生物合成的起始、延长和终止等阶段发挥作用。

2. Mg^{2+}、K^+ 等无机离子　在蛋白质合成的起始、延长和终止各个阶段几乎都需要 Mg^{2+}、K^+ 等无机离子参与。

3. ATP、GTP 等供能物质　在蛋白质合成的各阶段都需要能量,主要的供能物质是 ATP、GTP 等。

三、蛋白质生物合成的过程

蛋白质生物合成过程十分复杂,可概括为氨基酸活化、多肽链合成的起始、延长、终止和释放、合成后修饰加工五个环节。也常简单分为起始、延长、终止三个阶段。原核生物和真核生物的蛋白质合成差异很大,本章主要以原核生物细胞蛋白质的生物合成为例介绍翻译的过程。

(一)氨基酸的活化与转运

氨基酸的羧基以酯键的形式连接在 tRNA 的 3′ 末端上,形成氨基酰-tRNA,即氨基酸活化。反应在细胞质进行,由氨基酰-tRNA 合成酶(下面反应式中用"酶"代表)催化,ATP 供能。反应分两步进行:

$$R-\underset{\underset{NH_2}{|}}{CH}-COOH + ATP \xrightarrow[\text{酶,Mg}^{2+}]{} R-\underset{\underset{NH_2}{|}}{CH}-\underset{\underset{O}{\|}}{C} \sim AMP-\text{酶} + PPi$$

$$R-\underset{\underset{NH_2}{|}}{CH}-\underset{\underset{O}{\|}}{C} \sim AMP-\text{酶} + tRNA\cdots CCA-OH \rightleftharpoons tRNA\cdots CCA-O \sim \underset{\underset{O}{\|}}{C}-\underset{\underset{NH_2}{|}}{CH}-R + AMP + \text{酶}$$

反应中,ATP 分解成 AMP 和焦磷酸并释放能量,使氨基酸的羧基活化,形成氨基酰-AMP-酶中间复合物,其中的活化氨基酰进一步转移到 tRNA 的 3′-CCA 末端腺苷酸(A)的核糖 2′ 或 3′ 位的游离—OH 上,以酯键连接,形成氨基酰-tRNA。转运氨基酸至核糖体上,按 mRNA 遗传密码指导的顺序,参与肽链合成。

(二)肽链的合成

在核糖体上按 mRNA 密码顺序,氨基酸缩合成肽链的过程称核糖体循环。此循环可分为起始、延伸、终止三个阶段。

1. 起始阶段　起始阶段主要由核糖体大与小亚基、模板 mRNA 及具有启动作用的甲酰蛋氨酰-tRNA 共同构成起始复合体,这一过程需要 Mg^{2+}、GTP 及几种 IF 参与(图 10-15)。mRNA 分子阅读框中第一个密码子既代表起始密码子,又是蛋氨酸密码子,但原核生物参加形成起始复合体的氨基酰-tRNA 是甲酰蛋氨酰-tRNA,称为起始 fmet-tRNA^{fmet}。

起始复合体的形成首先由 IF$_3$、小亚基、IF$_1$ 和 mRNA 形成一个复合物;同时,IF$_2$、起始 fmet-tRNA^{fmet} 和 GPT 也结合成一个复合物;然后上述两种复合物再组成 30S 起始复合物。之后,IF$_3$ 脱落,IF$_{1,2}$ 和 GTP 仍结合在复合物中;大亚基结合到小亚基上,形成 70S 起始复合体。复合体中的 GTP 水解为 GDP 和 Pi 脱落,同时 IF$_{1,2}$ 也释放出来。70S 起始复合体含 mRNA 链的两个密码子,其中第 1 个是起始密码子 AUG 对应于核糖体的 P 位,起始 fmet-tRNA^{fmet} 的反密码子恰好与之互补结合;mRNA 的第 2 个密码子对应于核糖体的 A 位,以便接受相对应的氨基酰-tRNA。

2. 肽链的延伸　当与 mRNA 链上第二个密码对应的氨基酰 tRNA 进入 A 位,蛋白质合成的延长就开始。肽链延长阶段的核心是对 mRNA 链上的遗传信息进行连续不断地翻译,使一个个氨基酸形成肽键,形成蛋白质的肽链。参与此阶段的主要物质除了多种氨基酰-tRNA 外,还需要延长因子辅助,GTP 供能,Mg^{2+} 和 K^+ 参与。在肽链延长阶段,每形成一个肽键要经过进位、成肽、转位三个步骤,肽键延长一个氨基酸,如此反复直至肽链合成终止。

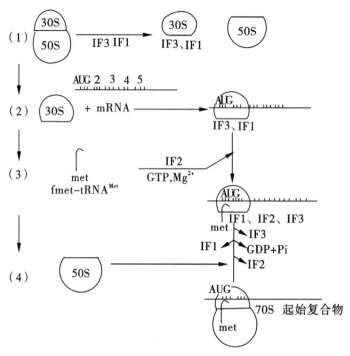

图 10-15　翻译的起始阶段

IF1、IF2、IF3 为三种不同的启动因子

(1)注册(进位)　在起始复合体中,起始 fmet-tRNA^{fmet} 在核糖体的 P 位,A 位空着,依照核糖体 A 位处 mRNA 上的第 2 个密码子,相应氨基酰-tRNA 的反密码子与之互补结合,进入到 A 位。进位必须 EF-T(由 Tu、Ts 两亚基组成)和 GTP 参与。当 EF-T 与 GTP 结合后,释出 Ts,与氨基酰-tRNA 结合成氨基酰-tRNA-Tu-GTP 复合物,将氨基酰-tRNA 送至核蛋白体的 A 位。之后 Tu-GTP 分解释出 Pi,Tu-GDP 脱下,Ts 促进 Tu-GDP 中 GDP 脱落,与 Tu 重新结合成 EF-T(Tu-Ts)。这样,在第 1 次进位后,核蛋白体 P 位及 A 位各结合了一个氨基酰-tRNA。

(2)成肽(转肽)　在大亚基中的转肽酶催化下,P 位上甲酰蛋氨酰-tRNA^{fmet} 中的甲酰蛋氨酰基转移到 A 位,并通过其活化的酰基与 A 位上氨基酰-tRNA 中氨基酰的氨基结合,形成第一个肽键。这样在核糖体 A 位生成了二肽酰-tRNA,之后 P 位上空载的 tRNA 从核蛋白体上脱落下来。转肽过程需要 Mg^{2+} 和 K^+。肽链的合成方向为 N 端→C 端。

(3)移位(转位)　在 EF-G、GTP 和 Mg^{2+} 的参与下,GTP 分解供能,核糖体沿 mRNA 由 5′ 端向 3′ 端移动一个密码子位置,使原先在 A 位上的二肽酰-tRNA 移至 P 位,而 mRNA 链上的下一个密码子进入 A 位,以便另一个相应的氨基酰-tRNA 进位。然后再进行转肽,形成三肽酰-tRNA,接着再移位。进位、转肽、移位反复进行,肽链就按 mRNA 密码顺序所决定的氨基酸顺序不断延长,直至出现终止密码为止(图 10-16)。

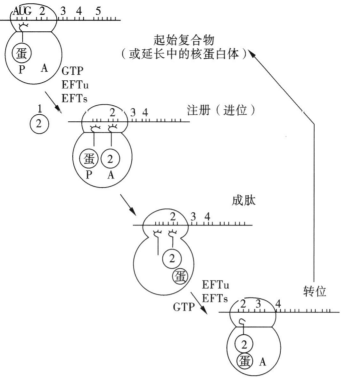

图 10-16 翻译的延长

EFTu、EFTs 代表不同的肽链延长因子；
tRNA上"蛋"、"2"、"3"分别代表甲酰蛋氨酸与不同的氨基酰

3. 肽链合成的终止　当肽链合成至 A 位上出现终止密码（UAG、UAA 或 UGA）时，各种氨基酰-tRNA 都不能进位，只有终止因子能够识别终止密码并与之结合。终止因子和核糖体结合后，使转肽酶活性改变为催化 P 位上肽酰-tRNA 水解酶的作用，从而使合成的多肽链从 tRNA 上释放出来，这一步也需要 GTP 分解供能。接着，tRNA 也从 P 位上脱落，核糖体再解聚为大、小亚基，并与 mRNA 分离。至此，多肽链的合成过程即告完成（图 10-17）。

上述是单个核糖体循环，实际上细胞内合成多肽时常常是一条 mRNA 链上同时结合多个核糖体进行多聚核糖体循环，当第一个核糖体向 mRNA 3′端移动一定距离，第二个核糖体又在 mRNA 起始部位结合形成新起始复合体，进行另一条多肽链的合成。核糖体再向前移动一定距离后，mRNA 起始部位又结合第三个核糖体，如此进行就在 mRNA 链上形成了类似串珠状的排列。多核糖体上核糖体的数目依 mRNA 的长度而定。一般多个核糖体之间相隔 90 多个核苷酸的距离，所以 mRNA 愈长，结合核糖体愈多。如，编码血红蛋白多肽链的 mRNA 编码区有 450 个核苷酸，上面串联 5～6 个核糖体，而肌凝蛋白重链 mRNA 有 5 400 个氨基酸，上面串联的核糖体有 60 多个。在多核糖体循环中一条 mRNA 链上可同时翻译合成多条多肽链，大大提高了翻译效率，mRNA 资源也得到了充分利用。

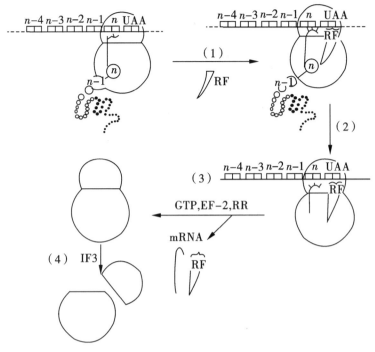

图 10-17　翻译过程的终止

(三)蛋白质合成后的加工修饰

　　刚从核糖体上释放的不具备生理活性的多肽链必须在细胞内修饰加工后才能成为具有生物学功能的成熟蛋白质。这种肽链合成后的加工过程称为蛋白质翻译后修饰加工。加工修饰的方式常见的有以下几个方面:

　　1.新生肽链的折叠　每一种蛋白质合成后必须折叠形成特定的空间构象才具备生理功能。新生肽链的折叠需要折叠酶、分子伴侣等其他蛋白质的帮助,如存在于内质网的二硫键异构酶,可促进多肽链中某些半胱氨酸残基脱氢氧化,正确配对,形成热力学上最稳定的功能构象。分子伴侣广泛存在于原核生物和真核生物细胞中,是一个结构上互不相同的蛋白质家族,它们能识别肽链的非天然构象,促进蛋白质形成正确折叠,使未完成折叠的新生肽链折叠为天然构象。

　　2.部分氨基酸的共价修饰　在成熟蛋白质分子中常常可以见到一些没有遗传密码的氨基酸,例如结缔组织胶原蛋白内的羟脯氨酸、羟赖氨酸,不少酶活性中心磷酸化的丝氨酸、苏氨酸或酪氨酸等,它们都是多肽链合成后经酶促反应共价修饰形成的修饰氨基酸。这些修饰主要包括羟基化修饰、糖基化修饰、磷酸化修饰及形成二硫键等。

　　3.水解加工　许多多肽链合成后需要在特异蛋白水解酶催化下去除其中某些肽段或氨基酸残基才能成为有生物活性的蛋白质。

　　4.二硫键的形成　多肽链内部或多肽链间所形成的二硫键,是多肽链中空间位置相近的半胱氨酸残基的巯基氧化而形成的,二硫键的形成对维持蛋白质空间结构起着重要作用。

　　5.亚基间的聚合和连接辅酶　许多蛋白质具有两个或者两个以上的亚基,这些多肽链在合成后,通过非共价键将亚基聚合形成寡聚体,才能表现出生物活性。一些蛋白质还必须与脂质、核酸或血红素等相结合才能具有生物学活性。

第四节　蛋白质生物合成与医学的关系

蛋白质的合成与遗传、分化、免疫、肿瘤发生、物质代谢及药物作用均有密切关系。当蛋白质合成出现障碍时,生命活动也会受到严重影响;蛋白质合成异常会引起各种疾病,促进蛋白质的合成有利于机体的生长发育及病后康复;针对病原微生物蛋白质生物合成必需的关键组分作为研发抗菌药的靶点。所以,蛋白质的合成与医学之间有着密切的关系。

(一)分子病

由于 DNA 分子的基因突变,使蛋白质分子结构和功能异常而引起的疾病称为分子病。如镰形红细胞贫血症是一种较为典型的分子病,正常人血红蛋白 β 链第 6 位氨基酸是谷氨酸,对应的 RNA 上的密码子是 GAA,DNA 编码链相应的序列也是 GAA,但由于 DNA 损伤,GAA→GTA 致使 mRNA 上的密码子由 GAA→GUA,变成了缬氨酸的密码子,由于疏水的缬氨酸取代了亲水的谷氨酸,而使红细胞形成镰刀形,红细胞脆性增加,容易破裂溶血。

(二)抗生素

许多抗生素通过干扰病原微生物或肿瘤细胞的蛋白质合成,起到抑菌或抗癌作用,如四环素族与核糖体小亚基结合,能阻止氨基酰-tRNA 进位;氨基糖苷类抗生素,如链霉素、卡那霉素等可与 30S 小亚基结合,改变其构象,引起读码错误,还抑制起始复合物的形成,阻滞释放因子进入 A 位,使合成的肽链不能释放,最终杀灭细菌;氯霉素可与核糖体大亚基结合,抑制转肽酶的活性,干扰多肽链的延长;红霉素与细菌大亚基结合,阻止核糖体在 mRNA 链的转位,妨碍细菌蛋白质合成。

(三)干扰素

干扰素是真核生物细胞感染病毒之后产生并分泌的一类有抗病毒作用的蛋白质。干扰素从两个方面抑制病毒蛋白质的合成。一方面,在某些病毒的双链 RNA 存在时,干扰素诱导一种特异蛋白激酶,使真核生物起始因子 Eif_2 失活,从而导致翻译不能开始。另一方面,干扰素还可以与双链 RNA 诱导细胞合成 2′,5′-寡聚腺苷酸,能活化核酸内切酶,降解病毒 mRNA,抑制病毒蛋白质合成。此外,干扰素还能调节细胞分化、激活免疫系统,在临床上应用十分广泛。

第五节　基因表达的调控

在一个生物体中,任何细胞都带有同样的遗传信息,带有同样的基因,但是,一个基因在不同组织、不同细胞中的表现并不一样,这是由基因调控机制所决定的。遗传信息从 DNA 传递到蛋白质的过程称为基因表达,对这个过程的调节即为基因表达调控。一个细胞在特定的时刻仅产生很少一部分蛋白质,也就是说,基因组中只有很少一部分基因得以表达。基因调控机制根据各个细胞的功能要求,精确地控制每种蛋白质的生产数量。生物体完整的生命过程是基因组中的各个基因按照一定的时空次序开关的结果。原核生物和真核单细胞生物直接暴露在生存环境之中,根据环境条件的改变,合成各种不同的蛋白质,使代谢过程适应环境的变化。高等真核生物是多细胞有机体,在个体发育过程中出现细胞分化,形成各种不同的组织和器官,而不同类型的细胞所合成的蛋白质在质和量上都是不同的。因而,无论是原核细胞还是真核细胞,都有一套精确的基因表达和蛋白质合成的调控机制。

细胞要维持其功能,有些蛋白质在任何时候都是必需的,这些蛋白质所对应的基因称为管家基因,它们随时都要表达。编码细胞特化蛋白质的基因叫诱导基因,这些基因在需要对应蛋白质的时间和地点才表达。虽然生物体内的每一个细胞都有完整的基因组,但各种基因在不同细胞中表达的规律是不一样的。要了解生物的生长发育的规律、形态结构特征和生物学功能,就必须要研究基因表达调控的时间和空间规律,掌握基因表达调控的秘密。

(一)基因表达调控的层次

基因表达调控主要表现在如下几个方面。第一是染色质水平上的调控。基因转录前染色质结构需要发生一系列重要变化,这是基因转录的前提,活化的基因处于染色质的伸展状态之中,可以被转录,而非活化的染色质 DNA 不能被转录。第二是转录水平上的表达调控,这是最主要的基因调控方式。转录水平调控的重点是在特定组织或细胞中、在特定的生长发育阶段、在特定的机体内外条件下,选择特定基因进行转录表达。第三是转录后调控,这是指基因转录起始后对转录产物进行的一系列修饰、加工等调控行为,主要包括提前终止转录过程,对 mRNA 前体进行加工剪切,mRNA 通过核孔和在细胞质内定位等。第四是翻译水平上的调控,这是基因表达调控的重要环节。翻译的速率和细胞生长的速度之间是密切协调的。在肽链合成的起始、延伸和终止三个阶段中,对翻译起始速率的调控是最重要的,而在翻译的延伸和终止阶段也存在着调控因素。最后一个方面的调控是蛋白质活性的调节。来自 mRNA 的遗传信息翻译成蛋白质后,这些蛋白质如何活化并发挥其生物学功能,涉及蛋白质合成后的加工问题。对于由 mRNA 翻译产生的多肽,经过正常折叠后,有些已经具有生物活性,然而,对于真核生物中大部分蛋白质来说,还需要进一步加工、修饰和活化,才具有生理功能。这种修饰有时还是不可逆转的过程。

(二)原核基因的调控

原核生物的基因组和染色体结构都比真核生物的简单,转录和翻译在同一时间和空间内发生。基因表达的调控主要发生在转录水平上,但是在翻译水平上也存在着调控因素。原核生物同一群体的每个细胞个体都和外界环境直接接触,它们通过转录调控,开启或关闭某些基因的表达来适应自然环境的变化。一个体系在需要时被打开,而在不需要时被关闭。环境因子往往是调控的诱导物,群体中每个细胞对环境变化的反应都是直接和基本一致的。原核细胞基因调控的一大特征是调控因子结合到与结构基因启动子区紧密相邻的 DNA 序列上,这种作用决定转录的发生与否,因而调节位点总是与启动子相邻。

结构基因的表达受控于特定的调控基因。这些由调控基因编码的蛋白质结合在

DNA 上靠近其所控制的基因的启动子区域附近,由此来控制这些基因在一定条件下的表达。这些调控蛋白感知细胞的化学环境,并决定是否结合在特定的核苷酸序列上,正是这种能力使生物体能恰当地对外界环境做出反应。若这些调控蛋白的结合使 RNA 聚合酶更容易启动转录,我们就说发生了正调控。负调控指调控蛋白的结合阻碍了转录的发生。多数原核生物的结构基因只需要一个或两个调控蛋白来控制表达,而真核生物具有更复杂的基因组和转录需要,因此需要用多个(通常为 7 个或更多)调控蛋白的组合来控制结构基因的表达。

大肠杆菌是动物肠道内常见的细菌,这种细菌可以利用多种营养物质来生长。对细菌来说,最容易利用的是葡萄糖;如果环境中没有葡萄糖,它就利用别的糖,如乳糖。大肠杆菌利用乳糖时,需要一种称为 b-半乳糖苷酶的作用将乳糖分解成葡萄糖和半乳糖。有这种酶就可以利用乳糖,否则就不行。细菌对乳糖的利用问题在基因水平看就是 b-半乳糖苷酶的基因表达问题。如果环境中只有乳糖可以利用,则 b-半乳糖苷酶的基因就必须表达,从而合成这种酶。如果环境中有葡萄糖可利用,则 b-半乳糖苷酶的基因就应该关闭。

法国巴斯德研究所著名的科学家 Jacob 和 Monod 在实验的基础上于 1961 年建立了乳糖操纵子学说。典型的大肠杆菌乳糖操纵子包括三个结构基因,即 Z、Y、A,它们分别编码 b-半乳糖苷酶、透性酶和转乙酰酶。这三个酶的编码区域头尾相连,排在一起。操纵子的另外一部分是操纵基因及启动子位点。转录时,RNA 聚合酶首先与启动区结合,通过操纵子向右转录,每次转录的一条 mRNA 上都带有三个基因。转录的调控是在启动区和操纵区进行的。在正常情况下,操纵基因部位被阻遏蛋白紧紧结合着,使 RNA 聚合酶不能从启动子部位向下游的转录单位移动,阻止基因转录的开始。编码阻遏蛋白的基因就是调控基因。

色氨酸操纵子负责调控色氨酸的生物合成,它的激活与否完全根据培养基中有无色氨酸而定。当培养基中有足够的色氨酸时,该操纵子自动关闭;缺乏色氨酸时,操纵子被打开。色氨酸在这里不是起诱导作用而是阻遏,因而被称作辅阻遏分子,意指能帮助阻遏蛋白发生作用。色氨酸操纵子恰与乳糖操纵子相反。

(三)真核基因的调控

真核生物(除酵母、藻类和原生动物等单细胞类之外)主要由多细胞组成。真核生物有细胞核结构,转录和翻译过程在时间和空间上彼此分开,并且在转录和翻译后都有复杂的信息加工过程,其基因表达的调控可以发生在各种不同的水平上。真核生物的 DNA 与蛋白质结合在一起,形成十分复杂的染色质结构。染色质构象的变化、染色质中蛋白质的变化及染色质对 DNA 酶敏感程度的变化都会对基因表达产生影响。真核生物的染色质包裹在细胞核内,基因的核内转录和细胞质内的翻译被核膜在时间和空间上隔开,核内 RNA 的合成与运转,细胞质中 RNA 的剪切和加工等无不扩大了真核细胞基因调控的范围。每个真核细胞所携带的基因数量及基因组中蕴藏的遗传信息量都大大高于原核生物。真核生物基因组 DNA 中有大量的重复序列,基因内部还插入了非蛋白质编码区域,这些都影响真核基因的表达。因此,真核生物基因调控达到了原核生物所不可能拥有的深度和广度。

对大多数真核细胞来说,基因表达调控最明显的特征是能在特定时间和特定的细胞中激活特定的基因,从而实现"预定"的、有序的、不可逆的分化和发育,并使生物组织和器官在一定的环境条件范围内保持正常的功能。

根据性质的不同,可将真核生物基因调控分为两大类:第一类是瞬时调控或可逆性调控,这相当于原核细胞对环境条件变化所做出的反应。瞬时调控包括某种底物或激素水平升降时或细胞周期不同阶段中,酶活性和浓度的调节。第二类是发育调控或不可逆调控,是真核基因调控的关键部分,这种调控决定真核细胞的生长、分化、发育的全部进程。

真核基因调控主要是在转录水平上进行的,这一点与原核生物相同,但是真核生物没有像原核生物那样的操纵子,也没有和操纵子紧密相邻的调节基因。真核生物的转录受特定顺式作用元件的影响,这类元件大多与所调控的结构基因保持一段距离。此外,真核生物的转录还受到反式作用因子的调控。这些因子是一些扩散物质,如蛋白质分子或激素蛋白质的复合物。真核生物的转录大多是通过顺式作用元件和反式作用因子的结合,并通过复杂的相互作用来实现的。由于真核生物的转录主要发生在染色质上,因此,染色质的结构状态、特定区域 DNA 链的松弛或解旋和 DNA 空间结构的变化等都会在转录调控上起作用。

第六节 基因工程

基因工程也称为遗传工程、基因拼接技术或 DNA 重组技术。这种技术是在生物体外,通过对 DNA 分子进行人工"剪接"和"拼接",对生物的基因进行改造和重新组合,然后导入受体细胞内进行无性繁殖,使重组基因在受体细胞内表达,产生出人类所需要的基因产物。基因工程是生物技术的主体技术。基因工程是指按照人类的愿望,将不同生物的遗传物质在体外人工剪切并和载体重组后转入细胞内进行扩增,并表达产生所需蛋白质的技术。基因工程能够打破种属的界限,在基因水平上改变生物遗传性,并通过工程化为人类提供有用产品及服务。

(一)基因工程的诞生与发展

基因工程是人工进行基因切割、重组、转移和表达的技术。基因工程诞生于 20 世纪 70 年代。自 1977 年成功地用大肠杆菌生产生长激素释放抑制因子以来,人胰岛素、人生长激素、胸腺素、干扰素、尿激酶、肝火病毒疫苗、口蹄疫疫菌、腹泻疫菌和肿瘤坏死因子等数十种基因工程产品相继问世;1982 年开始进入商品市场,在医疗保健和家畜疾病防治中获得广泛应用,并已取得或正在取得巨大的效果和收益。基因工程的基本步骤为:取得所需要的 DNA 特定片段(目的基因);选择基因的合适运载体(另一种 DNA 分子);使目的基因和运载体结合,得到重组 DNA;将重组 DNA 引入细菌或动植物细胞并使其增殖;创造条件,使目的基因在细胞中指导合成所需要的蛋白质或其他产物,或育成动植物优良新种(或新品种)。

运用基因工程技术已育成高赖氨酸、高苏氨酸、高维生素 K 的生产菌株,并成功地将淀粉酶基因经持导入了酵母,使之直接利用淀粉生产酒精,从而将发酵工业推到一新的高度。农业上采用基因工程技术已培育成抗虫害烟草、抗除莠剂烟草和抗斑纹病烟草、高蛋白稻米、瘦肉型猪、优质产毛羊等动植物新品种。我国近年来基因工程也取得了重大成果,如乙型肝炎病毒疫苗、甲型肝炎病毒疫苗、幼畜腹泻疫苗、青霉素酰化酶基因工程菌株等,有的已推广使用、有的正在试产;胰岛素、干扰素和生长激素等基因工程产品正进行高效表达试验;抗烟草斑纹病毒、抗除莠剂,抗虫害的植物基因工程研究工作已获阶段性成果;高等植物基因导入的新方法,固氮及相关 DNA 结构和调控等研究达到了世界先进水平。

(二)基因工程的常用载体

游离的外源 DNA 是不能复制的,需外源基因连接到具有自我复制和表达能力的 DNA 分子上,实现外源基因的无性繁殖或表达。这种携带外源基因的复制子称基因表达载体或称克隆载体。其中为使插入的外源 DNA 序列可转录,进而翻译成多肽或蛋白的克隆载体又称表达载体,常见的载体有质粒、噬菌体、病毒等。

1.质粒　是存在于细菌胞浆中的非染色体环状 DNA,长度为 1~200 kb(千碱基对),能在宿主细胞内进行自身复制。较好的质粒在宿主细胞中自身复制快,有多个常用限制性内切酶的特异单一位点,容易插入外源 DNA。

2.噬菌体　是一类细菌的病毒,能侵入细菌体内并在其中生长繁殖(DNA 复制)。常用 λ 噬菌体,可感染大肠杆菌。噬菌体可携带较大的 DNA 片段。

3.病毒载体　某些病毒 DNA 能携带外源 DNA 并在动物细胞中增殖,如猿猴 40 病毒(simian virus40,SV_{40})已转运兔血红蛋白 β-链基因到非洲猴肾培养细胞中并表达成功。

4.柯斯质粒　又译为黏粒,由细菌的质粒和噬菌体的黏性末端构建而成,可感染进入细胞,可转运 29~45 kb 的 DNA 片段。既可感染细菌,也可感染哺乳动物细胞,进行基因表达。

(三)工具酶

以 DNA 分子为工作对象,而对 DNA 分子进行切割、连接、聚合、修饰等各种操作时都是酶促过程,常常需要一些基本的工具酶,主要包括限制性核酸内切酶、连接酶、DNA 聚合酶等。

1.限制性核酸内切酶　是重组 DNA 技术的重要工具酶,是一类能够识别 DNA 双链中特异的核苷酸序列,并在识别位点或周围切割双链 DNA 的一类核酸酶,被称为重组 DNA 技术的"分子手术刀"。限制性内切酶的发现和应用使 DNA 体外重组成为可能。在基因工程和分子生物学中,没有任何一种酶像限制性内切酶这样举足轻重和广泛应用。

2.DNA 连接酶　此酶用于连接各种 DNA 片段,使不同基因重组。现在常见的 DNA 连接酶有大肠杆菌 DNA 连接酶和 T_4 DNA 连接酶,前者只能连接具有黏性末端的 DNA 片段,后者既可以连接黏性末端 DNA 片段,也可以连接平端末端片段。

3.DNA 聚合酶　此酶能以 DNA 为模板,dNTP 为引物,从引物 3′ 末端或切口的 3′ 末端沿 5′→3′ 方向合成 DNA。

4.其他酶类　此外,基因工程还可能选择其他酶类,比如逆转录酶、末端转移酶、多聚核苷酸激酶等。

(四)基因工程主要步骤

一个完整的基因工程过程应包括 6 个主要步骤:一是目的基因的获得;二是基因载体的选择与制备;三是目的基因与载体连接成重组 DNA;四是重组 DNA 导入宿主

细胞;五是重组 DNA 分子筛选与鉴定;六是目的基因的表达(图10-18)。

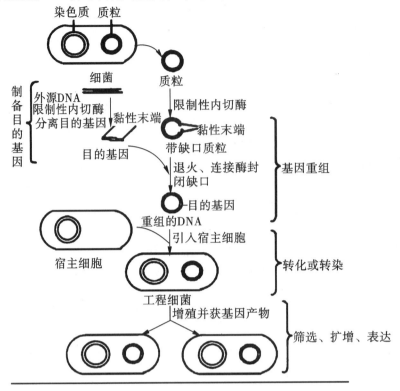

图 10-18 基因工程示意

1. 目的基因的获得 目标 DNA 也称目的基因,是指为达到目的而选定的欲转导、克隆、表达的基因。目标 DNA 可通过以下几个方面获得。①从基因组中直接分离;②逆转录:对于真核生物来说,直接分离比较困难,但是可从胞质中分离得到相应的 mRNA,通过逆转录机制可获得 cDNA;③人工合成:对于简单的 DNA 序列可进行人工合成;④聚合酶链反应(PCR):这是一种常用的 DNA 扩增技术,在获取目标 DNA 中应用十分广泛。

2. 基因载体的选择与制备 用于制备目的基因时所选定的同一限制性内切酶切开载体,使目的基因和载体 DNA 两端有互补的黏性末端。二者在一起保温,其黏性末端可自发地进行碱基互补配对形成氢键。再用 DNA 连接酶连接缺口,使目的基因重组入载体环状 DNA 中。平头末端者则需加上人工接头构成黏性末端。也可在连接酶作用下连接,但需要的酶和底物量大、连接效率低。

DNA 重组技术

3. 目的基因与载体连接成重组 DNA 把插入了目的基因的载体称 DNA 重组体。它可进入受体细胞(宿主细胞)自主进行复制,或把目的基因 DNA 整合到受体细胞 DNA 中再进行复制、表达。把用细菌质粒作载体的重组体导入受体细胞的过程叫转化。把用噬菌体、病毒作载体,构建的重组体导入受体细胞的过程称转染。

4. 重组 DNA 分子导入宿体细胞 外源 DNA 与载体在体外连接成重组 DNA 分子后,需要将其导入宿主细胞。随着宿主细胞生长、增殖,重组 DNA 分子也复制、扩增。在重组 DNA 技术中,将质粒 DNA 及其重组体导入细菌的过程称为转化;病毒及其重组体导入宿主的受体细胞称为转染;噬菌体及其组体导入宿主的受体细胞称为转导。

5.重组 DNA 分子的筛选与鉴定　转化后,目的基因进入宿主受体细胞,但并不是每一个细胞都含有目的基因,必须经过筛选与鉴定,才能使已经转化的受体细胞不断繁殖和充分扩增,表达重组 DNA 分子。

6.目的基因的表达　重组 DNA 分子在宿主细胞中复制以达到扩增目的基因的目的,并经转录和翻译生产出有生物活性的蛋白质。

基因工程的目的是使目的基因高效表达,产生对人类有价值的蛋白质产品或对人类有益的生物性状。目的基因的表达及表达产物的检测、获得,实际上相当复杂,尽管其研究进展很快,但仍有大量理论和技术问题有待解决。尽管困难不少,但基因工程已取得了诸多极其重要的进展,并显示出其广阔的发展前景。1990 年诞生的分子医学是重组 DNA 技术与医学实践相结合的结果。它是由基因克隆技术、基因转移技术、PCR 技术等基础上产生的,已经被应用于疾病基因的发现与克隆、生物制药、基因诊断、基因治疗、遗传病预防等多个领域。

小　结

DNA 是遗传信息的物质载体,中心法则阐明了生物遗传信息的规律。DNA 通过半保留复制的方式使遗传信息能够代代相传。复制需要许多酶和蛋白质参与,过程可分为起始、延伸和终止三阶段。由复制体按 5′→3′方向合成先导链和随从链,随从链是以冈崎片段形式合成。

逆转录是 RNA 病毒的复制形式,它是以 RNA 为模板合成 DNA 的过程。

以 DNA 为模板、NTP 为原料合成 RNA 的过程称为转录。从化学反应机制上看,转录和复制都是核苷酸聚合成核酸大分子的过程,复制需全部保留和继承亲代的遗传信息;转录是活细胞所需信息的表达,是不对称的转录,需 RNA 聚合酶及 ρ 因子等参与,过程可分为起始、延长、终止三阶段。转录出的 RNA 需经加工修饰成熟后才能发挥生物学活性。

蛋白质的生物合成,需要各种氨基酸作为原料,mRNA 作模板,tRNA 作转运工具,rRNA 和多种蛋白质组成的核糖体作为装配机以及酶、蛋白因子参与。在 mRNA 链上以 5′→3′方向,每 3 个相邻碱基组成一个三联体代表一种氨基酸,称遗传密码(又称密码子),遗传密码具有方向性、连续性、简并性和摆动性等特点。蛋白质合成过程氨基酸活化、多肽链合成的起始、延长、终止和释放、合成后修饰加工五个环节。也常简单分为起始、延长、终止三个阶段。

基因调控机制根据各个细胞的功能要求,精确地控制每种蛋白质的生产数量。生物体完整的生命过程是基因组中的各个基因按照一定的时空次序开关的结果。基因表达调控主要表现在染色质水平上的调控、转录水平上的表达调控、转录后调控、翻译水平上的调控等重要环节。

基因工程也称为遗传工程、基因拼接技术或 DNA 重组技术。这种技术是在生物体外,通过对 DNA 分子进行人工"剪接"和"拼接",对生物的基因进行改造和重新组合,然后导入受体细胞内进行无性繁殖,使重组基因在受体细胞内表达,产生出人类所需要的基因产物。限制性核酸内切酶是重组 DNA 技术的重要工具酶,是一类能够识

笔记栏

别 DNA 双链中特异的核苷酸序列,并在识别位点或周围切割双链 DNA 的一类核酸酶,被称为重组 DNA 技术的"分子手术刀"。一个完整的基因工程过程应包括 6 个主要步骤:目的基因的获得、基因载体的选择与制备、目的基因与载体连接成重组 DNA、重组 DNA 导入宿主细胞、重组 DNA 分子筛选与鉴定和目的基因的表达。

问题分析与能力提升

　　病例摘要　男性,50 岁,工人,发热、咳嗽 5 d 就诊。患者 5 d 前雨淋后,出现寒战、发热,体温高达 40 ℃,伴咳嗽、咳少量白色黏痰。无痰中带血。无胸痛、咽痛及关节痛。在当地门诊口服退热止咳药及红霉素片后,体温仍高,在 38～40 ℃ 之间波动。病后食欲缺乏,睡眠差,大小便正常,体重无变化。既往体健,无药物过敏史,个人史、家族史无特殊。

　　查体　T 38.2 ℃,P 96 次/min,R 20 次/min,BP 120/80 mmHg。发育正常,急性病容,营养中等,神清,无皮疹,浅表淋巴结不大,头部器官大致正常,咽无充血,扁桃体不大,颈静脉无怒张,气管居中,胸廓无畸形,呼吸平稳,左上肺叩浊,语颤增强,可闻湿性啰音,心界不大,心率 96 次/min,律齐,无杂音,腹软,无压痛,肝脾未及。

　　实验室检查:Hb 140 g/L,WBC 12.8×10 /L,中性粒细胞 79%,嗜酸细胞 1%,淋巴细胞 20%,尿常规(－),粪便常规(－)。

　　诊断:左侧肺炎。

　　思考:①诊断的依据是什么？需要做哪些进一步诊断？②如何对症治疗？对症治疗药物机制是什么？

同步练习

一、单项选择题

1. 需要以 RNA 为引物的是　　　　　　　　　　　　　　　　　　　　　　　　( )
   A. 体内 DNA 复制　　　　　　　　　　B. 转录
   C. RNA 复制　　　　　　　　　　　　　D. 翻译
   E. 逆转录

2. 紫外线(UV)辐射对 DNA 的损伤,主要使 DNA 分子中一条链上相邻嘧啶碱基之间形成二聚体,其中最易形成的二聚体是　　　　　　　　　　　　　　　　　　　　　( )
   A. C–C　　　　　　　　　　　　　　　B. C–T
   C. T–T　　　　　　　　　　　　　　　D. T–U
   E. U–C

3. 与 DNA 修复过程缺陷有关的疾病是　　　　　　　　　　　　　　　　　　　　( )
   A. 着色性干皮病　　　　　　　　　　　B. 卟啉病
   C. 黄疸　　　　　　　　　　　　　　　D. 黄嘌呤尿症
   E. 痛风

4. 下列关于启动基因的描述哪一项是正确的　　　　　　　　　　　　　　　　　( )
   A. mRNA 开始被翻译的那段 DNA 顺序
   B. 开始转录生成 mRNA 的那段 DNA 顺序
   C. RNA 聚合酶最初与 DNA 识别结合的那段 DNA 顺序
   D. 阻遏蛋白结合的 DNA 部位
   E. 调节基因产物的结合部位

笔记栏

5. 识别转录起始位点的是 （　）
　　A. ρ 因子　　　　　　　　　　　　　B. 核心酶
　　C. RNA 聚合酶的 σ 因子　　　　　　　D. RNA 聚合酶的α亚基
　　E. RNA 聚合酶的β亚基

6. 生物体系下列信息传递方式中哪一种还没有确实证据 （　）
　　A. DNA→RNA　　　　　　　　　　　B. RNA→蛋白质
　　C. 蛋白质→RNA　　　　　　　　　　D. RNA→DNA
　　E. 以上都不是

7. 真核细胞 mRNA 的加工修饰不包括 （　）
　　A. 去除非编码序列　　　　　　　　　B. 磷酸化修饰
　　C. 5′加帽的同时还伴有甲基化修饰　　D. 在 mRNA 的 3′末端加 polyA 尾巴
　　E. 剪去外显子拼接内含

8. 下列关于氨基酸密码的叙述哪一项是正确的 （　）
　　A. 由 DNA 链中相邻的三个核苷酸组成
　　B. 由 mRNA 上相邻三个核苷酸组成
　　C. 由 tRNA 结构中相邻三个核苷酸组成
　　D. 由 rRNA 中相邻的三个核苷酸组成
　　E. 由多肽链中相邻的三个氨基酸组成

9. 蛋白质生物合成中肽链延长所需要的能量来源于 （　）
　　A. ATP　　　　　　　　　　　　　　B. UTP
　　C. GTP　　　　　　　　　　　　　　D. CTP
　　E. GDP

10. 细胞核中 DNA 的遗传信息是通过下列何种物质传递到蛋白质合成部位的 （　）
　　A. rRNA　　　　　　　　　　　　　B. tRNA
　　C. DNA 本身　　　　　　　　　　　D. mRNA
　　E. 核蛋白体

11. 下列物质,不会在核蛋白体上出现的是 （　）
　　A. 氨基酰 tRNA 合成酶　　　　　　B. 氨基酰 tRNA
　　C. 肽酰 tRNA　　　　　　　　　　D. mRNA
　　E. GTP

12. 大肠杆菌蛋白质合成过程中,第一个进入合成位点的是 （　）
　　A. 蛋氨酸　　　　　　　　　　　　B. 丝氨酸
　　C. 甲酰蛋氨酸　　　　　　　　　　D. 甲酰丝氨酸
　　E. 谷氨酸

13. 镰状细胞贫血是异型血红蛋白纯合基因的临床表现,其与β链变异有关的突变是 （　）
　　A. 交换　　　　　　　　　　　　　B. 插入
　　C. 缺失　　　　　　　　　　　　　D. 置换
　　E. 点突变

二、填空题

1. 真核生物中的 DNA 聚合酶有_____种,其中在复制起主要作用的是_____,可能与修复作用有关的是_____。

2. 复制的延长,顺解链方向的称_____,与解链方向相反的称为_____;前者为复制,后者为_____复制。

3. DNA 复制的基本过程可分_____、_____及_____三个阶段。

4.mRNA 上的碱基三联体遗传密码的特点是＿＿＿＿＿＿＿、＿＿＿＿＿＿＿、＿＿＿＿＿＿＿＿、＿＿＿＿＿＿＿＿＿和＿＿＿＿＿＿＿。

5.蛋白质生物合成过程中起主要作用的酶有二种分别为＿＿＿＿＿、＿＿＿＿＿。

6.基因工程常用的载体有＿＿＿＿＿＿＿、＿＿＿＿＿＿＿、＿＿＿＿＿＿＿和＿＿＿＿＿＿＿等。

三、名词解释

1.冈崎片段　2.DNA 半保留复制　3.转录　4.翻译　5.核糖体循环　6.前导链　7.密码子

8.反密码子　9.基因工程　10.限制性核酸内切酶　11.模板链　12.编码链

五、问答题

1.简述参加 DNA 复制过程的酶及蛋白质因子的作用。

2.试述转录与复制的相似和区别。

3.蛋白质翻译后的加工过程可有哪几种形式?

4.简述遗传密码的主要特点。

5.什么是基因工程? 简述基因工程的基本步骤。

第十一章

肿瘤的生化基础

学习目标

◆掌握 癌基因、抑癌基因、生长因子的概念。

◆熟悉 病毒癌基因与抑癌基因的概念;原癌基因表达产物及其功能;细胞凋亡的概念。

◆了解 生长因子的作用机制,常见的细胞癌基因、肿瘤的发生发展机制。

第一节 概 述

细胞的增生与死亡是两个相反的生理过程。在正常情况下,两者都有严密的调控机制,以保证胚胎发育、个体成长以及成体中新生细胞替代衰老、死亡的细胞。胚胎发育与个体成长中,细胞增生占优势。成体中的细胞增生与死亡达成平衡,若平衡破坏则可导致肿瘤(图 11-1)。

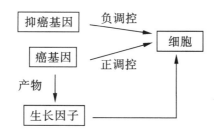

图 11-1 癌基因、抑癌基因与生长因子的关系

肿瘤细胞的显著特征是细胞自主性分裂不受体内生长调节系统的控制,失去细胞与细胞之间以及细胞与组织之间的正常关系,因而肿瘤细胞可侵袭周围正常的组织并发生转移。肿瘤细胞增生的核心问题是基因突变。未能保真修复的 DNA 损伤可能产生基因突变。如果基因发生突变则会造成:①促进细胞生长、繁殖并阻止其发生终末分化的癌基因活化,或抑制细胞增殖,促进分化、成熟、衰老、凋亡的抑癌基因的失活;②调节细胞凋亡的促凋亡基因失活或抑制凋亡基因功能增强;③DNA 修复基因失活,使突变在细胞内积累,当累及到调节细胞增生及细胞凋亡的基因时,就可能使细胞增生及凋亡失去平衡,引起细胞增殖失控,导致肿瘤的发生(图11-2)。

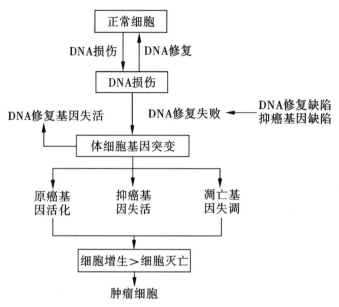

图11-2　促进正常细胞向肿瘤细胞转化的因素

第二节　癌基因与抑癌基因

肿瘤的发生是由于肿瘤细胞的异常生长、增殖和分化引起的,而调控肿瘤细胞恶性生长增殖的基因有两类:一类是促进细胞增殖,具有致癌潜在能力的基因,称为癌基因;另一类是抑制细胞生长增殖,具有抑制肿瘤形成的基因,称为抑癌基因。当这两类基因的任何一种或两种发生变化,即可引起细胞生长失控,导致肿瘤发生。肿瘤的发生又是一个复杂的多基因改变过程,与癌基因、抑癌基因及生长因子的异常表达有密切关系。

一、癌基因

癌基因最初的定义是可以在体外引起细胞转化,在体内引起肿瘤的一类基因,又称为转化基因。癌基因是细胞内控制细胞生长和分化的基因,它的结构异常或表达异常,将会引起细胞癌变。在正常情况下,这些基因处于静止或低表达的状态,不仅对细胞无害,而且对维持细胞的正常功能具有重要的作用;当其受到致癌因素作用被活化(发生过度表达或突变导致激活),则会导致细胞癌变。癌基因的命名一般是根据其来源的病毒或肿瘤,通常用三个斜体小写字母表示,例如,*myc*、*ras*、*src* 等。癌基因可分为病毒癌基因和细胞癌基因。

(一)病毒癌基因

病毒癌基因是一类存在于肿瘤病毒中,能使靶细胞发生恶性转化的基因。肿瘤病毒是一类能使敏感宿主产生肿瘤或使培养细胞转化成癌细胞的动物病毒,根据其核酸组成可分为DNA病毒和RNA病毒(其中致癌的RNA病毒多为逆转录病毒)。癌基因最初在逆转录病毒内发现。到目前为止,已发现几十种病毒癌基因,并发现相当一部分病毒癌基因具有癌基因产物。

进一步研究表明,在鸡Rous肉瘤病毒的核酸中存在一个特殊癌基因片段*src*,可使细胞转化(图11-3)。1974年J. Michael Bishop和Harold Varmus发现正常的非病毒感染鸡细胞中也存在*src*基因片段。随后的研究表明,病毒中的癌基因和细胞中的原癌基因是同源的,即它们的DNA顺序是相对应的。逆转录病毒能在宿主细胞中繁殖而不断进行细胞分裂,同时可产生逆转录酶。病毒感染宿主细胞后在宿主细胞内以病毒RNA为模板,在逆转录酶催化下合成双链DNA前病毒,并在宿主细胞中以前病毒的形式代代传递下去,前病毒DNA随即整合进入宿主细胞基因组,当前病毒DNA从宿主基因组切离时,部分宿主原癌基因被同时切下,从宿主细胞中释放的病毒将带有原癌基因的转导基因,经过重排、重组转变为病毒癌基因,使得野生型病毒转变为携带有癌基因的病毒,从而获得致癌的特性(图11-4)。目前已发现的逆转录病毒中的癌基因有30多种。

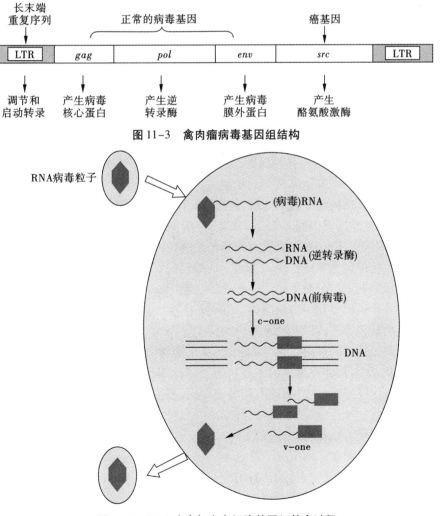

图11-3　禽肉瘤病毒基因组结构

图11-4　RNA病毒与宿主细胞基因组整合过程

逆转录病毒中的癌基因为病毒基因,加前缀 $v-$ 表示,如 $v-src$;细胞中与其对应的细胞癌基因,可加前缀 $c-$ 表示,如 $c-src$;癌基因表达的蛋白产物则用大写字母表示,如 RAS、FOS、MYC 等。

(二)细胞癌基因

正常细胞内存在与病毒癌基因同源的系列,这类基因在正常细胞基因组中不仅存在,而且可以表达,故被称为细胞癌基因。生物界,从单细胞酵母、无脊椎生物、脊椎动物到哺乳动物乃至人类细胞基因中广泛存在着各种类型的癌基因。同类功能的细胞癌基因进化上高度保守,结构上高度同源,提示它们是生命活动所必需的。癌基因表达产物对细胞正常生长、繁殖、发育和分化起着重要的调控作用,若这类基因的结构发生变化或表达失控,就会导致细胞生长繁殖和分化异常,部分细胞发生恶变而形成肿瘤。为了与被激活后能使细胞恶性转化的癌基因区分开来,而将正常细胞内未激活的癌基因称为原癌基因。

1. 原癌基因的特点 根据现有的研究结果,原癌基因的特点可概括如下:①广泛存在于生物界;②在进化过程中,基因序列呈现高度保守性;③其作用通过表达产物蛋白质来体现,它们存在于正常细胞,对维持正常生理功能、调控细胞生长和分化起重要作用,是细胞生长和分化、组织再生、创伤愈合等所必需;④在某些因素(如某些化学物质、放射线等)的作用下,原癌基因一旦被激活,发生数量上或结构上的变化时,就会形成癌性的细胞转化基因。

2. 原癌基因的分类 原癌基因种类繁多,大部分癌基因依据其基因结构与功能特点可归于下列几个家族。①src 家族:包括 abl、fes、src、fgr、yes、kck、lck、ros、tkl、lyn、fym、fps 等基因,蛋白质产物多具有酪氨酸蛋白激酶活性以及同细胞膜结合性质,蛋白质产物之间大部分氨基酸序列具有同源性,定位于跨膜部分,有的也可游离于细胞质中。②ras 家族:包括 H-ras、K-ras、N-ras,虽然它们之间的核苷酸序列相差很大,但所编码的蛋白质都是 21 kD 的小 G 蛋白 P21,能结合 GTP,具有 GTP 酶活性,并参与 cAMP 水平的调节,位于细胞质膜内面。③myc 家族:包括 $c-myc$、$N-myc$、$L-myc$、fos、myb、ski 等基因,这些基因编码核 DNA 结合蛋白或是转录调控中的反式作用因子,对其他多种基因的转录有直接的调节作用。④sis 家族:sis 编码的 p28 与人血小板源生长因子同源,能刺激间叶组织的细胞分裂繁殖。⑤erb 家族:包括 $erb-A$、$erb-B$、fms、mas、trk 等基因,其表达产物是生长因子和蛋白激酶类。⑥myb 家族:包括 myb 和 $myb-ets$,表达的蛋白质产物为核内转录因子,可与 DNA 结合。

3. 原癌基因活化的机制 正常情况下,存在于动物基因组中的原癌基因处于低表达或不表达状态,对机体有重要的生理功能。然而细胞癌基因在物理、化学及生物因素的作用下发生突变,表达产物的质和量的变化,表达方式在时间空间上的改变,都有可能使细胞转化。从正常的原癌基因转变为具有使细胞转化功能的癌基因的过程称为原癌基因的活化。活化机制见表 12-1。

不同的原癌基因在不同情况下通过不同的途径被激活,其结果可以是:出现新的表达产物;出现过量的正常表达产物;出现异常的表达产物。在肿瘤细胞中可以出现以上一种、两种以及两种以上的异常情况的组合。

表 11-1　细胞癌基因活化机制

活化机制	举例
点突变	原癌基因在射线或化学致癌剂作用下,可能发生单个碱基的替换,即点突变,从而造成基因编码蛋白质中氨基酸的替换,导致蛋白质结构功能改变。例如,EJ 膀胱癌细胞株中 $c-ras$ 点突变
原癌基因扩增	原癌基因通过基因扩增,增加了基因拷贝数,产物过量表达,可使细胞转化。例如,小细胞肺癌中 $c-myc$ 扩增;在 30% 的乳腺癌人群中 $erbB_2/HER_2$ 基因拷贝数升高,其目的蛋白的表达量上升
DNA 重排	可导致原癌基因序列缺失或与周围的基因序列交换,基因产物结构功能改变。例如,结肠癌中发现 $c-tpk$ 与非肌原肌球蛋白基因之间 DNA 重排
染色体易位	在染色体易位的过程中发生了某些基因的易位和重排,使原来无活性的原癌基因移至强的启动子或增强子附近而被活化,原癌基因表达增强,导致细胞转化。例如,慢性髓细胞性白血病中有 9 号染色体 $c-abl$ 与 22 号染色体上 ber 基因对接
病毒基因启动子及增强子的插入	当逆转录病毒感染细胞后,病毒基因组所携带的长末端重复序列(LTR,内含较强的启动子和增强子)插入到细胞原癌基因附近或内部,可以启动下游邻近基因的转录和影响附近结构基因的转录水平,使原癌基因过度表达从而导致细胞发生癌变。例如,禽类白细胞增生病毒整合到禽类基因组中,由病毒的 LTR 序列中的启动子及增强子调控 $c-myc$ 表达,导致肿瘤发生
甲基化程度降低	DNA 的甲基化对于维持双螺旋结构的稳定,阻抑基因转录具有重要作用。甲基化程度下降,基因表达增强。例如,结肠腺癌细胞、小细胞肺癌细胞 $c-ras$ 基因甲基化程度下降

4. 原癌基因的产物与功能　原癌基因编码的蛋白质与细胞生长调控的许多因子有关,这些因子参与细胞生长、增殖、分化等各个环节的调控。现将原癌基因表达产物按照其在细胞信号传递系统中的作用分为以下四类。①细胞外的生长因子:细胞外信号包括生长因子、激素、神经递质和药物等。生长因子(GF)即是一类细胞外信号分子,它们作用于靶细胞膜上的受体,通过细胞信号转导过程,使多种蛋白激酶活化,对转录因子进行磷酸化修饰,使一系列与细胞增殖有关的基因转录激活。例如,$c-sis$ 编码的 P28 蛋白与血小板源生长因子(PDGF)的 β 链同源性达 87%,可模拟 PDGF 信号作用于细胞 PDGF 受体,造成大量生长信号的不断输入,从而使细胞增殖失控。目前已知与恶性肿瘤发生有关的生长因子有 PDGF、表皮生长因子(EGF)、转化生长因子-2(TGF-2)、成纤维细胞生长因子(FGF)、类胰岛素生长因子Ⅰ(IGF-Ⅰ)等。这些因子的过度表达会连续作用于相应的受体细胞,造成大量生长信号的持续输入,从而使细胞增殖失控。②跨膜的生长因子受体:另一些原癌基因编码的产物是跨膜的生长因子受体,可接受细胞外生长因子的刺激并将信号向细胞内传递引起细胞增殖。它们的胞内结构域具有酪氨酸特异的蛋白激酶活性,通过酪氨酸的磷酸化作用,使其结构发生改变,增加激酶对底物的活性,加速生长信号在胞内的传递。③细胞内信号传导体:

生长信号到达胞内后,借助一系列胞内信息传递体系将接收到的生长信号由胞内传递至核内,促进细胞生长。这些传递体系成员多数是细胞原癌基因的产物,或者通过这些基因产物的作用影响第二信使。例如 *c-ras* 和 *c-mas* 编码丝氨酸/苏氨酸蛋白激酶、*c-src* 和 *c-abl* 等编码非受体酪氨酸蛋白激酶等。④核内转录因子:某些癌基因(如 *myc*、*fos* 等)表达蛋白定位于细胞核内,能与靶基因的顺式调控元件相结合,直接调节靶基因的转录活性,起转录因子的作用。这些细胞癌基因通常在细胞受到生长因子刺激时迅速表达,促进细胞的生长与分裂(图 11-5)。

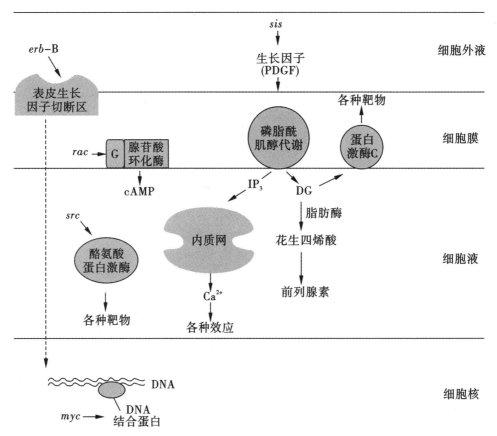

图 11-5　癌基因与生长信息传递

IP$_3$:三磷酸肌酯　DG:二酰甘油

癌基因及其表达产物是维持细胞正常生理功能的一部分,癌基因产物并不都具有致癌活性,因此早先"癌基因"的表述是片面的。目前普遍接受的广义"癌基因"的概念是:凡是能编码(类)生长因子、(类)生长因子受体、细胞内生长信号转导分子,以及与生长有关的转录调节因子等的基因均应归属于癌基因的范畴。

二、抑癌基因

抑癌基因又称肿瘤抑制基因或抗癌基因,是指存在于正常细胞内的一类可抑制细胞过度生长并具有潜在抑癌作用的基因。

抑癌基因在调控细胞增殖和分化方面与癌基因同等重要,只是导致细胞发生转化的机制与癌基因相反,是由于这类基因的缺失或其表达产物功能的丧失会促进细胞恶性生长。

20世纪60年代开始的杂合细胞致癌性研究中,将肿瘤与正常细胞融合,或在肿瘤细胞中导入正常细胞的染色体,都可以获得无致癌性的杂合细胞,提示正常的细胞中有抑制肿瘤发生的基因,即抑癌基因。对于正常细胞,促进生长的基因(如癌基因等)和抑制生长的基因(如抑癌基因等)的协调表达是调节细胞生长的重要分子机制之一。这两类基因相互制约,维持正、负调节信号的相对稳定。当细胞生长到一定程度时,会自动产生反馈性抑制,此时抑制生长的基因高度表达,而促进生长的基因则不表达或者低表达。前已述及,癌基因激活与过量表达与肿瘤的形成有关;同样的,抑癌基因的丢失或失活也可能导致肿瘤发生。

*Rb*基因是第一个被证实的抑癌基因。目前发现和鉴定的抑癌基因约10种(表11-2)。与癌基因相同,抑癌基因也是通过其编码的蛋白质产物发挥功能的。抑癌基因的产物起着抑制细胞增殖信号转导,负性调节细胞周期,从而抑制细胞的增殖的作用。

表11-2 常见的抑癌基因及其生物学特性

抑癌基因	染色体定位	产物定位	功能	相关肿瘤
*DPCD*1	18q21.1	细胞表面	转导 TGF-β 信号	胰腺癌、结肠癌等
*NF*1	17q11.2	胞膜内面	抑制 Ras 信号转导	施万细胞瘤
*NF*2	22q12.2	细胞骨架	抑制 Ras 信号转导	脑膜瘤等
*WT*1	11q13	细胞核	转录因子	肾母细胞瘤
NPC(*FA*0)	5q21-22	细胞质	抑制信号转导	胃癌、结肠癌等
RB	13q14	细胞核	负调节细胞周期	视网膜母细胞瘤、肺癌、骨肉瘤等
*p*53	17q12-13.3	细胞核	负调节细胞周期 DNA 损伤后的细胞凋亡	大多数癌症
*p*16	9p21	细胞核	负调节细胞周期	胰腺癌、食管癌等
DCC	11p15.5	细胞膜	细胞黏附	大肠癌、胰腺癌等
MEN-1	11q13	未定	与 TGFβ 信号有关	多发内分泌肿瘤

现以基因 *Rb* 及基因 *p*53 为例说明抑癌基因的功能。

1. *Rb* 基因　*Rb* 基因最初是在儿童的视网膜母细胞瘤中发现的,是第一个被发现的肿瘤抑制基因。*Rb* 基因位于13号染色体 q14,全长200 kb,含27个外显子,编码的 Rb 蛋白(P105)定位于细胞核内,它的磷酸化与去磷酸化修饰是其调节细胞生长分化的主要形式,非磷酸化或低磷酸化形式为活性型,能促进细胞分化,抑制细胞增殖。

Rb 蛋白的磷酸化程度与细胞周期密切相关,它是通过结合或释放转录因子 E_2F 来控制细胞周期的。E_2F 是一类激活转录作用的活性蛋白质,控制着 S 期的重要蛋白质的合成(如 DNA 合成酶)。在 G_0、G_1 期,低磷酸化的 Rb 蛋白和 E_2F 结合,使 E_2F 失活,抑制基因转录,阻断细胞进入 S 期,抑制细胞增殖。在 S 期,高磷酸化的 Rb 释放 E_2F,结合状态的 E_2F 变成游离状态而具有活性,从而激活 DNA 聚合酶、二氢叶酸还原酶、胸苷酸激酶等基因转录,细胞得以增殖。当 Rb 基因发生缺失或突变,丧失结合、抑制 E_2F 的能力,就会使细胞增殖活跃,导致肿瘤发生。

在人乳头瘤病毒(HPV)所致的宫颈癌过程中,Rb 与 E_2F 结合的丧失起着重要的作用。HPV 编码一种 E_7 的致癌蛋白产物,E_7 与 Rb 结合,阻止了 E_2F 与 Rb 的结合,因此游离的 E_2F 便可结合于基因的启动子使细胞进入细胞周期。

2. *p53* 基因　　*p53* 基因是迄今为止发现的与人类肿瘤相关性最高的基因。人类 *p53* 基因定位于 17 号染色体 p13,全长 16～20 kb,含有 11 个外显子,转录 2.8 kb 的 mRNA,编码蛋白质为 P53,是一种核内磷酸化蛋白,由 393 个氨基酸残基构成,在体内以四聚体形式存在,半衰期为 20～30 min。P53 蛋白可分为三个结构域:①核心结构域,位于 P53 分子中心,由第 102～290 位氨基酸残基组成,在进化上高度保守,但功能十分重要,包含有结合 DNA 的特异氨基酸序列;②酸性结构域,由 N 端第 1～80 位氨基酸残基组成,易被蛋白酶水解,含有一些特殊的磷酸化位点;③碱性结构域,由 C 端第 319～393 位氨基酸残基组成,P53 蛋白通过这一片段可形成四聚体,C 端可单独具备转化活性起癌基因作用,且具有多个磷酸化位点,为多种蛋白激酶识别。

野生型 P53 蛋白控制着多种有关细胞周期调控基因以及细胞凋亡基因的表达,在维持细胞正常生长、抑制恶性增殖中起着重要作用,被冠以"基因卫士"的称号。野生型 P53 的主要功能是:抑制细胞周期;抑制某些癌基因的细胞转化作用;监测细胞 DNA 损伤;诱发细胞凋亡。

当 *p53* 基因发生点突变、缺失、移码突变、基因重排和甲基化等改变时,表达的 P53 蛋白由于空间构象改变影响到转录活化功能及磷酸化过程,此时不但失去抑癌功能,反而增强癌蛋白的作用。在红白血病、星形细胞瘤、乳腺癌、小细胞肺癌、肝癌、结肠癌等均发现有 *p53* 基因缺失。

三、癌基因、抑癌基因与肿瘤的发生

肿瘤的发生是一个多因素、多阶段、多基因改变的累积渐进过程。原癌基因可在某些因素作用下被激活而具有转化细胞的性质,通过干扰正常的细胞信号转导过程造成细胞异常分化和增殖;抑癌基因功能的缺失或失活也是细胞癌变的重要原因。在多数情况下,肿瘤的发生是两类基因多个成员改变的综合结果。

癌基因、抑癌基因与肿瘤的发生

肿瘤发生是多步骤过程。这种多步骤过程在家族性多发性腺瘤样息肉病和甲状腺癌中研究得较为详细。从多发性腺瘤样息肉转变为结肠癌可能需要 7 个或更多的基因突变步骤:①FAP 因胚系变化,*APC* 基因的一个等位基因已失活,另一个野生型等位基因如果也发生突变就能使抑癌基因 *APC* 丧失功能,导致结肠上皮细胞增生;②在此基础上如果基因突变而使 DNA 甲基化程度降低,上皮细胞增生可转变为早期腺瘤;③原癌基因 *K-ras* 的活化进一步促进腺瘤生长;④抑癌基因 *DCC* 丧失功能后腺

瘤进展到晚期;⑤抑癌基因 *p53* 失活后腺瘤转变为腺癌。在结肠癌发生过程中,上述基因突变的顺序也可能会有变化,在其他的肿瘤发生过程中涉及的基因突变也不局限于上述基因。

第三节　生长因子

生长因子是一类能促进细胞增殖的多肽类,种类极多,通过与质膜上的特异受体结合发挥作用。它们在体液中浓度很低,但却对细胞的增殖、分化及其他细胞功能有明显的生物学效应,是代谢调节的重要方式。生长因子发挥作用的方式如下。①外分泌:生长因子从细胞分泌出来后,通过血液运输作用于远端靶细胞,如血小板生长因子源于血小板,作用于结缔组织细胞。②旁分泌:细胞分泌的生长因子作用于邻近的其他类型细胞,对合成、分泌该生长因子的自身细胞不发生作用。③自分泌:生长因子作用于合成及分泌该生长因子的细胞本身。生长因子以后两种的作用方式为主。常见的生长因子见表11-3。

表11-3　常见的生长因子及其功能

生长因子	来源	功能
表皮生长因子(EGF)	颌下腺	刺激多种上皮和内皮细胞生长
红细胞生成素(EPO)	肾、尿液	调节早成红细胞增殖
成纤维细胞生长因子(FGFs)(至少9个家族成员)	各种细胞	促进多种细胞增殖
白细胞介素-1(IL-1)	条件培养基	刺激 T 细胞生成白介素2
白细胞介素-2(IL-2)	条件培养基	刺激 T 细胞生长
神经生长因子(NGF)	颌下腺	对交感及某些感觉神经原有营养作用
血小板源生长因子(PDGF)	血小板	促进间充质及胶质细胞生长
转化生长因子-α(TGF-α)	转化细胞或肿瘤细胞	类似于 EGF
转化生长因子-β(TGF-β)	肾、血小板	对某些细胞同时有促进和抑制作用

(一)生长因子的作用机制

细胞合成、分泌的生长因子到达靶细胞后,作用于细胞膜相应的生长因子受体,这些受体有的是位于细胞膜上,有的是位于细胞内部。①位于膜表面的受体是跨膜的受体蛋白,包含具有酪氨酸激酶活性的胞内结构域,当生长因子与这类受体结合后,受体所包含的酪氨酸激酶被激活,使胞内的相关蛋白质被磷酸化;另一些膜上的受体则通过胞内信号传递体系,产生相应的第二信使,活化蛋白激酶,进而使胞内相关蛋白质磷酸化。这些被磷酸化的蛋白质再活化核内的转录因子,从而调节生长与分化。②胞内的受体与生长因子结合后,形成生长因子-受体复合物,可进入细胞核活化相关基因,促进细胞生长(图11-6)。

笔记栏

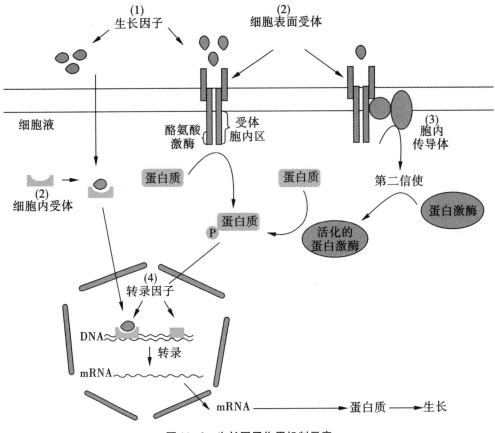

图11-6　生长因子作用机制示意

　　某些癌基因表达产物属于生长因子或生长因子受体类似物,它们由于过度表达或功能异常,可导致细胞失控,过度生长增殖,引起癌变。

(二)生长因子与肿瘤

　　癌基因/生长因子信号转导异常与肿瘤发生密切相关。某些癌基因产物属于生长因子类,某些属于信号转导途径的不同成分,如受体、蛋白激酶、小 G 蛋白以及转录因子等。被激活的原癌基因可能使这些表达产物发生结构改变、过量表达导致细胞生长、增殖失控。肿瘤细胞中常表现为促进增殖的信号增强,主要表现有:肿瘤细胞能分泌更多的生长因子;生长因子受体数量增多;信号途径分子异常激活。

第四节　细胞凋亡

(一)细胞凋亡机制

　　细胞凋亡是由细胞内特定基因的程序性表达而介导的细胞死亡,又称程序性细胞死亡。它一方面是生物个体胚胎发育过程中的程序化事件,另一方面是成熟个体在各种生理病理条件下维持组织中细胞数目平衡的反应。细胞凋亡涉及多种基因的表达和多种凋亡相关蛋白的作用,相关的基因有:*bcl-2* 基因家族、*p53* 基因和 *c-myc* 基因等。胱天蛋白酶是细胞凋亡中最关键的分子。细胞凋亡的信号转导途径包括死亡受体途径、凋亡的线粒体途径等。

(二)细胞凋亡与肿瘤

细胞增殖和细胞死亡两种过程相互协调使组织细胞的数量处于动态平衡。细胞增殖的同时受到癌基因和抑癌基因的平衡调节,细胞死亡受促进凋亡和抑制凋亡两种相反过程的影响。正常细胞向恶性细胞的转化是原癌基因活化、抑癌基因失活、抑制凋亡基因表达增加、促凋亡基因表达减少等因素综合作用的结果。

小　结

癌基因是指在细胞内控制细胞生长和分化的基因,其结构异常或表达异常,可以引起细胞癌变。癌基因可分为病毒癌基因和细胞癌基因,细胞癌基因又称为原癌基因,病毒癌基因源于细胞癌基因。病毒癌基因能使宿主细胞发生恶性转化,形成肿瘤。正常的原癌基因为生命活动所必需,调节细胞的正常生长与分化。当细胞癌基因结构发生异常或表达失控,可导致细胞恶变形成肿瘤。

抑癌基因是一类控制细胞生长的负调节基因,它与原癌基因协调表达以维持细胞正常生长、增殖与分化。抑癌基因缺失或突变即丧失抑癌作用。

生长因子是一类能促进细胞增生的多肽类,种类极多,通过与质膜上的特异受体结合发挥作用。

细胞凋亡是由细胞内特定基因的程序性表达而介导的细胞死亡。正常细胞向恶性细胞的转化是原癌基因活化、抑癌基因失活、抑制凋亡基因表达增加、促凋亡基因表达减少等因素综合作用的结果。

 ### 问题分析与能力提升

病例摘要　患者男,18 岁,于 2017 年 01 月 17 日以"发热待查"为主诉平诊步行入院,1 月前患者无明显诱因出现乏力、食欲缺乏、无发热、恶心、呕吐,未在意。7 d 前患者受凉后出现咳嗽、咽喉肿痛、流涕,涕中带血丝,未测体温,无咳嗽。自行口服"甘草片"后效差 3 d 前患者发现左侧颈部肿大,伴轻度压痛,肿大呈进行性加重,未予处理。1 d 前患者为进一步治疗至某医院测体温 39 ℃,查白细胞 $138.3×10^9$/L,血红蛋白 89 g/L,血小板 $26×10^9$/L,中性粒细胞 32.4%,淋巴细胞 56.1%。B 超示:双侧颈部多发肿大淋巴结。为进一步诊断来我院,急查血象示:白细胞 $160.8×10^9$/L,血红蛋白 76 g/L,血小板 $10×10^9$/L,中性粒细胞 5.4%,淋巴细胞 89.7%,门诊以"发热待查"收入我院,查骨髓象示:原始淋巴细胞+幼稚淋巴细胞占 95.6%,成熟淋巴细胞占 4.4%,骨髓增生极度活跃,淋巴细胞恶性增生。患者发病以来食欲欠佳,睡眠正常,大小便正常,精神欠佳,体重下降 15 kg,体位自主,贫血面容,全身皮肤黏膜出现红色针尖大小出血点,双侧颈部淋巴结肿大,右侧 13 mm×11 mm,左侧 13 mm×11 mm,质硬,活动度差,伴轻度压痛。

体温:38.5 ℃,脉搏 96 次/min,呼吸 24 次/min,血压 106/64 mmHg。

诊断:急性白血病。

思考:试分析该患者的遗传学因素。

同步练习

一、单项选择题

1. 关于抑癌基因的叙述,下列正确的是 （ ）
   A. 具有基质细胞增殖的作用　　　　　　B. 与癌基因的表达无关
   C. 肿瘤细胞出现时才表达　　　　　　　D. 不存在于人类正常的细胞中
   E. 缺失与细胞的增殖和分化无关

2. 下列哪一种物质不是癌基因产物 （ ）
   A. 生长因子　　　　　　　　　　　　　B. 化学致癌物
   C. 核内转录因子　　　　　　　　　　　D. 跨膜生长因子受体
   E. 小 G 蛋白

3. 迄今为止发现的与人类肿瘤相关性最高的抑癌基因是 （ ）
   A. *p53*　　　　　　　　　　　　　　　B. *ras*
   C. *p16*　　　　　　　　　　　　　　　D. *Rb*
   E. *src*

4. 生长因子是指 （ ）
   A. 能促进细胞增殖的多肽类物质　　　　B. 能促进细胞增殖的糖类物质
   C. 组蛋白与非组蛋白　　　　　　　　　D. 能促进细胞分化的多肽类物质
   E. 能促进细胞增殖的脂类物质

5. 关于抑癌基因错误的是 （ ）
   A. 最早发现的是 *Rb* 基因　　　　　　　B. 可抑制细胞过度生长
   C. 突变时可导致肿瘤发生　　　　　　　D. 可抑制细胞的分化
   E. 可诱发细胞凋亡

6. 关于 *p53* 基因叙述错误的是 （ ）
   A. 基因定位于 17*p*13　　　　　　　　　B. 是一种抑癌基因
   C. 突变后具有癌基因作用　　　　　　　D. 编码 P21 蛋白
   E. 编码产物有转录因子作用

7. 能编码具有酪氨酸蛋白激酶活性的癌基因是 （ ）
   A. *myc*　　　　　　　　　　　　　　　B. *sre*
   C. *sis*　　　　　　　　　　　　　　　　D. *myb*
   E. *ras*

8. 关于细胞癌基因的叙述正确的是 （ ）
   A. 存在于 DNA 病毒中　　　　　　　　B. 存在于 RNA 病毒中
   C. 存在于正常生物基因组中　　　　　　D. 又称病毒癌基因
   E. 以上都不对

二、填空题

1. 癌基因在正常情况下,处于_____或_____的状态,对维持细胞的正常功能具有重要的作用。

2. 不同的原癌基因在不同情况下通过不同的途径被激活,其结果可以是_____、_____、_____。

3. 原癌基因表达产物按照其在细胞信号传递系统中的作用分为以下四类:_____、_____、_____、_____。

4. 生长因子发挥作用的方式有_____、_____、_____。

三、名词解释

1. 抑癌基因　2. 细胞凋亡　3. 生长因子

四、问答题

1. 试述原癌基因被激活的方式。

2. 癌基因、抑癌基因、细胞凋亡与肿瘤的发生有何关系?

第十二章

血液的生物化学

🐱 **学习目标**

◆**掌握** 非蛋白氮含氮化合物的概念;血红素合成的原料及关键酶;成熟红细胞的代谢特点及意义。

◆**熟悉** 血浆蛋白质的分类方法及其功能。

◆**了解** 血液的化学组成成分。

正常人体血液总量约占体重的 8%,密度为 1.050~1.060,pH 值 7.4±0.05,渗透压为 770 kPa。血液由液态的血浆与混悬于其中的红细胞、白细胞和血小板组成。血浆占全血体积的 50%~60%,血细胞占全血体积的 40%~50%。血液凝固后析出的淡黄色透明液体为血清。血清与血浆的主要区别是血清中不含纤维蛋白原。血液的固体成分可分为无机物和有机物;无机物以电解质为主,如 Na^+、K^+、Ca^{2+}、Mg^{2+} 及 Cl^-、HCO_3^-、和 HPO_4^{2-},它们在维持血浆晶体渗透压,酸碱平衡及神经肌肉的正常兴奋性方面起重要作用。有机物包括蛋白质、非蛋白质含氮化合物、糖及脂类等,非蛋白含氮化合物包括尿素、肌酸、肌酐、尿酸、胆红素和氨等,这类物质中的氮总量称非蛋白质氮。正常人 NPN 含量 14.28~24.99 mmol/L,其中尿素氮约占 NPN 的 1/2。

本章主要讨论血液的化学成分、血浆蛋白质和红细胞代谢。

第一节 血液的化学组成

(一)血液的化学成分

血液在沟通内外环境及机体各部分之间、维持机体内环境的恒定及多种物质的运输、免疫、凝血和抗凝血等方面都具有重要作用。同时由于血液取材方便,通过血中某些代谢物浓度的变化,可反映体内的代谢或功能状况,因此与临床医学有着密切的关系。

正常人全血含水 77%~81%,余为固体成分和少量的 O_2、CO_2 等气体。血浆含水较多,93%~95%;红细胞含水较少,约 65%。血液(全血)是由液态的血浆与混悬在其中的红细胞、白细胞、血小板等有形成分组成。

血浆中的固体成分分为有机物和无机物两大类。有机物包括蛋白质、非蛋白含氮物、糖、脂类、酶、激素、维生素以及其他不含氮的有机物。无机物为多种无机盐,它们主要以离子状态存在。主要阳离子有 Na^+、K^+、Ca^{2+}、Mg^{2+};主要的阴离子有 Cl^-、HCO_3^-、HPO_4^{2-}等。这些离子在维持血浆渗透压、酸碱平衡及神经肌肉的兴奋性等方面起着重要作用。

由于血液的某些成分受食物影响,故常采取 8~12 h 的空腹血液进行分析。血液中主要化学成分及正常值见表 12-1。

表 12-1　血液中主要化学成分

化学成分	血标本	正常参考范围
一、蛋白质		
血红蛋白	全血	男:120~160 g/L 女:110~150 g/L
总蛋白	血清	60~80 g/L
清蛋白	血清	35~55 g/L
球蛋白	血清	20~30 g/L
纤维蛋白原	血浆	2~4 g/L
二、非蛋白含氮物		
NPN	全血	14.3~25.0 mmol/L
尿素	血清	1.78~7.14 mmol/L
氨	全血	47~65 μmol/L
尿酸	血清	0.12~0.36 mmol/L
肌酐	血清	0.05~0.11 mmol/L
肌酸	血清	0.19~0.23 mmol/L
氨基酸氮	血清	2.6~5.0 mmol/L
总胆红素	血清	1.7~17.1 μmol/L
三、不含氮的有机物		
葡萄糖	血清	3.9~6.1 mmol/L
三酰甘油	血清	1.1~1.7 mmol/L
总胆固醇	血清	2.8~6.0 mmol/L
磷脂	血清	48.4~80.7 mmol/L
酮体	血清	0.078~0.49 mmol/L
乳酸	全血	0.6~1.8 mmol/L
四、无机盐		
Na^+	血清	135~145 mmol/L
K^+	血清	3.5~5.5 mmol/L
Ca^{2+}	血清	2.1~2.7 mmol/L
Mg^+	血清	0.8~1.2 mmol/L
Cl^-	血清	98~106 mmol/L
HCO_3^-	血浆	22~27 mmol/L
无机磷	血清	1.0~1.6 mmol/L

正常情况下,血液中化学成分的含量相对恒定,保持动态平衡。当机体物质代谢

障碍产生疾病时,血液中某些化学成分的含量则会发生改变,因此临床上常常分析血液中某些化学成分用于疾病的诊断、疗效观察及预后判断。

(二)非蛋白质含氮化合物

血液中除蛋白质以外的含氮物质主要有尿酸、肌酸、肌酐、氨基酸、胆红素、氨等,临床上把这些化合物所含氮量总称为非蛋白氮。正常人血中 NPN 含量为 14.3 ~ 25 mmol/L(20 ~ 40 mg/dL),这些含氮化合物中绝大多数是蛋白质和核酸的分解代谢终产物,可经血液运输到肾随尿排出体外。当肾功能障碍影响排泄时会导致其在血中浓度升高,这也是血中 NPN 升高最常见的原因。临床上常通过测定 NPN 含量以了解肾脏的排泄功能。另外,当体内蛋白质分解增强时,如高热、糖尿病等,也可因 NPN 生成量增多而使血中浓度升高。此外,当肾血流量下降,体内蛋白质摄入过多,消化道出血或蛋白质分解加强等也会使血中 NPN 升高,临床上将 NPN 升高称之为氮质血症。

尿素氮是 NPN 中含量最多的一种物质,尿素氮的含量约占 NPN 总量的一半(1/3 ~ 1/2),正常人血中尿素氮含量为 1.78 ~ 7.14 mmol/L,目前临床上已用尿素氮替代了血清 NPN 的测定。当蛋白质分解增强时,由于生成的尿素增多,血液尿素氮亦增高。尿素本身并无毒性,但它潴留在体内时,则表示肾功能障碍。

血中尿酸是嘌呤化合物代谢终产物,正常人血清中含量为:男性 0.15 ~ 0.38 mmol/L(2.4 ~ 6.4 mg/dL),女性 0.10 ~ 0.30 mmol/L(1.6 ~ 5.2 mg/dL)(尿酸酶法)。当机体肾排泄功能障碍或嘌呤化合物分解代谢过多如痛风、白血病、中毒性肝炎等疾病均可使血中尿酸升高。

肌酸是由精氨酸、甘氨酸和蛋氨酸在体内合成的产物,正常人血中含量为 0.19 ~ 0.23 mmol/L(3 ~ 7 mg/dL),肌萎缩等广泛性肌病时,血中肌酸增多,尿中排出量也增加。

肌酐是由肌酸脱水或磷酸肌酸脱磷酸、脱水而生成的产物,因此,它是肌酸代谢的终产物。正常人血液中肌酐含量为 0.05 ~ 0.11 mmol/L(1 ~ 2 mg/dL),肌酐全部由肾排出,因血中肌酐含量不受食物蛋白质多少的影响,故临床上检测肌酐含量较 NPN 更能正确地了解到肾脏的排泄功能。

正常人血氨含量为 47 ~ 35 μmol/L。正常血氨浓度为 5.9 ~ 35.2 μmol/L,NH_3 在肝中合成尿素,故肝功能严重损伤时,血氨含量升高,而血中尿素含量可下降。

血中多肽主要为红细胞中的谷胱甘肽及血浆中的肽类,如血管紧张素、缓激肽等活性肽。胆红素是血红素的分解代谢产物,正常人血浆中含量为 1.7 ~ 17 μmol/L。肝功能障碍、胆道梗阻等,血中胆红素均可升高。

第二节 血浆蛋白质

一、血浆蛋白质的组成

血浆中除水分外含量最多的一类化合物就是血浆蛋白,正常人含量为 60 ~ 80 g/L,是多种蛋白质的总称。血浆蛋白质种类繁多,目前已知血浆蛋白质有 200 多种。用不同的方法可将血浆蛋白质分离成不同的组分,常用的方法有盐析法和电泳法。

(一)盐析法

盐析法是根据各种血浆蛋白质在不同浓度的盐溶液中溶解度的差别而加以分离。盐析法(常用硫酸铵、硫酸钠及氯化钠)可将血浆蛋白质分为清蛋白、球蛋白及纤维蛋白原几部分。其中清蛋白含量为 35 ~ 55 g/L,球蛋白为 20 ~ 30 g/L,清蛋白/球蛋白(A/G)为(1.5 ~ 2.5):1。

(二)电泳法

可根据蛋白质分子大小不同和表面电荷的差别,在电场泳动中速度不同而加以分离。如以醋酸纤维素薄膜为支持物,可将血浆蛋白质分为清蛋白、$α_1$ 球蛋白、$α_2$ 球蛋白、β 球蛋白和 γ 球蛋白(免疫球蛋白)五条区带,如图 12-1 所示。

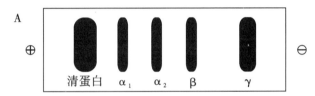

图 12-1 血浆蛋白电泳染色后的图谱

如果用分辨力较高的聚丙烯酰胺凝脉电泳法则可分为 34 条区带。用等电聚焦电泳与聚丙烯酰胺电泳组合的双向电泳,分辨力更高,可将血浆蛋白分成一百余种。临床较多采用简便快速的醋酸纤维薄膜电泳法。

二、血浆蛋白质的来源

肝是合成血浆蛋白的主要器官。清蛋白几乎全部在肝中合成。α 和 β 球蛋白大部分在肝中合成,免疫球蛋白则主要来源于浆细胞。测定血浆总蛋白及各组成成分的含量有助于对某些疾病的诊断。

三、血浆蛋白质的功能

(一)维持血浆胶体渗透压

血浆蛋白质中,清蛋白的含量最高,约占血浆蛋白质总量的 60%,而且相对分子质量较小,分子数目最多,故在维持血浆胶体渗透压方面起主要作用。血浆胶体渗透压是使组织间液回流入血管的主要力量。

当营养不良,肝功能减退时,清蛋白合成减少;慢性肾病时,大量清蛋白从尿中丢失,均可导致血浆胶体渗透压下降,使水分过潴留于组织间隙而出现水肿。因此,临床护理中,观察患者水肿的出现及其特征,有助于判断相应疾病的发生。

(二)维持血浆正常 pH 值

正常血浆的 pH 值为 7.35 ~ 7.45,而血浆蛋白质的等电点大部分在 pH 值 4.0 ~ 7.3 之间,故在生理条件下,血浆蛋白质带负电荷,一部分以酸的形式存在,另一部分则形成弱酸盐,这两部分构成缓冲体系,在维持血浆正常 pH 值中发挥作用。

(三)运输作用

血浆中一些不溶或难溶于水的物质,常与血浆中的一些蛋白质结合。如清蛋白可结合脂肪酸、胆红素、甲状腺素、肾上腺素、二价的金属离子(Cu^{2+}、Ca^{2+} 等)及药物(磺胺类、阿司匹林、洋地黄等),球蛋白中有许多特异的载体蛋白,如运皮质激素蛋白、甲状腺素结合球蛋白、视黄醇结合蛋白、脂蛋白、运铁蛋白等。血浆蛋白质与各种物质的结合,利于它们在血液中的运输,并且可以调节被运输物质的代谢,如减少某些物质被细胞过多摄取,降低某些物质的毒性及防止某些小分子物质从肾小球滤出等。

(四)营养作用

每个成人 3 L 左右的血浆中约含有 200 g 蛋白质,它们起着营养储备的功能。血浆蛋白质在体内分解产生的氨基酸参与氨基酸代谢池,用于合成组织蛋白质、转变成其他含氮物质、异生为糖或氧化供能。清蛋白含有较多的必需氨基酸,如亮氨酸、赖氨酸、缬氨酸、苏氨酸、苯丙氨酸,为合成组织蛋白提供原料。因此,临床输入血清清蛋白,有利于疾病的恢复或术后创伤修复、愈合。

(五)免疫作用

血浆中具有免疫作用的蛋白质是免疫球蛋白(抗体)和补体。血浆中 γ-球蛋白几乎全是免疫球蛋白,一小部分免疫球蛋白出现在 β 和 α 球蛋白部分。当病原菌等物质(抗原)侵入机体时,刺激浆细胞产生特异的抗体,它能识别特异性抗原,并与之结合成抗原抗体复合物,消除抗原的危害。抗原抗体复合物能激活补体系统,由补体杀伤病原菌。

(六)催化作用

血浆中有许多酶,按其来源和作用分为三大类。

1. 血浆功能性酶 这类酶主要在血浆中发挥重要的催化作用。如凝血酶系、纤溶酶系在一定条件下被激活后发挥作用。脂蛋白脂肪酶、卵磷脂胆固醇脂酰基转移酶、肾素、铜蓝蛋白等也是在血浆中发挥作用的酶。

2. 外分泌酶 这类酶来源于外分泌腺,在生理条件下,这些酶只有极少量逸入血浆,与血浆的正常功能无关。如唾液淀粉酶、胰淀粉酶、胰脂肪酶、胃蛋白酶、胰蛋白酶和前列腺酸性磷酸酶等。但当这些脏器受损时,流入血浆的酶量增加,血浆内相关酶的活性。

3. 细胞酶(血浆非功能性酶) 这类酶是细胞和组织中参与物质代谢的酶类,随着细胞的不断更新,这些酶可释放入血。正常时它们在血浆中含量甚微。这些酶大部分无器官特异性;小部分来源于特定的组织,表现为器官特异性。当特定的器官有病变时,血浆中相应的酶活性增高可用于临床酶学检验。

(七)血液凝固和纤维蛋白溶解作用

一些血浆蛋白质是凝血因子,当血管壁受到损伤,血液流出血管时,凝血因子参与连锁的酶促反应,使可溶性的纤维蛋白原转变为凝胶状的纤维蛋白,后者网罗血细胞形成血凝块,阻止出血。在创伤修复时,使纤维蛋白溶解酶原(纤溶酶原)在纤溶激活剂的作用下转变为纤溶酶,使纤维蛋白溶解,以保证血流畅通。此外,血浆中还存在抗

血液凝固的过程

凝血物质及纤溶抑制剂。在不同的条件下,血浆的凝血和抗凝血作用分别在不同功能条件下对机体起保护作用。

第三节　红细胞的代谢

红细胞是血液中最主要的细胞,在骨髓中由造血干细胞定向分化而成,经历了原始早、中、晚幼红细胞及网织红细胞等阶段,最后成为成熟红细胞。早、中幼红细胞有细胞核、线粒体,可合成核酸和蛋白质;晚幼红细胞,失去合成 DNA 的能力;网织红细胞,细胞核和 DNA 均消失,不能合成核酸,但仍残留少量 RNA 和蛋白质,故可合成蛋白质。成熟红细胞不仅无细胞核,而且也无线粒体、核蛋白体等细胞器,不能进行核酸和蛋白质的生物合成,也不能进行有氧氧化,不能利用脂肪酸,血糖是其唯一的能源物质。

一、成熟红细胞的代谢特点

成熟红细胞除质膜和胞质外,无其他细胞器,代谢途径比一般细胞少,并且不依赖胰岛素摄取葡萄糖。成熟红细胞只能通过葡萄糖的无氧酵解获取能量。

(一) 糖酵解和2,3-二磷酸甘油酸支路

红细胞经糖酵解途径获得能量与其他组织相似,1 mol 葡萄糖经糖酵解净生成 2 mol ATP,不同点是成熟红细胞中能够生成2,3-二磷酸甘油酸(2,3-BPG),即存在 2,3-二磷酸甘油酸支路。

2,3-BPG 的生成:该支路的分支点是 1,3-二磷酸甘油酸。红细胞内糖酵解的中间产物 1,3-二磷酸甘油酸可经二磷酸甘油酸变位酶转变为 2,3-BPG,后者经 2,3-BPG 磷酸酶生成 3-磷酸甘油酸,再沿酵解途径生成乳酸。该途径即为 2,3-二磷酸甘油酸支路。

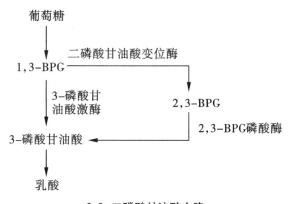

2,3-二磷酸甘油酸支路

2,3-BPG 的功能:调节血红蛋白的带氧功能。2,3-BPG 与 HbO_2 作用能降低 Hb 对 O_2 的亲和力,促进 HbO_2 解离出 O_2,供组织利用。

(二)磷酸戊糖途径

红细胞中 5%~10% 的葡萄糖通过磷酸戊糖途径进行代谢产 NADPH。NADPH 能维持红细胞内还原型谷胱甘肽的含量,因而使红细胞避免被氧化剂损伤。红细胞内可自发生成少量超氧阴离子,同时感染时的白细胞吞噬作用亦可产生超氧阴离子,被超氧化物歧化酶催化生成过氧化氢(H_2O_2)等。这些活泼的氧自由基极易氧化蛋白质、核酸、脂类分子,导致组织损伤。

催化 NADPH 生成的关键酶为葡萄糖-6-磷酸脱氢酶。此酶缺陷的患者在一般情况下并无症状,但有外界因素(如进食某种蚕豆)影响时,即引起溶血。

二、血红素的生物合成

血红蛋白是红细胞中最主要的蛋白质,含量占红细胞蛋白总量的 95% 以上。血红蛋白是一种结合蛋白质,由珠蛋白和血红素组成。珠蛋白的合成与一般蛋白质的合成相同。

血红素是含铁的卟啉化合物,不仅是血红蛋白的辅基,也是肌红蛋白、细胞色素、过氧化物酶的辅基。体内各种细胞均能够合成,以肝和骨髓为主,主要在骨骼的幼红细胞和网织红细胞中合成。

(一)合成部位及原料

血红素合成的起始(第 1 阶段)及终止阶段均在线粒体中进行,而中间过程在细胞液中进行。合成血红素的原料有琥珀酰 CoA、甘氨酸和 Fe^{2+}。

(二)合成过程

血红素的合成过程可分为四个阶段。

1. δ-氨基-γ-酮戊酸(ALA)的生成 在线粒体内,琥珀酰 CoA 及甘氨酸在 ALA 合酶的催化下,生成 δ-氨基-γ-酮戊酸。此酶是血红素生物合成的调节酶,其辅酶是磷酸吡哆醛。受血红素的反馈调节。

$$\begin{array}{c}
\text{COOH} \\
| \\
\text{CH}_2 \\
| \\
\text{CH}_2 \\
| \\
\text{C}\sim\text{SCoA} \\
\| \\
\text{O}
\end{array}
\quad + \quad
\begin{array}{c}
\text{CH}_2\text{NH}_2 \\
| \\
\text{COOH}
\end{array}
\quad
\xrightarrow[\substack{\text{ALA合酶}\\(\text{磷酸吡哆醛})}]{\text{HSCoA}+\text{CO}_2}
\quad
\begin{array}{c}
\text{COOH} \\
| \\
\text{CH}_2 \\
| \\
\text{CH}_2 \\
| \\
\text{C}=\text{O} \\
| \\
\text{CH}_2\text{NH}_2
\end{array}$$

2. 胆色素原的生成 ALA 生成后从线粒体进入胞液,2 分子 ALA 在 ALA 脱水酶催化下,脱水缩合生成 1 分子卟胆原。ALA 脱水酶的相对分子质量为 26 万,由 8 个亚基组成。此酶含有巯基,对铅等重金属的抑制作用十分敏感,发生不可逆抑制。

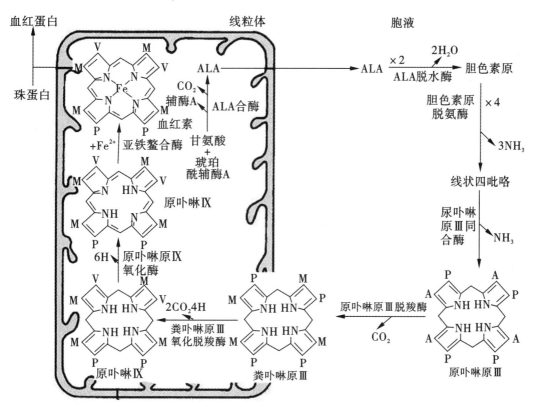

3. 尿卟啉原Ⅲ及粪卟啉原Ⅲ的生成　在胞液中,4 分子卟胆原在卟胆原脱氨酶催化下,脱氨生成线状四吡咯。后者在尿卟啉原Ⅲ合成酶催化下,环化生成尿卟啉原Ⅲ。尿卟啉原Ⅲ经尿卟啉原Ⅲ脱羧酶催化,进一步生成粪卟啉原Ⅲ。

4. 血红素的生成　粪卟啉原Ⅲ进入线粒体再转变成原卟啉Ⅸ。原卟啉Ⅸ在亚铁螯合酶的催化下,与 Fe^{2+} 螯合生成血红素。铅等重金属对亚铁螯合酶也有抑制作用。

血红素生成后从线粒体转运到胞液,在骨髓内有核红细胞及网织红细胞中,与珠蛋白结合成为血红蛋白(图 12-2)。

图 12-2　血红素的生成

综上所述,可将血红素合成的特点归结如下:①体内大多数组织均具有合成血红素的能力,但合成的主要部位是骨髓与脾。成熟红细胞不含线粒体,故不能合成血红素。②血红素合成的原料是琥珀酰 CoA、甘氨酸及 Fe^{2+} 等简单小分子物质。③血红素合成的起始和最终过程均在线粒体进行,而其他中间步骤则在胞液中进行。这种定位对终产物血红素的反馈调节作用具有重要意义。

(三) 血红素合成的影响因素

血红素的合成受多种因素的调节,其中最主要的调节步骤是 ALA 的生成。ALA 合酶是血红素合成酶系的调节酶,该酶活性受下列因素影响。

1. 血红素 当血红素生成速度大于珠蛋白的合成速度时,过多的血红素则自行氧化成高铁血红素,高铁血红素是 ALA 合酶的较强抑制剂,抑制血红素的生成。另外,血红素升高可以阻抑 ALA 合酶的生成。

2. 促红细胞生成素 促红细胞生成素主要在肾脏产生,可诱导 ALA 合酶合成,从而促进血红素的生物合成。当机体缺 O_2 时,促红细胞生成素分泌增多,促进血红素和血红蛋白的合成,以适应机体运氧的需要。慢性肾炎、肾功能不全患者常见的贫血现象与促红细胞生成素合成量的减少有关。

3. 某些类固醇激素 雄激素及雌二醇等都是血红素合成的促进剂。如睾酮在肝中的 5-β-还原酶作用下生成的 5-β-二氢睾酮,对骨髓中 ALA 合酶的合成有诱导作用,从而促进血红素和血红蛋白的合成。因此,临床上应用睾酮及其衍生物治疗再生障碍性贫血。

此外,铅可抑制 ALA 脱水酶及亚铁整合酶,导致血红素生成的抑制。

小 结

血液由有形的红细胞、白细胞和血小板以及无形的血浆组成。血浆中的主要成分是水、无机盐、有机小分子和蛋白质等。

血浆中的化学成分主要有蛋白质、非蛋白含氮物(如尿素、尿酸、肌酸、肌酐、氨基酸、胆红素、氨等)、糖、脂类等有机物,还包括有 Na^+、K^+、Cl^-、HCO_3^- 等无机物。

血浆中的蛋白质浓度为 $60 \sim 80$ g/L,血浆中的蛋白质多在肝脏合成,其中含量最多的是清蛋白,用电泳法可将血浆蛋白质分为五条区带,其中含量最多的是白蛋白。血浆中的蛋白质具有维持血浆胶体渗透压、正常 pH 值、运输、免疫、凝血和抗凝血、营养、催化等多种重要的生理功能。

成熟红细胞代谢的特点是丧失了合成核酸和蛋白质的能力,并不能进行有氧氧化,红细胞功能的正常主要依赖无氧酵解和磷酸戊糖旁路。未成熟红细胞能利用琥珀酰 CoA、甘氨酸和铁离子合成血红素。血红素生物合成的关键酶是 ALA 合成酶。

同步练习

一、单项选择题

1. 在血清蛋白醋酸纤维薄电脉中,泳动最慢的蛋白质是 ( )

A. 清蛋白   B. α_1 球蛋白

C. α_2 球蛋白   D. β 球蛋白

E. γ 球蛋白

2.血浆蛋白质中含量最多的是　　　　　　　　　　　（　　）

A.清蛋白　　　　　　　　　　B.α_1 球蛋白

C.α_2 球蛋白　　　　　　　　D.β 球蛋白

E.γ 球蛋白

3.凝血酶的作用底物是　　　　　　　　　　　　　　（　　）

A.凝血因子Ⅰ　　　　　　　　B.凝血因子Ⅹ

C.凝血因子Ⅱ　　　　　　　　D.凝血因子Ⅲ

E.凝血因子Ⅴ

二、填空题

1.合成血红素的基本原料是_____、_____、_____。

2.成熟红细胞能进行下列那些代谢_____、_____。

三、名词解释

1.血清　2.凝血因子　3.纤维蛋白原

四、问答题

1.简述血浆蛋白质的功能。

2.红细胞代谢的主要特点是什么?

第十三章

肝胆生物化学

🌀 学 习 目 标

◆**掌握** 生物转化的概念、反应类型。胆汁酸的分类、肠肝循环及生理意义。

◆**熟悉** 生物转化的作用特点。胆汁的成分和胆汁酸代谢过程及其功能。胆色素所包含的化合物；胆红素的生成、转运，在肝中的代谢转变，以及在肠道中的转变和排泄

◆**了解** 生物转化的影响因素。胆色素的肠肝循环及血清胆红素和黄疸的关系。黄疸的分类、发病机制及生化指标。

肝在蛋白质、氨基酸、糖类、脂类、维生素、激素等代谢中起着重要作用，同时还有分泌、排泄、生物转化等方面的功能，这与肝脏所具有独特的形态结构和化学组成有关。

肝是人体内具有多种代谢功能的重要器官，它与体内各种物质的合成与分解、转化与运输、储存与释放、分泌与排泄密切相关，并在体内物质代谢的调控中发挥极其重要的作用。肝的组织结构及化学组成特点是其具有多种多样重要功能的物质基础。

1. 肝的结构特点

（1）具有双重血液供应系统　进入肝的血管有门静脉和肝动脉，门静脉血流量约占肝总血流量的 75%，肝动脉血流量约占肝总血流量的 25%。一方面，肝可通过肝动脉获取由肺和其他组织运输来的充足的氧和代谢产物；另一方面，肝又可以从门静脉获取从消化道吸收来的大量营养物质，并在肝加以改造。这种畅通的运输网络，使肝在营养物质代谢、代谢废物、产物的处理中发挥重要的作用。

（2）具有丰富的血窦　肝丰富的血窦，使血液在血窦中流动缓慢，从而增加了肝细胞和血液接触面积，延长了接触时间，使肝细胞充分进行物质交换，既能获取足够的营养物质，又不至于使代谢物堆积。

（3）肝有两条输出通道　肝有肝静脉和胆道两条输出通道，有利于非营养物质代谢转变及排泄。通过肝静脉与体循环相联系，使经过肝处理后的代谢物经肾脏由尿液排出；通过胆道系统与肠道相通，使肝内代谢产物如胆固醇、胆汁酸盐、胆色素及其他毒物或已解毒产物随胆汁排入肠腔由粪便排出。

2.肝的化学组成特点 肝细胞含有丰富的线粒体,保证了活跃的代谢和充足的能量供应;含有丰富的粗面内质网、滑面内质网、高尔基复合体及大量的核蛋白体,它们是肝细胞合成血浆蛋白和合成肝细胞参与物质代谢有关酶类的场所;同时肝细胞内含有数百种酶,参与物质代谢。肝细胞溶酶体中含有大量水解酶类和其他酶类,过氧化物酶体中含有过氧化物酶和过氧化氢酶,微粒体含有大量与肝生物转化功能有关的酶类,许多酶在肝中的活性要比在其他组织高得多,有些酶甚至仅仅存在于肝细胞中,例如,卵磷脂胆固醇酯酰转移酶,尿素合成酶系,以及催化芳香族氨基酸与含硫氨基酸代谢的很多酶等。这些都是肝脏具有极其活跃的代谢功能的基础。故肝具有"物质代谢中枢"之称。

第一节 肝在物质代谢中的作用

一、肝在糖代谢中的作用

肝在糖代谢中的重要作用主要表现为:维持机体在不同功能状态下血糖浓度的相对恒定,以保证各组织器官的能量供应。肝发挥上述功能主要是通过糖原的合成与分解及糖异生作用三个方面来完成的。

(一)糖原合成

在进食或输入葡萄糖后,血糖浓度增高,大量的葡萄糖在肝细胞内合成糖原而储存,其储存量可达肝重的5%~6%(75~100 g)。当然,肝储存糖原的量是有限的,合成糖原后多余的一部分葡萄糖,可以在肝中转变成脂肪并以极低密度脂蛋白的形式从肝输出到脂肪组织去储存。过高的血糖由于被肝细胞大量摄取而降至正常水平。

(二)糖原分解

空腹时(餐后2~12 h),血糖不断被全身各组织器官摄取消耗呈下降趋势。此时,肝糖原在肝内特有的葡萄糖-6-磷酸酶的作用下,生成葡萄糖补充血糖使之不致过低。

(三)糖异生作用

在长期饥饿状态下(餐后12 h以上),肝糖原几乎被耗尽,肝细胞利用甘油、乳酸、氨基酸等非糖物质在肝内经糖异生途径转化为糖,维持血糖浓度,使血糖水平保持在生理范围之内。空腹24~48 h后,糖异生可达最大速度。

此外,其他单糖如果糖、半乳糖也可以在肝中转变为葡萄糖供机体利用。肝还能将糖转变为脂肪、胆固醇及磷脂等。

正因为肝是调节血糖浓度的重要器官,因此当肝功能严重受损时,肝糖原的合成、分解及糖异生作用均降低,容易导致血糖含量变化。患者在进食或输入葡萄糖后,常常发生一时性高血糖甚至出现糖尿;相反,空腹或饥饿时,血糖补充不力,易发生低血糖,甚至出现低血糖昏迷。因此,有人形象比喻肝功能严重受损的患者在糖代谢方面的表现为"饱不得,饿不得"。

二、肝在脂肪代谢中的作用

肝在脂类的消化、吸收、分解、合成及运输等代谢过程中均起着重要的作用。

(一)消化吸收

肝细胞分泌的胆汁酸在肠道中能促进脂类乳化并激活胰脂酶，是脂类物质及脂溶性维生素的消化、吸收所必需。当肝细胞受损和胆道阻塞时，常可导致脂类物质消化吸收不良，出现食欲下降、厌油腻、脂肪泻、脂溶性维生素缺乏等症状。

(二)分解

肝除了进行脂肪酸 β-氧化外，还是体内产生酮体的主要器官。饥饿时脂肪动员增加，脂肪酸 β-氧化增强，产生酮体供肝外组织氧化利用。在血糖供给不足时，酮体成为心肌、大脑和肾等组织的主要供能物质。

(三)合成与运输

肝不仅合成磷脂、胆固醇、三酰甘油等非常活跃，并能以 VLDL 的形式分泌入血，通过血液运输到全身各组织器官摄取利用。HDL 及所含的载脂蛋白 C-Ⅱ 也由肝合成。此外，肝还是降解 LDL 的主要器官，还可对胃肠道吸收的脂肪进行改造（同化作用）。当肝功受损，脂蛋白合成减少，影响肝内脂肪转运，可导致脂肪肝。肝的胆固醇合成量约占全身总量的 3/4 以上。肝合成与分泌的 LCAT 催化血浆中的胆固醇酯化，以利运输。肝功能障碍时，血浆胆固醇与胆固醇酯比值升高。因此，肝还是转化和排泄胆固醇的主要器官。饱食后，肝合成脂肪酸，并以三酰甘油的形式储存于脂库。

三、肝在蛋白质代谢中的作用

(一)肝是合成蛋白质的重要器官

肝除了合成其本身的结构蛋白质和 γ-球蛋白外，几乎所有的血浆蛋白质均来自肝，包括全部的清蛋白、部分球蛋白、凝血因子、纤维蛋白原、多种结合蛋白质和某些激素及激素的前体等。通过这些蛋白质的作用，肝在维持血浆胶体渗透压、凝血作用、血压恒定和物质代谢等方面起着重要作用。

由于血浆清蛋白全部由肝合成，当肝功能严重受损时，清蛋白的合成减少，可导致 A/G 比值下降，甚至倒置；同时由于凝血蛋白酶的代谢紊乱可引起凝血机制障碍。

(二)肝是体内氨基酸代谢的主要场所

肝含有丰富的氨基酸代谢酶类，氨基酸在肝内进行转氨基作用、脱氨基作用和脱羧基作用等。肝内丙氨酸氨基转移酶的活性显著比其他组织高，所以当肝细胞的细胞膜通透性发生改变或肝细胞坏死时，肝细胞内的酶大量进入外周血液，引起血浆中 ALT 的活性异常升高。临床生化中，血清转氨酶活性测定有助于肝脏疾病的诊断。肝还是芳香族氨基酸和芳香族胺类物质的清除器官。严重肝病时，芳香族胺类物质转变为胺类假性神经递质，取代正常的神经递质（如去甲肾上腺素等），引起中枢神经活动紊乱。

（三）肝是合成尿素的重要器官

鸟氨酸氨基甲酰移换酶和精氨酸酶主要存在于肝中,故肝是合成尿素的唯一器官。无论是氨基酸分解代谢产生的氨,还是肠道细菌作用产生并吸收入血的氨,均可经肝的鸟氨酸循环合成尿素。当肝功能严重受损时,尿素合成障碍,可使血氨浓度升高,血氨升高引起神经系统症状。

四、肝在维生素代谢中的作用

（一）肝促进脂溶性维生素的吸收

肝合成、分泌的胆汁酸盐既能促进脂类的消化吸收,亦能协助脂溶性维生素 A、维生素 D、维生素 E、维生素 K 的吸收作用。长期肝病或胆道阻塞可引起脂溶性维生素吸收不良并导致某些维生素的缺乏症。

（二）肝可储存多种维生素

肝不仅是维生素 A、维生素 K、维生素 B_1、维生素 B_2、维生素 B_6、泛酸和叶酸含量最多的器官,亦是维生素 A、维生素 D、维生素 E、维生素 K 及维生素 B_{12} 的主要储存场所,其中维生素 A 尤为丰富,约占全身总量的 95%。

（三）肝是多种维生素代谢及转化的重要场所

肝直接参与多种维生素的代谢转化过程。例如,维生素 PP 转化为辅酶 NAD^+、$NADP^+$;维生素 B_1 转化为 TPP;泛酸转化为辅酶 A 的组成成分;从食物中摄入的 β−胡萝卜素转化为维生素 A、维生素 D_3 羟化为 25−羟维生素 D_3 等过程也都是在肝中进行的。此外,肝合成的维生素 D 结合球蛋白及视黄醇结合蛋白,参与运输维生素 D 与维生素 A;维生素 K 参与肝细胞中凝血酶原及凝血因子Ⅶ、Ⅸ、Ⅹ的合成。

五、肝在激素代谢中的作用

肝是激素灭活的重要器官。激素灭活是指激素在体内被转化为无活性或低活性产物的过程。灭活过程对于激素作用的时间及强度具有调控作用,灭活后的产物大部分随尿排出。

在肝内灭活的激素主要有肾上腺皮质激素、性激素和类固醇激素。许多蛋白质、多肽和氨基酸衍生物类的激素也在肝灭活,如胰岛素、甲状腺素、抗利尿激素等。

当肝功能受损时,激素灭活作用减弱,血中激素水平增高,导致某些病理变化。如雌激素水平升高,导致表皮毛细血管扩张出现蜘蛛痣;醛固酮水平升高,导致水钠潴留出现组织水肿;胰岛素水平升高易致低血糖等。

第二节　肝的生物转化作用

一、生物转化的概念

非营养物质经过氧化、还原、水解和结合反应,使其极性增加或活性改变,而易于排出体外的这一过程称为生物转化作用。肝、肾、肠、肺等组织都存在生物转化的酶系,但由于肝细胞的微粒体、胞液、线粒体等存在的酶系种类多,含量高,故肝是生物转化的主要器官。

非营养物质是指既不能构成组织细胞的结构成分,又不能氧化供能的物质,其来源有三:①体内合成的激素、神经递质和其他生物活性物质,氨基酸分解产生的氨、胺以及胆色素等;②肠道吸收的胺、酚、吲哚、硫化氢等;③由外界进入体内的药物、毒物、有机农药、色素及食品添加剂等。

生物转化作用对有毒物质的解毒、药物发挥药效或灭活、生物活性物质的降解、促进水溶性及对有害物质的排泄都有很重要的意义。然而,也不能忽略少数物质经生物转化后毒性反而增加或是具有致癌作用,这是对机体不利的方面。

二、生物转化的反应类型

生物转化的化学反应概括为两相反应。第一相反应包括氧化、还原、水解反应;第二相反应称为结合反应。少数物质只经过第一相反应即可排出体外,但多数非营养物质如药物或毒物等经过第一相反应后,其极性改变不够大,常续以第二相反应,即与某些极性更强的物质(如葡萄糖醛酸、硫酸等)结合,增加其溶解度,才能排出体外。有些则不经过第一相反应,直接进行结合反应。

(一)氧化反应

氧化反应是最常见的生物转化反应,由多种氧化酶系催化,包括加单氧酶系、胺氧化酶系及脱氢酶系等。

1.加单氧酶系　加单氧酶系存在于微粒体中。由 NADPH-细胞色素 P_{450} 还原酶(辅酶为 FAD)及细胞色素 P_{450} 所组成。可催化多种化合物的羟化,与许多活性物质的合成、灭活及药物、毒物的生物转化等过程有密切关系。该酶系反应的特点是激活分子氧,使其中一个氧原子加在底物分子中形成羟基;另一个氧原子被 NADPH 还原成水分子。由于一个氧分子发挥了两种功能,故又称混合功能氧化酶。其反应通式如下:

$$RH + O_2 + NADPH + H^+ \xrightarrow{\text{加单氧酶系}} ROH + H_2O + NADP^+$$
　　底物　　　　　　　　　　　　　　　　　产物

此酶系特异性低,可催化烷烃、烯烃、芳烃、类固醇、氨基氮等多种物质进行不同类型的氧化反应,最常见的是羟化反应。此种羟化反应不仅增加药物或毒物的极性,使其水溶性增加,易于排泄,而且是许多代谢过程不可缺少的步骤,如维生素 D 的羟化、类固醇激素和胆汁酸的合成过程等皆需羟化作用。

2.单胺氧化酶系　单胺氧化酶系(monoamine oxidase,MAO)存在于肝的线粒体中,是一种黄素蛋白。此酶可催化胺类物质氧化脱氨基生成相应的醛,后者再进一步氧化为酸。从肠道吸收的腐败产物如组胺、尸胺、酪胺和体内许多生理活性物质如5-羟色胺、儿茶酚胺类均可在此酶催化下氧化为醛和氨,其反应通式如下:

$$RCH_2NH_2+O_2+H_2O \longrightarrow RCHO+NH_3+H_2O_2$$
胺　　　　　　　醛

3.脱氢酶系　醇脱氢酶(alcohol dehydrogenase,ADH)和醛脱氢酶(aldehyde dehydrogenase,ALDH)分别存在于肝细胞的胞液及微粒体中。两者均以 NAD^+ 为辅酶,分别催化醇或醛氧化成相应的醛或酸。如乙醇进入体内后,主要在肝的醇脱氢酶催化下氧化成乙醛,乙醛再经醛脱氢酶催化生成乙酸。

$$CH_3CH_2OH \xrightarrow[\text{NAD}^+ \quad \text{NADH}+\text{H}^+]{\text{醇脱氢酶}} CH_3CHO \xrightarrow[\text{H}_2\text{O}+\text{NAD}^+ \quad \text{NADH}+\text{H}^+]{\text{醛脱氢酶}} CH_3COOH$$
乙醇　　　　　　　　　　　　　乙醛　　　　　　　　　　　　　乙酸

(二)还原反应

肝细胞微粒体中含有还原酶系,主要是硝基还原酶和偶氮还原酶类,体内只有极少数物质可被还原,反应时需要 NADPH 供氢,产物是胺类。

硝基苯　　　　　亚硝基苯　　　　　苯胲　　　　　苯胺

(三)水解反应

肝细胞的胞液和微粒体中含有多种水解酶,如酯酶、酰胺酶及糖苷酶等,它们分别催化酯类、酰胺类、糖苷类化合物的水解,以降低或消除其生物活性。

乙酰水杨酸(阿司匹林)　　　　水杨酸　　　　乙酸

(四)结合反应

结合反应,是体内最重要的生物转化方式。凡含有羟基、羧基或氨基的药物、毒物、激素均可与葡糖醛酸、硫酸、谷胱甘肽、甘氨酸等发生结合反应,或进行酰基化、甲基化等反应,从而增加其水溶性或改变其生物活性,以利于灭活或排出。其中以葡糖醛酸的结合反应最为重要和普遍。

1.葡糖醛酸酸结合反应　肝细胞微粒体中含有葡糖醛酸基转移酶,该酶以尿苷二

磷酸 α-葡糖醛酸(UDPGA)为供体,催化葡糖醛酸基转移到多种含极性基团的化合物（如醇、酚、硫酸、胺及羧酸等）上,生成 β-葡糖醛酸苷。

苯酚—OH + UDPGA $\xrightarrow{\text{UDPGA 转移酶}}$ 苯-β-葡糖醛酸苷 + UDP

苯酚　　　　　　　　　　　　　　　　　苯-β-葡糖醛酸苷

2. 硫酸结合反应　肝细胞中的硫酸转移酶,能将活性硫酸供体 3′-磷酸腺苷 5′-磷酰硫酸(PAPS)中的硫酸基转移到多种醇、酚或芳香族胺类分子上,生成硫酸酯化合物。如雌激素在肝中与硫酸结合而灭活。

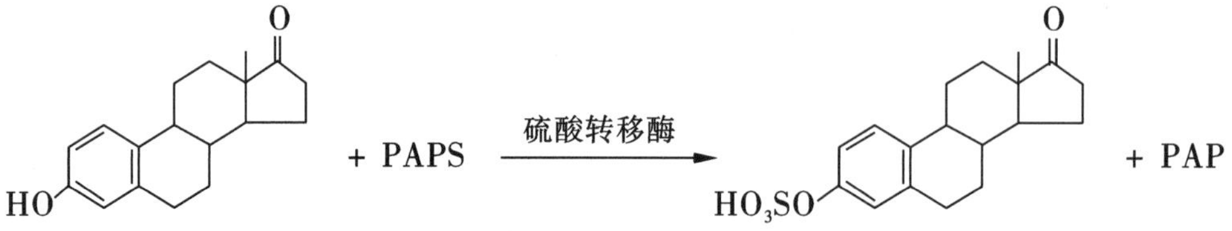

雌酮 + PAPS $\xrightarrow{\text{硫酸转移酶}}$ 雌酮硫酸酯 + PAP

雌酮　　　　　　　　　　　　　　　　　雌酮硫酸酯

3. 乙酰基结合反应　芳香胺类化合物主要在胞液中乙酰基转移酶的催化下与乙酰基结合生成乙酰化合物,乙酰基的直接供体是乙酰辅酶 A。反应通式如下:

$$CH_3CO-CoA+RNH_2 \longrightarrow CH_3CONHR+HSCoA$$

4. 甲基结合反应　体内胺类活性物质或某些药物可在肝细胞胞液和微粒体中的多种甲基酶催化下,由 S-腺苷蛋氨酸提供甲基,通过甲基化灭活。如儿茶酚胺、5-羟色胺及组织胺等,可通过甲基化而失去生物活性。

除上述结合反应外,还有谷胱甘肽、甘氨酸等结合反应。

三、生物转化的反应特点

(一)生物转化反应的连续性

一种非营养物质生物转化的反应过程往往比较复杂,常需要连续进行几种反应才能完成。一般先进行第一相反应,再进行第二相反应。例如:解热镇痛药非那西汀在肝微粒体酶体系催化下氧化脱乙基生成乙酰氨基苯酚(即扑热息痛),但其在 pH 值为 7.4 的血浆中只有 0.25% 呈解离状态,不易直接排出。乙酰氨基苯酚再与极性很强的葡萄糖醛酸结合,在血液中 99% 以上解离成离子态,且又有多个羟基,水溶性大,易随尿排出。

笔记栏

CH_3CH_2O—⟨苯环⟩—$NHCOCH_3$ $\xrightarrow[（氧化脱乙基）]{\text{第一相反应}}$ HO—⟨苯环⟩—$NHCOCH_3$

对乙酰氨基苯乙醚　　　　　　　　　对乙酰氨基酚
（非那西汀）　　　　　　　　　　（扑热息痛）

$\xrightarrow[（与葡萄糖醛酸结合）]{\text{第二相反应}}$ 乙酰氨基苯-β-葡萄糖醛酸苷结构式

乙酰氨基苯-β-葡萄糖醛酸苷

（二）生物转化反应类型的多样性

同一种非营养物质进行生物转化时,可发生不同的化学反应,生成不同的产物。如乙酰水杨酸水解生成的水杨酸既可与甘氨酸结合,也可与葡萄糖醛酸结合,还可以参与氧化反应。

（三）解毒与致毒的双重性

经过生物转化以后,大多数非营养物质的毒性减弱或消失,但有些物质经过生物转化以后毒性反而增强,生物学活性增强。最典型的例子是化学致癌剂苯并芘,其本身并无致癌作用,但经肝微粒体氧化系统活化形成环氧化物后却能与核酸分子中鸟嘌呤残基结合引发基因突变而具有强烈致癌作用。故生物转化作用不能笼统地称为解毒作用。

四、影响生物转化的因素

生物转化作用常受年龄、性别及诱导物等诸多体内、外因素的影响。如新生儿生物转化酶系发育不完善,对药物或毒物的耐受性较差,肝微粒体葡糖醛酸转移酶在出生后才逐渐增加,8 周才达到成人水平,而体内 90% 的氯霉素是与葡糖醛酸结合后解毒,故新生儿易发生氯霉素中毒。老年人由于器官退化,肝微粒体代谢药物的酶不易被诱导,对药物的转化能力降低,易出现中毒现象。

生物转化的意义

肝实质病变时,肝血流量减少,生物转化功能及所需的酶活性降低,使药物或毒物的灭活速度下降,故对肝病患者用药应当慎重。某些药物或毒物可诱导相关酶的合成,如长期服用苯巴比妥可诱导肝微粒体混合功能氧化酶的合成,加速药物代谢过程,使机体对此类催眠药产生耐药性。

第三节　胆汁酸代谢

一、胆汁

胆汁是肝细胞分泌的一种液体,通过胆道系统循胆总管进入十二指肠。正常成人平均每天分泌胆汁 $300 \sim 700$ mL。肝胆汁是肝细胞分泌的胆汁,呈金黄色,澄清透明,固体成分含量较少。肝胆汁进入胆囊后,胆囊壁吸收其中水分、无机盐等,并分泌黏液,使胆汁浓缩成为胆囊胆汁。胆囊胆汁呈暗褐色或棕绿色。两种胆汁的组成见表 10-1。

表 10-1　两种胆汁组成百分比

项目	肝胆汁	胆囊胆汁
密度	$1.009 \sim 1.013$	$1.026 \sim 1.032$
pH 值	$7.1 \sim 8.5$	$5.5 \sim 7.7$
水	$96 \sim 97$	$80 \sim 86$
固体成分	$3 \sim 4$	$14 \sim 20$
无机盐	$0.2 \sim 0.9$	$0.5 \sim 1.1$
黏蛋白	$0.1 \sim 0.9$	$1 \sim 4$
胆汁酸盐	$0.2 \sim 2$	$1.5 \sim 10$
胆色素	$0.05 \sim 0.17$	$0.2 \sim 1.5$
总脂类	$0.1 \sim 0.5$	$1.8 \sim 4.7$
胆固醇	$0.05 \sim 0.17$	$0.2 \sim 0.9$
磷脂	$0.05 \sim 0.08$	$0.2 \sim 0.5$

胆汁的主要固体成分是胆汁酸盐,约占固体成分的 50% ,其余的是胆色素,胆固醇、磷脂、黏蛋白。胆汁中还含有多种酶类,包括脂肪酶、磷脂酶、淀粉酶、磷酸酶等。除胆汁酸盐和某些酶类与脂类的消化有关外,其他成分多属排泄物。进入体内的药物、毒物、食物添加剂及重金属盐等,经过肝生物转化后均可从胆汁排出体外。

二、胆汁酸的代谢

(一)胆汁酸的分类

胆汁酸是胆汁中的主要成分,均为 24 碳胆烷酸的衍生物,按其来源可分为初级胆汁酸和次级胆汁酸。初级胆汁酸是肝细胞以胆固醇为原料合成的,包括胆酸、鹅脱氧胆酸以及它们和甘氨酸、牛磺酸结合的产物:甘氨胆酸、牛磺胆酸、甘氨鹅脱氧胆酸和牛磺鹅脱氧胆酸。次级胆汁酸是初级胆汁酸在肠道受细菌的作用生成的脱氧胆酸和石胆酸以及它们和甘氨酸、牛磺酸的结合产物(图 13-1)。

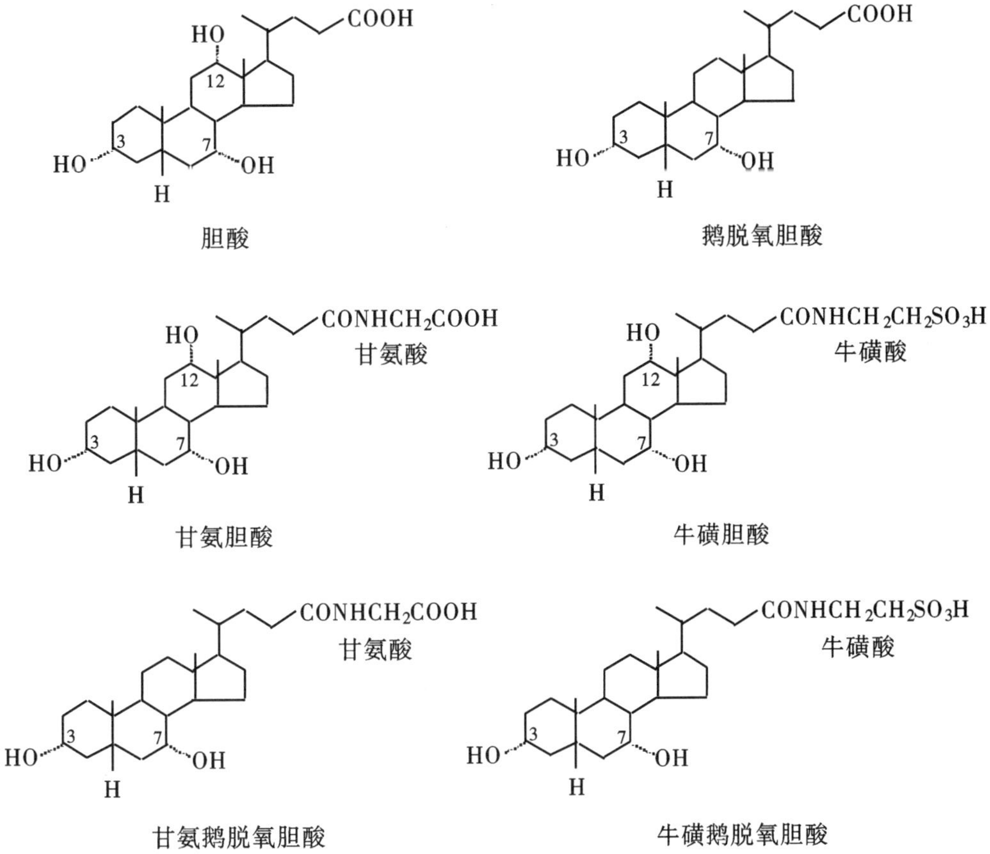

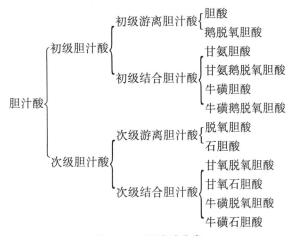

图 13-1　初级胆汁酸的结构式

胆汁酸按其结构也可分为两类,一类是游离型胆汁酸,包括胆酸、鹅脱氧胆酸、脱氧胆酸和石胆酸。另一类是结合型胆汁酸,是上述游离胆汁酸与甘氨酸、牛磺酸的结合产物。

胆汁酸分类总结如图 13-2。

```
                          ┌ 初级游离胆汁酸 ┌ 胆酸
                          │              └ 鹅脱氧胆酸
              ┌ 初级胆汁酸 ┤              ┌ 甘氨胆酸
              │           │              │ 甘氨鹅脱氧胆酸
              │           └ 初级结合胆汁酸 ┤
              │                          │ 牛磺胆酸
              │                          └ 牛磺鹅脱氧胆酸
  胆汁酸 ┤
              │                          ┌ 脱氧胆酸
              │           ┌ 次级游离胆汁酸 ┤
              │           │              └ 石胆酸
              └ 次级胆汁酸 ┤              ┌ 甘氧脱氧胆酸
                          │              │ 甘氧石胆酸
                          └ 次级结合胆汁酸 ┤
                                         │ 牛磺脱氧胆酸
                                         └ 牛磺石胆酸
```

图 13-2　胆汁酸分类

人胆汁中的胆汁酸以结合型为主。均以钠盐或钾盐的形式存在,即胆汁酸盐,简称胆盐。

(二)胆汁酸的生成

胆汁酸是脂类物质消化吸收所必需的一类物质。肝进行胆汁酸的合成和排泄构成了胆固醇降解的主要途径,也是清除胆固醇的主要方式。正常人每天合成的胆固醇总量约有40%(0.4~0.6 g)在肝内转变为胆汁酸,并随胆汁排入肠道。其代谢包括合成、排泌及肠肝循环三个主要环节。

1.初级胆汁酸的生成 胆固醇在肝细胞中经一系列酶的催化转变生成的胆汁酸称为初级胆汁酸。此过程较为复杂,需经过多步反应才能完成。

(1)游离型初级胆汁酸的生成 在肝细胞的微粒体和胞液中,胆固醇经胆固醇7α-羟化酶(7α-hydroxylase)的催化下,生成7α-羟胆固醇,然后再经氧化、还原、羟化、侧链氧化及断裂等多步酶促反应生成游离型胆汁酸,主要有胆酸(3α,7α,12α 三羟胆酸)和鹅脱氧胆酸(3α,7α 二羟胆酸)。在肝中,胆汁酸生物合成的主要限速步骤是由7α-羟化酶催化的反应,该酶是胆汁酸合成的限速酶。此酶属加单氧酶,需要细胞色素P_{450}、氧及 NADPH 或维生素 C 供氢。7α-羟化酶受胆汁酸浓度的负反馈调节。口服消胆胺或纤维素多的食物促进胆汁酸排泄,减少胆汁酸的重吸收,解除对7α-羟化酶的抑制,加速胆固醇转化为胆汁酸,可降低血清胆固醇。甲状腺激素对7α-羟化酶和胆固醇侧链氧化酶的活性均有增强作用,可促进胆汁酸的合成。故甲亢时,血清胆固醇浓度降低,反之亦然。

(2)结合型初级胆汁酸的生成 胆酸或鹅脱氧胆酸可分别与牛磺酸或甘氨酸结合形成结合型胆汁酸。在肝细胞的微粒体和胞液中含有催化胆汁酸结合反应酶系。胆汁酸首先在微粒体硫激酶作用下被辅酶 A 活化,再在微粒体的胆汁酸-N-转酰基酶和胞液中的磺酸基移换酶的作用下与甘氨酸或牛磺酸结合,分别生成甘氨胆酸、牛磺胆酸、甘氨鹅脱氧胆酸、牛磺鹅脱氧胆酸(图13-3)。

这种结合作用使其极性增强,亲水性更大,不仅有利于胆汁酸在肠腔内发挥其促进脂质消化吸收的作用,且防止胆汁酸过早地在胆管及小肠内被吸收。它们常与钠、钾等离子结合而形成胆汁酸盐,简称胆盐。甘氨酸结合物与牛磺酸结合物的比值2:1~3:1。胆汁酸主要以结合型为主并以此形式向胆道系统排泌。

2.次级胆汁酸的生成 肝细胞合成的初级胆汁酸进入肠道,在完成脂类物质的消化吸收后,在回肠和结肠上段细菌的作用下,结合胆汁酸水解脱去甘氨酸或牛磺酸释放出初级游离型胆汁酸,后者进一步脱去7α-羟基,使胆酸转变为7-脱氧胆酸,鹅脱氧胆酸转变为石胆酸。这种由初级胆汁酸在肠菌作用下形成的胆汁酸称为次级胆汁酸(图13-3)。

石胆酸溶解度小,一般不与甘氨酸或牛磺酸结合;脱氧胆酸与甘氨酸或牛磺酸结合,生成结合型次级胆汁酸,即甘氨脱氧胆酸和牛磺脱氧胆酸。

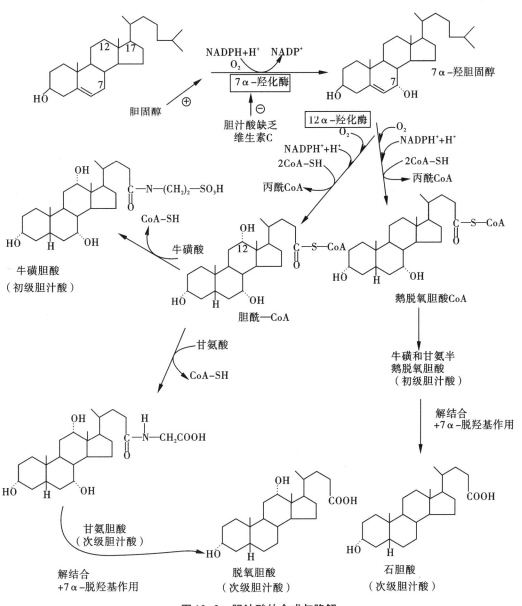

图 13-3 胆汁酸的合成与降解

3. 胆汁酸的肠肝循环 随胆汁进入肠道的胆汁酸(包括初级、次级、结合型与游离型)绝大部分(约95%以上)被肠壁重吸收,经门静脉入肝,被肝细胞摄取。在肝细胞内,游离型胆汁酸被重新合成结合型胆汁酸,与新合成的结合胆汁酸一起排入肠腔。这一过程称为胆汁酸的"肠肝循环"。胆汁酸在肠道的重吸收主要有两种方式:一种是结合型胆汁酸在回肠部位的主动重吸收;另一种是游离型胆汁酸在肠道各部通过扩散作用的被动重吸收。大部分胆汁酸的吸收是主动的重吸收。肠道中的石胆酸(约为5%)溶解度较小,几乎不能吸收,大部分随粪便排出体外。正常人每日有0.4~0.6 g胆汁酸随粪便排出(图13-4)。

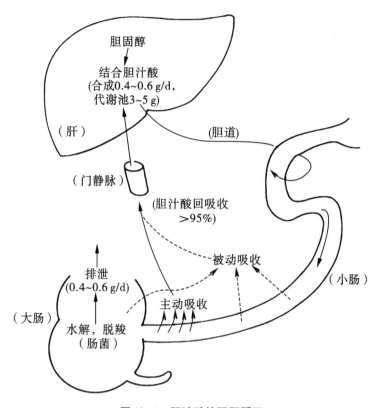

图 13-4　胆汁酸的肠肝循环

胆汁酸的肠肝循环具有重要的生理意义。肝每日合成胆汁酸的量仅有 0.4 ～ 0.6 g,肝内胆汁酸代谢池总共 3 ～ 5 g,即使饭后全部倾入小肠也不能满足小肠内脂类乳化的需要。然而,由于每次进餐后可进行 2 ～ 4 次肠肝循环,使有限的胆汁酸能够反复利用,发挥其最大限度的乳化作用,保证了脂类物质消化、吸收的需要。

三、胆汁酸的功能

(一)促进脂类的消化吸收

胆汁酸分子内既含有亲水性的羟基、羧基、磺酸基等亲水基团,又含有疏水的烃核和甲基。在立体构型上两类基团恰位于环戊烷多氢菲核的两侧,构成亲水和疏水两个侧面,故有很强的界面活性,能降低油/水两相的表面张力(图 13-5)。胆汁酸分子的这种结构特性使其成为较强的乳化剂,能与疏水的脂类物质卵磷脂、胆固醇、脂肪或脂溶性维生素等物质形成混合微团(3 ～ 10 μm),使脂类物质能稳定地分散在水溶液中,既有利于酶的作用,又有利于脂类物质通过肠黏膜表面水层,促进脂类物质的消化和吸收。

(二)抑制胆汁中胆固醇的析出

胆汁酸通过与卵磷脂的协同作用,与脂溶性的胆固醇形成可溶性微团,促进胆固醇溶解于胆汁中,使之不易结晶、析出和沉淀,经胆道转运至肠道排出体外。若肝合成

胆汁酸的功用

胆汁酸的能力下降,消化道丢失胆汁酸过多或肠肝循环中肝摄取胆汁酸过少,以及排入胆汁中的胆固醇过多(如高胆固醇血症患者),均可造成胆汁中胆汁酸、卵磷脂和胆固醇的比值下降(小于 10∶1),易引起胆固醇析出沉淀,形成胆结石。

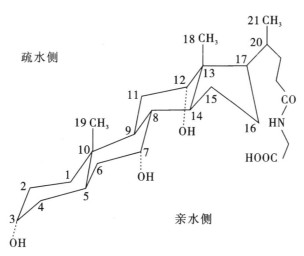

图 13-5　甘氨胆酸的构象式

(三)对胆固醇代谢的调控作用

胆汁酸浓度对胆汁酸生成的限速酶——7α-羟化酶和胆固醇合成的限速酶——HMG-CoA 还原酶均有抑制作用,进入肝的胆汁酸可同时抑制这两种酶的活性。肝合成胆固醇的速度,可影响胆汁酸的生成。胆汁酸代谢过程对体内胆固醇的代谢有重要的调控作用。

此外,某些肝病时,血清胆红素、谷丙转氨酶等肝功能指标正常情况下,血清总胆酸可增高;当肝硬化活动性降到最低时,血清总胆酸仍维持较高水平。认为血清总胆酸是反映肝实质损害的灵敏指标。

第四节　胆色素代谢

胆色素是铁卟啉化合物在体内主要分解代谢产物,包括胆绿素、胆红素、胆素原和胆素等化合物。其中最主要的是胆红素,它们主要随胆汁经肠道排出。临床上黄疸症状的出现,系胆色素的代谢障碍所致。

一、胆红素的生成与转运

(一)胆红素的生成

体内 80% 的胆红素来自于衰老的红细胞破坏后释出的血红蛋白,其余来自肌红蛋白、过氧化氢酶、过氧化物酶、细胞色素等含血红素的化合物。正常成人每天生成 250～350 mg 胆红素。

正常红细胞的平均寿命为 120 d。衰老的红细胞在肝、脾、骨髓的单核-吞噬细胞的作用下破坏释放出血红蛋白,随后血红蛋白分解为珠蛋白和血红素。珠蛋白按一般蛋白质代谢途径分解,血红素在血微粒体红素加氧酶的催化下,铁卟啉环上的 α 甲炔基(—CH=)氧化断裂,释放出 CO、Fe^{3+},并生成胆绿素。释放的铁可以被机体再利用,一部分 CO 从呼吸道排出。胆绿素在胆绿素还原酶及 NADPH 的作用下迅速被还原成胆红素(非酯型)。人体内胆绿素还原酶活性极高,血液中极少出现胆绿素(图13-6)。

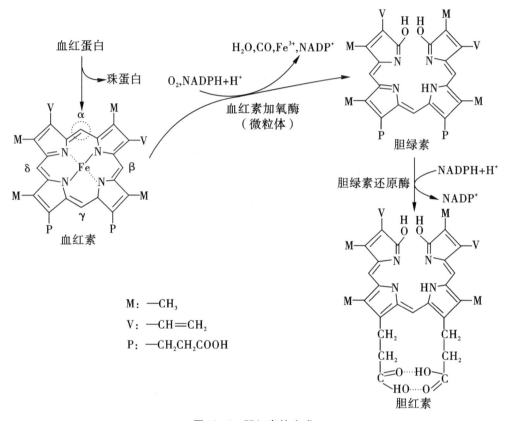

M: —CH_3

V: —CH=CH_2

P: —CH_2CH_2COOH

图 13-6 胆红素的生成

非酯型胆红素分子中虽含有羧基、羰基、羟基和亚氨基等极性基团,但由于胆红素分子不是以线性四吡咯结构存在,而是通过分子内部形成 6 个氢键得以稳定,使胆红素分子形成脊瓦状的刚性折叠(图13-7),极性基团包埋于分子内部,而疏水基团则暴露在分子表面,使胆红素具有疏水亲脂性质,极易透过生物膜。当透过血脑屏障进入脑组织,它能抑制大脑 RNA 和蛋白质的合成作用及糖代谢;与神经核团结合可产生核黄疸,干扰脑细胞的正常代谢及功能,故胆红素是人体的一种内源性毒物。

(二)胆红素的运输

胆红素具有脂溶性,可自由透过细胞膜,若高浓度胆红素进入细胞内可影响细胞功能。胆红素在单核-巨噬细胞系统中生成后可进入血液,主要以胆红素-清蛋白复合体的形式存在并进行运输,少量与 $α_1$ 球蛋白结合。这种结合既增加了胆红素在血浆中的溶解度有利于运输,又限制了胆红素自由通过生物膜进入细胞,尤其是消除或限制了对脑细胞的毒性作用。

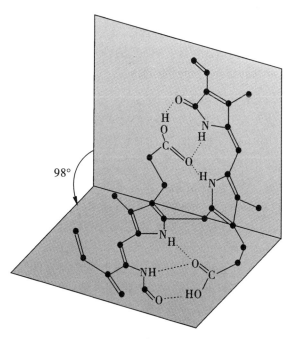

图 13-7　胆红素空间结构示意

正常人每 100 mL 血浆中的清蛋白能结合 20～25 mg 胆红素,而血浆胆红素浓度只有 1.7～17.1 μmol/L(0.1～1.0 mg/dL),足以阻止胆红素进入组织产生毒性作用。若血浆清蛋白含量降低,可促使胆红素从血浆向组织转移,反之,可促使组织中胆红素向血浆转移。临床上高胆红素血症患儿静脉滴注血浆就是此原理。磺胺类、甲状腺激素、脂肪酸、乙酰水杨酸、抗生素、利尿剂和造影剂等有机阴离子可与胆红素竞争清蛋白的结合部位或改变清蛋白的构象,影响胆红素与清蛋白的结合,使胆红素从复合物中游离出来而毒害细胞。新生儿极易发生高胆红素血症且对胆红素的代谢机制不完善,当需使用上述有机阴离子药物时必须慎重,以防"核黄疸"(脑基底核细胞受胆红素损害)发生。

非酯型胆红素与清蛋白结合后分子量变大,不能经肾小球滤过而随尿排出,故尿中无此胆红素。由于此种胆红素必须在加入乙醇后才能与重氮试剂起反应,所以称间接胆红素,又因该胆红素尚未进入肝进行生物转化的结合反应,故又称未结合胆红素(又称游离胆红素或血胆红素)。

二、胆红素在肝中的转变

胆红素在肝内的代谢,包括肝细胞对胆红素的摄取、结合和排泄三个过程。

(一)肝细胞对胆红素的摄取

肝细胞对胆红素有极强的亲和力。当胆红素-清蛋白复合物随血液运输到肝时,在肝细胞的窦状隙胆红素与清蛋白分离,在肝细胞的肝窦侧细胞膜处被摄入细胞内。

摄入肝细胞内的胆红素与胞浆中的配体蛋白——Y 蛋白(即谷胱甘肽-S-转移酶

glutathione s-trandferase,GST）或 Z 蛋白结合,被转移至内质网而完成摄取过程。血循环每流经肝一次,有 40% 的胆红素被肝细胞摄取。Y 蛋白在肝细胞中含量丰富并且对胆红素的亲和力比 Z 蛋白大,只有当 Y 蛋白结合达到饱和时,Z 蛋白的结合量才增加。许多有机阴离子如类固醇、四溴酚酞磺酸钠、甲状腺激素等具有与 Y 蛋白相同的结合部位,能竞争地抑制肝细胞对胆红素的摄取。

（二）肝细胞对胆红素的转化作用

在内质网,胆红素在尿苷二磷酸-葡糖醛酸基转移酶（UDP-glucuronyl transferase,UGT）的催化下,由 UDP-葡萄糖醛酸（UDPGA）提供葡萄糖醛酸基（GA）,生成葡糖醛酸胆红素（bilirubin glucuronide）,称结合胆红素（酯型）。因其能与重氮试剂直接迅速起反应,所以又被称为直接胆红素。由于胆红素分子中含有两个羧基,故可形成单葡糖醛酸胆红素（bilirubin monoglucuronide,BMG）或双葡糖醛酸胆红素（bilirubin diglucuronide,BDG）,在人体内双葡糖醛酸胆红素是其主要结合产物,单葡糖醛酸胆红素只有少量生成（图 13-8）。此外,还有小部分胆红素可与硫酸、甲基、乙酰基等结合。结合胆红素因其分子内的 6 个氢键被破坏,转化为水溶性极强的结合型物质,易于随胆汁排泄,亦可从肾小球滤过,但不易透过细胞膜进入其他组织。两种胆红素的区别如表 13-2。

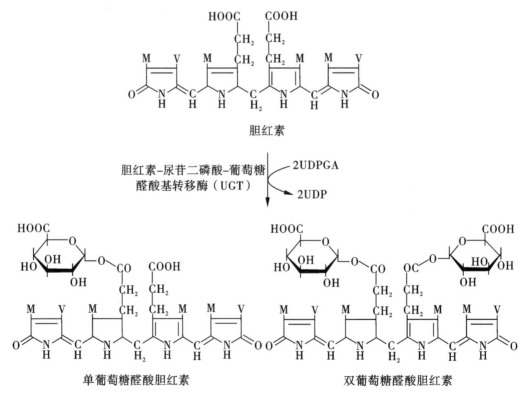

图 13-8 葡糖醛酸胆红素的生成及结构

M:CH₃, V:—CH=CH₂

表 13-2 两类胆红素的比较

区别	未结合胆红素	结合胆红素
常见其他名称	游离胆红素 血胆红素 间接胆红素	肝胆红素 直接胆红素
结构特点	在血浆中与清蛋白结合 未与葡萄糖醛酸结合	主要与葡萄糖醛酸结合
水溶性	小	大
脂溶性	大	小
细胞膜通透性及毒性	大	小
经肾随尿排出	不能	能
与重氮试剂反应的速度	慢或间接反映	迅速、直接反映

（三）肝对胆红素的排泄作用

结合胆红素与胞浆中的 GST 结合被运往肝细胞的毛细胆管侧的胞膜处排入毛细胆管，这一过程是由载体介导，有一系列的细胞器如内质网、高尔基复合体、溶酶体、微丝和微管等参与的逆浓度梯度的排泄过程，此过程对缺氧、感染、药物均敏感。肝内外的阻塞或重症肝炎，均可导致排泄障碍，使结合胆红素逆流入血，尿中出现胆红素。

血浆中的胆红素通过肝细胞膜特异受体、胞浆内载体蛋白和内质网的葡糖醛酸基转移酶的共同作用，不断地被肝细胞摄取、结合、转化和排泄，从而不断地被清除。

三、胆红素在肠道中的变化及胆色素的肠肝循环

结合胆红素随胆汁排入肠道后，在肠道细菌 β-葡萄糖苷酶的作用下脱去葡糖醛酸基，并逐步还原生成无色的胆色素原族化合物（包括中胆素原、粪胆素原、尿胆素原等）。大部分胆素原随粪便排出体外，在肠道下段与空气接触，被氧化为胆素。胆素呈黄褐色，是粪便颜色的主要来源。正常成人每天从粪便排出的粪胆素原 50～250 mg。当胆道完全阻塞时，结合胆红素入肠受阻，不能生成（粪）胆素原和（粪）胆素，故粪便呈灰白色。

肠道中生成的胆素原 10%～20% 可被肠黏膜细胞重吸收，经门静脉入肝。其中大部分再随胆汁排入肠道，形成胆素原的肠肝循环。小部分进入体循环经肾随尿排出，即为尿胆素原。当接触空气后被氧化成尿胆素，成为尿中颜色的主要来源。正常人随尿每日排出 0.5～4.0 mg 胆素。现将胆红素正常代谢概括为图 13-9。

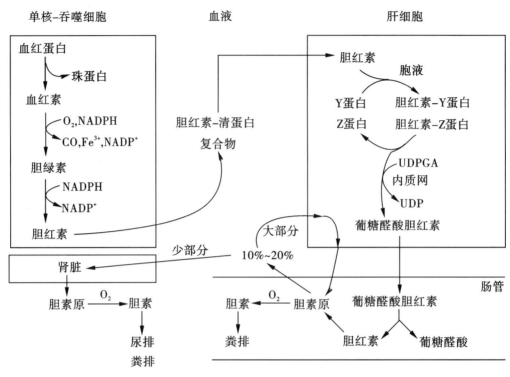

图 13-9 胆色素代谢示意

四、血清胆红素与黄疸

正常人血清胆红素总量小于 17.1 μmol/L,其中未结合胆红素约占 4/5,其余为结合胆红素。凡能引起体内胆红素生成过多,或肝细胞对胆红素摄取、转化、排泄过程发生障碍均可引起血浆胆红素浓度的升高,称高胆红素血症。胆红素为金黄色物质,当血清中胆红素含量过高而引起皮肤、黏膜、大部分组织和内脏器官及某些体液的黄染,这一体征称黄疸。黄疸的程度取决于血清胆红素的浓度。如血清胆红素浓度 <34 μmol/L,肉眼不易观察到巩膜和皮肤的黄染,称隐性黄疸;当血清胆红素浓度 >34 μmol/L 时,黄染十分明显,成为显性黄疸。临床上依据黄疸产生的机制,将黄疸分为三类。

(一)溶血性黄疸

溶血性黄疸(肝前性黄疸)是由于红细胞大量破坏,单核-吞噬细胞产生的胆红素过多,超过肝细胞的摄取、转化和排泄能力所致。其特征为:血清未结合胆红素浓度异常增高,结合胆红素浓度改变不大,与重氮试剂间接反应阳性,尿胆素原升高,尿胆红素阴性。见于恶性疟疾、地中海贫血、某些药物及输血不当等。

(二)阻塞性黄疸

阻塞性黄疸(肝后性黄疸),是由各种原因引起的胆汁排泄通道受阻,使胆小管和毛细胆管内压力增大破裂,结合胆红素返流入血,造成血清胆红素升高所致。其特征为:血清结合胆红素浓度升高,未结合胆红素浓度无明显改变,与重氮试剂直接反应阳

新生儿黄疸

性,尿胆素原减少,尿胆红素强阳性。尿液颜色变浅。常见于胆管炎症、肿瘤、结石或先天性胆道闭塞等疾病。

(三)肝细胞性黄疸

由于肝细胞受损,使其摄取、结合、转化和排泄胆红素的能力降低,一方面肝不能将未结合胆红素全部转化为结合胆红素,使血中未结合胆红素升高;另一方面肝细胞肿胀,毛细胆管阻塞或毛细胆管与肝血窦直接相通,使部分结合胆红素返流入血,使血中结合胆红素也升高。经肠肝循环到达肝的胆素原可经损伤的肝细胞进入体循环,并从尿中排出。肝细胞性黄疸的特征为:血清胆红素与重氮试剂呈双相反应阳性,尿胆素原升高,尿胆红素阳性。

各种黄疸类型血、尿、粪的变化见表13-3。

表13-3　三种黄疸类型血、尿、粪的变化

类　型	血　液		尿　液		粪　便
	未结合胆红素	结合胆红素	胆红素	胆素原	颜色
正常	有	无或极微	无	少量	黄色
溶血性黄疸	增加	不变或微增	无	显著增加	加深
阻塞性黄疸	不变或微增	增加	有	减少或无	变浅或陶土色
肝细胞性黄疸	增加	增加	有	不定	变浅

小　结

肝通过其独特的解剖结构和化学组成,在体内的物质代谢中起重要作用,包括血糖水平的调节,脂类的消化、吸收、分解、合成、利用及运输,蛋白质合成和氨基酸代谢,尿素合成,以及维生素代谢和激素的灭活等。

许多进入体内的或体内自身代谢产生的非营养物质,都可在肝进行生物转化作用,增加水溶性,改变毒性或药理作用,使之易于随胆汁或尿液排出。生物转化作用包括氧化、还原、水解和结合四类反应。氧化、还原、水解为第一相反应,结合为第二相反应,其中以氧化反应和结合反应尤为重要。催化氧化反应的主要是加氧酶系,结合反应中可供结合的基团主要是葡萄糖醛酸、硫酸、乙酰基等。

胆红素是胆汁中重要成分,主要来自血红蛋白中血红素的分解。新生胆红素是脂溶性物质,对组织细胞有毒害作用。它透出单核-巨噬细胞后进入血液,与血液中清蛋白结合成复合体而运输至肝,并被肝细胞摄取。在肝与葡萄糖醛酸结合变成极性较强的水溶性的葡萄糖醛酸胆红素,再随胆汁排入肠腔,在肠道细菌作用下,脱去葡萄糖醛酸并进一步还原为无色的胆素原族化合物。大部分的胆素原随粪便排出,小部分(10%～20%)由肠壁吸收入肝,再经胆道排入肠道,形成"胆素原肠肝循环"。其中被肠壁重吸收的胆素原尚有少量进入体循环由尿排出。与空气接触后,尿胆素原被氧化成尿胆素。黄疸是胆色素代谢障碍的主要表现,按其原因可以分为溶血性、阻塞性和

肝细胞性三类黄疸,其血、尿、粪中胆色素的变化可协助鉴别诊断。

 问题分析与能力提升

病例摘要 男性,50 岁,主因间歇发作性腹痛,黄疸,发热 3 个月而入院。

患者 3 个月前无明显诱因,餐后突然上腹痛,向后背、双肩部放射,较剧烈,伴发烧 38 ℃左右,次日发现巩膜、皮肤黄染,于当地医院应用抗生素及利胆药物后,症状缓解。随后 2 个月又有类似发作 2 次,仍行消炎、利胆、保肝治疗,症状减轻。为求进一步明确诊断和治疗来我院。半年前因"慢性胆囊炎、胆囊结石"行胆囊切除术。无烟酒嗜好,无肝炎、结核病史。

查体:一般情况好,发育营养中等,神清,合作。巩膜、皮肤黄染,浅表淋巴结无肿大,头颈心肺无异常。腹平软,肝脾未触及,无压痛或反跳痛 Murphy 征(−),肝区无叩痛,移动性浊音(−),肠鸣音正常。

实验室检查:WBC 5.0×10⁹/L,BHb 161 g/L,尿胆红素(−),TBIL(总胆红素)29.8 μmol/L,(正常值 1.7 ~ 20.00),DBIL(直接胆红素)7.3 μmol/L(正常值<6.00);B 超:肝脏大小形态正常,实质回声欠均匀,为脂肪肝之表现,胆总管内径约 1.2 cm,可疑扩大,未见结石影,但未探及十二指肠后段及末端胆总管。

思考题:该患者可能患有什么疾病?

 同步练习

一、单项选择题

1. 游离胆红素在血液中主要与哪一种血浆蛋白结合而运输? ( )

   A. 清蛋白   B. α_1-球蛋白

   C. β-球蛋白   D. γ-球蛋白

   E. α_2-球蛋白

2. 饥饿时肝中哪个途径的活性增强? ( )

   A. 脂肪的合成   B. 糖酵解

   C. 磷酸戊糖途径   D. 糖有氧氧化

   E. 糖异生

3. 肝是生成尿素的主要器官,是由于肝细胞含有: ( )

   A. 谷氨酸脱氢酶   B. CPS-Ⅱ

   C. 谷丙转氨酶   D. 谷草转氨酶

   E. 精氨酸酶

4. 下列哪种胆汁酸是次级胆汁酸? ( )

   A. 甘氨鹅脱氧胆酸   B. 鹅脱氧胆酸

   C. 甘氨胆酸   D. 脱氧胆酸

   E. 牛磺鹅脱氧胆酸

5. 下列哪种胆汁酸是初级胆汁酸? ( )

   A. 甘氨石胆酸   B. 甘氨胆酸

   C. 牛磺脱氧胆酸   D. 牛磺石胆酸

   E. 甘氨脱氧胆酸

6. 胆汁酸合成的限速酶是: ( )

   A. 1α-羟化酶   B. 12α-羟化酶

    C.HMG-CoA 合酶　　　　　　　　　　　D.HMG-CoA 还原酶

    E.7α-羟化酶

7. 生物转化中第一相反应最主要的是：　　　　　　　　　　（　　）

    A. 水解反应　　　　　　　　　　　　　B. 还原反应

    C. 氧化反应　　　　　　　　　　　　　D. 加成反应

    E. 脱羧反应

8. 下列哪项反应属生物转化第二相反应？　　　　　　　　　（　　）

    A. 乙醇转为乙酸　　　　　　　　　　　B. 醛变为酸

    C. 硝基苯转变为苯胺　　　　　　　　　D. 乙酰水杨酸转化为水杨酸

    E. 苯酚形成苯β-葡糖醛酸苷

9. 乙醇性肝损伤多见于：　　　　　　　　　　　　　　　　（　　）

    A. 肝细胞分区的Ⅰ带　　　　　　　　　B. 肝细胞分区的Ⅱ带

    C. 肝细胞分区的Ⅲ带　　　　　　　　　D. 肝细胞分区的Ⅰ带和Ⅲ带

    E. 肝细胞分区的Ⅱ带和Ⅲ带

10. 下列哪种物质在网状内皮系统生成　　　　　　　　　　　（　　）

    A. 胆红素　　　　　　　　　　　　　　B. 葡萄糖醛酸胆红素

    C. 石胆酸　　　　　　　　　　　　　　D. 胆汁酸

    E. 甲状腺素

11. 胆红素葡萄糖醛酸苷的生成需要：　　　　　　　　　　　（　　）

    A. 葡萄糖醛酸基结合酶　　　　　　　　B. 葡萄糖醛酸基转移酶

    C. 葡萄糖醛酸基脱氢酶　　　　　　　　D. 葡萄糖醛酸基水解酶

    E. 葡萄糖醛酸基酯化酶

12. 下列哪种物质是肠内细菌作用的产物？　　　　　　　　　（　　）

    A. 胆红素　　　　　　　　　　　　　　B. 鹅脱氧胆酸

    C. 胆素原　　　　　　　　　　　　　　D. 胆红素－阴离子

    E. 硫酸胆红素

二、填空题

1. 初级胆汁酸是在 _____ 内由 _____ 转变生成的。

2. 人体内的次级胆汁酸有 _____、_____、_____。

3. 胆汁酸合成的限速酶是 _____，其活性受 _____ 的负反馈的调节。

4. 胆汁酸按其结构可分为 _____ 和 _____。

5. 黄疸的类型有 _____、_____ 和阻塞性黄疸。

6 未结合胆红素又称 _____、_____。

7. 结合胆红素又称 _____、_____。

8. 未结合胆红素在肝内经 _____ 酶催化转变为结合胆红素。

三、名词解释

1. 生物转化　2. 初级胆汁酸　3. 未结合胆红素　4. 胆色素　5. 胆素原　6. 胆汁酸的肠肝循环

四、问答题

1. 肝在人体的物质代谢中起着哪些重要作用？

2. 简述胆汁酸主要生理功能。

3. 何谓胆汁酸的肠肝循环？有何生理意义？

4. 肝在胆红素的代谢中有何作用？

5. 比较胆汁酸与胆红素的肠肝循环的异同点。

6. 简述黄疸的分类及产生的生化机制，胆色素代谢有何变化？

第十四章

水和无机盐代谢

🌀 **学习目标**

◆ **掌握** 体液的电解质的分布特点,水和电解质的生理功能,水的来源和
去路,水和电解质平衡的调节,钙、磷代谢的调节。

◆ **熟悉** 体液的含量和分布,钠、钾、氯的代谢,钙、磷的生理功能、吸收和
排泄。

◆ **了解** 体液的交换,钙、磷在体内的分布、含量以及微量元素的代谢。

体内的代谢都是在体液环境中进行的。人体内由水及溶解于水中的无机盐、小分
子有机化合物和蛋白质等物质组成的、广泛分布于细胞内外的溶液称为体液。体液的
化学组成、容量、渗透压、酸碱平衡直接影响着组织细胞的结构和功能。体液中的溶质
如无机盐、蛋白质、有机酸等常以解离状态存在,故称为电解质。因此,水和无机盐代
谢也常称为水、电解质平衡或体液平衡。

某些疾病或内外环境发生剧烈变化,常会破坏体液中各种成分的动态平衡,导致
水、电解质以及酸碱平衡紊乱,影响机体的各种生命活动,严重时可危及生命。因此,
学习水、无机盐代谢的基本理论对了解某些疾病的发生、发展、临床诊断、治疗、用药指
导及日常生活都有重要的指导意义。

第一节　体　液

一、体液的分布与含量

以细胞膜为界,体液可分为细胞内液和细胞外液。若以血管壁为界,细胞外液可
分为血浆和细胞间液。此外,淋巴液、消化液、脑脊液等属于特殊的细胞外液,其大量
丢失可影响体液的容量、渗透压和酸碱平衡。正常成年人体液占体重 60%,其中细胞
内液占体重的 40%,细胞外液占体重的 20%。在细胞外液中血浆约占体重的 5%,细
胞间液占体重的 15%。

体液总量受年龄、性别和胖瘦等因素的影响而有很大的变动。年龄越小,体液占

体重的百分比越大（表14-1）。成年男性体液量多于同体重女性。肥胖者比同体重的均衡型者的体液总量低。

表 14-1　不同年龄正常人的体液分布（占体重的百分数,%）

年龄	体液总量	细胞内液	细胞外液		
			总量	细胞间液	血浆
新生儿	80	35	45	40	5
婴儿	70	40	30	25	5
儿童（2～14岁）	65	40	25	20	5
成人	55～65	40～45	15～20	10～15	5
老年人	55	30	25	18	7

由于婴幼儿体内含水量较多,每日对水的需要量高,每千克体重计算比成人高2～4倍,同时,婴幼儿每千克体重的体表面积比成年人大,水通过皮肤蒸发快,而调节水和电解质平衡的能力又差,因此,婴幼儿易发生水和电解质平衡失调。

二、体液的电解质含量及分布特点

体液中的溶质如无机盐、蛋白质和有机酸等常以离子状态存在,故称为电解质。

人体各部分体液中的电解质的组成、含量、分布各不相同见表14-2。从表中可知,细胞内、外液中电解质的分布与含量特点如下:

（1）各部分体液的阴阳离子平衡:以摩尔电荷浓度计算,血浆、细胞间液和细胞内液中阴离子与阳离子电荷总量相等,体液呈电中性。

（2）细胞内、外液的电解质分布有差异:细胞内液的主要阳离子是K^+,主要阴离子是有机磷酸和蛋白质阴离子;细胞外液的主要阳离子是Na^+,主要阴离子是Cl^-、HCO_3^-。

（3）细胞内、外液的渗透压基本相等:尽管细胞内液的电解质总量大于细胞外液,但它们的渗透压基本相等。这是因为细胞内液含二价离子和蛋白质较多,这些电解质所产生的渗透压较小。

（4）血浆与细胞间液的电解质含量基本接近,唯一区别是血浆蛋白质含量明显高于细胞间液。这有利于维持血浆胶体渗透压及血容量,有利于血浆与细胞内液之间水的交换。

表14-2　各种体液中电解质的含量分布情况　　　　　　　mmol/L

		血浆		细胞间液		细胞内液(肌肉)	
		离子	电荷	离子	电荷	离子	电荷
阳离子	Na^+	145	(145)	139	(139)	10	(10)
	K^+	4.5	(4.5)	4	(4)	158	(158)
	Mg^{2+}	0.8	(1.6)	0.5	(1)	15.5	(31)
	Ca^{2+}	2.5	(5)	2	(4)	3	(6)
	合计	152.8	(156)	145.5	(148)	186.5	(205)
阴离子	Cl^-	103	(103)	112	(112)	1	(1)
	HCO_3^-	27	(27)	25	(25)	10	(10)
	HPO_4^{2-}	1	(2)	1	(2)	12	(24)
	SO_4^{2-}	0.5	(1)	05	(1)	9.5	(19)
	蛋白质	2.25	(18)	025	(2)	8.1	(65)
	有机酸	5	(5)	6	(6)	16	(16)
	有机磷酸		(—)		(—)	23.3	(70)
	合计	138.75	(156)	144.75	(148)	79.9	(205)

三、体液的交换

体液的交换主要是指消化液、血浆、细胞间液和细胞内液等各部分体液之间水、电解质和小分子有机物之间的交换。

(一)消化液与血浆之间的交换

正常人每天分泌的消化液量约8 200 mL。其中含有多种消化酶,所含电解质浓度与血浆近似,近于等渗。绝大部分消化液被消化道重吸收,同时营养物质也被吸收。每天随粪便排出的消化液只有150 mL左右。在严重腹泻、呕吐时,消化液的丢失量大为增加,导致患者发生脱水现象。

大量丢失消化液还会引起患者发生酸碱平衡紊乱。胃液中主要阳离子是H^+,主要阴离子是Cl^-,因此严重呕吐时,可引起代谢性碱中毒。胰液、肠液、胆汁中主要阳离子是Na^+,主要阴离子是HCO_3^-,因此严重腹泻可导致代谢性酸中毒。此外,由于消化液中含有K^+,所以各种消化液的丢失都伴有K^+的丢失,使患者发生不同程度的缺钾。

(二)血浆与细胞间液之间的交换

血浆与细胞间液之间的物质交换发生在组织毛细血管处,毛细血管壁为一种半透膜,除蛋白质外,水和小分子溶质(葡萄糖、氨基酸、尿素、肌酐、CO_2、O_2、Cl^-、HCO_3^-等)均可自由透过毛细血管壁。正常情况下,晶体液的流向取决于毛细血管的有效滤过压,有效滤过压=(毛细血管血压+组织液的胶体渗透压)-(血浆胶体渗透压+组织液的静水压）。在毛细血管的动脉端,有效滤过压为正值,晶体液自血浆滤出至细胞间液,各种营养物质也随之流向毛细血管。

在病理情况下,如心力衰竭时,毛细血管内压增大,可导致细胞间液回流受阻而发生水肿。慢性肾炎患者从尿中大量丢失血浆清蛋白,或肝功能障碍清蛋白合成减少,都可造成血浆胶体渗透压降低,也可导致细胞间液回流受阻而发生水肿。

（三）细胞间液与细胞内液之间的交换

细胞间液与细胞内液之间的物质交换是通过细胞膜进行的,细胞膜也可视为一种半透膜,但除了不允许蛋白质自由通过外,某些离子如 K^+、Na^+、Ca^{2+}、Mg^{2+} 等也是不能自由通过的。能通过细胞膜的是水和一些小分子物质,如葡萄糖、氨基酸、尿素、肌酐、CO_2、O_2、Cl^-、HCO_3^- 等。

决定细胞内外液交换的主要因素是晶体渗透压,即由无机离子产生的渗透压。当细胞内外液渗透压发生差别时,主要依靠水的移动维持平衡。当细胞外液渗透压增高时,水自细胞内移向细胞外,使细胞皱缩;当细胞外液渗透压降低时,水自细胞外液转至细胞内,引起细胞肿胀。细胞内水分丢失过多或水进入细胞过多都会造成细胞功能紊乱。

第二节　水和无机盐的生理功能

一、水的生理功能

水是人体的重要组成成分,也是维持人体正常生命活动的重要营养素之一。机体内,水以结合状态和自由状态两种形式存在,水的主要生理功能有:

1. 调节体温　这一作用与水的特殊物理性质有关,水的比热大,能吸收较多热量,而本身的温度只有较小的变化。水的蒸发散热大,机体能通过蒸发少量的汗液,而散发大量的热能。水的流动性大,能随血液循环迅速分布全身,使物质代谢产生的热能均匀分布,并能通过体表散发到环境中去。

2. 运输作用　水是良好的溶剂,而且自由状态的水黏度小,流动速度快,体内的营养物和代谢产物大多数都能溶解于水中,通过血液循环进行运输。

3. 润滑作用　水有良好的润滑作用,如唾液有助于食物润滑而利于吞咽;关节腔内的滑液有利于关节活动;泪液可防止眼球干燥,有利于眼球的活动。

4. 促进和参与物质代谢　水的介电常数高,能促进化合物呈离子状态。如促进酶的活性中心的必需基团解离,从而促进了酶促反应的进行。水提供的反应环境有助于各种代谢的进行。同时水本身也直接参加体内的化学反应,如水解、水化、加水脱氢等重要代谢反应。

水的生理功能

5. 维持组织的形态与功能　机体内,水以结合状态与自由状态两种形式存在。结合水参与维持组织器官的形态、硬度和弹性。例如,心肌含水约79%,血液含水约83%,两者含水差别较小,然而心肌中的水主要为结合水,从而使心脏具有一定的形态和硬度,保证了心脏的泵血功能;血液中的水大多为自由水,有较大的流动性,从而实

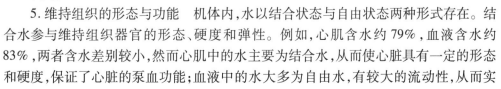

现了血液的运输功能。

二、无机盐的生理功能

无机盐的生理功能有以下几方面：

1.维持体液的渗透压和酸碱平衡　从体液电解质的分布情况来看,Na^+、Cl^-是维持细胞外液渗透压的主要离子;K^+、HPO_4^{2-}是维持细胞内液渗透压的主要离子。这些离子同时也是体液中各种缓冲对的主要成分,在维持体液的酸碱平衡中起重要作用。电解质平衡失常往往会导致酸碱平衡失常。

2.维持神经、肌肉的应激性　神经、肌肉的应激性与体液中一些离子浓度和比例有关,Na^+、K^+可提高神经肌肉的应激性,而Ca^{2+}、Mg^{2+}等的作用则相反。

$$神经肌肉应激性 \propto \frac{[Na^+]+[K^+]}{[Ca^{2+}]+[Mg^{2+}]+[H^+]}$$

上述离子也影响心肌的应激性,K^+对心肌有抑制作用,而Na^+、Ca^{2+}的作用与K^+相拮抗。

3.维持细胞正常的代谢　生物体内的各种物质代谢依赖于酶的催化,而许多无机离子可作为酶的激活剂或辅助因子参与酶促反应。如各种激酶需要Mg^{2+},细胞色素酶需要Fe^{2+}和Cu^{2+},唾液淀粉酶的激活剂是Cl^-。

4.构成组织成分　所有的组织细胞中都含有无机盐的成分,如钙、磷、镁是骨骼和牙齿组织中的主要成分。

第三节　水和钠、钾、氯的代谢

一、水代谢

(一)水的摄入

一般情况下,正常成人每天需水的总量约2 500 mL。主要有三个来源:

1.饮水　饮水主要包括茶、汤、饮料及其他流质。饮水量随气温、劳动强度和生活习惯而不同,变化幅度较大。

2.食物水　各种食物均含一定量的水分,成人每天从食物中摄取的水分约为1 000 mL。

3.代谢水　糖、脂肪和蛋白质等营养物质在代谢过程中经过氧化生成的水称为代谢水或内生水。在一般情况下,每天体内生成的代谢水约为300 mL。

(二)水的排泄

成人每天排出水的总量约为2 500 mL。其排出途径有四条:

1.肾排出　肾是排出水分的主要器官,它起着调节体内水平衡和排泄体内废物的双重作用。成人每天排出尿量约为1 500 mL。尿量变动很大,饮水、出汗等因素对尿量有较大影响。成人每天从肾排出代谢固体废物(尿素、尿酸、肌酐等)一般不少于

35 g,而肾排出尿的最大浓度为6%～8%,所以每日尿量至少需要500 mL,才能充分排泄代谢废物。否则导致代谢废物在体内堆积引起中毒(尿毒症)。所以500 mL是正常成人肾排尿的最低值。临床上将每日尿量小于500 mL称之为少尿,少于100 mL为无尿。

2.皮肤蒸发　皮肤蒸发方式有两种:一种是非显性出汗,其成分主要是水,电解质含量很少,成人每日以皮肤蒸发方式排出纯水约为500 mL;另一种是显性出汗,为汗腺所分泌。显性出汗的量在高温、运动时明显增加。显性出汗是一种低渗溶液,在出汗的同时也丢失 Na^+、Cl^- 及少量的 K^+。大量出汗时应补充水和氯化钠。显性出汗不属于皮肤蒸发,不计入水的正常排出。

3.呼吸蒸发　肺呼吸时以水蒸气的形式排出部分水分,排出量与呼吸交换的容量和呼吸深度有关,成人每日约排出350 mL,当体温升高,呼吸加快时,呼吸蒸发的水可增多。

4.消化道排出　各种消化腺每天分泌的消化液(如唾液、胃液、胰液、肠液和胆汁等)约8 L,其中含有大量的水和无机盐。正常情况下,98%的消化液经"肠道循环"被重吸收,只有2%的消化液随粪便丢失到体外,正常成人每天经粪便排出的水分约为150 mL,病理情况下,如呕吐、腹泻、胃肠减压等可引起消化液大量丢失而导致脱水。由于消化液中含有大量的电解质和水分,在正常情况下,这些消化液几乎全部被肠道重吸收。在病理情况下,如呕吐、腹泻等可丢失大量的消化液,引起水和电解质平衡的紊乱。婴幼儿的调节代偿能力较差,消化液的丢失对婴幼儿危害更严重。临床上应根据消化液中水和电解质的丢失情况及时给予补给。

正常情况下,成人每日摄取的水量和排出的水量基本相等(表14-3),称为水平衡。

表14-3　成人每日水的出入量

水的摄入量/mL		水的排出量/mL	
饮水	1 200	肾排出	1 500
食物	1 000	皮肤蒸发	500
代谢水	300	肺呼出	350
		肠道排出	150
合计	2 500	合计	2 500

为了维持水平衡和保持正常的生理状况,成人每日的生理需水量约为2 500 mL。当机体由于种种原因不能进水时,每日仍不断由皮肤、呼吸、粪便和肾排出水分约1 500 mL,这是人体每天必然丢失的水量,也是每天的最低需水量。因此,对于昏迷、禁食等不能进食的患者,每天补液的基础量应为1 500 mL,若有水分额外丢失,再根据情况增加补液量。

二、钠和氯的代谢

(一)含量与分布

正常成人钠总量为 45～50 mmol/kg 体重。其中45%分布于细胞外液,10%分布于细胞内液,45%分布于骨骼。血浆 Na^+ 含量平均为 142 mmol/L。成人体内 Cl^- 总量约为 33 mmol/kg 体重,其中 70% 分布于血浆、组织和淋巴液中。血浆 Cl^- 平均为102 mmol/L。

(二)吸收与排泄

1. 吸收　钠和氯主要来自食盐(NaCl),一般成人每天需要 NaCl 为 4.5～9.0 g,其实际摄取量因个人饮食习惯、食物性质、生活情况等的不同而有很大差别,但最低不能少于 1.0 g。食入的 Na^+ 和 Cl^- 几乎全部被消化吸收。

2. 排泄　Na^+ 和 Cl^- 主要经肾随尿排出,少量由皮肤排出。在醛固酮的影响下,肾对钠的排泄具有强大的调节能力,其特点是"多吃多排、少吃少排、不吃不排"。如较长时间进食低钠饮食,如无意外丢失的话,一般不会出现低钠症状。但在严重呕吐、腹泻、高温作业、剧烈运动等过量出汗时,在补充水分的同时应适当补钠。

三、钾的代谢

(一)含量与分布

人体内钾的含量为 31～57 mmol(1.2～2.2 g)/kg 体重,总量约为 120 g。其中约 98% 分布于细胞内,仅约 2% 存在于细胞外液。血清钾浓度为 3.5～5.5 mmol/L,而细胞内液钾浓度则高达 150 mmol/L 左右。

K^+、Na^+ 在细胞内、外分布极不均匀,主要是由于细胞膜上钠钾泵的作用,但这两种离子却均可顺浓度梯度缓慢地通过细胞膜进行被动扩散。除钠钾泵外,钾在细胞内、外的分布还受物质代谢和体液酸碱平衡等方面的影响。

1. 体内物质代谢的影响　每合成 1 g 糖原需要 0.15 mmol K^+ 进入细胞内;而分解 1 g 糖原又可释放等量的 K^+ 到细胞外。因此,当大量补充葡萄糖时,细胞内糖原合成作用增强,钾从细胞外进入细胞内,可引起血浆钾浓度降低,故应注意适当补钾,否则可导致低血钾。在临床医学中对于高血钾患者,可采用注射葡萄糖溶液+胰岛素的方法,加速糖原合成,促使 K^+ 由细胞外液进入细胞内,以纠正高血钾。

每合成 1 g 蛋白质,约需 0.45 mmol K^+ 进入细胞内;而分解 1 g 蛋白质,又可释放等量的 K^+ 到细胞外。因此,在组织生长或创伤恢复期等情况下,蛋白质合成代谢增强,钾进入细胞内,可使血钾浓度降低,此时应注意钾的补充;而在严重创伤、挤压综合征、感染、缺氧以及溶血等情况下,蛋白质分解代谢增强,细胞内钾释放到细胞外,如超过肾排钾能力时,则可导致高血钾。

2. 细胞外液 pH 值的影响　酸中毒时细胞外液 H^+ 浓度增高,部分 H^+ 进入体细胞置换出细胞内的 K^+,同时肾小管上皮细胞泌 H^+(排酸)作用增强,泌 K^+ 作用(排钾)被抑制,最终导致酸中毒引起高血钾;相反碱中毒则可引起低血钾。

(二)吸收与排泄

成人每天钾的需要量为 2～3 g。体内钾主要来自食物,蔬菜和肉类均含有丰富的钾,故一般食物即可满足钾的需要。来自食物的钾90%被消化道吸收,其余未被吸收的部分则随粪便排出体外。体内钾的排泄途径有3种:尿、粪便和汗液。正常情况下80%～90%的钾经肾由尿排出,肾对钾的排泄能力很强,特点是"多吃多排,少吃少排,不吃也排"。即使禁钾1～2周,肾每天排钾仍可达5～10 mmol,故禁食或大量输液者常常出现缺钾现象,此时应注意适当补钾。约10%的钾由粪便排出,严重腹泻时粪便中钾的丢失量可达正常时的10～20倍之多,故应注意钾的补充。此外汗液也可排出少量钾。

(三)低血钾与高血钾

1. 低血钾　血钾浓度低于3.5 mmol/L时,称为低血钾。其表现为全身软弱无力、肌张力下降、腱反射减弱、腹胀、消化不良等症状。其原因主要有:①钾摄入过少,见于摄食障碍、禁食等;②丢失过多,见于严重腹泻、呕吐和钾利尿剂过多应用等;③细胞内、外分布异常,见于治疗糖尿病酸中毒时,应用大量葡萄糖和胰岛素,促进血浆K^+随葡萄糖进入细胞内,又未及时补钾。此外,碱中毒也能使钾转入细胞内导致低血钾。

2. 高血钾　血钾浓度高于5.5 mmol/L时,称为高血钾。其主要表现为神经、肌肉兴奋性增高、肌肉酸痛、腱反射亢进,同时抑制心肌兴奋性,出现心动过缓、传导阻滞,严重时可导致心脏骤停于舒张状态。其主要原因为:①输入钾过多,如输钾过多过快(错误地静脉注射钾)或输入大量库存血液;②排泄障碍,常见于肾功能衰竭或肾上腺皮质功能低下;③细胞内钾外移,当大面积烧伤或呼吸障碍引起缺氧以及酸中毒时均可导致高血钾。

四、水和电解质平衡调节

水和电解质的平衡主要是通过神经-激素的调节来实现的,其中抗利尿激素(antidiuretic hormone,ADH)和醛固酮起重要作用。

(一)抗利尿激素

抗利尿激素(ADH)是下丘脑视上核神经细胞分泌的一种肽类激素。抗利尿激素的主要功能是促进肾远曲小管和集合管对水的重吸收,维持血浆渗透压正常。影响ADH分泌的因素有:

1. 细胞外液的渗透压　下丘脑的渗透压感受器对体液渗透压的改变非常敏感。下丘脑视前区的渗透压感受区当人体大量失水时,细胞外液的渗透压升高,渗透压感受器兴奋,一方面,ADH分泌增加,促进肾远曲小管和集合管对水的重吸收(尿量减少),体液渗透压恢复正常;另一方面引起口渴反射,经饮水后使细胞外液渗透压恢复正常(图14-4)。

2. 左心房的血容量感受器　当血容量增加、血压升高时,刺激左心房容量感受器,引起ADH分泌减少,从而引起利尿,排出体内过多的水分,使血容量和血压恢复正常。反之,ADH分泌增多,促进肾对水的重吸收,有利于血容量和血压的恢复(图14-1)。

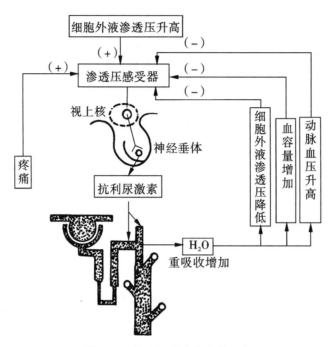

图 14-1　抗利尿激素的调节示意

（二）醛固酮

醛固酮是肾上腺皮质球状带分泌的一种类固醇激素,又称盐皮质激素。醛固酮的主要功能是促进肾小管上皮细胞分泌 K^+ 和 H^+,重吸收 Na^+,促进 H^+-Na^+ 和 H^+-K^+ 交换,伴随 Na^+ 的重吸收,Cl^- 和水也被重吸收。总的效果是保留 Na^+ 和水,排出 H^+ 和 K^+。影响醛固酮分泌的因素有:

1.肾素-血管紧张素系统　肾素是一种蛋白水解酶,它能催化血浆中的血管紧张素原,转变为血管紧张素Ⅰ,后者又在一特异性很强的血清转化酶作用下水解生成血管紧张素Ⅱ。血管紧张素Ⅱ具有很强的缩血管作用,使血压升高,并促进醛固酮的分泌(图 14-2)。

肾素的分泌主要由血容量来调节,当血容量减少、血压下降时,肾动脉压降低,肾血流量减少,通过远曲小管致密斑处的 Na^+ 减少以及交感神经的兴奋,使肾小球旁细胞分泌肾素增多,血浆中血管紧张素和醛固酮的浓度随之增加,从而促进肾小管对 Na^+ 的主动吸收,伴随水的被动吸收,使血容量和血压回升。当血容量增加,血压回升,肾素分泌减少,醛固酮的分泌也随之减少。恢复正常后,血管紧张素Ⅱ可被血浆和肾组织中的一种特异的肽酶(血管紧张素酶)水解而失活。

2.血钾和血钠浓度　当血钾浓度升高或血钠浓度降低,Na^+/K^+ 比值降低时,醛固酮分泌增多,尿排钠减少。反之,醛固酮分泌减少,尿排钠增多。

（三）其他激素的调节

除抗利尿激素和醛固酮外,还有一些激素也参与水盐代谢的调节。如心房利钠因子,又称心房肽或心钠素,它具有极强的利尿、利钠、扩张血管和降低血压的作用;它通过抑制腺苷酸环化酶的活性来降低水和钠离子的重吸收。另外,心钠素还能抑制肾素、醛固酮和抗利尿激素的分泌。又如性激素对水盐平衡也有调节作用,其中雌激素能促进水和钠在体内的潴留。正常人体在神经和激素的共同调节下,不断改变肾小管对水和 Na^+ 的重吸收能力,因而人体在不同的情况下能保持水、电解质的动态平衡及体液容量和渗透压的相对恒定。

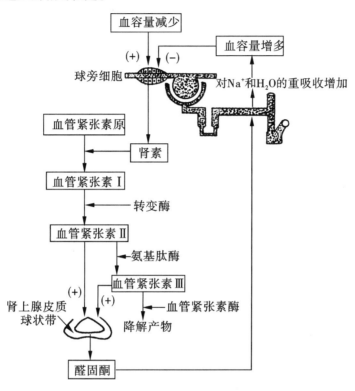

图 14-2　肾素-血管紧张素系统对醛固酮分泌的调节

第四节　钙磷代谢

一、钙磷的含量、分布与生理功能

(一)含量与分布

钙和磷是体内含量最多的无机盐。正常成人体内钙总量为 700 ~ 1 400 g。磷的总量 400 ~ 800 g。其中 99% 以上的钙、约 88% 的磷以骨盐的形式存在于骨组织与牙齿中,其余分布于体液和其他组织(表 14-4)。

表 14-4　人体内钙磷的分布

部位	钙	磷
骨及牙	1 200 g(99.3%)	600 g(85.7%)
细胞外液	1 g(0.1%)	0.2 g(0.03%)
细胞内液	7 g(0.6%)	100 g(14%)

(二)生理功能

1.参与形成骨骼和牙齿　人体内的钙和磷以羟磷灰石$[3Ca_3(PO_4)_2 \cdot Ca(OH)_2]$的形式构成骨盐,参与骨骼、牙齿的形成,使骨组织成为体内最坚硬的组织。骨骼是机体的支架,又是体内钙磷的储存库。

2.钙离子(Ca^{2+})的生理功能　①可作为激素的第二信使,在细胞信息传递中起重要作用;②能够降低毛细血管及细胞膜的通透性;③有降低神经肌肉兴奋性的作用;④增强心肌的收缩;⑤是凝血因子之一,参与血液凝固过程;⑥是很多酶的激活剂和抑制剂。

3.磷的生理作用　磷除与钙结合成羟磷灰石作为骨的成分外,主要以磷酸根的形式在体内发挥生理作用:①是细胞膜、核酸及某些辅酶的组成成分;②直接参与体内物质代谢反应及代谢调节,如参与葡萄糖的磷酸化、酶的共价修饰等;③参与体内能量的生成、储存和利用;④构成磷酸盐缓冲对,参与体内酸碱平衡的调节。

二、钙磷的代谢

(一)吸收和排泄

1.吸收　成人每日需钙量为 0.5~1.0 g,生长发育期的儿童及青少年、孕妇和哺乳期的妇女需要量增加。食物中的钙主要在酸度较高的小肠上段,以 Ca^{2+} 形式吸收。食物中的钙吸收率很低,一般为 25%~40%,只有当体内缺钙或钙的需要量增加时,钙的吸收率可随之增加。钙的吸收受多种因素影响。①1,25-二羟维生素 D_3,可加强小肠对钙和磷的吸收,这是影响钙吸收的最主要因素。②饮食:食物中凡能降低肠道 pH 值的成分均可促进钙的吸收,如乳酸等,临床补钙常用乳酸钙、葡萄糖酸钙等。当食物中磷酸盐较多时,可与 Ca^{2+} 结合成不溶性钙盐阻碍钙的吸收。③年龄:钙的吸收率与年龄成反比。婴儿对食物钙吸收率达 50% 以上,成人约为 30%,随年龄增长钙的吸收率还会下降,这是老年人缺钙导致骨质疏松的原因之一。

磷在食物中分布广泛,且能在体内保存,所以不容易缺乏。成人每日需磷量为 1.0~1.5 g。食物中的磷以磷酸盐形式存在,凡是能够影响钙吸收的因素也能够影响磷的吸收。磷的吸收部位也在小肠上段,磷的吸收较钙容易,吸收率约为 70%。

2.排泄　正常成人每日排出的钙,80% 经肠道排泄。约 20% 经肾排泄,肠道排出的钙主要为食物未吸收的钙和消化液中的钙。肾小管重吸收钙的能力受到甲状旁腺素(parathyrin,PTH)调控,血钙浓度低时,则原尿中的钙几乎全被重吸收,尿钙接近于零;如血钙浓度高,则重吸收减少。

体内的磷有 60%~80% 由肾排出,其余经肠道排出。由于大部分磷经肾由尿排出,肾功能不全时,可使血磷升高,与血浆蛋白结合而在组织中沉积,从而导致某些软组织发生异位钙化。

(二)血钙和血磷

1. 血钙　血液中的钙几乎全部存在于血浆中,故血钙就是指血浆钙。正常人血钙浓度为 $2.25 \sim 2.75$ mmol/L($9 \sim 11$ mg/dL)。血钙有三种形式:①蛋白结合钙,指与血浆中清蛋白结合的钙,不能通过半透膜或细胞膜,称为非扩散钙;②络合钙,指与柠檬酸、乳酸、碳酸氢根离子等结合在一起形成可溶性钙盐的钙,这种钙易于解离,可通过半透膜,也称为扩散结合钙;③游离钙,即离子钙(Ca^{2+}),易通过半透膜。故柠檬酸钙和离子钙又称为可扩散钙。血浆中只有离子钙才能直接发挥其生理功能。各种钙的存在形式可互相转变,保持动态平衡。

离子钙受血浆 pH 值的影响。酸中毒时,氢离子浓度升高,则钙离子增多;碱中毒时,HCO_3^- 浓度升高,则钙离子浓度减少,因此临床上出现抽搐现象。血浆中钙离子浓度与氢离子浓度和 HCO_3^- 浓度的关系如下:

$$[Ca^{2+}] = K \frac{[H^+]}{[HCO_3^-] \times [HPO_4^{2-}]} \quad (其中\ K\ 为常数)$$

2. 血磷　血磷主要是指血浆中的无机磷,它主要以无机磷酸盐的形式存在,如 Na_2HPO_4 和 NaH_2PO_4。正常成人血浆磷浓度为 $1.0 \sim 1.6$ mmol/L($3.0 \sim 4.5$ mg/dL),婴幼儿稍高。

3. 血钙与血磷关系　血中钙、磷浓度相当恒定,它们之间存在一定关系。以 mg/dL 为单位表示时,$[Ca] \times [P] = 35 \sim 40$,该值称为钙磷乘积。当乘积大于 40 时,钙磷以骨盐形式沉积于骨组织中;若小于 35 时,则发生骨盐溶解而产生佝偻病及软骨病。

(三)钙、磷与骨的代谢

1. 骨的组成　骨是由骨细胞、骨盐和骨基质三部分组成。骨盐是骨中的无机盐,有无定型骨盐(磷酸氢钙)和羟磷灰石结晶,它们使骨具有坚韧性。骨基质中95%为胶原和少量的蛋白多糖。胶原以胶原纤维形式存在,胶原之间有无数间隙,骨盐就沉积在这些间隙之中。骨基质使骨具有韧性。骨的细胞有破骨细胞、成骨细胞和骨细胞。它们都起源于未分化的间充质细胞,间充质细胞可转化为破骨细胞,后者再转化为成骨细胞。成骨细胞也可直接来自间充质细胞。成骨细胞逐渐从活跃状态变为静止状态,最后转变为骨细胞。

2. 成骨作用与钙化　骨的生长、修复或重建过程,称为成骨作用。成骨过程中,形成坚硬的骨质。成骨细胞先合成并分泌胶原和蛋白多糖等成分,形成类骨质;然后骨盐沉积形成坚硬的骨质,该过程叫骨的钙化。最终形成坚硬的骨组织。

3. 溶骨作用与脱钙　溶骨作用是由破骨细胞活动引起。溶骨作用包括基质的水解和骨盐的溶解。骨盐的溶解又称为脱钙。破骨细胞可释放溶酶体中的水解酶,使骨基质的胶原等分解;同时破骨细胞活动时产生一些有机酸(乳酸、丙酮酸、柠檬酸等),使局部酸化,促进骨盐溶解。

人体通过成骨和溶骨作用,不断与细胞外液进行钙、磷交换,从而使血钙和血磷浓度维持动态平衡,促进骨的更新。正常成年人,成骨作用与溶骨作用不断地交替进行,

笔记栏

处于动态平衡。生长发育期的儿童、青少年,骨骼的成骨作用大于溶骨作用,而老年人则骨的吸收明显大于骨的生成,骨质减少而易发生骨质疏松症。

三、钙磷代谢的调节

钙磷代谢主要受甲状旁腺素、降钙素(calcitonin,CT)和1,25-二羟维生素 D_3[1,25-$(OH)_2$-D_3]的调节。它们主要通过影响钙、磷的吸收与排泄及在骨组织中的分布来调节血钙、血磷的浓度和两者之间的比例关系。因此,肠、肾和骨组织就是三种激素作用的靶组织。

(一)1,25-二羟维生素 D_3

1. 1,25-$(OH)_2$-D_3的生成　维生素 D_3在肝微粒体中,经羟化转变成25-OH-D_3,然后至肾皮质经1-羟化酶系的催化进一步转变成1,25-$(OH)_2$-D_3,它是维生素 D_3在体内的活性形式。1,25-$(OH)_2$-D_3由肾合成后进入血液,经血液循环运送到靶细胞,发挥生理作用。

2. 1,25-$(OH)_2$-D_3的生理作用　①1,25-$(OH)_2$-D_3的主要生理作用是促进小肠对钙磷的吸收。1,25-$(OH)_2$-D_3进入小肠黏膜细胞核,促进钙结合蛋白基因表达,从而增加 Ca^{2+}的吸收转运;此外1,25-$(OH)_2$-D_3还增加小肠黏膜细胞膜磷脂合成及不饱和脂肪酸的含量,进而增加 Ca^{2+}的通透性,有利于 Ca^{2+}吸收。②1,25-$(OH)_2$-D_3作用于骨组织,有溶骨和成骨的双重作用。1,25-$(OH)_2$-D_3能刺激破骨细胞活性而加速破骨细胞生成,产生溶骨作用,又能通过增强小肠钙磷吸收而促进骨钙化作用,并刺激成骨细胞分泌胶原等促进成骨作用。总的结果是促进骨的代谢,有利于骨骼的生长和钙化,同时也维持了血钙浓度的恒定。③1,25-$(OH)_2$-D_3作用于肾组织,促进肾小管对钙、磷的重吸收。总之,1,25-$(OH)_2$-D_3可以使血钙、血磷浓度增加。

(二)甲状旁腺素(PTH)

1. PTH 的分泌调节　PTH 是由甲状旁腺主细胞合成分泌的,由84个氨基酸残基组成的单链多肽。其分泌主要受血钙浓度的调节。当血钙浓度降低时,PTH 分泌增加;反之,分泌降低。

2. PTH 的生理功能　①PTH 增强破骨细胞的溶骨作用,抑制成骨细胞的成骨作用,骨盐溶解,使血钙和血磷浓度降低;②PTH 作用于肾促进肾对钙的重吸收,抑制对磷的重吸收,使尿钙排出减少,尿磷排出增多,从而降低血磷。

(三)降钙素(CT)

1. CT 的分泌调节　CT 是由甲状腺滤泡旁细胞分泌的一种肽类激素,其分泌随血钙浓度的升高而增加。

2. CT 的生理作用　① CT 作用于骨组织,抑制破骨细胞的生成,又加速破骨细胞转化为成骨细胞,因而抑制骨盐溶解,使血钙、血磷浓度下降。② CT 作用于肾抑制钙、磷的重吸收,促进尿钙、尿磷排泄。③ CT 还抑制 1,25-$(OH)_2$-D_3的生成,从而间接抑制肠道对钙、磷的吸收。

总之,CT 的作用是使血钙、血磷的浓度都降低。

正常机体内,上述三种物质对钙、磷代谢的调节作用相互制约相互协调,保证了钙、磷代谢的正常及骨组织的正常生长。

表 14-5 显示激素对钙磷代谢调节概况。

表 14-5　激素对钙磷代谢的调节

钙磷代谢	PTH	$1,25-(OH)_2-D_3$	CT
肾钙重吸收	↑	↑	↓
肾磷重吸收	↓	↑	↓
溶骨作用	↑	↑	↓
成骨作用	↓	↑	↑
小肠钙吸收	↑	↑	↓
小肠磷吸收	↑	↑	-
血钙	↑	↑	↓
血磷	↓	↑	↓

第五节　镁的代谢

(一)镁的含量与分布

Mg^{2+}是体内主要的正离子之一,总量 20 ~ 28 g。镁主要存在于骨骼,其余分布于肌肉及肝、肾、脑等组织。正常成人血镁浓度为 0.8 ~ 1.1 mmol/L。

(二)镁的吸收与排泄

人体每日镁的需要量为 0.2 ~ 0.4 g。食物中镁主要由小肠吸收,吸收率约 30%,其中以十二指肠的吸收率最高。正常膳食可满足镁的需要量。体内的镁 60% ~ 70% 随粪便排出,其余自尿液中排出,正常情况下从肾小管滤过的镁多被重吸收。肾是维持血镁浓度恒定的主要器官。

(三)镁的生理作用

(1)镁作为部分酶的辅助因子或激活剂,参与核酸、蛋白质、糖、脂肪、能量代谢等重要代谢过程。

(2)镁对神经系统和心肌的作用十分重要,主要表现在:Mg^{2+}对中枢神经系统和神经肌肉接头能起到镇静和抑制;Mg^{2+} 和 Ca^{2+} 对神经肌肉应激性具有协同作用,但对心肌则具有相互拮抗的作用。

(3)镁作用于周围血管系引起血管扩张,使血压降低,此种降压作用对高血压患者作用更明显。

(4)血镁浓度可影响 PTH 和 CT 的分泌:血镁浓度过低,则 PTH 分泌受抑制;血镁浓度过高,可刺激 CT 的分泌。镁是骨细胞结构和功能所必需的元素。

(5)镁对胃肠道的作用:$Mg(HCO_3)_2$ 等碱性镁制剂是良好的抗酸剂,可中和胃酸。

Mg^{2+}在肠道吸收缓慢,使水分潴留,因此镁盐可用作导泻剂。

第六节 微量元素

人体元素组成约有 60 种,其中含量仅占体重 0.01% 以下的,或需要量在 100 mg/d 以下的称微量元素。现已确知的、有重要生理功能的有铁、铜、锌、碘、氟、硒、钼、钴、钼、铬、锰、锡、钒等。人体对微量元素每日需要量少,其来源主要为食物。微量元素缺乏时,可使机体的代谢过程及生理功能发生改变,而发生疾病。人们对微量元素的研究愈来愈受到重视。

一、铁

(一)体内铁的概况

正常成年男性体内含铁量为 30～50 mg,女性稍低,这与月经期失血失铁、怀孕期及哺乳期的消耗量增加有关。体内铁主要分布于血红蛋白中(占 60%～70%),其余的存在于肌红蛋白(约 5%)和细胞色素及过氧化氢酶与过氧化物酶等物质中(约 1%),还有约 25% 以铁蛋白、含铁血黄素的形式储存于肝、脾、骨髓中。

铁主要来源于动物性食物中的肝脏、瘦肉、血等和植物性食物中的黄豆、小油菜等;其次还来自体内红细胞衰老破坏后血红蛋白降解所释放的铁的再利用,故人体需铁量较少,约为 1 mg/d,妇女月经期、妊娠或哺乳期、儿童生长发育期每日需要量略多。

铁主要在酸度较大的十二指肠及空腔上段以溶解形式吸收,Fe^{2+} 比 Fe^{3+} 溶解度大,故体内铁主要以 Fe^{2+} 吸收。胃酸及部分食物成分影响铁的吸收,如胃酸、维生素 C 和半胱氨酸谷胱甘肽等可使 Fe^{3+} 还原成 Fe^{2+},某些氨基酸、柠檬酸、胆汁酸等与铁结合成可溶性螯合物均有利于铁的吸收;磷酸盐、草酸、植酸、鞣酸等可与铁形成不溶性铁盐,碱和碱性药物可使铁形成难溶的氢氧化铁均妨碍铁的吸收。

吸收入血的 Fe^{2+},在铜蓝蛋白的催化下氧化成 Fe^{3+} 后,与血浆中的运铁蛋白结合而运输。其中大部分铁被运到骨髓,用于合成血红蛋白,小部分运到各组织细胞,用于合成其他含铁的蛋白质或储存。

铁主要通过胃肠黏膜细胞脱落随粪便排出,也可经胆汁、汗液和尿液等排出,体内各途径排出的铁为 0.5～1 mg/d。正常人铁的吸收与排泄保持动态平衡。

(二)铁的生理作用

铁缺乏最常见的疾病是缺铁性贫血。WHO 将其列为世界四大营养缺乏症之一,尤其在女性和儿童、青少年人群中更为常见。

二、碘

(一)体内碘的概况

成人体内含碘量为 20～50 mg,大部分集中于甲状腺组织,骨骼肌次之。中国营养学会提出的膳食碘摄入量为儿童 $90 \sim 150 \mu g/d$,成人 $150 \mu g/d$,孕妇和哺乳期妇女 $200 \mu g/d$。食物碘主要来源于海盐和海产品。食物中的碘在肠道还原为碘离子后迅速吸收,进入血液后与球蛋白结合,80%被甲状腺上皮细胞摄取利用,其余则运至肺、肌肉、唾液腺、肾、乳腺等组织利用。碘主要是经肾随尿排出,约占总排泄量的85%,少量由肝、汗腺和粪便排出。

(二)碘的生理作用

碘是合成甲状腺素的原料。甲状腺素可以促进蛋白质的生物合成,促进新陈代谢,促进机体生长发育,调节体内能量的转换和利用,稳定中枢神经系统的结构和功能。

缺碘时,因甲状腺素合成原料不足可引起地方性甲状腺肿,发病率女性高于男性。胎儿和婴儿缺碘可致发育停滞、痴呆、智力低下、生育能力丧失,甚至呆小病(又称克汀病)。缺碘在我国比较普遍,地区性缺碘或食物中含有干扰碘代谢的成分,如硫氰酸盐、硫脲和磺胺类药物等是发生碘缺乏的主要原因。

三、铜

(一)体内铜的概况

成人体内含铜为 $100 \sim 150 mg$,以肝、肾、心和脑中含量最高。成人血清铜含量为 $0.02 mmol/L$。人体每日需要量为 $1.5 \sim 2.0 mg$。食物中的铜主要在十二指肠吸收,吸收后运输至肝脏。体内的铜80%以上随胆汁排出,其余由肾、肠道排出。

(二)铜的生理作用和缺乏症

铜主要参与多种酶的构成而实现其生理作用。铜是细胞色素氧化酶的组成成分,参与生物氧化过程;铜可以促进无机铁转变成有机铁,使 Fe^{3+} 变成 Fe^{2+},有利于铁在小肠的吸收;在肝合成并分泌入血的血浆铜蓝蛋白,能使储存铁被动员利用;铜还参与单胺氧化酶和抗坏血酸氧化酶的分子组成,因这两种酶与结缔组织胶原纤维交联过程有关,从而维持血管壁、结缔组织和骨基质的韧性和弹性;Cu^{2+} 是体内超氧化物歧化酶活性中心的必需金属离子,因此 Cu^{2+} 参与了抗氧化作用。铜还能促进储存铁进入骨髓,加速血红蛋白的合成,促进幼红细胞成熟,使成熟红细胞从骨髓进入血液,故缺铜时可出现贫血。

四、锌

(一)体内锌的概况

成人体内锌的总量约为 $2.6 g$,广泛分布于全身组织。许多食物中含有锌,肉类、贝类、肝和扁豆等含锌尤为丰富。机体对锌的需求量随性别、年龄、生长发育等情况而异,正常成人每日需锌为 $10 \sim 15 mg$,孕妇及哺乳期妇女需 $30 \sim 40 mg/d$,儿童需 $5 \sim 10 mg/d$。

锌主要在小肠吸收,吸收率为 20%~30%。锌吸收入血后,绝大部分与血浆清蛋白结合,小部分与 α-球蛋白结合进行运输。锌主要由粪便、尿、汗液、乳汁和头发排泄。

(二)锌的生理作用和缺乏症

锌在体内参与多种酶的组成。现知体内有 200 多种酶含锌,重要的有碳酸酐酶、DNA 和 RNA 聚合酶、碱性磷酸酶、羧基肽酶、丙酮酸羧化酶、谷氨酸脱氢酶、乳酸脱氢酶、苹果酸脱氢酶和醇脱氢酶等。锌作为一类细胞核内蛋白质因子的成分,组成具有锌指结构的反式作用因子参与基因表达的调控。锌在体内储存很少,所以食物中锌供应不足会很快出现缺乏症,如食欲减退、生长不良、皮肤病变、伤口难愈、味觉减退、胎儿畸形等。长期缺乏还可引起性功能障碍和矮小症。

五、硒

(一)体内硒的概况

成人体内硒含量为 14～21 mg,以肝、胰、肾组织含量较多。含硒丰富的食物主要有动物内脏、海产品、鱼、蛋、谷类等。硒主要在十二指肠吸收,维生素 E 可促进硒的吸收。经肠道吸收的硒进入血浆后,大部分与 α-球蛋白和 β-球蛋白结合、小部分与血浆极低密度脂蛋白和低度密度脂蛋白结合转运至各组织利用。硒大部分由粪便排出,小部分由尿、汗和肺呼吸排出。

(二)硒的生理作用与缺乏症

硒参与构成谷胱甘肽过氧化物酶(GSH-Px)的活性中心,能够保护细胞膜的结构和功能不受过氧化物的损害,保护细胞内的活性物质不受强氧化剂的破坏;硒能加强维生素 E 的抗氧化作用;硒参与辅酶 A 和辅酶 Q 的生成;硒能刺激免疫球蛋白的产生,增强机体对疾病的抵抗能力;硒能拮抗和降低汞、镉、铊和砷等元素的毒性作用;硒还能调节维生素 A、C、E、K 的代谢。此外,硒还具有抗癌作用。

缺硒时,可出现生长缓慢、肌肉萎缩、毛发稀疏、精子生成异常、白内障等症状;摄入过量的硒又可造成肝、肾器官损害,出现胃肠道功能紊乱、眩晕、疲倦、皮肤苍白、神经过敏等症状。

六、其他微量元素

1. 锰 人体含锰为 0.2 mmol(12～20 mg),主要分布在脑、骨骼、肝、胰、肾等组织器官中。锰日需要量为 5～10 mg。食物中茶叶、坚果、粗粮、干豆等含锰最多,食物中的锰主要在小肠吸收,体内的锰由胆汁和尿排泄。锰参与骨骼的生长发育和造血过程,缺锰时常出现骨骼发育不良和畸形;锰参与性激素合成,维持正常生殖功能。

2. 铬 成人体内含铬约 0.1 mmol(6 mg),日需要量为 50～110 μg。目前认为铬通过与胰岛素形成复合物,促进胰岛素与其膜受体结合,对胰岛素发挥最大的生理效应,维持机体正常的糖代谢和脂类代谢。

3. 钴 体内含钴约 0.02 mmol(1.2 mg)。钴是构成维生素 B₁₂ 的组成成分,并通过维生素 B₁₂ 参与体内一碳基团的代谢和核苷酸的合成,进而促进核酸和蛋白质的生物合成。钴促进铁的吸收和储存铁的动员,增强造血,还促进锌的吸收,提高锌的生理效应。钴过多可导致甲状腺肥大和心脏损害。

4. 氟 正常成人含氟约 140 mmol(2.6 g),主要存在于骨和牙中。氟对骨、牙形成有重要作用。缺氟时易发生龋齿。氟过多会使牙齿呈斑状,骨骼变形,生长缓慢。

小　结

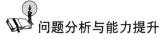 问题分析与能力提升

病例摘要　王先生,38 岁,体重 70 kg。阵发性腹痛 2 d,伴有频繁呕吐,未排便,口渴,尿少,乏力,拟诊"急性肠梗阻"入院。体格检查:体温 38 ℃,脉搏 100 次/min,血压 86/60 mmHg,表情淡漠,呼吸深快,眼窝下陷,口唇干燥,颜面略潮红,腹部见肠型,脐周有广泛的压痛,肠鸣音亢进,膝跳反射减弱。实验室检查:血清钠 145 mmol/L,血清钾 3.5 mmol/L。入院后又呕吐 1 次,呕吐液约 500 mL。

请问:①该患者体液失衡的原因是什么? ②该患者当前主要的护理诊断/问题有哪些? ③拟订该患者的补液计划。

 同步练习

一、单项选择题

1. 正常成年人每天(24 h)应该饮入多少毫升水,才能满足正常的生命活动的需要　（　　）

A. 500 mL

B. 1 000 mL

C. 1 300 mL

D. 1 500 mL

E. 2 500 mL

2. 人体内的无机盐存在的状态,大多为　（　　）

A. 分子

B. 离子

C. 络合物

D. 与蛋白质结合

E. 以上都不正确

3. 下列说法中,正确的是(　　)　（　　）

A. 尿是体内多余的水分

B. 每天排出的尿量应等于通过饮食的摄入量

C. 小肠是摄取水分的唯一器官

D. 肺是排出水分的一个器官

E. 以上说法都不正确

4. 饮食中的 Na^+ 主要经人体的哪个器官排出　（　　）

A. 皮肤

B. 肾脏

C. 大肠

D. 肺

E. 小肠

5. 为了防止人在高温下剧烈劳动时出现肌肉痉挛,最好给人喝一些　（　　）

A. 糖水

B. 淡食盐水

C. 汽水

D. 纯净水

E. 绿茶

6. 水的下列哪种特性有利于体内的化学反应　（　　）

A. 流动性

B. 分子极性强

C. 分子比热大

D. 有润滑作用

E. 都不正确

7. 影响钙吸收的主要因素是 （　　）

    A. 维生素 A　　　　　　　　　　　　B. 甲状旁腺素

    C. 降钙素　　　　　　　　　　　　　D. B 族维生素

    E. 1,25-$(OH)_2D_3$

8. 正常成人的体液总量约占体重的 （　　）

    A. 50%　　　　　　　　　　　　　　B. 40%

    C. 70%　　　　　　　　　　　　　　D. 60%

    E. 80%

9. 正常成人血浆约占体重的 （　　）

    A. 5%　　　　　　　　　　　　　　　B. 6%

    C. 7%　　　　　　　　　　　　　　　D. 8%

    E. 9%

10. 属于微量元素的是 （　　）

    A. 钙　　　　　　　　　　　　　　　B. 钠

    C. 钾　　　　　　　　　　　　　　　D. 锌

    E. 氟

二、填空题

1. 人体内水和无机盐的平衡,是在_____调节和_____调节共同作用下,主要通过_____来完成的。

2. 血液中的钾离子来自_____,每日摄取量为_____g,K^+在机体内的重要作用表现在维持细胞内液的_____,维持_____的舒张和兴奋,使_____正常。

3. 排钠的特点是_____,排钾的特点是_____。

三、名词解释

1. 体液　2. 微量元素　3. 最低尿量

四、问答题

1. 简述水的生理功能。

2. 体液电解质含量与分布有何特点?

3. 当大量饮水或摄入过多的食盐时,人体如何影响抗利尿激素醛固酮的分泌,调节水和盐平衡。

4. 什么是微量元素? 举例说明微量元素的生理功能。

第十五章

酸碱平衡

学习目标

◆掌握 血液的缓冲作用,肺脏和肾脏在维持体内酸碱平衡过程中的调节作用。

◆熟悉 血液中最重要的缓冲对及其特点,体液酸碱平衡紊乱的分型及相应的生化指标变化。

◆了解 血液中酸性物质和碱性物质的主要来源,以及酸碱平衡与血钾浓度的关系。

为了维持机体各项代谢功能和生理活动的正常进行,人体的内环境不仅需要保证一定的体液含量、稳定的渗透压、适宜的温度,还必须具有相对恒定的酸碱度。正常人体体液的酸碱度即 pH 值相对稳定,其变动范围很小,各部分体液的 pH 值略有差异,以动脉血为例,其 pH 值的变化范围在 7.35~7.45,平均值为 7.40。然而在正常代谢过程中,机体每天都会产生一定量的酸性和碱性物质,另外,人体还会通过饮食摄入部分酸性和碱性食物或药物,这些因素都有可能影响到体内的酸碱度,但尽管如此,正常人体内的 pH 值却总是能够恒定在正常范围之内。健康机体如此,在疾病过程中,人体也仍是极力要将体内 pH 值趋于恒定。之所以能使机体酸碱度如此稳定,主要是依靠人体内的一整套酸碱平衡调节机制,即血液中的各种酸碱缓冲系统以及肺和肾等脏器的调节功能来实现的。机体这种调节体内酸碱物质含量及其比例,并维持体液 pH 值处于相对恒定范围内的过程,称为酸碱平衡。

体液 pH 值的相对稳定,对维持机体的正常代谢功能,保证机体的各种生命活动,具有重要意义。任一调节过程出现问题,都将使体液中酸性或碱性物质的浓度和含量发生改变,甚至超出机体的调节能力,从而导致酸碱平衡紊乱,如酸中毒或碱中毒。酸碱平衡紊乱是一种常见的临床症状,各种疾患均有可能出现,在许多情况下,它还是某些疾病或病理过程的继发性变化,一旦发生酸碱平衡紊乱,就会使疾病更加复杂和严重,因此及时发现和正确处理常常是治疗成败的关键。

第一节　体内酸碱物质的来源

广义地说,凡能释放氢离子(H^+)的物质为酸性物质,如 HCl、H_2SO_4、NH_4^+ 和 H_2CO_3 等;凡能结合氢离子(H^+)的物质为碱性物质,如 OH^-、NH_3、HCO_3^- 等。人体内的酸性和碱性物质主要是在机体物质代谢过程中所产生的,其次是从食物、饮料和药物中吸收进入血液的。

一、酸性物质的来源

体内的酸性物质主要来源于糖类、脂类和蛋白质等的分解代谢,另外还有少量来自于某些食物及药物。根据酸性物质自身的性质,可将其分为挥发性酸和非挥发性酸两大类。

(一)挥发性酸

挥发性酸即碳酸,体内糖类、脂类和蛋白质在其分解代谢过程中,被彻底氧化后会产生 CO_2 和 H_2O,所生成的 CO_2 主要在碳酸酐酶(carbonic anhydrase,CA)的催化下与水结合生成碳酸。碳酸随血液循环到达肺部后又可重新分解成 CO_2 并呼出体外,故称碳酸为挥发性酸。正常成人安静状态下每天可产生约 350 L(15 mol)的 CO_2,如全部生成 H_2CO_3,再折算成 H^+ 的量约相当于 15 mol 的 H^+,它是体内酸性物质的主要来源。

$$CO_2 + H_2O \xrightarrow{\text{碳酸酐酶}} H_2CO_3 \rightleftharpoons H^+ + HCO_3^-$$

催化该可逆反应的碳酸酐酶(CA)主要存在于红细胞、肾小管上皮细胞、肺泡上皮细胞及胃黏膜上皮细胞内。

(二)非挥发性酸

体内物质代谢过程中还可产生一些有机酸及无机酸,如蛋白质分解产生的磷酸、硫酸;糖代谢生成的甘油酸、丙酮酸、乳酸和三羧酸;脂肪代谢产生的乙酰乙酸和 β-羟丁酸等。这些酸性物质不能由肺呼出,过量时必须经由肾脏随尿液排出体外,所以称之为非挥发性酸或固定酸。正常人每天产生的固定酸较少,折算成 H^+ 的量仅相当于 50～100 mmol 的 H^+。另外,体内还有少量的固定酸是经消化道摄入的,如食物中的醋酸、柠檬酸,以及某些酸性药物阿司匹林、氯化铵等。

正常情况下,固定酸可以被继续代谢分解为 CO_2,但在缺氧、长期饥饿及代谢失调等情况下则可引起固定酸过多而导致机体酸中毒。

二、碱性物质的来源

体内碱性物质的来源有三个方面:首先,主要是通过摄取食物(如蔬菜和水果)获得,因为蔬菜和水果中含有较多的有机酸盐,如柠檬酸钾盐或钠盐、苹果酸钾盐或钠盐等,这些有机酸根在体内可被进一步氧化生成 CO_2 和 H_2O,并被排出体外,而剩下的 Na^+ 或 K^+ 则与 HCO_3^- 结合生成碳酸氢盐,成为体内主要的碱性物质,因此蔬菜、水果也被称为成碱食物;其次,来源于某些碱性药物及饮料,如小苏打、氢氧化铝、苯妥英钠

酸性物质的来源

等;另外,在体内的物质代谢过程中也能够产生少量的碱性物质,如氨基酸脱氨基作用产生的氨等。

在正常饮食条件下,体内产生的酸性物质要远多于碱性物质,所以机体对酸碱平衡的调节以排酸保碱为主,这是维持体内酸碱平衡的关键所在。

常见的碱性和酸性食物如表15-1所示。

表15-1　常见的碱性食物和酸性食物

食物	碱度	食物	碱度
海带	+14.60	蛋黄	-18.80
四季豆	+12.00	大米(精)	-11.67
西瓜	+9.40	糙米	-10.60
萝卜	+9.28	牡蛎	-10.40
茶(5 g)	+8.89	鸡肉	-7.60
香蕉	+8.40	鳗鱼	-6.60
胡萝卜	+8.32	面粉	-6.50
梨	+8.20	鲤鱼	-6.40
苹果	+7.80	猪肉	-5.60
柿子	+6.20	牛肉	-5.70
南瓜	+5.80	干鱼	-4.80
马铃薯	+5.20	啤酒	+4.80
黄瓜	+4.60	花生	-3.00
藕	+3.40	大麦	-2.50
洋葱	+2.20	虾	-1.80
大豆	+2.20	面包	-0.80
牛奶	+0.32	干紫菜	-0.60
豆腐	+0.20	芦笋	-0.20

碱度是以 100 g 食物的灰分水溶液,用 0.1 mol/L 酸溶液滴定所消耗的毫升数,"+"示碱。酸度是以 100 g 食物的灰分水溶液,用 0.1 mol/L 碱溶液滴定所消耗的毫升数,"-"示酸

第二节　酸碱平衡的调节

正常人体体液的 pH 值之所以能够保持相对恒定,是因为我们体内有一套完整的酸碱平衡调节机制,其中主要包括血液的缓冲作用、肺对 CO_2 排出的调节和肾对碳酸氢盐排出的调节。

一、血液的缓冲作用

无论是由体内代谢产生的还是由体外摄入的酸性或碱性物质,最终都要进入血液并被血液稀释以及被缓冲体系缓冲,从而使血浆 pH 值保持在 7.35 ~ 7.45,不致发生明显的改变。另外,血液的缓冲作用与肺、肾对酸碱平衡的调节直接相关,因此在体液的多种缓冲体系中,以血液缓冲体系最为重要。

(一)血液缓冲体系

能够对抗外来少量的酸性或碱性物质的影响,保持其溶液的 pH 值几乎不变的作用称为缓冲作用。具有缓冲作用的溶液称为缓冲溶液。血液即是一种复杂的缓冲溶液,其中含有多种由弱酸及其弱酸盐所组成的缓冲体系,根据存在部位的不同,可将其分为血浆缓冲体系和红细胞缓冲体系。

血浆缓冲体系包括:$\dfrac{NaHCO_3}{H_2CO_3}$; $\dfrac{Na_2HPO_4}{NaH_2PO_4}$; $\dfrac{NaPr}{HPr}$(Pr:血浆蛋白)

红细胞缓冲体系包括:$\dfrac{KHb}{HHb}$; $\dfrac{KHbO_2}{HHbO_2}$; $\dfrac{KHCO_3}{H_2CO_3}$; $\dfrac{K_2HPO_2}{KH_2PO_4}$(Hb:血红蛋白)

血浆中主要的阳离子为 Na^+,故弱酸盐主要为钠盐,红细胞中主要的阳离子为 K^+,故弱酸盐主要为钾盐。血浆缓冲体系中以碳酸氢盐($NaHCO_3/H_2CO_3$)缓冲体系含量最多,也最为重要,红细胞缓冲体系中以血红蛋白及氧合血红蛋白(KHb/HHb 及 $KHbO_2/HHbO_2$)缓冲体系最为重要。血液中各种缓冲体系的缓冲能力(以每升血液的 pH 值自 7.4 降至 7.0 时,各种缓冲体系所能中和 0.1 mol/L 盐酸的毫升数表示)的比较列于表 15-2。

表 15-2　血液中各种缓冲体系的缓冲能力的比较

缓冲体系	缓冲能力
碳酸氢盐缓冲体系	18.0
血红蛋白缓冲体系	8.0
血浆蛋白缓冲体系	1.7
磷酸氢盐缓冲体系	0.3

血浆 $NaHCO_3/H_2CO_3$ 缓冲体系之所以重要,是因为它具有如下特点:①含量最多;②缓冲能力最强;③最易调节,其 H_2CO_3 浓度,可通过体液中物理溶解的 CO_2 取得平衡而受肺的呼吸调节;而 $NaHCO_3$ 浓度则可通过肾的调节作用维持相对恒定;④只要血浆中 $NaHCO_3/H_2CO_3$ 的值保持在 20:1 的水平,则血浆 pH 值即稳定为 7.4。

正常人血浆中 $NaHCO_3$ 的浓度为 24 mmol/L,H_2CO_3 的浓度虽难以直接测得,但可通过二氧化碳分压与其溶解系数的乘积推算出来,约为 1.2 mmol/L,因此二者的比值为 24/1.2 = 20/1。根据亨德森-哈塞巴方程式可得,主要由 $NaHCO_3/H_2CO_3$ 构成的缓冲溶液,即血浆的 pH 值为:

$$pH = P_{K_a} + \lg \frac{NaHCO_3}{H_2CO_3}$$

式中 P_{K_a} 是碳酸解离常数的负对数,在 37 ℃时取值 6.1。将此值与 $NaHCO_3/H_2CO_3$ 的比值代入公式,则:

$$血浆 pH 值 = 6.1 + lg(20/1) = 6.1 + 1.3 = 7.4 (lg20 = 1.301)$$

由此可见,血浆的 pH 值主要取决于碳酸氢盐缓冲体系中两种成分的浓度比值,只要血浆中 $NaHCO_3$ 与 H_2CO_3 的浓度之比为 20∶1,则血浆的 pH 值即可稳定维持在 7.40。若二者中任何一方的浓度发生改变,而另一方也随之作相应增减,使其比值仍维持在 20∶1 的水平,则血液的 pH 值仍可保持为 7.40;但若二者浓度的比值已发生变化,则血液的 pH 也会随之而改变。因此人体酸碱平衡调节的实质,就在于调整血浆中 $NaHCO_3$ 与 H_2CO_3 的含量,使二者的比值保持在 20∶1。一般来说,$NaHCO_3$ 的浓度可反映体内的代谢状况,受肾的调节,称为代谢性因素;H_2CO_3 的浓度可反映肺的通气状况,受呼吸作用的调节,称为呼吸性因素。

(二)血液缓冲体系的作用

进入血液的固定酸或碱性物质,主要由碳酸氢盐缓冲体系缓冲;挥发性酸则主要由血红蛋白缓冲体系缓冲。

1. 对固定酸的缓冲作用 代谢过程中产生的磷酸、乳酸、酮体、硫酸等固定酸(HA)进入血液后,主要被碳酸氢盐缓冲体系中的 $NaHCO_3$ 进行缓冲中和,使酸性较强的固定酸转变为酸性较弱的挥发酸——H_2CO_3,生成的 H_2CO_3 则进一步被分解成 H_2O 和 CO_2,其中 CO_2 可经肺呼出体外,从而减弱了固定酸对血液 pH 值的影响,使血液 pH 值不至于有较大波动。

$$HA + NaHCO_3 \longrightarrow NaA + H_2CO_3$$
$$固定酸 \qquad\qquad 固定酸钠$$
$$H_2CO_3 \longrightarrow H_2O + CO_2$$

可以说,血浆中的 $NaHCO_3$ 是缓冲固定酸的主要成分,其含量在一定程度上可代表血浆对固定酸的缓冲能力,故习惯上把血浆中的 $NaHCO_3$ 称为碱储或碱储备。临床上常用二氧化碳结合力(CO_2CP)来表示碱储的多少。

此外,血浆中的其他缓冲体系也能对固定酸发挥一定的缓冲作用,但因其含量低,导致作用较小,如 NaPr 和 Na_2HPO_4 也能对固定酸发挥一定的缓冲作用。

$$HA + NaPr \longrightarrow NaA + HPr$$
$$HA + Na_2HPO_4 \longrightarrow NaA + NaH_2PO_4$$

2. 对挥发酸的缓冲作用 体内各种组织细胞在代谢过程中不断产生的 CO_2 主要经红细胞中的血红蛋白缓冲体系缓冲,最终在肺以 CO_2 形式排出体外。

当动脉血流经组织时,由于组织细胞与血液之间存在 $PaCO_2$ 差,组织中的 CO_2 可经扩散进入血浆,但血浆中没有碳酸酐酶(CA),所以只有极少部分 CO_2 可与 H_2O 结合生成 H_2CO_3。生成的 H_2CO_3 由血浆蛋白盐及磷酸氢盐缓冲。其反应式如下:

$$CO_2 + H_2O \longrightarrow H_2CO_3(慢而少)$$
$$H_2CO_3 + 2Na-Pr \longrightarrow Na_2CO_3 + 2H-Pr$$
$$H_2CO_3 + Na_2HPO_4 \longrightarrow NaHCO_3 + NaH_2PO_4$$

绝大部分的 CO_2 由血浆扩散入红细胞,在红细胞中丰富的 CA 作用下生成 H_2CO_3,后者解离成 HCO_3^- 和 H^+。其中的 H^+ 可与 HbO_2 释放出 O_2 后转变而成的 Hb^- 结合生成

HHb 而被缓冲（$HbO_2 \longrightarrow Hb^- + O_2$，$H^+ + Hb^- \longrightarrow HHb$）。同时，由于组织中 O_2 分压低，红细胞内的 $KHbO_2$ 可经解离释放出 O_2 而转变为 KHb，后者与 H_2CO_3 作用，生成 HHb 和 $KHCO_3$。经过上述缓冲作用，红细胞内 HCO_3^- 因浓度不断增高而扩散进入血浆中，但此时红细胞内的 K^+ 不能随 HCO_3^- 一起逸出，为维持电荷平衡，血浆中必须有等量的 Cl^- 转移进入红细胞，此过程称为氯离子转移。从而保证了红细胞内生成的 HCO_3^- 不断进入血浆生成 $NaHCO_3$（图 15-1）。反应过程如下：

$$CO_2 + H_2O \longrightarrow H_2CO_3（快而多）$$
$$KHbO_2 \longrightarrow KHb + O_2（O_2 进入组织细胞）$$
$$KHb + H_2CO_3 \longrightarrow HHb + KHCO_3$$
$$H_2CO_3 + K_2HPO_4 \longrightarrow KHCO_3 + KH_2PO_4$$

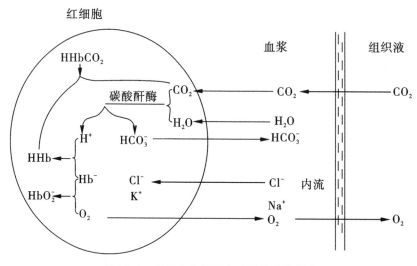

图 15-1　组织中血红蛋白对挥发酸的调节

在肺部，由于肺泡中 PaO_2 高、$PaCO_2$ 低，当血液流经肺部时，红细胞内的 HHb 可解离成 H^+ 和 Hb^-，其中 Hb^- 与进入红细胞内的 O_2 结合形成 HbO_2，H^+ 与红细胞内的 HCO_3^- 结合生成 H_2CO_3，后者经 CA 催化分解成 CO_2 和 H_2O，CO_2 从红细胞扩散入血浆后，再扩散入肺泡而被呼出体外，最终使 H_2CO_3 得以彻底调节。在此过程中，红细胞中的 HCO_3^- 很快减少，继而血浆中的 HCO_3^- 进入红细胞，为维持电荷平衡，与红细胞内的 Cl^- 进行了又一次的等量交换，只是与在组织中的转移方向正好相反（图 15-3）。

在严重呕吐丢失大量胃液时，机体因损失了较多的 H^+ 和 Cl^-，致使血浆 Cl^- 浓度降低，此时 HCO_3^- 从红细胞进入血浆，使血浆 HCO_3^- 浓度代偿性增加，从而导致低氯性碱中毒（图 15-2）。

3. 对碱的缓冲作用　当碱性物质进入血液后，各种缓冲体系中抗碱的弱酸部分均可发挥作用，使其碱性变弱，如 H_2CO_3、NaH_2PO_4 及 HPr 等。其中碳酸氢盐缓冲体系中 H_2CO_3 的相对含量虽不多，但 CO_2 可由体内物质代谢不断产生，所以它是对碱起缓冲作用的主要成分。其反应式如下：

$$OH^- + H_2CO_3 \longrightarrow HCO_3^- + H_2O$$
$$OH^- + H_2PO_4^- \longrightarrow HPO_4^{2-} + H_2O$$

$$OH^- + HPr \longrightarrow Pr^- + H_2O$$

缓冲结果使较强的碱转变为较弱的碱,血液的 pH 值不至于发生明显变化。所生成过量的 HCO_3^- 和 HPO_4^{2-},最后可经由肾脏随尿液排出体外。

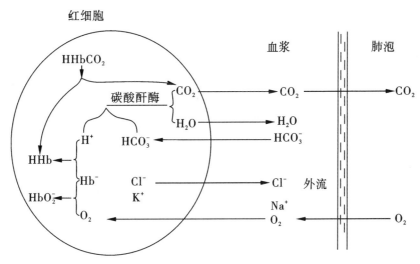

图 15-2　肺部血红蛋白对挥发酸的调节

血液的缓冲作用虽然速度快,但却存在短暂且不彻底的问题。在对酸进行缓冲后,血浆中 $NaHCO_3$ 含量减少,而生成的 H_2CO_3 含量增多;在对碱缓进行冲后,血浆中 H_2CO_3 含量减少,而 $NaHCO_3$ 含量增多,这样终究会导致 $NaHCO_3/H_2CO_3$ 比值的改变。因此仅依靠血液的缓冲作用,很难维持机体正常的酸碱平衡,还需要进一步发挥肺和肾等脏器的调节作用。

二、肺对酸碱平衡的调节

肺主要通过呼吸的深度和频率来改变肺泡通气量,从而调节 CO_2 的呼出量,控制血液中 H_2CO_3 的浓度,以维持酸碱平衡。

肺呼出 CO_2 的作用受延髓呼吸中枢的控制,而呼吸中枢的兴奋性又受到血液中 PCO_2 及 pH 值的影响。当体内产酸增多时,$NaHCO_3$ 减少而 H_2CO_3 增多,后者经 CA 催化分解为 CO_2 及 H_2O,从而使血液中 PCO_2 增高,刺激呼吸中枢,使呼吸加深加快,CO_2 呼出增多,血液中 H_2CO_3 浓度得以降低,pH 值恢复正常。

实验证明,若血液 PCO_2 增高或 pH 值及 P_{O_2} 降低时,呼吸中枢兴奋,呼吸加深加快,CO_2 呼出增多。但当血液 PCO_2 过高时(超过 8.67 kPa),呼吸中枢反而受到抑制。反之,当动脉血 PCO_2 降低或 pH 值升高时则呼吸中枢受抑制,呼吸变浅变慢,CO_2 呼出减少。

肺对酸碱平衡的调节作用快速且灵敏,但仅能够调控体内 H_2CO_3 的浓度,对 $NaHCO_3$ 的浓度则无调节作用。因此,若血液中 $NaHCO_3$ 的浓度发生改变,则需要通过肾脏的排泄和重吸收功能,来调整 $NaHCO_3$ 的浓度,以维持酸碱平衡。

三、肾对酸碱平衡的调节

肾是调节酸碱平衡最重要的器官。其主要作用是通过排出机体在代谢过程中产生的过多的酸或碱，调节血浆中 $NaHCO_3$ 浓度，以维持体液 pH 值的恒定。

在正常饮食条件下，肾脏排出的固定酸比碱多，成人每天排酸 40~100 mmol，使得尿液的 pH 值一般在 6.0 左右。根据体内酸碱平衡状况，尿液的 pH 值可在 4.4~8.2 之间变动，由此可见肾脏具有相当大的排酸和排碱能力，以维持体液正常 pH 值。肾脏的酸碱调节机制，主要是通过肾小管上皮细胞的泌氢、泌氨、泌钾以及重吸收钠的作用，即 H^+-Na^+ 交换、NH_4^+-Na^+ 交换及 K^+-Na^+ 交换来实现的，其结果是排出了体内多余的酸性物质，并补充了被消耗的 $NaHCO_3$。

（一）肾小管泌 H^+ 及重吸收 Na^+

1. 碳酸氢钠的重吸收　血液中的 $NaHCO_3$ 可经肾小球滤出进入原尿，但又可在肾小管处被重吸收入血。人体每天从肾小球滤出的碳酸氢盐总量约 5 000 mmol（相当于 420 g $NaHCO_3$），但排出量仅为 4~6 mmol，仅占总滤液的 0.1%。$NaHCO_3$ 的重吸收主要在肾近曲小管进行，占重吸收总量的 80%~85%，其余部分在髓袢和远曲小管重吸收。需要说明的是，经肾小管重吸收的 $NaHCO_3$ 并非原尿中的 $NaHCO_3$，而是原尿中的 Na^+ 与肾小管上皮细胞产生的 H^+ 进行交换的结果。

在肾近曲小管上皮细胞内含有丰富的 CA，经血液运送而来的 CO_2 能够在 CA 催化下与 H_2O 生成 H_2CO_3，后者又可继续解离为 H^+ 和 HCO_3^-。解离出的 H^+ 被主动分泌到肾小管腔，与管腔液中的 $NaHCO_3$ 作用生成 H_2CO_3 和 Na^+。其中的 Na^+ 被转移到管壁细胞内后，又可通过钠泵被主动转运回血浆，而保留在肾小管上皮细胞中的 HCO_3^- 则被动吸收入血，二者在血浆中重新结合生成 $NaHCO_3$，此过程称为 H^+-Na^+ 交换。此时，管腔液内的 H_2CO_3 在管壁细胞刷状缘上的 CA 催化下，又再次分解成 CO_2 与 H_2O，其中的 H_2O 随终尿排出体外，而 CO_2 则可扩散进入肾小管细胞内被再次利用（图 15-3）。

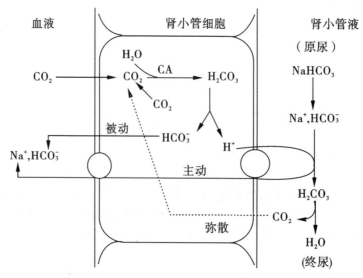

图 15-3　$NaHCO_3$ 的重吸收

由于此过程没有 H^+ 的真正排出,只是管腔中的 $NaHCO_3$ 被全部重吸收回血液,故又可称为 $NaHCO_3$ 的重吸收。

2. 尿液的酸化　　Na_2HPO_4 中的 Na^+ 也可经过上述途径与 H^+ 交换。在正常 pH 值条件下,健康人血浆中 $Na_2HPO_4/NaH_2PO_4=4:1$。在近曲小管原尿中,该缓冲系统两个组分的比值仍可保持为 $4:1$,但当原尿流经远曲小管形成终尿时,由于管壁细胞中的 CO_2 与 H_2O 在 CA 催化下生成 H_2CO_3,H_2CO_3 再解离成 HCO_3^- 与 H^+,其中 H^+ 被分泌到肾小管腔,与管腔液中的 Na_2HPO_4 作用生成 NaH_2PO_4 和 Na^+。随后 Na^+ 被转移到管壁细胞内,与 HCO_3^- 结合成 $NaHCO_3$,回到血液,此过程也是 H^+-Na^+ 交换。此时,管腔液中的 Na_2HPO_4 转变成了酸性的 NaH_2PO_4,从而使尿液的 pH 值下降,因此这一过程也可称为尿液的酸化。当尿液的 pH 值由原尿中的 7.4 下降到 4.8 时,$NaHCO_3/H_2CO_3$ 比值由 $20:1$ 变为 $1:20$,Na_2HPO_4/NaH_2PO_4 比值由 $4:1$ 变为 $1:99$,这说明尿液中 $NaHCO_3$ 几乎全部被重吸收,而 Na_2HPO_4 几乎全部转变成 NaH_2PO_4(图 15-4)。

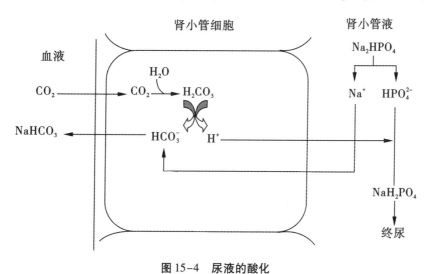

图 15-4　尿液的酸化

H^+-Na^+ 交换是肾脏重吸收 $NaHCO_3$ 的主要形式。当血浆 $PaCO_2$ 增高时,H_2CO_3 的浓度增加,肾小管细胞分泌 H^+ 作用增强,Na^+ 的重吸收也增加,尿液酸度随之增高;反之,当血浆 $PaCO_2$ 降低时,Na^+ 的重吸收则减少。另外,CA 的活性也可影响 $NaHCO_3$ 的重吸收。

(二)肾小管泌 NH_3 及 Na^+ 的重吸收($NH_4^+-Na^+$ 交换)

肾远曲小管和集合管上皮细胞有泌 NH_3 作用。NH_3 主要来源于谷氨酰胺的分解(占 60%)和氨基酸的脱氨基作用(占 40%)。肾小管细胞内含有谷氨酰胺酶,能水解由血液转运来的谷氨酰胺,生成谷氨酸和氨。另外,细胞内的 α-酮戊二酸与氨基酸通过转氨基作用亦可生成谷氨酸,后者又经谷氨酸脱氢酶作用产生氨。生成的氨可被分泌到原尿中与 H^+ 结合生成 NH_4^+,NH_4^+ 可与固定酸钠盐中的强酸根离子结合生成酸性的铵盐随尿液排出,而 Na^+ 则被重吸收入细胞与 HCO_3^- 一同进入血液生成 $NaHCO_3$ 而维持血浆中 $NaHCO_3$ 的正常浓度,此过程即为 $NH_4^+-Na^+$ 交换(图 15-5)。在此过程中,由于原尿中的 H^+ 不断与 NH_3 结合产成 NH_4^+ 并排出体外,从而使原尿中 H^+ 浓度下降,这有利于管壁细胞向管腔内排出更多的 H^+,因此可以说,通过 $NH_4^+-Na^+$ 交换过程提高了肾脏的排 H^+ 能力。

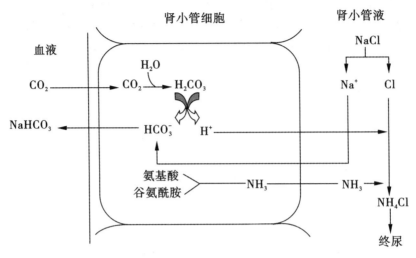

图 15-5　$NH_4^+-Na^+$ 交换

需要说明的是,H^+-Na^+ 交换不适用于强酸生成的钠盐(如 $NaCl$、Na_2SO_4 等),因为交换的结果将生成 HCl、H_2SO_4 等强酸。因此肾脏回收 $NaCl$、Na_2SO_4 等强酸盐中的 Na^+,主要是通过 $NH_4^+-Na^+$ 交换而进行的。

NH_3 的分泌量随原尿的 pH 值而变化,原尿酸性越强,NH_3 的分泌愈多,NH_4^+ 的排出也越多,这就是酸中毒越严重尿液中铵盐越多的原因;反之,如原尿呈碱性,则 NH_3 的分泌减少甚至停止。正常人 24 h 内有 30~50 mmol 的 NH_3 与 H^+ 结合产生 NH_4^+,并随尿排出体外,但当酸中毒时,每天的排出量甚至可增加 10 倍,达 400 mmol 之多。

(三) 肾小管泌 K^+ 及 Na^+ 的重吸收(K^+-Na^+ 交换)

原尿中的 K^+ 在近曲小管处可几乎全部被吸收,但在远曲小管,其上皮细胞则有主动分泌 K^+ 的作用,所分泌的 K^+ 可与管腔中的 Na^+ 交换,从而使 K^+ 随终尿排出体外的同时也让 Na^+ 重吸收入血。K^+-Na^+ 交换虽不能直接生成 $NaHCO_3$,但与 H^+-Na^+ 交换具有竞争性抑制作用,故可间接影响 $NaHCO_3$ 的生成。

当血钾浓度增高时,肾小管泌 K^+ 作用加强,即 K^+-Na^+ 交换加强,而 H^+-Na^+ 交换受抑制,结果使尿 K^+ 排出增加,H^+ 却保留在体内,因此高血钾时常会伴有酸中毒的发生;当血钾浓度降低时,肾小管泌 K^+ 作用减弱,即 K^+-Na^+ 交换减弱,而 H^+-Na^+ 交换则加强,此时则有可能产生低钾性碱中毒。

综上所述,肾对酸碱的调节作用主要是通过肾小管上皮细胞的活动来实现的。肾小管上皮细胞在不断分泌 H^+ 的同时,将经肾小球滤出的 $NaHCO_3$ 重吸收入血,防止了 $NaHCO_3$ 的大量丢失。如仍不足以维持机体正常的 $NaHCO_3$ 浓度,则通过尿液的酸化作用和泌 NH_3 作用生成新的 $NaHCO_3$ 以补充机体的消耗,从而维持血液 HCO_3^- 的相对恒定。如果体内 HCO_3^- 的含量过高,则肾脏可减少 $NaHCO_3$ 的生成和重吸收,从而使血浆 $NaHCO_3$ 的浓度降低。

人体酸碱平衡的调节过程主要是通过上述三方面的调节因素来共同维持的,但在作用时间和作用强度上则存在一定差异:血液缓冲体系的反应最迅速,几乎立即起反应,它可将强酸、强碱迅速转变为弱酸、弱碱,但其缓冲能力却有一定限度,且不能持续发挥作用;肺脏的调节略缓慢,其反应约较血液缓冲体系慢 $15 \sim 30$ min,且肺脏仅能调节 H_2CO_3 的浓度,对 $NaHCO_3$ 则无效,另外影响呼吸中枢的因素较多,调节效能也常受到一定限制;肾脏的调节作用虽开始的最迟,往往需 $5 \sim 6$ h 以后才发挥作用,但其效率高且持续时间长(可达数天),是重要的调节系统。因此,良好的肾功能,是纠正机体酸碱平衡紊乱的重要条件。

四、其他组织细胞对酸碱平衡的调节

(一)肌肉组织对酸碱平衡的调节作用

肌肉也可通过细胞内外 Na^+、K^+ 与 H^+ 的交换而起到调节酸碱平衡的作用。当细胞外液 H^+ 浓度增加时,一部分 H^+ 在细胞外液被缓冲,而另一部分 H^+ 则进入细胞内液与 K^+ 或 Na^+ 相互交换,使血 K^+ 浓度增加,这是酸中毒时引起高血钾的原因之一;相反,当细胞外液 H^+ 浓度降低时,H^+ 由细胞内外移,而 K^+ 则进入细胞内,使血 K^+ 浓度降低,这是碱中毒引起低血钾的原因之一。

(二)骨骼组织对酸碱平衡的调节作用

骨骼主要通过骨盐的溶解,即 $Ca_3(PO_4)_2$ 在血浆中与 H_2CO_3 反应而起到调节作用,骨细胞每释放 1 分子的 $Ca_3(PO_4)_2$ 可缓冲 4 个 H^+。因此,长期酸中毒时,可导致大量骨盐溶解,最终引起骨骼的严重软化。

第三节　酸碱平衡失调

正常情况下,机体的 pH 值主要取决于 HCO_3^- 与 H_2CO_3 二者的浓度之比。若体内酸性或碱性物质的含量发生改变,或肺、肾等脏器的调节功能发生障碍,均可使血浆中 HCO_3^- 和 H_2CO_3 的浓度甚至比值发生改变,从而引起酸碱平衡失调。因此,当体内酸性或碱性物质过多,超过了机体的调节能力,致使血液 pH 值异常时,称酸碱平衡失调或酸碱平衡紊乱。根据血液 pH 值的异常情况可将酸碱平衡失调分为两类:①酸中毒,即 H_2CO_3 浓度原发性增多或 HCO_3^- 浓度原发性减少而引起的 pH 值降低情况;②碱中毒,即 H_2CO_3 浓度原发性减少或 HCO_3^- 浓度原发性增多而引起的 pH 值升高的情况。

根据酸碱失调产生的原因,又可进一步分类,因体内 HCO_3^- 的浓度含量主要受代谢性因素的影响,故由其浓度原发性降低或升高所引起的酸碱平衡失调,称为代谢性酸中毒或代谢性碱中毒;而 H_2CO_3 的浓度含量主要受呼吸性因素的影响,故由其浓度原发性降低或升高所引起的酸碱平衡失调,称为呼吸性酸中毒或呼吸性碱中毒(图15-6)。

$$血液\ pH\downarrow\longrightarrow 酸中毒\begin{cases}H_2CO_3\uparrow 呼吸性酸中毒\\HCO_3^-\downarrow 代谢性酸中毒\end{cases}$$

$$血液\ pH\uparrow\longrightarrow 碱中毒\begin{cases}H_2CO_3\downarrow 呼吸性碱中毒\\HCO_3^-\uparrow 代谢性碱中毒\end{cases}$$

图 15-6 酸碱平衡失调的类型

在发生酸碱平衡失调后,机体的调节机制势必加强,以恢复 HCO_3^-/H_2CO_3 比值到正常水平,此过程即为代偿过程。经过代偿后,如果 HCO_3^-/H_2CO_3 二者比值仍可维持在 20:1,则血浆 pH 值可稳定在正常范围之内,此时称为代偿型酸或碱中毒,属于临床认为的轻型酸碱中毒。但如果经过代偿后二者不能恢复到正常比值,则血浆 pH 值必将发生明显变化,并超出正常值范围,此时称为失代偿型酸或碱中毒(表 15-3)。

表 15-3 酸碱中毒代偿程度

类　型	HCO_3^-/H_2CO_3 比值	HCO_3^-/H_2CO_3 比值
正常型	正常	正常
代偿型	可恢复正常	异常
失代偿型	异常	异常

一、酸碱平衡失调的基本类型

(一) 呼吸性酸中毒

1. **概念** 是由于呼吸功能障碍导致 CO_2 潴留体内,或吸入的 CO_2 浓度升高,引起血浆中 H_2CO_3 含量原发性增加所致的酸碱平衡紊乱情况。

2. **原因** ①呼吸道和肺部疾病,如哮喘、肺气肿和气胸等;②呼吸中枢受抑制,如使用麻醉剂、吗啡、安眠药等药物过量;③心脏疾病、脑血管硬化;④空气中 CO_2 含量升高。

3. **代偿机制** 人体呼吸机能发生障碍时,CO_2 排出不畅,使血浆中 $PaCO_2$ 升高,肾小管内 CA 活性增强,加速了 H_2CO_3 的生成过程,继而使得肾小管泌 H^+ 和泌 NH_3 作用增强,H^+-Na^+ 交换和 $NH_4^+-Na^+$ 交换增强,$NaHCO_3$ 的重吸收增多,最终导致血浆 $NaHCO_3$ 的含量代偿性增高。同时,血浆中的 Na_2HPO_4、NaPr 和红细胞中的 KHb 在缓冲 H_2CO_3 生成 $NaHCO_3$ 过程中,也起到一定作用。通过上述代偿过程,若能使 $NaHCO_3/H_2CO_3$ 的比值恢复到接近 20:1,则血浆 pH 值仍可保持在正常范围之内,此时称为代偿型呼吸性酸中毒;若血浆中 H_2CO_3 浓度过高,已超出机体的代偿能力时,则 $NaHCO_3/H_2CO_3$ 的比值<20:1,血浆 pH 值<7.35,此时称为失代偿型呼吸性酸中毒(图 15-7)。

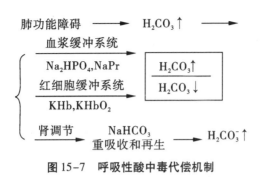

图 15-7　呼吸性酸中毒代偿机制

4. 特点　血浆中 $PaCO_2$ 和 H_2CO_3 浓度升高,血浆 $NaHCO_3$ 浓度代偿性升高。

5. 治疗原则　改善肺泡通气功能、适当给予碱性药物,即针对病因改善通换气功能,促使体内潴留的 CO_2 及时排出。紧急情况下,如血液 pH<7.20,或出现严重并发症(如高血钾和室颤),危及生命且又缺乏改善通气的治疗条件时,可输入适量碱性液体应急,以迅速升高血液 pH 值。

(二)呼吸性碱中毒

1. 概念　是由于肺的呼吸过度(换气过快、过度),CO_2 呼出过多,引起血浆中 H_2CO_3 浓度原发性降低所致的酸碱平衡紊乱情况。

2. 原因　可因各种原因引起肺呼吸过快,CO_2 排出过多,使血浆中 H_2CO_3 浓度减少。如呼吸中枢兴奋(药物中毒、脑部疾患等)、癔症发作、发烧、甲状腺功能亢进和低氧血症等,均可引发呼吸性碱中毒,但临床较少见。

3. 代偿机制　肺呼吸过度时,由于 CO_2 排出过多,使血浆中 $PaCO_2$ 降低,H_2CO_3 的生成减少,继而使得肾小管泌 H^+ 和泌 NH_3 作用下降,H^+-Na^+ 交换和 $NH_4^+-Na^+$ 交换减弱,$NaHCO_3$ 的重吸收减少,最终导致血浆 $NaHCO_3$ 的含量继发性降低。经代偿作用后,若能使 $NaHCO_3/H_2CO_3$ 的比值接近 20:1,则血浆 pH 值仍可保持在正常范围之内,此时称为代偿型呼吸性碱中毒;若 H_2CO_3 浓度的降低已超过了代偿能力,则 $NaHCO_3/H_2CO_3$ 的比值>20:1,血浆 pH>7.45,此时称为失代偿型呼吸性碱中毒(图 15-8)。

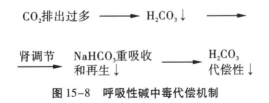

图 15-8　呼吸性碱中毒代偿机制

4. 特点　血浆 PCO_2、H_2CO_3 浓度降低,血浆 $NaHCO_3$ 浓度继发性降低。

5. 治疗原则　主要在于预防,应及时治疗原发病,并消除换气过度的原因。如对待癔病患者应给予耐心细致的思想疏导,并嘱其逆气或用纸袋盖住其口鼻,使之重新吸入呼出的气体,以提高血液的 PCO_2,必要时还可给予镇静剂和钙剂治疗。

（三）代谢性酸中毒

1. 概念　是由于体内固定酸摄入或产生过多、排出障碍，$NaHCO_3$丢失过多或高血钾等原因引起血浆中$NaHCO_3$含量原发性减少所致的酸碱平衡紊乱情况。

2. 原因　①固定酸产生或摄入过多，如乳酸酸中毒，葡萄糖分解为丙酮酸后，在无氧条件下，丙酮酸可生成乳酸，后者是糖酵解的终产物。导致乳酸中毒的原因主要是休克、心力衰竭、呼吸衰竭等可引起严重缺氧的情况。再如服用过量的水杨酸类药物等。②体内$NaHCO_3$丢失过多，如严重腹泻、肠吸引术等，可导致碱性消化液的大量丢失。③高血钾、大面积烧伤引起的血浆大量渗出情况。④固定酸排出障碍和$NaHCO_3$重吸收障碍，如各型肾功能不全时，由于肾小管泌H^+和泌NH_3能力下降，H^+-Na^+交换和NH_4^+-Na^+交换减弱，$NaHCO_3$的重吸收减少，最终导致酸性代谢产物在体内积聚。

3. 代偿机制　固定酸产生或摄入过多引起代谢性酸中毒时，体内增加的固定酸首先经$NaHCO_3$缓冲，生成固定酸的钠盐和H_2CO_3，结果导致血浆$NaHCO_3$浓度降低而H_2CO_3浓度升高，pH值降低。血液中H^+浓度的增加一方面刺激呼吸中枢，引起呼吸加深加快，CO_2排出增加，继而使得血浆中H_2CO_3浓度降低；另一方面使肾小管细胞泌H^+和泌NH_3作用增强，提高了$NaHCO_3$的重吸收量和固定酸的排出量。通过上述代偿过程，血浆中$NaHCO_3$和H_2CO_3的实际浓度虽然都发生了改变，但只要二者比值接近$20：1$，血浆的pH值即可保持在正常范围之内，此时称为代偿型代谢性酸中毒；如果$NaHCO_3/H_2CO_3$的比值$<20：1$，血浆pH值<7.35，则称为失代偿型代谢性酸中毒（图15-9）。

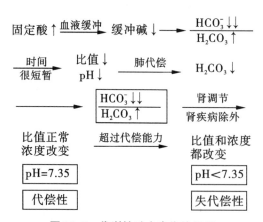

图15-9　代谢性酸中毒代偿机制

4. 特点　血浆$NaHCO_3$浓度降低，血浆H_2CO_3浓度继发性降低。

5. 治疗原则　治疗原发病以消除引起代谢性酸中毒的病因；恢复循环血容量，增加组织灌流量，以解除体内缺氧状态，减少乳酸的生成；改善肾功能，使之有利于固定酸的排出和$NaHCO_3$的重吸收；纠正电解质紊乱（血钾、血钙）情况；给予碱性药物（如碳酸氢钠或乳酸钠）以补充体内碱储备的不足。

（四）代谢性碱中毒

1. 概念　是由于各种原因引起血浆中$NaHCO_3$含量原发性增多所致的酸碱平衡

絮乱情况。

2. 原因　①固定酸丢失过多,如急性幽门梗阻引起的持续呕吐,使酸性胃液丢失过多;②碱性药物(如 $NaHCO_3$)摄入过多,超过肾脏排泄能力;③血钾降低,当肾小管细胞内 K^+ 浓度降低时, K^+-Na^+ 交换减弱而 H^+-Na^+ 交换加强,使 $NaHCO_3$ 进入血液增加,造成细胞外碱中毒;④血氯降低,如使用利尿剂或补充 $NaCl$ 不足时,可引起体内氯缺少。此外,原发性醛固酮增多症、注射盐皮质激素过多及大量输库存血等情况,都可引起代谢性碱中毒。

3. 代偿机制　代谢性碱中毒时,由于血浆 $NaHCO_3$ 浓度的升高,使血浆 pH 值升高,进而使呼吸中枢兴奋性降低,呼吸变浅变慢,从而保留了较多的 CO_2,使血浆 H_2CO_3 浓度升高。同时,肾小管细胞的泌 H^+ 和泌 NH_3 作用减弱, $NaHCO_3$ 的重吸收减少。此外,血浆中的其他缓冲系统也能与 $NaHCO_3$ 起反应生成 H_2CO_3。通过这些代偿过程,若能使 $NaHCO_3/H_2CO_3$ 的比值接近 20∶1,血浆 pH 值即可保持在正常范围之内,此时称为代偿型代谢性碱中毒;如果 $NaHCO_3/H_2CO_3$ 的比值>20∶1,pH 升>7.45,则称为失代偿型代谢性碱中毒(图 15-10,表 15-4)。

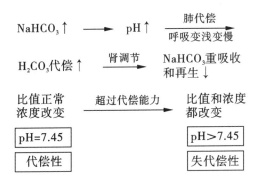

图 15-10　代谢性碱中毒代偿机制

4. 特点　血浆 $NaHCO_3$ 浓度升高,血浆 H_2CO_3 浓度继发性升高。

表 15-4　单纯性酸碱平衡紊乱时主要生化指标变化特征

酸碱平衡失调类型	pH 值	HCO_3^-	$PaCO_2$
代谢性酸中毒	↓	↓↓	↓
代谢性碱中毒	↑	↑↑	↑
呼吸性酸中毒	↓	↑	↑↑
呼吸性碱中毒	↑	↓	↓↓

5. 治疗原则　除针对原发病进行治疗外,对轻症患者补充适量盐水,对重症患者给予一定酸性药物,如0.9%的氯化钠溶液静脉注射。

临床工作中,患者的情况是相当复杂的,在同一患者身上不但可以发生一种酸碱平衡紊乱,还可以有两种或两种以上的酸碱平衡紊乱同时存在,如果是单一的失衡,称为单纯性酸碱平衡紊乱,以上介绍的四种类型即为此类;但如果是两种或两种以上的酸碱平衡紊乱同时存在,则称为混合性酸碱平衡紊乱。

单纯性酸碱平衡紊乱的共同特征:pH 值与酸或碱中毒一致,$PaCO_2$ 和 HCO_3^- 同向变化,原发性改变更明显。

(五)混合性酸碱平衡紊乱

1. 概念　是指同一患者有两种或两种以上的单纯性酸碱平衡紊乱同时存在的情况。

2. 分类　根据同时存在的单纯性酸碱平衡紊乱具体类型的数量,可分为双重性混合性酸碱平衡紊乱和三重性混合性酸碱平衡紊乱。

(1)双重性混合性酸碱平衡紊乱　由两种单纯性酸碱平衡紊乱共存的情况,称为双重性混合性酸碱平衡紊乱。此类型可有不同的组合方式,通常将两种酸中毒或两种碱中毒合并存在,使 pH 值向同一方向移动的情况称为酸碱一致性或相加性酸碱平衡紊乱。如呼吸性酸中毒合并代谢性酸中毒、呼吸性碱中毒合并代谢性碱中毒;如果是一种酸中毒与一种碱中毒合并存在,使 pH 值向相反方向移动的情况则称为酸碱混合性或相消性酸碱平衡紊乱。如呼吸性酸中毒合并代谢性碱中毒、代谢性酸中毒合并呼吸性碱中毒、代谢性酸中毒合并代谢性碱中毒。

(2)三重性混合性酸碱平衡紊乱　由三种单纯性酸碱平衡紊乱共存的情况,称为三重性混合性酸碱平衡紊乱,此类型仅存在两种类型:呼吸性酸中毒合并阴离子间隙(AG)增高性代谢性酸中毒和代谢性碱中毒、呼吸性碱中毒合并 AG 增高性代谢性酸中毒和代谢性碱中毒。该类型比较复杂,必须在充分了解原发病情的基础上,结合实验室检查进行综合分析才能得出正确结论(图 15-11)。

图 15-11　双重性混合性酸碱平衡紊乱

二、酸碱平衡与血钾浓度的关系

人体内的钾主要来源与日常饮食,又经肾脏排出体外。其中约有 98% 存在于细胞内,血钾浓度仅为 $3.5 \sim 5.5$ mmol/L。钾的生理功能是维持细胞新陈代谢和细胞膜静息电位,维持细胞内液的渗透压及调节机体酸碱平衡。

当肾功能正常时,酸碱平衡与血钾浓度之间的关系主要在于细胞内外 H^+ 与 K^+ 的交换与肾脏泌 H^+ 与泌 K^+ 的相互竞争。

血钾浓度>5.5 mmol/L 时称为高血钾。当血 K^+ 浓度升高时,细胞外 K^+ 移至细胞内,而细胞内 H^+ 移至细胞外,造成细胞外 H^+ 浓度增大,发生酸中毒;另外,血钾升高使肾小管上皮细胞内 K^+ 浓度升高,肾小管 K^+-Na^+ 交换增强,而 H^+-Na^+ 交换减弱,随尿液排出的 H^+ 减少,尿液 pH 值增大,此时血液 pH 呈酸性,而尿液却呈碱性,故称为反常性碱性尿。反之,血钾浓度<3.5 mmol/L 时称为低血钾,当血钾浓度降低时,细胞内 K^+ 移至细胞外,而细胞外 H^+ 则移至细胞内,造成细胞外 H^+ 浓度降低,发生碱中毒。此时,肾小管细胞分泌 H^+ 活动增强,H^+-Na^+ 交换增加,K^+-Na^+ 交换减少,随尿液排出的 K^+ 减少,H^+ 增多,血液 pH 值呈碱性,尿液 pH 值降低呈酸性,称为反常性酸性尿(图15-12)。

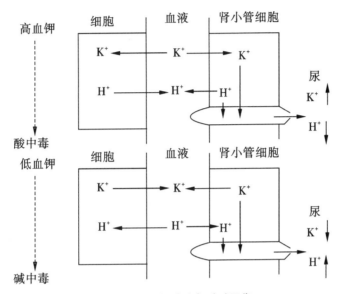

图 15-12　血钾浓度与酸碱平衡

与上述情况相反,当酸中毒时,部分 H^+ 进入细胞内与 K^+ 交换,同时肾小管细胞分泌 H^+ 活动增强,H^+-Na^+ 交换增加,而 K^+-Na^+ 交换减少,结果可导致高血钾,随尿液排出的 H^+ 增多、K^+ 减少,尿液呈酸性。反之,当碱中毒时,部分 K^+ 进入细胞内与 H^+ 交换,同时肾小管细胞分泌 K^+ 活动增强,K^+-Na^+ 交换增加,而 H^+-Na^+ 交换减少,结果可导致低血钾,随尿液排出的 H^+ 减少、K^+ 增多,尿液呈碱性(图15-13)。

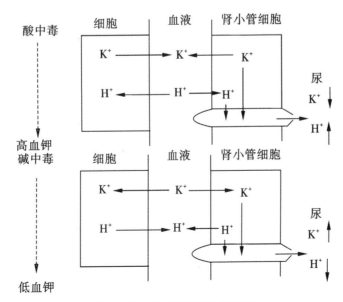

图 15-13　酸碱平衡与血钾浓度

三、酸碱平衡的主要生化诊断指标

临床上全面、正确地了解机体的酸碱平衡状况,对疾病的预防和治疗,特别是对患有严重的呼吸或心脏功能不全患者病情的分析、诊断、治疗和抢救有一定的价值。为此,我们需要对血液中各种有关酸碱平衡的生化指标进行测定,其中主要包括血液 pH 值、血液二氧化碳分压、血浆二氧化碳结合力、实际碳酸氢盐与标准碳酸氢盐、碱过剩或碱欠缺、阴离子间隙等指标。

(一)血液 pH 值

1. 概念 血浆 pH 值是表示血浆中 H^+ 浓度的指标。

2. 正常参考值 正常人动脉血 pH 值为 7.35 ~ 7.45,平均为 7.40。

3. 临床意义

(1)pH 值为 7.35 ~ 7.45:见于正常型或代偿型酸碱中毒。通常情况下,代偿型酸中毒时,血液 pH 值接近正常值下限(7.35 ~ 7.39),代偿型碱中毒时则接近正常值上限(7.41–7.45)。

(2)pH 值<7.35:见于失代偿型酸中毒。

(3)pH 值>7.45:见于失代偿型碱中毒。

注意:血液 pH 值只能帮助诊断酸碱中毒,不能区分是代谢性或呼吸性酸碱中毒。另外,pH 值在正常范围内,不一定都表示酸碱平衡正常,也可以是代偿型酸中毒或碱中毒。

(二)血液二氧化碳分压

1. 概念 血液二氧化碳分压(PCO_2)是指物理溶解于血浆中的 CO_2 所产生的压力,是反映呼吸性酸碱平衡失调的重要诊断指标。

2. 正常参考值 动脉血正常 PCO_2 为 4.5 ~ 6.0 kPa,平均为 5.3 kPa(35 ~ 45 mmHg,平均 40 mmHg)。

3. 临床意义

(1)若 PCO_2 大于 6 kPa,提示肺通气不良,体内有 CO_2 蓄积,为呼吸性酸中毒。

(2)若 PCO_2 小于 4.7 kPa,表示肺通气过度,CO_2 排出过多,为呼吸性碱中毒。

(3)代谢性酸或碱中毒时,PCO_2 改变不明显。因此,该指标适用于鉴别患者是呼吸性还是代谢性酸碱平衡紊乱。

(三)血浆二氧化碳结合力(CO_2-CP)

1. 概念 血浆二氧化碳结合力是指 25 ℃、PCO_2 = 5.3 kPa 条件下,每升血浆以 HCO_3^- 形式存在的 CO_2 的毫摩尔数(mmol),它在一定程度上也反映了血浆中 HCO_3^- 的含量。

2. 正常参考值 正常参考范围为 23 ~ 31 mmol/L(50 ~ 70 mL/dL),平均为 27 mmol/L。

3. 临床意义

(1)代谢性酸中毒时,血浆 CO_2-CP 降低;代谢性碱中毒时,血浆 CO_2-CP 升高。

(2)呼吸性酸中毒时,由于肾脏的代偿作用,使 CO_2-CP 升高;呼吸性碱中毒时,经肾脏的代偿作用,CO_2-CP 降低。

因此不能仅凭碱储量的高低来判断酸或碱中毒,还须根据临床症状综合判断患者属于何种酸碱平衡失调。CO_2-CP 的测定方法相对简单,因此在临床上被普遍采用。

(四)实际碳酸氢盐(AB)和标准碳酸氢盐(SB)

1. 概念 实际碳酸氢盐(AB)是指在 37 ℃隔绝空气的条件下所测得的血浆中 HCO_3^- 的真实含量,该项指标反映血液中代谢性成分的含量,但也受到呼吸性成分的影响;标准碳酸氢盐(SB)是指在标准条件下(37 ℃,$PaCO_2$=5.3 kPa,血氧饱和度=100%)所测得的血浆中 HCO_3^- 的含量,该项指标不受呼吸性成分的影响,因此是代谢性成分的指标。

2. 正常参考值 AB 正常变动范围为(24±2) mmol/L,平均为 24 mmol/L。当体内 H_2CO_3 含量升高时,H_2CO_3 解离成 H^+ 和 HCO_3^-,AB 随之升高;反之,当体内 H_2CO_3 含量降低时,AB 则随之降低;正常情况下, SB=AB,为(24±2) mmol/L,平均为 24 mmol/L。

3. 临床意义

(1)代谢性酸中毒时,AB=SB,但均低于正常,如有肺的代偿,通气量增加,PCO_2<5.3 kPa,则 AB<SB。

(2)代谢性碱中毒时,AB=SB,但均高于正常,如有肺的代偿,通气量下降,PCO_2>5.3 kPa,则 AB>SB。

(3)当呼吸性酸中毒时,PCO_2>5.3 kPa,AB 升高,SB 正常,若有肾的代偿,则 SB 升高,但 AB>SB。

(4)当呼吸性碱中毒时,PCO_2<5.3 kPa,AB 降低,SB 正常,若有肾的代偿,则 SB 降低,但 AB<SB。

(五)碱过剩(BE)或碱欠缺(BD)

1. 概念 碱过剩(BE)或碱欠缺(BD)是指在标准条件下(37 ℃,PCO_2=5.3 kPa,血氧饱和度=100%)处理全血,分离血浆后用酸或碱将每升全血滴定至 pH 值为 7.40 时,所消耗的强酸或强碱的毫摩尔数(mmol)。如果是用酸滴定,结果用"+"表示,称碱过剩;如果是用碱滴定,结果则用"−"表示,称碱欠缺。它是代谢性酸碱中毒的客观指标,健康人血液 pH 值为 7.40 左右,则 BE=0。

2. 正常参考值 −3.0~+3.0 mmol/L。

3. 临床意义

(1)BE>+3.0 mmol/L,表示体内碱过剩,为代谢性碱中毒。

(2)BD<−3.0 mmol/L,表示体内碱欠缺,为代谢性酸中毒。

(六)缓冲碱

1. 概念 缓冲碱(BB)是指全血中具有缓冲作用的阴离子的总和,包括 HCO_3^-、Hb、血浆蛋白及少量的有机酸盐和无机磷酸盐。

2. 正常参考值 全血缓冲碱 45~54 mmol/L;血浆缓冲碱 41~43 mmol/L。

3. 临床意义

(1)在血浆蛋白和 Hb 稳定的情况下,BB 增高为代谢性碱中毒或呼吸性酸中毒,BB 降低为代谢性酸中毒或呼吸性碱中毒;

（2）BB 降低而 HCO_3^- 正常,提示 Hb 或血浆蛋白水平降低。

（七）阴离子间隙

1. 概念　血浆中主要的阳离子 Na^+、K^+ 称可测定阳离子,其余为未测定阳离子;主要阴离子为 Cl^-、HCO_3^- 称可测定阴离子,其余为未测定阴离子。阴离子间隙(AG)也称阴离子隙,是指血浆中未测定的阴离子(UA)与未测定的阳离子(UC)浓度间的差值,即 AG＝UA－UC。可用下式计算：$AG=(Na^++K^+)-(Cl^-+HCO_3^-)$。

2. 正常参考值　8～16 mmol/L,平均 12 mmol/L。

3. 临床意义　AG 增高可见于代谢性酸中毒,如肾功能衰竭、酮症酸中毒和乳酸酸中毒等情况;AG 降低可见于低蛋白血症等。

上面几型酸碱失衡生化诊断指标见表 15-5。

表 15-5　各型酸碱平衡紊乱的主要生化诊断指标

类型	血气变化特点						对机体影响		
	PCO_2	SB	BB	BE	AB与SB	pH	CNS	血钾	其他
代酸	↓	↓	↓	(−)↑	AB<SB	↓	抑制	↑	心肌收缩力降低 心律失常 血管麻痹
呼酸	↑	↑	↑	(+)↑	AB>SB	↓			
代碱	↑	↑	↑	(+)↑	AB>SB	↑	兴奋	↓	肌肉痉挛 氧离曲线左移→缺氧
呼碱	↓	↓	↓	(−)↑	AB<SB	↑			

小　结

体液中酸性和碱性物质主要来源于细胞内的物质代谢过程,部分来自食物、饮料和药物等所含有的酸性和碱性物质。体内酸性物质主要来源于糖、脂类和蛋白质分解代谢,少量还来自食物、饮料及某些酸性药物等。根据酸性物质的性质,体内酸性物质可分为挥发性酸和非挥发性酸。而碱性物质主要是通过摄取蔬菜和水果获得,少部分来自于体内的物质代谢。

体液 pH 值的相对恒定是体内一系列酸碱调节体系调整的结果,其中起主要作用的是血液的缓冲作用、肺对 CO_2 排出的调节和肾对碳酸氢盐排出的调节。血液中含有一系列由弱酸及其弱酸盐组成的缓冲体系,它们主要存在于血浆及红细胞内,可缓冲酸和碱。血浆中以碳酸氢盐缓冲体系含量最多,作用最重要,红细胞中以血红蛋白和氧合血红蛋白缓冲体系最重要,它们之间关系密切。肺主要通过改变呼吸的频率和深度,来调节 CO_2 的排出量,从而控制血液中 H_2CO_3 的浓度,以维持酸碱平衡。肾脏是调节酸碱平衡最重要的器官。其主要作用是通过排出多余的酸或碱来调节体液中 $NaHCO_3$ 的含量,以维持体液 pH 值的恒定。肾脏的调节机制主要是通过肾小管上皮细胞的 H^+-Na^+ 交换,使被肾小球滤出的 $NaHCO_3$ 被重吸收;使尿液酸化,补充被消耗的 $NaHCO_3$。此外,肾远曲小管和集合管上皮细胞还进行 NH_4^+-Na^+ 交换,也补充了被消耗的 $NaHCO_3$,同时还能迅速排出体内多余的强酸。

体内酸性物质或碱性物质的绝对量或相对量过多、过少,人体一时不能调整或缺乏调节能力、肺、肾等脏器的功能障碍、体内电解质平衡紊乱等原因都可引起酸碱平衡失调。因此,当体内酸性或碱性物质过多,超过了机体的调节能力,使血液 pH 值异常时,称酸碱平衡紊乱。根据 pH 值异常情况可将酸碱平衡失调分为两类:体内酸绝对或相对过多,pH 值降低称为酸中毒。体内碱绝对或相对过多,pH 值升高则称为碱中毒。HCO_3^- 的含量主要受代谢性因素的影响,故由其浓度原发性降低或升高引起的酸碱平衡紊乱,称为代谢性酸中毒或代谢性碱中毒。而 H_2CO_3 的浓度主要受呼吸性因素的影响,故由其浓度原发性降低或升高引起的酸碱平衡紊乱,称为呼吸性酸中毒或呼吸性碱中毒。在单纯性酸中毒或碱中毒时,由于机体的调节作用,虽然体内酸性或碱性物质的含量已经发生改变,但是血液的 pH 值尚保持在正常范围之内,称为代偿性酸或碱中毒。如果 pH 值低于或高于正常范围,则称为失代偿型酸或碱中毒。在同一患者身上不但可以发生一种酸碱平衡紊乱,还可以有两种或两种以上的酸碱平衡紊乱同时存在。如果是单一的失衡,称为单纯性酸碱平衡紊乱;如果是两种或两种以上的酸碱平衡紊乱同时存在,称为混合性酸碱平衡紊乱。

当肾功能正常时,酸碱平衡与血钾浓度之间的关系主要在于细胞内外 H^+ 与 K^+ 的交换与肾分泌 H^+ 与泌 K^+ 的相互竞争。高血钾会导致酸中毒,血液 pH 值呈酸性,尿液却呈碱性,称为反常性碱性尿。反之,低血钾时会导致碱中毒,血液 pH 值呈碱性,尿液却呈酸性,称为反常性酸性尿。反之,酸中毒时可导致高血钾,尿呈酸性。碱中毒可导致低血钾,尿呈碱性。

酸碱平衡的主要生化诊断指标有:血液 pH 值、血液二氧化碳分压(PCO_2)、血浆二氧化碳结合力(CO_2-CP)、实际碳酸氢盐(AB)和标准碳酸氢盐(SB)、碱过剩(BE)或碱欠缺(BD)、缓冲碱(BB)、阴离子间隙(AG)等。通过这些生化指标的测定,可帮助判断酸碱平衡紊乱的类型,以助于临床诊断和后期治疗。

问题分析与能力提升

病例摘要 男性,65 岁,因呼吸困难处于昏迷状态入院。患者有 30 年抽烟史,有慢性支气管炎,近年病情逐渐加剧,实验室检验结果为:血生化检查,pH 值 7.24、PCO_2 8.6 kPa、P_{O_2} 6.0 kPa、BE 3.0 mmol/L、HCO_3^- 38 mmol/L、AG 18 mmol L、K^+、Na^+ 和 Cl^- 分别为 3.8 mmol/L、138 mmol/L 和 85 mmol/L。血乳酸 8.5 mmol/L。肾功能正常,尿液偏碱性。

诊断:慢性支气管炎引发阻塞性肺气肿,并伴有呼吸性酸中毒及代谢性酸中毒状况。

思考:①诊断的依据是什么?试阐述其致病机制?②如何对症治疗?

笔记栏

同步练习

一、单项选择题

1. 关于挥发酸的概念正确的是 （　　）
   A. 成酸食物产生的酸 　　　　　　　B. 碳酸、磷酸的总称
   C. 硫酸、盐酸的总称 　　　　　　　D. 只能由肾脏排出的酸
   E. 碳酸

2. 体内调节酸碱平衡作用最强最持久的部位是 （　　）
   A. 血液的缓冲作用 　　　　　　　　B. 肺脏的呼吸调节
   C. 肾脏的排酸保碱作用 　　　　　　D. 细胞的缓冲作用
   E. 肌肉及骨骼的调节作用

3. 人体内下列哪种酸是挥发性酸 （　　）
   A. 碳酸 　　　　　　　　　　　　　B. 丙酮酸
   C. 乳酸 　　　　　　　　　　　　　D. 磷酸
   E. 乙酰乙酸

4. 碱储是指 （　　）
   A. 血浆中的 Na_2HPO_4 　　　　　　B. 血浆中的 $KHCO_3$
   C. 血浆中的 $NaHCO_3$ 　　　　　　D. 血浆中的 K_2HPO_4
   E. 血浆中的 CO_2

5. 当血液中 $NaHCO_3/H_2CO_3$ 比值为 20：1 时，则血液 pH 值为 （　　）
   A. 7.3 　　　　　　　　　　　　　B. 7.5
   C. 7.4 　　　　　　　　　　　　　D. 6.5
   E. 7.0

6. 正常血浆中 $NaHCO_3/H_2CO_3$ 的比值为 （　　）
   A. 10：1 　　　　　　　　　　　　B. 20：1
   C. 30：1 　　　　　　　　　　　　D. 1：20
   E. 1：10

7. 肺脏对酸碱平衡的调节作用是 （　　）
   A. 调节血浆中固定酸的浓度
   B. 调节血浆中 $NaHCO_3$ 的浓度
   C. 调节血浆中 H_3PO_4 的浓度
   D. 调节血浆中 H_2CO_3 的浓度
   E. 调节血浆中 Na_2HPO_4 的浓度

8. 红细胞中主要的缓冲体系是 （　　）
   A. 碳酸氢盐缓冲体系 　　　　　　　B. 碳酸盐缓冲体系
   C. 血红蛋白缓冲体系 　　　　　　　D. 血浆蛋白缓冲体系
   E. 磷酸氢盐缓冲体系

9. 肾脏对酸碱平衡的调节作用是 （　　）
   A. 排出过多的挥发酸
   B. 排出过多的固定酸
   C. 排出过多的固定酸和重吸收 H_2CO_3
   D. 肾脏对 Cl^- 的重吸收重吸收 H_2CO_3

E. 重吸收滤出的大量 H_2CO_3

10. 对血液的缓冲作用描述正确的是　　　　　　　　　　　　　( )

A. 只要血浆中 $NaHCO_3/H_2CO_3$ 浓度比值为1:20,则血液pH值为7.4

B. 对挥发酸的缓冲作用主要靠碳酸氢盐缓冲对体系

C. 碳酸氢盐缓冲体系只存在于血浆中

D. 血浆 pH 值主要取决于 $NaHCO_3/H_2CO_3$ 浓度的比值

E. 血浆 pH 值主要取决于 Na_2HPO_4/NaH_2PO_4 浓度的比值

11. 血浆中碱储的含量可用下列哪项来表示　　　　　　　　　　( )

A. 血液 pH 值　　　　　　　　　　B. 血浆 H_2CO_3 浓度

C. 血浆 CO_2 分压　　　　　　　　D. 血浆 Na^+ 含量

E. 血浆 HCO_3^- 含量

12. 正常人血浆中 Na_2HPO_4/NaH_2PO_4 的比值是　　　　　　　( )

A. 2:1　　　　　　　　　　　　　B. 4:1

C. 6:1　　　　　　　　　　　　　D. 10:1

E. 20:1

13. 对挥发性酸缓冲的过程中,在血浆和红细胞之间进行转移以维持电荷平衡的离子是( )

A. K^+　　　　　　　　　　　　　B. Na^+

C. Ca^{2+}　　　　　　　　　　　　D. Cl^-

E. CO_3^{2-}

14. 对进入血液中的 H_2CO_3 进行缓冲的主要缓冲体系是　　　　( )

A. 碳酸氢盐缓冲体系　　　　　　　B. 磷酸氢盐缓冲体系

C. 血红蛋白缓冲体系　　　　　　　D. 血浆蛋白缓冲体系

E. 碳酸盐缓冲体系

15. 血浆二氧化碳结合力降低见于　　　　　　　　　　　　　　( )

A. 呼吸性酸中毒　　　　　　　　　B. 代谢性酸中毒

C. 代谢性碱中毒　　　　　　　　　D. 呼吸性酸中毒合并代谢性碱中毒

E. 呼吸性碱中毒

16. 肾脏对下列离子的排泄具有高效调节能力的是　　　　　　　( )

A. K^+　　　　　　　　　　　　　B. Na^+

C. Ca^{2+}　　　　　　　　　　　　D. Cl^-

E. CO_3^{2-}

17. 使肾小管上皮细胞泌氨作用降低的因素有　　　　　　　　　( )

A. 碳酸酐酶活性升高　　　　　　　B. 二氧化碳分压升高

C. 醛固酮分泌增多　　　　　　　　D. 尿液 pH 值升高

E. 醛固酮分泌减少

18. 使肾小管上皮细胞泌氨作用增强的条件有　　　　　　　　　( )

A. 血液 pH 值=7.35　　　　　　　B. 血液 pH 值<7.35

C. 血液 pH 值=7.4　　　　　　　　D. 血液 pH 值>7.35

E. 血液 pH 值=7.0

19. 尿液酸化主要是指原尿中的何种物质被酸化　　　　　　　　( )

A. $NaHCO_3$　　　　　　　　　　　B. Na_2HPO_4

C. 乳酸钠　　　　　　　　　　　　D. 氯化钠

E. 氯化钾

20. 组织细胞对酸碱平衡也有调节作用,其主要调节方式是　　　( )

A. 细胞内的缓冲对   B. 通过排泄和分泌

C. 通过离子交换   D. 通过细胞呼吸

E. 以上均是

二、填空题

1. 正常人血浆中的主要缓冲对是_____。

2. 一般把_____、_____类食物称为成碱食物。

3. 酸碱平衡紊乱可分为_____、_____、_____、_____四种类型。

4. 进入血液中的固定酸或碱主要被_____缓冲体系缓冲。

5. 正常血浆 pH 值平均为_____，而排出尿液的 pH 值为_____。

6. 肺脏对酸碱平衡的调节主要通过排出____的多少，来调节血浆中_____的浓度。

7. 肾脏对酸碱平衡调节的主要作用有_____、_____和_____三方面。

8. 以糖、脂肪和蛋白质为主要成分的食物为_____。

9. 呼吸性酸中毒的特点是：血浆 PCO_2_____、H_2CO_3 浓度_____，血浆 $NaHCO_3$ 浓度_____。

10. 呼吸性碱中毒的特点是：血浆 PCO_2_____、H_2CO_3 浓度_____，血浆 $NaHCO_3$ 浓度_____。

11. 代谢性酸中毒的特点是：血浆 $NaHCO_3$ 浓度_____，CO_2 结合力_____，血浆 pH 值_____。

三、名词解释

1. 酸碱平衡 2. 挥发性酸 3. 固定酸 4. 碱储 5. H^+-Na^+ 交换 6. 酸碱平衡紊乱 7. 代谢性酸中毒 8. 失代偿型呼吸性酸中毒 9. 碱过剩和碱欠缺 10. 血浆二氧化碳结合力 11. 阴离子间隙

四、问答题

1. 体内酸性物质和碱性物质的来源有哪些？

2. 请说明血液的 pH 值是怎样保持相对稳定的？

3. 什么是二氧化碳分压？说明肺脏及肾脏对酸碱平衡是如何调节的？

4. 酸碱平衡失调的基本类型有哪些？最常用的生化诊断指标有哪些？

5. 为什么酸中毒时常伴有高血钾？

6. 高血钾所致酸中毒为什么会出现碱性尿？

实验指导

总　论

一、实验目的

生物化学是基础医学教育中的一门实验性较强的学科。实验课是教学过程的重要组成部分,其目的是:

(1)掌握生物化学实验的一些基本操作技能及一些实验仪器的正确使用方法。

(2)熟悉生物化学实验原理,验证和巩固生物化学基础理论。能应用所学的理论知识,分析实验结果,书写实验报告,培养观察、分析和总结问题的能力。

(3)在实验过程中,学生要认真、细心观察和积极思考,培养实事求是的科学态度和良好的工作作风。

二、实验基本要求

实验课包括实验前准备、实验操作、整理实验结果、书写实验报告等环节,为了提高实验课效果,实现生物化学实验课的目的,要求学生必须做到以下几点:

(一)实验前

(1)仔细阅读实验指导,了解实验的目的和要求,充分理解实验原理,熟悉实验步骤、操作程序和注意事项。做好实验前所需物品的准备(实验服、实验报告、笔、尺等)。

(2)预测实验各个步骤可能得到的结果,对预期实验结果能做出合理的解释。

(3)注意和估计实验中可能发生的误差,并制定防止误差的措施。

(二)实验时

(1)保持实验室肃静,在教师或实验技术人员的指导下,熟悉仪器的构造、性能及操作规程。

(2)实验器材摆放整齐,有条不紊、装置正确。

(3)按照实验步骤,严肃认真地循序操作,不能随意更动。

(4)爱护公物,注意节省实验器材和药品。注意安全,严防触电、火灾、被酸碱灼伤及中毒事故的发生。

(5)仔细、耐心地观察实验中出现的现象,随时客观地记录实验结果,以免发生错误或遗漏。实验条件应始终保持一致,如有变动,应加文字说明。

(三)实验后

(1)整理实验结果,书写实验报告,按时交给指导教师评阅。

(2)整理实验仪器和清洗玻璃仪器,关闭仪器、设备的电源。清点实验器材,办理借还手续。

(3)做好实验室清洁卫生工作,关闭水、气阀门,切断电源,关闭门窗,确保安全。

三、实验报告书写要求

实验报告书写是实验结果的科学总结,也是生物化学实验课的基本训练内容之一。学生应以科学的态度,严肃认真地独立完成实验报告,并注意文字简练,通顺,书写清楚、整洁,正确使用标点符号。实验报告的一般格式如下:

(一)一般项目

姓名、班级、实验日期、指导教师。

(二)实验题目

实验题目要显示实验的主要内容。

(三)实验目的

说明为什么做本实验及其意义。

(四)实验原理

简要列出实验的主要原理。

(五)实验器材(试剂)

简要说明所用实验器材(试剂)。

(六)实验方法(步骤)

可扼要叙述,如果实验方法有变动,需做简要说明。

(七)实验结果

实验结果是实验中最重要的部分,应根据实验情况如实记录实验结果,剪贴或描绘实验记录曲线。数字要准确,经必要的统计学处理后也可用文字、绘图或列表加以表述。

(八)分析和讨论

根据实验结果,结合有关理论逐项进行分析。对所预期的结果也应加以分析。根据实验结果及分析,归纳出概括性强、简明扼要、合乎逻辑的结论。

四、实验基本技能

(一)常用玻璃仪器的使用

1.刻度吸管　刻度吸管是生化实验室常用的定量玻璃仪器,其规格有 0.1 ～

25.0 mL等数种。刻度吸管分为完全流出式(TC)和不完全流出式(TD)两种类型。

(1)完全流出式是以溶液注入吸管的总体积计量的,使用这类吸管时,需将残留在吸管尖端不能自然流出的液体吹出,通常在这类吸管的上部管壁上标有"吹"和"TC"字样。

(2)不完全流出式吸管体积的计量不包括管尖最后不能自然流出的液体,使用这类吸管时,不能将残留在管尖的液体吹出,该类吸管上部管壁常标有字母"TD"字样。

使用刻度吸管时,将管尖插入液面下1~2 cm处,吸管刻度面向操作者,用吸球吸取液体至所需量标线以上,迅速用示指堵住管口,吸管移至液面上,垂直吸管,轻轻放松示指,将多余溶液徐徐放回试剂瓶中,待吸管内液体弯月面之最低点恰好与所需量之标线相切,用示指压紧管口,让管尖在瓶壁上轻触并稍停,待吸管外壁上黏附的液体流入瓶内,再将吸管移至容器内,松开示指,让吸管内液体自然流出,完全流出式吸管应将残留在管尖的液体吹出。

2.量筒、量杯　量筒呈圆柱形,分有嘴和无嘴有塞两种类型。量杯呈圆锥形,带倾液嘴。量筒和量杯常用于量取体积要求不太精确的液体。量筒的精确度高于量杯。规格有5~2 000 mL等数种。

用量筒或量杯量取溶液体积时,试剂瓶靠在量筒口上,试剂沿筒壁缓缓倒入至所需刻度后,逐渐竖起瓶子,以免液滴沿瓶子外壁流下。反之,从量筒或量杯中倒出液体时亦如上操作。

3.容量瓶　容量瓶为一平底圆球状长颈瓶,瓶颈上刻有一环线刻度表示容量,有磨口瓶塞,属一种较准确的容量量器,常用作配制准确体积的标准溶液和溶液定容用。量瓶颜色分棕色和无色透明两种,前者用于制备需避光的溶液,其规格有5~1 000 mL等数种。

使用量瓶配制溶液时,一般是先将固(液)体物质在洁净小烧杯中用少量溶剂溶解,然后将溶液沿玻棒转移到量瓶中,烧杯用少量溶剂冲洗2~3次,一并倒入量瓶中,再一边加溶剂并不时摇动量瓶使溶液均匀稀释。当液面接近标线时,应等待30 s~1 min,待附着在量瓶颈上部内壁的液体流下,并消失液面气泡后,再逐滴加入溶剂至液面的弯月面最低点恰好与标线相切。将量瓶反复倒转摇动使溶液充分混匀即可。

(二)玻璃器皿的洗涤方法

1.新购置玻璃器皿的清洗　新购置的玻璃器皿都附有游离碱,应先置2%盐酸溶液中浸泡2~6 h,以除去游离碱。取出用自来水冲洗后,置2%合成洗涤剂溶液中,用毛刷刷洗,以除去油污。取出再用自来水反复冲洗,最后,用蒸馏水淋洗2~3次即可。

2.使用过的玻璃器皿的清洗　要先用自来水冲洗,再置2%合成洗涤剂溶液中用毛刷刷洗,自来水冲洗,最后,用蒸馏水淋洗3次即可。

3.不能用毛刷刷洗的器皿　如容量瓶、刻度吸管等,可先用自来水冲洗沥干后,再用重铬酸钾洗液浸泡过夜,取出用自来水冲洗,最后用蒸馏水冲洗3次,对口径较细的吸管,一定要注意吸管内壁的清洁和淋洗。

4.传染性标本污染器皿的清洗　对传染性标本污染过的器皿,应先将器皿浸泡在5 g/L过氧乙酸消毒液中浸泡过夜。吸管、滴管类应放在内盛消毒液的深玻璃筒(筒底垫玻璃纤维)中浸泡过夜,取出用自来水冲洗,再置合成洗涤剂溶液中刷洗,自来水冲洗后,用蒸馏水淋洗3次即可。

(三)玻璃器皿的干燥方法

1. 自然干燥　将洗净的器皿倒置在垫有干净纱布的柜内或倒挂在专用架上,待其自然沥干。该方法适用于不急用或不能用高温烘烤的器皿,如量筒、量杯、容量瓶、吸管等。

2. 烘烤干燥　对于容量玻璃器皿如试管、烧杯、三角烧瓶等,均可置 $120 \sim 150\ ℃$ 烤箱中烘烤干燥。对定量用的计量玻璃器皿如量筒、量杯、容量瓶、吸管等,若需急用,可置烘箱中干燥,烘烤温度应 $\leq 60\ ℃$。

(四)微量加液器

在医学基础研究中,通常需要定量移取微量体积的液体和试剂。微量加液器(数微升~数毫升)是主要加样工具。它具有加样准确、精密度高,使用方便等优点,已广泛用于临床生化实验室。

1. 加样器的基本结构与原理　加液器的基本结构包括:按钮、手柄、推杆、挤出杆、吸头、数字刻度(读数窗)等。工作原理:当按下加液器按钮时,加液器内活塞在活塞腔内做定程运动,排出活塞腔内一定体积空气。松开手柄后,利用弹簧使活塞向上复位产生负压,吸入一定量体积的液体。

加样器可分为定量加样器和连续可调式加样器,常用规格有:$1 \sim 5\ \mu L$,$5 \sim 25\ \mu L$,$50 \sim 250\ \mu L$,$100 \sim 1\ 000\ \mu L$ 等。

2. 加样器的使用　操作加样器有一定的技巧,根据移液的种类和体积选择相应的移液方法。

(1)方法一:前进移液法(适用于常规液体移取)

1)将定量加样器(可调加样器调至所需刻度值)安装合适的一次性疏水吸头。

2)将吸液按钮压至第一停点位置并保持,挤出吸头内空气,形成吸头内负压。

3)将吸头浸入液面下 $2 \sim 3\ mm$ 深处,然后缓慢松开吸液按钮,液体进入吸头内。停留约 $3\ s$ 将加样器撤离液面,擦去吸头外侧的液体,注意不能接触吸头尖部。

4)将加样器移入容器内,让吸头位于容器液面的近上方。缓慢压下按钮至第一停点位置,让液体流出,停留约 $3\ s$ 后,继续将按钮下压到第二停点位置,停留约 $3\ s$ 并让吸头尖部轻轻接触液面上方的容器壁,以免产生气泡。

5)继续按住按钮,撤出加样器,将吸头弃于盛污染吸头的器皿中,松开按钮至起始位置。

(2)方法二:倒退移液法(适用于高黏度液体或容易起泡液体的移取,以及微量液体的移取)

1)将加样器装上一次性疏水吸头,将按钮压至第二停点位置。

2)将吸头浸入液面下 $2 \sim 3\ mm$ 深处,缓慢松开按钮吸入液体。吸液完成后停留约 $3\ s$,将吸头撤离液面并斜贴在试剂瓶的瓶壁上,以流去多余的液体。

3)将加样器移至容器内,让吸头位于容器液面的近上方,缓慢压下按钮至第一停点,放出液体,停留约 $3\ s$ 并让吸头尖部轻轻接触液面上方的容器壁,以免产生气泡。

4)放液完成后,移出加样器,吸头内仍有少量不包括在移液量之内的残留液体,可将残留液体随吸头一起扔掉。

(3)方法三:全血移取法　采用前进法步骤(1)和(2)使吸头内吸满血液。用一块干净的干燥薄棉纸小心地将吸头外的血液擦干净。将吸头浸入液面下,然后缓慢将按钮压至第一停点位置,操作时务必确保吸头始终位于液面之下。慢慢松开按钮让按钮回到起点位置,此时吸头内逐渐吸入试剂,停留约 3 s 后。再按下按钮至第一停点位置,然后慢慢松开按钮。重复此项操作直至全血全部转移至溶液中。操作时应注意使吸头始终位于液面之下。最后,再按下按钮至第二停点位置,将吸头内的液体彻底放干净即可。

3.加样器的维护

(1)长期不用时,应让加样器的刻度或读数停止在移液量程的最大值处,以免损坏弹簧。

(2)尽量避免让加样器接触有腐蚀性的物质。保持加样器的外部清洁。

(3)加样器使用后,应竖直悬挂在加样器架上。

(五)离心机

离心机的种类很多,根据转速不同,可将离心机分低速、高速和超速离心机,转速低于 6 000 r/min 的称为低速离心机,低于 25 000 r/min 的称为高速离心机,超过 30 000 r/min 的称为超速离心机。以下就一般离心机(最大转速为 4 000 r/min)的操作过程做一简介。

(1)将欲离心的液体置于玻璃离心管中。

(2)将两支装有待离心液体的离心管分别装入两个完整的并且配备了橡皮软垫的离心套管之中。置天平两侧配平,向较轻一侧离心套管内用滴管加水,直至平衡。

(3)检查离心机内有无异物和无用的套管,并且运转平稳。将已配平的两个套管及离心管对称放入离心机,盖好盖子,开启电源。

(4)缓慢调节转速旋钮,增加离心机的转速。当离心机的转速达到要求时,记录离心时间。

(5)达到离心时间后,断开电源,当离心机自然停止后,取出离心管和离心套管。

(6)倒去离心套管内的平衡用水并将套管倒置于干燥处晾干。

(7)操作注意事项 ①应将离心机置于干燥的室内保管,使用时必须接地,确保安全;②离心机启动后,如有不正常噪声及振动,应立即切断电源,分析原因,排除故障。

(六)分光光度计

分光光度计是光谱光度分析技术中常用的分析仪器,可根据物质在紫外和可见光谱区范围(300 ~ 800 nm)内的吸收特性进行定量、定性分析。

1.吸收光谱分析技术的原理 吸收光谱分析技术的基本原理是溶液中的物质在特定波长的入射光照射下,产生对光吸收的效应,进行定性、定量的分析方法。

(1)吸光度与透光度 当光线通过均匀、透明的溶液时可出现三种情况:一部分光被散射,一部分光被吸收,另有一部分光透过溶液。设入射光强度为 I_0,透射光强度为 I,I 和 I_0 之比称为透光度(transmittance,T),即:

$$T=I/I_0 \quad T\times100 为 T\%,称为百分透光度。$$

透光度的负对数称为吸光度(absorbance,A),即:

$$A = -\lg T = -\lg I/I_0 = \lg I_0/I$$

（2）朗伯-比耳吸收定律　不同物质由于分子结构、性质的差异,对特定波长的光有选择性的吸收作用,光吸收程度和物质浓度与厚度有一定的比例关系,符合朗伯-比耳吸收定律。即当一束单色光通过溶液时,其溶液的吸光度与溶液浓度和溶液厚度的乘积成正比。数学表达式如下:

$$A=kCL（L 为溶液厚度,C 为溶液浓度,k 为吸光系数）$$

根据朗伯-比尔吸收定律,当入射光波长、强度不变时,同种物质对该波长光的 k 值相同,这时用已知浓度的标准液（A_S）和未知浓度的待测液（A_U）进行 A 值比较,就能求得待测物的浓度。

①$A_U=KC_UL_U$　②$A_S=KC_SL_S$　因为 $L_U=L_S$、$K_s=K_u$

所以①÷②得　$C_U=A_U/A_S×c_S$

2. 分光光度计的结构　目前,分光光度计种类很多,但仪器的基本结构相似。实验室常用的是 721 型分光光度计,一般包括下列部件:

（1）光源　常用的光源有钨灯和氢灯,前者适用于 $340\sim900$ nm 范围的光源,后者适用于 $200\sim360$ nm 的紫外光区,为了使发出的光线稳定,供电需稳定电源供给。

（2）单色光器　指将混合光分解为单色光的装置,多用棱镜或光栅作为分光元件,它们能在较宽的光谱范围内分离出相对单一波长的光线,单色光的波长愈狭,仪器的敏感度愈高,测量的结果越可靠。

（3）狭缝　是指一对隔板在光路上形成的缝隙,通过调节缝隙的大小调节入射单光的强度,并使入射光形成平行光线,以适应检测器的要求,分光光度计的缝隙大小是可调节的。

（4）比色池　在可见光范围内测量时,选用光学玻璃吸收池;在紫外线范围内测量时必须用石英池。注意保护比色杯的质量是取得良好分析结果的重要条件之一,吸收池上的指纹、油污或壁上的一些沉积物,都会显著的影响其透光性,因此务必注意仔细操作和及时清洗并保持清洁。

（5）检测系统　主要由受光器和测量器两部分组成,常用的受光器有真空光电增管,它可将透过光转变为电能,并应用高灵敏放大装置,将弱电流放大,提高灵敏度。通过测量所产生的电能,在仪器上可直接读的 A 值、T 值。

3. 721 型可见分光光度计的使用

（1）仪器应安放在坚固平稳、干燥的工作台上,室内照明不宜太强,更要避免阳光直射。将仪器的电源开关接通,电源指示灯亮。打开比色室暗箱盖,取出比色皿架。旋动波长旋钮,选择所需的单色光波长。

（2）调节"0"调节旋钮,使电表指针指示到"0"位。然后分别将盛有蒸馏水（空白）、标准液、待测液的比色皿依次放入比色架（拿比色皿时要手持比色皿非透光面）,再把比色架放入比色室,使蒸馏水（空白）杯对准光路,合上比色室箱盖。调节"100"调节旋钮,使电表指针指示 $T=100\%$,预热 20 min。

（3）预热后,反复调节数次"0"和"100%"使之稳定。

(4)推动(或拉动)比色架拉杆,依次将标准液、待测液分别推入光路,读取其吸光度。

(5)测量完毕,打开比色室箱盖,取出比色皿,关闭仪器电源开关。倒掉比色皿中废液,将比色皿清洗干净,晾干备用。

实验一　蛋白质的沉淀

【实验目的】

通过硫酸锌、无水乙醇、钨酸沉淀蛋白质的现象,说明重金属盐、有机溶剂、某些酸沉淀蛋白质的原理、条件及其在医学中的应用。

【实验原理】

1. 重金属盐沉淀蛋白质　向蛋白质溶液中加入碱后,使之 pH 值大于蛋白质 pI,带有负电荷的蛋白质可与重金属离子(Zn^{2+})结合成不溶性的蛋白盐而沉淀。

2. 有机溶剂沉淀蛋白质　有机溶剂(乙醇等)能破坏蛋白质分子表面的水化层和分子内部的氢键,还能降低水的介电常数,使蛋白质颗粒之间的引力增大,使蛋白质沉淀。

3. 酸类沉淀蛋白质　蛋白质溶液中加入酸(磺基水杨酸、苦味酸等)后,使之 pH 值小于蛋白质 pI,酸根可与带正电荷的蛋白质结合成不溶性的蛋白盐而沉淀。

【实验试剂】

10% 鸡蛋清、2% 硫酸锌、10% 钨酸钠、0.1 mol/L 硫酸、无水乙醇、0.1 mol/L 氢氧化钠等。

【操作步骤】

1. 重金属盐沉淀蛋白质　取两支试管各加蛋白溶液 20 滴,然后,在其中一管加入0.1 mol/L 硫酸 5 滴,另一管加入 0.1 mol/L 氢氧化钠 5 滴,同时在两管加入硫酸锌 10滴,观察实验现象,说明之。

2. 酸类沉淀蛋白质　取两支试管各加蛋白溶液 20 滴,一管加入 0.1 mol/L 硫酸 5滴,另一管加 0.1 mol/L 氢氧化钠 5 滴,而后,在各管加入 10% 钨酸钠 10 滴,观察实验现象。

3. 有机溶剂沉淀蛋白质　在蛋白溶液中加入适量的无水乙醇,观察实验现象。

【思考题】

(1)通过实验观察,总结重金属盐、酸类沉淀蛋白质的实验条件。

(2)简述酸类和重金属盐沉淀蛋白质在医学实践中有何应用。

实验二　醋酸纤维薄膜电泳法分离血清蛋白质

【实验目的】

1. 熟悉电泳技术的一般原理。

2. 了解醋酸纤维薄膜电泳分离血清蛋白质的操作。

【实验原理】

带电质点在电场中向着与其所带电荷电性相反的电极移动,这种现象称为电泳。醋酸纤维薄膜电泳是用醋酸纤维薄膜作为支持物的电泳方法。醋酸纤维薄膜由二乙酸纤维素制成,它具有均一的泡沫样的结构,厚度仅 120 μm,有强渗透性,对分子移动无阻力,作为区带电泳的支持物进行蛋白电泳有简便、快速、样品用量少、应用范围广、分离清晰、没有吸附现象等优点。目前已广泛用于血清蛋白、脂蛋白、血红蛋白和同工酶的分离及用在免疫电泳中。

不同的质点在同一电场中泳动速度不同,据此可将不同带电物质分开。任何一种物质的质点,由于其本身在溶液中的解离或由于其表面对其他带电质点的吸附,会在电场中向一定的电极移动。例如血清中蛋白质有许多可解离的酸性和碱性基团,它们在溶液中会解离而带电。各种蛋白质的等电点不同,但大多在 pH 值 7.0 以下。若将血清置于 pH 值 8.6 的缓冲液中,则这些蛋白质带负电,在电场中都向正极移动。由于各种蛋白质在同一 pH 值环境中所带负荷多少及分子量大小不同,所以在电场中向正极泳动速度也不同。蛋白质分子量小而负电荷多者,泳动速度快;反之,则泳动速度慢。因此可将血清蛋白质由快到慢依次分为清蛋白、α_1-球蛋白、α_2-球蛋白、β-球蛋白和 γ-球蛋白五条区带,经氨基黑染色可显示分离出来的各种蛋白质区带。肉眼观察下,各区带颜色的深浅与蛋白质的含量几乎成正比。

【实验器材】

醋酸纤维薄膜(2 cm×8 cm)、玻璃板、常压电泳仪、镊子、电泳槽、白磁反应板、分光光度计、人血清或鸡血清、点样器或 2 cm×2 cm 盖玻片、粗滤纸、培养皿(染色及漂洗用)。

【实验试剂】

1. 巴比妥缓冲液(pH 值为 8.6) 巴比妥 2.76 g,巴比妥钠 15.45 g,加水至 1 000 mL。

2. 染色液 氨基黑 10 B 0.25 g,甲醇 50 mL,冰醋酸 10 mL,水 40 mL(可重复用)。

3. 漂洗液 含甲醇或乙醇 45 mL,冰醋酸 5 mL,水 50 mL。

4. 透明液 含无水乙醇 7 份,冰醋酸 3 份。

【操作步骤】

1. 浸泡和点样 将醋酸纤维薄膜切成 8 cm×2 cm 条状,浸于巴比妥缓冲液,待完全浸透后,取出置于滤纸上,轻轻吸去多余的缓冲液,再于薄膜的无光泽面的一端 1.5 cm 处,用铅笔轻画一条与长边垂直的点样线,再用盖玻片蘸取少许血清,垂直印于点样线上,待样品浸入膜后,将薄膜有样品的一面向下(以防蒸发干)贴在电泳槽架上,两端用数层浸湿的滤纸(或纱布)作盐桥贴紧(其他样品同样处理,若需标记,可用铅笔书写于无光泽面的小格区域)(实验图 2-1)。

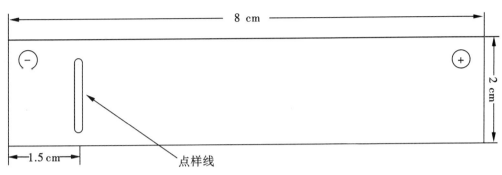

实验图 2-1　点样

2.电泳　在电泳槽内加入缓冲液,使两个电极槽内的液面等高,将膜条平悬于电泳槽支架的滤纸桥上(先剪裁尺寸合适的滤纸条,取双层滤纸条附着在电泳槽的支架上,使它的一端与支架的前沿对齐,而另一端浸入电极槽的缓冲液内。用缓冲液将滤纸全部润湿并驱除气泡,使滤纸紧贴在支架上,即为滤纸桥。它是联系醋酸纤维薄膜和两极缓冲液之间的"桥梁")。膜条上点样的一端靠近负极。加盖后通电,调节电压至 160 V,电流强度 0.4 ~ 0.7 mA/cm 膜宽,电泳时间约为 60 min(实验图 2-2)。

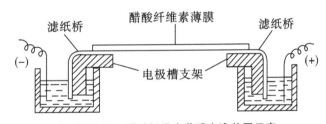

实验图 2-2　醋酸纤维素薄膜电泳装置示意

3.染色　电泳完毕后将膜条取下并放在染色液中浸泡 3 min。

4.漂洗　将膜条从染色液中取出,置漂洗液中漂洗 3 次,每次 3 ~ 5 min,至无蛋白区底色脱净为止,可得色带清晰的电泳图谱。

5.定量(了解)　有两种方法:

(1)将上述漂净的薄膜用滤纸吸干,剪下各种蛋白质色带,分别浸于 4.0 mL 0.4 mol/L NaOH 溶液中(37 ℃)5 ~ 10 min,色泽浸出后,比色(590 nm)。设各部分的光密度分别为:$OD_白$、$OD_{\alpha 1}$、$OD_{\alpha 2}$、OD_β、OD_γ。则光密度总和($OD_总$)为:

$$OD_总 = OD_白 + OD\alpha_1 + OD\alpha_2 + OD_\beta + OD_\gamma$$

$$白蛋白\% = \frac{OD_白}{OD_总} \times 100 \qquad \alpha_1-蛋白\% = \frac{OD_{\alpha 1}}{OD_总} \times 100 \qquad \alpha_2-蛋白\% = \frac{OD_{\alpha 2}}{OD_总} \times 100$$

$$\beta-球蛋白\% = \frac{OD_\beta}{OD_总} \times 100 \qquad \gamma-蛋白\% = \frac{OD_\gamma}{OD_总} \times 100$$

(2)把薄膜放在滤纸上用电吹风吹干,待薄膜完全干燥后,浸入透明液中 5 ~ 10 min,取出,平贴于干净玻璃片上,自然干燥或用电吹风冷风吹干,即得背景透明的电泳图谱,可用刀片刮开并从玻板上取下图谱。能用光密度计测定各蛋白斑点。此图谱可长期保存。

【注意事项】

1.点样时一定按操作步骤进行,否则常因血清滴加不匀或滴加过多,导致电泳图谱不齐或分离不良。

2.乙酸纤维素薄膜一定要充分浸透后才能点样。点样后电泳槽一定密闭;电流不易过大,防止薄膜干燥,电泳图谱出现条痕。

3.缓冲液的离子强度一般不应小于0.05,或大于0.075,因为过小可使区带拖尾,而过大则使区带过于紧密。

4.透明液中乙酸含量适宜,含量不足,膜即发白,含量过高膜可被溶。

5.在剪开蛋白质各区带时,力求准确,以尽量清除人为的误差。

6.切勿用手接触薄膜表面,以免油腻或污物沾上,影响电泳结果。

7.电泳槽内的缓冲液要保持清洁(数天要过滤一次),两极溶液要交替使用。

8.电泳槽内两边有缓冲液应保持液面相平。

9.通电完毕,要先断开电源,再取薄膜,以免触电。

【思考题】

1.影响蛋白质泳动速度的因素有哪些?哪种起决定性作用?

2.如果血清样品溶血,在电泳时会出现怎样的结果?

3.肝、肾病变时,血清蛋白质醋酸纤维素薄膜分离的蛋白质电泳谱可能会发生什么样的变化?

实验三　酶的特异性

【实验目的】

1.熟悉本实验的基本原理和方法。

2.以唾液淀粉酶为例,验证酶的特异性。

3.观察高温对酶活性的影响。

【实验原理】

唾液淀粉酶具有专一性,只能催化淀粉水解,最终产物为麦芽糖,而不能催化纤维素和蔗糖等其他糖的水解。蔗糖与淀粉均无还原性,与本尼迪克特试剂呈阴性反应。麦芽糖与蔗糖的水解产物葡萄糖和果糖皆可与本尼迪克特试剂呈阳性反应,即在一定条件下,使二价铜还原为一价铜,生成砖红色沉淀,通过此反应来了解淀粉与蔗糖的水解程度,进而判断唾液淀粉酶是否具有专一性。淀粉水解及遇碘呈色反应如下。

水解过程:淀粉 → 紫色糊精 → 红色糊精 → 无色糊精 → 麦芽糖 → 葡萄糖

遇碘呈色:蓝色　　　紫色　　　　红色　　　　碘本色　　　碘本色　　碘本色

【实验器材】

恒温水浴锅、沸水浴、试管及试管架、滴管、烧杯、量筒 、漏斗、薄棉花等。

【实验试剂】

1.1%蔗糖溶液。

2.1%淀粉溶液。

3. 新鲜唾液。

4. 本尼迪克特试剂 溶解结晶硫酸铜($CuSO_4 \cdot 5H_2O$)17.3 g,于 100 mL 热蒸馏水中,冷却后加水至 150 mL 为 A 液。取枸橼酸钠 173 g 和无水碳酸钠 100 g,加蒸馏水 600 mL,加热溶解,冷却后加水至 850 mL 为 B 液。将 A 液缓倒入 B 液中,混匀即可。

5. pH 值为 6.8 的缓冲液 取 0.2 mol/L 的磷酸氢二钠溶液 154.5 mL,0.1 mol/L的柠檬酸溶液 45.5 mL 混匀即可。

【操作步骤】

1. 稀释唾液制备 1:10 稀释的新鲜唾液 用蒸馏水漱口除去口中残渣和洗涤口腔,再做咀嚼运动,促进唾液分泌,将适量棉花铺入漏斗并放在小量筒上,收集过滤的唾液 2 mL,用蒸馏水稀释唾液至 20 mL,混匀,备用。

2. 煮沸唾液的制备 取上述稀释唾液 5 mL,放入沸水浴缸中煮沸 5 min,取出备用。

3. 取 3 支洁净试管,标号后按下表操作(实验表 3-1)。

实验表 3-1 加入试剂种类

试剂(滴)	1 号	2 号	3 号
pH 值为 6.8 的缓冲液	20	20	20
1%淀粉溶液	10	10	–
1%蔗糖溶液	–	–	10
稀释唾液	5	–	5
煮沸唾液	–	5	–

4. 摇匀各管,一起置 37 ℃水浴保温 10 min。保温完毕后取出,在各管中分别加入20 滴本尼迪克特试剂后摇匀,再一齐放入沸水浴中煮沸约 5~10 min,观察各管反应结果。

【注意事项】

1. 淀粉试剂宜新鲜配制,不宜久存。

2. 加稀释唾液和煮沸唾液的滴管不要混用,以免影响实验结果。

3. 因个体差异,加完班氏试剂后煮沸的时间以第一管产生砖红色沉淀而止。

【思考题】

1. 什么是酶的特异性?

2. 实验中的第二管加入班氏试剂后,有时会出现草绿色,有可能是什么原因?

实验四　影响酶促反应速率的因素

【实验目的】

1. 通过实验掌握影响酶促反应速率的因素。

2. 观察温度、pH 值、激活剂和抑制剂对酶促反应速率的影响。

【实验原理】

因为大部分的酶是蛋白质,易受理化因素的影响而发生理化性质的改变。温度对酶的影响是双重性的,低于最适温度时,逐步升高温度可提高酶活性;高于最适温度时,酶蛋白逐步发生变性,酶活性渐下降。仅在最适温度时,酶活性最高。

pH 值能影响酶、底物分子在溶液中的解离。在最适 pH 值时,酶活性最高,低于或高于最适 pH 均使溶液偏酸或偏碱,而引起酶蛋白的变性,导致酶活性下降。

激活剂是指能提高酶活性的物质,抑制剂是指使酶活性下降但不引起酶蛋白变性的物质。唾液淀粉酶的激活剂是氯离子,抑制剂是铜离子。

唾液淀粉酶可催化淀粉逐步水解,生成不同颜色的糊精,最后水解成麦芽糖。淀粉及糊精遇碘呈现出不同的颜色反应:直链淀粉遇碘呈蓝色,紫色和红色糊精遇碘可分别呈紫色和红色,无色糊精和麦芽糖遇碘不显色。根据颜色反应,可以了解淀粉水解的程度,反映出酶活性的不同。由于在不同的温度下唾液淀粉酶活性高低不同,所以淀粉水解的程度也不同。因此,通过与碘产生的颜色反应判断淀粉水解的程度,用于了解温度、pH 值、激活剂和抑制剂对酶促反应速率的影响。

淀粉水解及遇碘呈色反应如下。

水解过程:淀粉 → 紫色糊精 → 红色糊精 → 无色糊精 → 麦芽糖

遇碘呈色:　蓝色　　　紫色　　　　红色　　　碘本色　　　碘本色

酶活性:　低————————————————→高

中间可能出现一些蓝紫色、棕红色等过渡色。

【实验器材】

试管及试管架、滴管、恒温水浴箱、沸水浴箱、冰浴、记号笔、木试管夹、试管刷等。

【实验试剂】

1. 1% 淀粉溶液。

2. pH 值为 3.0 磷酸盐缓冲液:取 0.2 mol/L 磷酸氢二钠溶液 205 mL,0.1 mol/L 柠檬酸溶液 795 mL,混合即可。

3. pH 值为 6.8 磷酸盐缓冲液:取 0.2 mol/L 磷酸氢二钠溶液 772 mL,0.1 mol/L 柠檬酸溶液 228 mL,混合即可。

4. pH 值为 8.0 磷酸盐缓冲液:取 0.2 mol/L 磷酸氢二钠溶液 972 mL,0.1 mol/L 柠檬酸溶液 28 mL,混合即可。

5. 稀碘液:称取碘 1 g,碘化钾 20 g,溶于 1 000 mL 蒸馏水中,储存于棕色瓶。

6. 0.9% NaCl 溶液。

7. 0.1% 硫酸铜溶液。

8. 0.1% 硫酸钠溶液。

9. 稀释唾液(制作方法同实验二)。

【操作步骤】

1. 温度对酶促反应速率的影响　取洁净试管 3 支,标号后按下表顺序操作(实验表4-1)。

实验表4-1　加入试剂种类

试剂(滴)	1 号	2 号	3 号
pH 值为 6.8 缓冲液	20	20	20
稀释唾液	10	10	10
	(置 37 ℃水浴 5 min)	(置沸水浴 5 min)	(置冰水浴 5 min)
1% 淀粉溶液	10	10	10
	(置 37 ℃水浴 10 min)	(置沸水浴 10 min)	(置冰水浴 10 min)

取出,分别向各试管中加入碘液 1 滴,观察颜色变化,判断淀粉被唾液酶水解的程度,分析三管中颜色不同的原因。

2. pH 值对酶促反应速率的影响　取洁净试管 3 支,标号后按下表顺序操作(实验表4-2)。

实验表4-2　加入试剂种类

试剂(滴)	1 号	2 号	3 号
pH 值为 3.0 缓冲液	20	–	–
pH 值为 6.8 缓冲液	–	20	–
pH 值为 8.0 缓冲液	–	–	20
淀粉溶液	10	10	10
稀释唾液 1%	5	5	5

将各管混匀,置 37 ℃水浴保温 10 min 后取出,在各管中分别加入碘液 1 滴,观察颜色变化,说明原因。

3. 激活剂和抑制剂对酶促反应速率的影响　取 4 支洁净试管,编号,按照下表加入试剂(实验表4-3)。

实验表 4-3　加入试剂种类

试剂(滴)	1	2	3	4
pH 值为 6.8 缓冲液	20	20	20	20
1% 淀粉溶液	10	10	10	10
稀释唾液	5	5	5	5
0.1% 硫酸铜溶液	10	–	–	–
0.9% NaCl 溶液	–	10	–	–
0.1% 硫酸钠溶液	–	–	10	–
蒸馏水	–	–	–	10

将上面 4 支试管放入 37 ℃恒温水浴中保温 5～10 min。取出分别滴加碘液 1 滴,观察现象,说明激活剂和抑制剂分别是何种物质。

【注意事项】

1. 淀粉宜新鲜配制。

2. 要严格控制时间,保证各管反应时间相同。

3. 唾液淀粉酶存在个体差异,注意控制好稀释唾液的稀释倍数。

4. 由于本实验的保温时间对实验结果影响较大,宜在实验前做预试,控制好时间。

【思考题】

进行酶实验必须注意控制哪些条件?为什么?

实验五　琥珀酸脱氢酶的活性及酶的竞争性抑制

【实验目的】

1. 掌握竞争性抑制的概念及特点。

2. 验证琥珀酸脱氢酶的活性,并观察丙二酸对此酶的竞争性抑制作用。

【实验原理】

竞争性抑制剂与底物结构相似,可与底物竞争酶的活性中心,阻碍酶与底物的结合,使酶的活性降低或丧失,这种抑制作用称为竞争性抑制作用。竞争性抑制作用的程度,取决于底物浓度与抑制剂浓度的相对比例,增加底物浓度,可使抑制作用减弱。

琥珀酸脱氢酶是体内三羧酸循环中的一种酶,可使琥珀酸脱氢生成延胡索酸,脱下的氢交给辅基 FAD,经琥珀酸氧化呼吸链生成水。在体外缺氧的情况下,琥珀酸脱下的氢可使蓝色的亚甲蓝还原成无色的甲烯白。丙二酸等的结构与琥珀酸的结构相似,可竞争琥珀酸脱氢酶的活性中心,使酶的活性降低。通过观察甲烯蓝的蓝色消退的快慢情况,可以判断酶的活性大小。

$$琥珀酸 + 亚甲蓝 \xrightarrow[\text{无氧条件}]{\text{琥珀酸脱氢酶}} 延胡索酸 + 甲烯白$$

【实验器材】

试管和试管架、滴管、恒温水浴箱、剪刀、研钵或匀浆机。

【实验试剂】

1. 0.1 mol/L 磷酸盐缓冲液(pH 值为 7.4) 0.1 mol/L NaH_2PO_4 溶液 19 mL 加 0.1 mol/L Na_2HPO_4 溶液 81 mL。

2. 1.5 % 琥珀酸钠溶液。

3. 1 % 丙二酸钠溶液。

4. 0.02 % 亚甲蓝溶液。

5. 液体石蜡。

【操作步骤】

1. 制备肝匀浆 取动物肝脏,剪碎,加入 0.1 mol/L 磷酸盐缓冲液,用研钵或者匀浆机制备成 20 % 的匀浆。

2. 取洁净大试管 5 支,标号后按下表进行操作(实验表 5-1)。

实验表 5-1 加入试剂种类

试剂(滴)	1 号	2 号	3 号	4 号	5 号
1.5 % 琥珀酸钠溶液	10	10	10	10	20
1 % 丙二酸钠溶液	–	10	10	20	10
蒸馏水	20	20	10	–	–
肝匀浆液	10	–	10	10	10
0.02 % 亚甲蓝溶液	10	10	10	10	10

3. 将各管混匀后,沿管壁分别加入液体石蜡 20 滴(此时切勿摇动),置于 37 ℃ 恒温水浴箱中保温,随时观察比较各试管颜色的变化,记录褪色时间,解释结果。

【思考题】

1. 液体石蜡在本实验中起什么作用?

2. 水浴保温过程中,为什么不可以摇动试管?

实验六 血糖浓度测定(葡萄糖氧化酶法)

【实验目的】

1. 掌握血糖测定的临床意义。

2. 了解葡萄糖氧化酶法测定血糖的原理。

【实验原理】

葡萄糖氧化酶利用氧和水将葡萄糖氧化为葡萄糖酸,并释放过氧化氢。过氧化氢在过氧化物酶作用下分解为水和氧,并使无色的 4-氨基安替比林和酚去氢缩合为红色醌类化合物,即 Trinder 反应。红色醌类化合物的生成量与葡萄糖含量成正比,在 510 nm 波长处测定吸光度,与标准管比较可计算出血糖浓度。

【实验器材】

分光光度计、恒温水浴箱、试管、吸管、试管架等。

【实验试剂】

1.0.1 mol/L 磷酸盐缓冲液(pH 值 7.0)　称取无水磷酸氢二钠 8.67 g 及无水磷酸二氢钾 5.3 g 溶于蒸馏水 800 mL 中,用 1 mol/L 氢氧化钠(或 1 mol/L 盐酸)调 pH 值至 7.0,用蒸馏水定容至 1 L。

2.酶试剂　称取过氧化物酶 1 200 U,葡萄糖氧化酶 1 200 U,4-氨基安替比林 10 mg,叠氮钠 100 mg,溶于磷酸盐缓冲液 80 mL 中,用 1 mol/L NaOH 调 pH 值至 7.0,用磷酸盐缓冲液定容至 100 mL,置 4℃保存,可稳定 3 个月。

3.酚溶液　称取重蒸馏酚 100 mg 溶于蒸馏水 100 mL 中,用棕色瓶储存。

4.酶酚混合试剂　酶试剂及酚溶液等量混合,4℃可以存放 1 个月。

5.12 mmol/L 苯甲酸溶液　溶解苯甲酸 1.4 g 于蒸馏水约 800 mL 中,加温助溶,冷却后加蒸馏水定容至 1 L。

6.100 mmol/L 葡萄糖标准储存液　称取已干燥恒重的无水葡萄糖 1.802 g,溶于 12 mmol/L 苯甲酸溶液约 70 mL 中,以 12 mmol/L 苯甲酸溶液定容至 100 mL。2 h 以后方可使用。

7.5 mmol/L 葡萄糖标准应用液　吸取葡萄糖标准储存液 5.0 mL 放于 100 mL 容量瓶中,用 12 mmol/L 苯甲酸溶液稀释至刻度,混匀。

【操作步骤】

1.自动分析法　按仪器说明书的要求进行测定。

2.手工操作法　取洁净试管 3 支,标记号后按下表操作(实验表 6-1)。

实验表 6-1　加入试剂种类

试剂(mL)	空白管	标准管	测定管
血清	-	-	0.02
葡萄糖标准应用液	-	0.02	-
蒸馏水	0.02	-	-
酶酚混合液	3.0	3.0	3.0

混匀,置 37 ℃水浴保温 15 min,在 510 nm 波长处比色,以空白管(B 管)调零,读取各管吸光度。根据各管吸光度计算其血糖浓度。

【计算】

血清葡萄糖(mmol/L)=(测定管吸光度/标准管吸光度)×5(空腹血清葡萄糖为 3.89~6.11 mmol/L)

【注意事项】

1.酶酚混合液和样品的用量可根据需要按比例改变,计算公式不变。

2.酶试剂中含叠氮钠作稳定剂,不要用嘴吸,避免与皮肤接触。

3.酚试剂有毒,切勿吞咽,如果溢出,请用大量水冲洗被污染的部位。

4.1 mL 血清吸管,使用完后立即洗净,以免血清凝固在细管内。

【思考题】

1.简述血糖测定的临床意义。

2. 血糖的来源和去路有哪些？

实验七　血清中丙氨酸氨基转移酶活性测定
——比色测定法

【实验目的】

1. 掌握血清丙氨酸氨基转移酶活性测定的基本原理。

2. 了解血清丙氨酸氨基转移酶的测定方法及临床意义。

【实验原理】

丙氨酸氨基转移酶（ALT）催化丙氨酸与 α-酮戊二酸生成丙酮酸和谷氨酸。丙酮酸产量的多少，即反应酶活性的大小。

丙酮酸可与 2,4-二硝基苯肼在酸性溶液中反应形成相应的 2,4-二硝基苯腙，呈黄色，后者在碱性条件下呈红棕色。通过测定其在 520 nm 波长处的光吸收来了解丙酮酸的生成量，借此测定血清 ALT 的活力，故该类方法又称比色测定法。该法虽然也有缺点，但操作简便，不需要特殊仪器和试剂。目前在临床上普遍使用半自动生化仪进行测定。

该法的单位定义是：每 1 mL 血清在 pH 值为 7.4,37 ℃保温条件下与底物作用30 min，每生成 2.5 μg 丙酮酸为一个单位。人血清的丙氨酸氨基转移酶正常值为 2 ~ 40 U。

丙氨酸+α-酮戊二酸 $\underset{}{\overset{ALT}{\rightleftharpoons}}$ 丙酮酸+谷氨酸

丙酮酸 + 2,4-二硝基苯肼 —→ 丙酮酸二硝基苯腙

【实验器材】

恒温水浴、721 或 722 分光光度计、液体混合器、洗耳球、刻度吸量管、滴管、试管等。

【实验试剂】

1. 0.1 mol/L 磷酸盐缓冲液（pH 值为 7.4）：称取无水磷酸二氢钾（KH_2PO_4）2.69 g 和磷酸氢二钾 $K_2HPO_4 \cdot 3H_2O$ 13.97 g 加蒸馏水溶解后移至 1 000 mL 容量瓶中，校正 pH 值到 7.4,然后加蒸馏水至刻度。储存于冰箱中备用。

2. 丙氨酸氨基转移酶底物液（pH 值为 7.4）：精确称取 DL-丙氨酸 1.78 g 和 α-酮戊二酸 29.2 g,先溶于 0.1 mol/L 磷酸盐缓冲液约 50 mL 中，然后用 1 mol/L NaOH 校正 pH 值到 7.4,再用磷酸缓冲液稀释到 100 mL。充分混匀,冰箱保存,可保存 1 周。

3. 0.02% 2,4-二硝基苯肼溶液（1 mM）：精确称取 2,4-二硝基苯肼 20 mg 溶于 1 mol/L盐酸中，待溶解后用 1 mol/L 盐酸稀释至 100 mL 过滤后使用。

4. 0.4 mol/L 氢氧化钠溶液。

5. 丙酮酸标准液（500 μg/mL）：精确称取丙酮酸钠 62.5 mg 溶于 0.1 mol/L H_2SO_4 100 mL 中，此试剂需现用现配。

【操作步骤】

1. 标准曲线的制作　取干燥洁净试管 9 支,编号,按下表加入试剂,混匀（实验表 7-1）。

实验表 7-1　加入试剂种类

试剂(mL)	1	2	3	4	5	6	7	8	9
标准丙酮酸液	1.0	2.0	3.0	4.0	5.0	6.0	7.0	8.0	9.0
蒸馏水	9.0	8.0	7.0	6.0	5.0	4.0	3.0	2.0	1.0
丙酮酸浓度	50	100	150	200	250	300	350	400	450

另取干燥洁净试管 11 支,编号,在 1～9 号试管中依次加入上述稀释的 1～9 号丙酮酸标准液 0.1 mL,在 10 号管中加入未经稀释的丙酮酸标准液(500 μg/mL) 0.1 mL,再按下表操作(实验表 7-2)。

实验表 7-2　加入试剂种类

试剂(mL)	1	2	3	4	5	6	7	8	9	10	11
标准丙酮酸液	-	-	-	-	-	-	-	-	-	0.1	0
磷酸盐缓冲液	-	-	-	-	-	-	-	-	-	-	0.1
谷丙转氨酶底物液	0.5	0.5	0.5	0.5	0.5	0.5	0.5	0.5	0.5	0.5	0.5
2,4-二硝基苯肼液	0.5	0.5	0.5	0.5	0.5	0.5	0.5	0.5	0.5	0.5	0.5
丙酮酸实际量(μg)	5	10	15	20	25	30	35	40	45	50	0

各管混匀,置 37 ℃ 水浴保温 2 min 后,在各管中分别加入 0.4 mol/L NaOH 液 5.0 mL,于室温静置 10 min。在分光光度计上取 520 nm 波长,以第 11 管为空白管比色,读取各管光密度将各管丙酮酸含量(5～50 μg)按下式换算成谷丙转氨酶活力单位:

$$丙氨酸氨基转移酶活力意单位/dL = \frac{丙氨酸的微克数}{2.5} \times \frac{1}{0.1} \times 100$$

以每 100 mL 血清中丙氨酸氨基转移酶活力单位为横坐标,光密度为纵坐标绘制标准曲线。

2. 酶活性的测定　取干燥洁净试管 2 支,标明测定管和对照管,按下表操作(实验表 7-3)。

实验表 7-3　加入试剂种类

试剂(mL)	对照管	测定管
丙氨酸氨基转移酶底物液	-	0.5
将两管分别置入 37 ℃ 水浴中预温 5 min		
血清	0.1	0.1
混匀后,两管分别置入 37℃ 水浴准确保温 30 min		
2,4-二硝基苯肼溶液	0.5	0.5
丙氨酸氨基转移酶底物液	0.5	-
混匀后,将两管分别置入 37℃ 水浴保温 20 min		
0.4 mol/L 氢氧化钠溶液	5.0	5.0

混匀,静置 10 min,用分光光度计,在 520 nm 波长,用蒸馏水调节零点,读取测定管和对照管光密度,以测定管光密度值减去对照管光密度值,然后从标准曲线上查出其酶的活力单位。

【注意事项】

1.标本应空腹取血,当时进行测定或将分离的血清储存于冰箱中。

2.酶的测定结果与酶作用时间、温度、pH 值及试剂加入量等有关,在操作时均应准确掌握。

3.测定试剂更换时,要重新制作标准曲线。

【临床意义】

ALT 广泛存在于一般组织细胞中,肝细胞中此酶含量最多。肝炎、中毒性肝细胞坏死等肝病时,血清中此酶活性增加,其他疾病如心肌梗死、心肌炎等亦有增高。故血清丙氨酸氨基转移谷丙转氨酶活性得测定在临床诊断上具有重要意义。

【思考题】

1.ALT 的临床意义是什么?

2.ALT 的正常值是多少?

3.对照管的意义是什么?

4.底物液为何要 37℃ 预温 5 min?

实验八　肝中酮体的生成

【实验目的】

1.了解酮体在体内生成的必要条件及过程。

2.通过实验证明酮体的生成是肝脏特有的功能。

【实验原理】

酮体是乙酰乙酸、β-羟丁酸和丙酮三种物质的总称。肝脏中含有合成酮体的酶系,用丁酸作为底物与新鲜的肝匀浆混合后保温,肝组织中的酮体生成酶系能催化丁酸生成酮体,酮体与含亚硝基铁氰化钠的显色粉作用产生紫红色化合物。经同样处理的肌匀浆,因缺乏酮体生成的酶系则不产生酮体,无显色反应。

【实验器材】

试管、试管架、滴管,解剖剪刀、搅拌机、恒温水浴箱、台式天平、离心机、小药匙、白瓷反应板。

【实验试剂】

1.0.9% 氯化钠溶液。

2.洛克溶液　氯化钠 0.9 g、氯化钾 0.042 g、氯化钙 0.024 g、碳酸氢钠 0.02 g、葡萄糖 0.1 g,将上述试剂混合溶于蒸馏水中,溶解后加入蒸馏水至 100 mL,置冰箱储存备用。

3.0.5 mol/L 丁酸溶液　取 44.0 g 丁酸溶于 0.1 mol/L 氢氧化钠溶液中,并用 0.1 mol/L 氢氧化钠稀释至 100 mL。

4.0.1 mol/L 磷酸缓冲液(pH 值为 7.6)　取磷酸氢二钠 7.74 g 和磷酸二氢钠

0.897 g,用蒸馏水稀释至 500 mL,精确测定 pH 值。

5.15% 三氯醋酸溶液

6. 显色粉 亚硝基铁氰化钠 1 g,无水碳酸钠 50 g,硫酸铵 50 g,混合后研碎。

【操作步骤】

1. 肝匀浆和肌匀浆的制备 取小白鼠一只,断送处死后迅速取出肝和肌肉各约 10 g,分别放入搅拌机磨成浆,然后各加入生理盐水 20 mL 混匀,过滤,备用。

2. 取洁净试管 4 支,编号后按下表操作(实验表 8-1)。

实验表 8-1 加入试剂种类

试剂(滴)	1	2	3	4
洛克溶液	15	15	15	15
0.5 mol/L 丁酸	30	–	30	30
0.1 mol/L 磷酸缓冲液	15	15	15	15
肝匀浆	20	20	–	–
肌匀浆	–	–	–	20
蒸馏水		30	30	–

3. 将各管摇匀后,置入 37℃ 水浴中保温 40 min。

4. 取出各管,分别加入 15% 三氯醋酸 10 滴,混匀,用离心机离心 5 min(3 000 r/min)。

5. 用滴管吸取上述各管上清液 10 滴,分别放置白瓷反应板的 4 个凹孔中,各加显色粉 0.1 g(约一小匙),观察和记录所产生的颜色反应,并分析结果。

【注意事项】

1. 吸取上清液的滴管,管对管吸取液体,不能混用。

2. 取显色粉后立即盖好瓶盖,取量以覆盖白瓷反应板的半凹槽为准。

【思考题】

比较上述实验结果,分析酮体生成的部位,并说出其临床意义?

参考文献

[1]查锡良.生物化学[M].8 版.北京:人民卫生出版社,2013.

[2]程伟.生物化学基础[M].2 版.郑州:郑州大学出版社,2011.

[3]潘文干.生物化学[M].6 版.北京:人民卫生出版社,2010.

[4]罗永富.生物化学[M].北京:高等教育出版社,2012.

[5]朱圣庚,徐长法.生物化学[M].4 版.北京:高等教育出版社,2016.

[6]姚文兵.生物化学[M].8 版.北京:人民卫生出版社,2016.

[7]马文丽.生物化学[M].北京:科学出版社,2012.

[8]郭劲霞.生物化学[M].北京:人民卫生出版社,2016.

[9]高国全.生物化学[M].3 版.北京:人民卫生出版社,2014.

[10]田余祥.生物化学[M].北京:科学出版社,2013.

[11]高国全.生物化学学习指导及习题集[M].北京:人民卫生出版社,2006.

[12]黄刚娅.生物化学基础[M].成都:西南交通大学出版社,2010.

[13]冯作任,范立波.生物化学与分子生物学[M].3 版.北京:人民卫生出版社,2015.

[14]吴琅,魏文祥,何凤田,等.医学生物化学与分子生物学[M].3 版.北京:科学出版社,2016.

[15]吴梧桐.生物化学[M].3 版.北京:中国医药科技出版社,2015.

小事拾遗： _____

_____

_____

_____

_____

_____

学习感想： _____

_____

_____

_____

_____

_____

　　学习的过程是知识积累的过程，也是提升能力、稳步成长的阶梯，大家的注释、理解汇集成无限的缘分、友情和牵挂，请简单手记这一过程中的某些"小事"，再回首时定会有所发现、有所感悟！

学习的记忆

姓名：＿＿＿＿＿＿＿＿

本人于20＿＿＿年＿＿＿月至20＿＿＿年＿＿＿月参加了本课程的学习

此处粘贴照片

任课老师：＿＿＿＿＿＿＿　＿＿＿＿＿＿＿　　班主任：＿＿＿＿＿＿＿

班长或学生干部：＿＿＿＿＿＿＿　＿＿＿＿＿＿＿　＿＿＿＿＿＿＿

我的教室（请手写同学的名字，标记我的座位以及前后左右相邻同学的座位）